新編 畜産学概論

京都大学名誉教授
佐々木義之 編著

養賢堂発行

執筆者一覧（執筆順）

佐々木義之	京都大学 大学院農学研究科 教授
小島洋一	京都府立大学 農学部 教授
園田立信	宮崎大学 農学部 教授
局　博一	東京大学 大学院農学生命科学研究科 教授
今井　裕	京都大学 大学院農学研究科 教授
加藤啓介	石川農業短期大学 農学部 教授
宮崎　昭	京都大学 大学院農学研究科 教授

序

　上坂章次著「畜産学概論」(養賢堂) が多くの大学，農業大学校などの教材として長年にわたって利用されてきました．しかし，同書は前回の改定以来すでに二十数年が過ぎ，大幅に書き改めなければならない点が多くなっておりました．このような状況の中で，養賢堂の当時の畜産の研究編集長大津弘一氏より新版として畜産学概論を著してほしいとの依頼を受けたのが平成8年でありました．

　近年，畜産学に関する教育・研究体制は，大学改革を経て，多くの大学で畜産学科の名称が消え，大学科・大講座の中に含まれたり，分散したために，組織の上で畜産業との繋がりが見えにくくなってきました．国や都道府県の研究機関についても同様であります．これに伴って，学生の畜産学を学ぶという意識が薄れるなどの変化が現れているように思われます．しかし，畜産・畜産学は21世紀における人類の重要課題である食料・環境・生命のいずれとも密接な関連を持っており，その役割は増しこそすれ減じることはありません．今こそ，畜産学徒としてのアイデンティティを明確にするためにも畜産・畜産学を正面から取り上げた畜産学概論の講義やテキストが求められています．

　同書は，昭和27年に出版された上坂章次著「畜産学汎論」に端を発し，畜産・畜産学の発展に合わせて増補に増補を重ねること4回，昭和40年には「畜産学概論」として改名出版され，その後昭和47年に先生の京都大学停年ご退官の折りに改訂版が出されて，今日に至っております．このように恩師(故) 上坂章次先生が心血を注がれてはぐくみ育てられた「畜産学概論」であっただけに，私ごとき者が新版として畜産学概論を著すのは余りにも大任すぎましたが，諸先輩に図り同書の考え方を大切にしながら数名の執筆者による共著とすることでお引き受けすることにしました．その後，いろいろ紆余曲折を経てきましたが，漸くここに刊行の運びとなりました．新編「畜産学概論」でも，畜産・畜産学の概要を把握することができるように，また21世

紀に向けての畜産学の方向を考えるきっかけがつかめるように配慮しました．それらの点で不十分なところや，あるいは誤謬を犯しているところなどがありましたら，何卒ご指摘下さるようにお願いします．

　本書の執筆に当たり，旧著の内容を可能な限り残し，利用させてもらい，それに新しい知見を加えると共に，新しい分野を追加しました．編集全般に関して共著者の宮崎昭氏に微に入り細に入りご助言をいただきました．また，品種の写真などを多くの方々からご提供いただき，それぞれご専門の立場からご助言をいただきました．ここにこれらの方々のお名前をすべて挙げることはできませんが，ご協力に対して厚く御礼申し上げます．さらに，途中頓挫しかかった私達を励まし，刊行の運びとしていただいた養賢堂の及川清氏，矢野勝也氏，佐々木清三氏に厚く御礼を申し上げます．

平成12年9月

京都大学大学院農学研究科動物遺伝育種学研究室にて

編著者　佐々木義之

目　　次

第1章　畜産と畜産学……………1
　1.1　畜産以前……………………1
　1.2　畜　産……………………3
　1.3　生産の効率化とその限界
　　　　………………………………8
　1.4　畜産学……………………11
　1.5　畜産技術…………………14

第2章　家畜化と品種……………15
　2.1　家畜化……………………16
　　2.1.1　家畜化とは………………16
　　2.1.2　家畜化の要因……………17
　　2.1.3　家畜化に伴う変化………19
　2.2　動物分類学上の分類……23
　2.3　家畜の品種………………24
　　2.3.1　種内のグループ…………25
　　2.3.2　ウ　シ……………………26
　　　1）起原……………………26
　　　2）ホルスタイン種………27
　　　3）ジャージー種…………28
　　　4）ガーンジー種…………28
　　　5）乳用ショートホーン種…28
　　　6）ブラウンスイス種……29
　　　7）シンメンタール種……29
　　　8）肉用ショートホーン種…30
　　　9）ヘレフォード種………30
　　　10）アバディーンアンガス種
　　　　………………………………31
　　　11）ギャロウエイ種………31
　　　12）シャロレイ種…………31
　　　13）リムーザン種…………32
　　　14）黒毛和種………………32
　　　15）褐毛和種………………34
　　　16）無角和種………………35
　　　17）日本短角種……………35
　　　18）インド牛………………36
　　　19）黄牛……………………36
　　　20）スイギュウ……………37
　　2.3.3　ウ　マ……………………38
　　　1）起原……………………38
　　　2）アラブ種………………38
　　　3）サラブレッド種………38
　　　4）アングロアラブ種……39
　　　5）スタンダードブレッド種
　　　　………………………………39
　　　6）ポスチェブルトン種…39
　　　7）ペルシュロン種………40
　　　8）クォーターホース種…40
　　　9）シェトランドポニー種…40
　　　10）日本在来馬……………41
　　　11）ロ………………………41
　　2.3.4　ブ　タ……………………42

目次

- 1) 起原 …… 42
- 2) 中ヨークシャー種 …… 42
- 3) 大ヨークシャー種 …… 42
- 4) バークシャー種 …… 43
- 5) ランドレース種 …… 43
- 6) ピエトレン種 …… 43
- 7) デュロック種 …… 44
- 8) ハンプシャー種 …… 45
- 9) 中国種（支那種） …… 45
- 10) ハイブリッドブタ …… 46
- 11) ミニブタ …… 46
- 2.3.5 ヒツジ …… 46
  - 1) 起原 …… 46
  - 2) オーストラリアンメリノー種 …… 47
  - 3) コリデール種 …… 47
  - 4) ドーセットホーン種 …… 48
  - 5) サフォーク種 …… 48
  - 6) チェビオット種 …… 48
  - 7) イギリスフライスランド種 …… 49
  - 8) 蒙古羊 …… 49
  - 9) カラクール種 …… 49
- 2.3.6 ヤギ …… 50
  - 1) 起原 …… 50
  - 2) ザーネン種 …… 50
  - 3) トッケンブルグ種 …… 51
  - 4) アンゴラ種 …… 51
  - 5) カシミヤ …… 52
  - 6) 日本在来種 …… 52
- 2.3.7 ニワトリ …… 52
  - 1) 起原 …… 52
  - 2) 白色レグホーン種 …… 52
  - 3) 黒色ミノルカ種 …… 53
  - 4) 横斑プリマスロック種 …… 53
  - 5) 白色コーニッシュ種 …… 53
  - 6) 愛玩用種 …… 54
  - 7) 日本ウズラ …… 55
- 2.3.8 その他 …… 55
  - 1) カイウサギ …… 55
  - 2) アヒル …… 56
  - 3) ガチョウ …… 56
  - 4) マウス，ラット，ハムスター，モルモット …… 57
  - 5) ラクダ，トナカイ，ゾウ …… 58
  - 6) イヌ，ネコ …… 59
  - 7) 蜜蜂 …… 59
- 2.4 動物資源 …… 59
  - 1) アカシカ …… 59
  - 2) 草刈りラット …… 60
  - 3) カピバラ …… 60
  - 4) 在来家畜 …… 61

第3章 家畜の生産能力とその遺伝的改良 …… 63

- 3.1 形質とその発現 …… 63

3.1.1 形質とは ……………63
3.1.2 形質の発現 …………66
　1）遺伝と環境 ……………66
　2）遺伝子の本体はDNA
　　である …………………67
3.1.3 質的形質と量的形質 ………69
3.2 質的形質の遺伝とその改良
　　…………………………70
3.2.1 メンデルの法則とその拡張
　　…………………………70
　1）優劣の法則 ……………70
　2）分離の法則 ……………71
　3）独立の法則 ……………73
　4）無優性 …………………74
　5）共優性 …………………74
　6）連関と組換え …………76
3.2.2 質的形質の改良 ………77
　1）表現型に基づく個体選抜
　　…………………………77
　2）後代検定による選抜 …78
　3）DNA診断による選抜 …79
3.3 量的形質の遺伝とその改良
　　…………………………81
3.3.1 量的形質は連続変異を示す
　　…………………………81
3.3.2 量的形質の遺伝 ………83
　1）表現型値と遺伝子型値
　　…………………………83
　2）遺伝子の作用 …………85

　3）量的形質に見られる
　　遺伝現象 ………………86
3.3.3 量的形質の遺伝的改良 ……90
　1）選抜育種 ………………90
　2）交雑育種 ………………99
　3）遺伝子導入 …………103

第4章　家畜の生産能力とその
　　　　飼育的改善 …………105
4.1 動物と栄養 ………………105
4.1.1 栄養素 …………………107
　1）栄養素の分類 …………107
4.1.2 消化機構と栄養 ………131
　1）単胃動物の消化機構 …132
　2）反すう動物の消化機構
　　…………………………137
4.1.3 飼料価値 ………………145
　1）一般分析法と
　　デタージェント法 ……145
　2）消化率 …………………147
　3）飼料のエネルギー的価値
　　…………………………148
　4）飼料タンパク質の価値
　　…………………………152
　5）飼料効率 ………………153
4.1.4 動物の栄養要求量 ………155
　1）維持に必要なエネルギー量と
　　タンパク質量 …………155

目 次

- 2）成長に必要なエネルギーとタンパク質量……158
- 3）繁殖に必要なエネルギーとタンパク質量……158
- 4）泌乳に必要なエネルギーとタンパク質量……159
- 5）肥育……160
- 6）産卵……160
- 4.1.5 飼料……160
  - 1）飼料の分類……161
- 4.1.6 動物の飼養法……175
- 4.1.7 新しい家畜飼養……183
- 4.2 家畜管理学……186
  - 4.2.1 家畜の行動……187
    - 1）家畜行動の基本的理論……189
    - 2）行動の種類と発現機構……201
    - 3）動物福祉（家畜福祉）について……216
    - 4）動物行動を利用した新たな農業の試み……217
  - 4.2.2 家畜の環境生理……220
    - 1）環境要因の作用の仕方……220
    - 2）体温調節：産熱（熱産生）と放熱（熱放散）……224
  - 3）各家畜の暑熱・寒冷下での生理・生態と生産について……229
  - 4）暑熱・寒冷対策……236
  - 5）積極的な環境制御（ウィンドウレス畜舎）の意義と理論……239
  - 6）光環境の家畜生産への影響……242
  - 7）その他の環境要因……243
  - 8）輸送……244
  - 4.2.3 畜産環境……245
    - 1）環境保全の法体系と排水基準……246
    - 2）ふん尿処理の基本的な考え方……248
    - 3）ふん尿の性状と排泄量……249
    - 4）ふん尿からの悪臭発生……250
    - 5）ふん尿処理法……251
- 4.3 家畜衛生……256
  - 4.3.1 環境要因と家畜の適応……256
    - 1）適応の方法……257
    - 2）代償機能の破綻－疾病……258
  - 4.3.2 畜舎衛生……263
    - 1）畜舎と衛生……263

2）舎飼に関連して発生する
　　代表的な疾病………272
3）感染症……………274
4.3.3 放牧衛生……………277
1）放牧地の環境要因……280
2）放牧地の衛生と放牧病
　　………………………281

第5章　家畜の繁殖……290
5.1 生殖細胞と生殖器官…290
5.1.1 生殖細胞……………290
5.2.2 受精卵の発生………291
5.1.3 生殖器官……………293
1）雌の生殖器官………293
2）雄の生殖器官………295
5.2 発情，排卵，黄体……296
5.3 性成熟と交配…………298
5.3.1 性成熟………………298
5.3.2 交　配………………299
5.4 妊娠・分娩……………299
5.4.1 妊　娠………………299
5.4.2 妊娠の維持…………302
5.4.3 妊娠期間と妊娠診断……302
1）ノンリターン法………303
2）直腸検査法……………304
3）超音波診断法…………304
4）発情ホルモンの注射
　　による方法……………304
5.4.4 分　娩………………305

5.5 泌　乳……………305
5.5.1 乳腺の基本構造………305
5.5.2 乳腺の発育……………307
5.5.3 乳汁分泌に関連するホルモン
　　………………………307
5.6 繁殖の人為的制御技術
　　………………………308
5.6.1 人工授精………………308
5.6.2 人工授精の実際………309
1）精液の採取……………310
2）精液の検査……………311
3）精液の希釈および保存
　　………………………312
4）精液の注入……………313
5.6.3 受精卵移植……………314
1）発情周期の同期化……314
2）受精卵（胚）の回収…315
3）受精卵（胚）移植……316
4）受精卵の保存…………317
5.7 家畜繁殖に関連する
　　先端技術……………320
5.7.1 体外受精………………320
5.7.2 性判別…………………322
5.7.3 核移植…………………323
5.7.4 トランスジェニック動物
　　………………………326
5.7.5 ES細胞………………328

目　次

第6章　畜産物とその利用…331

6.1　乳および乳製品………332
 6.1.1　畜産物としての乳………332
 6.1.2　牛乳の化学成分………334
 6.1.3　牛乳の新鮮度試験………336
  1）アルコール試験………336
  2）煮沸試験………336
  3）酸度検定………336
 6.1.4　牛乳の殺菌………336
  1）低温殺菌法………337
  2）高温短時間殺菌法……337
  3）超高温殺菌法………337
 6.1.5　各種の乳製品………337
  1）クリーム………337
  2）アイスクリーム………338
  3）発酵乳………338
  4）バター………339
  5）チーズ………339
  6）粉乳………340

6.2　食肉および食肉製品…340
 6.2.1　肉食の習慣………340
 6.2.2　食肉の品質………343
 6.2.3　枝肉の生産………345
 6.2.4　各種の食肉………345
  1）牛肉………345
  2）豚肉………346
  3）鶏肉………348
 6.2.5　各種の食肉製品………349
  1）原料肉の塩漬………349
  2）燻煙………350
  3）加熱………350
  4）ハム………351
  5）ベーコン………351
  6）ソーセージ………351

6.3　鶏　卵………352
 6.3.1　卵の構造と化学成分……352
  1）卵殻………352
  2）卵殻膜………352
  3）卵白………353
  4）卵黄………353
 6.3.2　鶏卵の品質………354
  1）食品としての栄養的特性
  ………354
  2）殻付き卵のサイズ……354
  3）卵の新鮮度………354
  4）卵の微生物汚染………355
  5）卵黄色………356
  6）卵殻色………356
  7）異常卵………356
 6.3.3　鶏卵の加工………357

6.4　羊毛と皮革………357
 6.4.1　羊毛………357
  1）剪毛………358
  2）羊毛の品質………358
 6.4.2　羽　毛………360
 6.4.3　皮　革………361
  1）原皮の種類と品質………361
  2）皮革の製造工程………362

6.5　医薬品等の原料………362
　6.5.1 動物臓器……………362
　6.5.2 遺伝子工学を利用した
　　　医薬品の製造…………363
　6.5.3 移植用臓器……………364
6.6　食料問題と畜産物……364
　6.6.1 畜産食品の価値…………364
　6.6.2 食料問題とこれからの
　　　食生活………………366
　6.6.3 家畜の生産効率向上と
　　　飼料資源の有効利用……367

第7章　世界の畜産業………371
　7.1　家畜と畜産……………371
　7.2　多様な畜産……………373
　　7.2.1 草地畜産……………373
　　　1）遊牧……………374
　　　2）移牧……………377
　　　3）放牧……………379
　　7.2.2 耕地畜産……………381
　　　1）副業的畜産…………381
　　　2）複合的畜産…………383
　　7.2.3 土地生産物高級化畜産…384
　　7.2.4 加工業的畜産…………385

第8章　わが国の畜産学教育・研究体制－大学を中心として－………390
　8.1　教育・研究体制の歴史
　　　………………………390
　　1）畜産学の誕生…………390
　　2）畜産学科新設を目指して390
　　3）大学科・大講座時代…391
　8.2　畜産学を取りまく
　　　最近の状況……………392
　　1）ターゲットの拡大……392
　　2）自然生態系との調和…392
　　3）学問としての深化・高度化
　　　………………………392
　8.3　新しい教育・研究体制の
　　　構築……………………393
索　引………………………397

第1章　畜産と畜産学

1.1　畜産以前

　地球上に最初の生命が誕生したのは40億年前と推定されている．地球の誕生（46億年前）から今日までの歴史を暦の1年にたとえると，この生命の誕生は2月の中頃に当たる．その後，進化によって次から次へと新しい生物が生まれ，地球上の生物がしだいに多様化するとともにより高等な生物が現れてきた．人類もその一員である哺乳類は今から2億年ほど前に出現している．暦の1年にたとえると12月も半ばに当たる．さらに年の瀬も押し詰まった12月31日の午後8時頃，今から200万年前に人類の祖先が出現した．

　その頃，地球上にはすでに多種多様な動植物が生存し，自然生態系の中で互いに食う食われるの食物連鎖を形成していた．図1.1に示すように，地球

図1.1　人類も食物連鎖の一環の中にあった

上に降り注がれる太陽エネルギーを利用して，植物が光合成により水，無機物などから有機物を合成する．これら植物生産物を動物が利用し，さらに枯死した植物体や動物の排泄物・遺体を微生物が分解して再び無機物に戻る．動物には植物生産物を直接利用する草食動物とこれら草食動物を捕食する肉食動物とがあり，さらに植物生産物と動物生産物をともに捕食する雑食動物がある．

人類は雑食動物であり，野山に出て木の実や穀物などを採集し，またイノシシ，鳥などの動物を狩猟し，あるいは海や川の魚などを漁猟し，これらを食料として生活していた．一方，人類も上位の肉食動物の餌食となる危険に常にさらされていた．すなわち，人類も食物連鎖の一環の中にあった．

したがって，暴風雨や大雪など天候のよくない時，あるいは病気など健康の優れない時などには，狩猟や漁猟に行けず食料を得ることができなかった．ところが，やがて人類は火を使い，道具を作るようになるとともに，野生の動物を捕獲し，それらを直ぐに食べるのでなく，住居の周りに飼育しておいて必要なときに食べるようになった．そのうち，自らそれらを増殖させるようにもなっていった．野生動物の家畜化の始まりである．この家畜化が始まったのは今から約1万年前であると推定されている．これは地球の歴史を暦の1年にたとえれば12月31日午後11時59分に相当する．

このように家畜化は，地球や人類の歴史の中でも始まったばかりといってもいいほど短い歴史しか経ていないが，ほぼ同時代の農耕の始まりとともに自然の物質循環を受動的に受け入れてきた人類がここに至って物質循環を積極的に人類の生活に役立てる方向に変えようとする画期的なできごとであった．言い換えれば，人類は捕獲した動物から必要な肉や毛皮を得るだけでなく，さらに動物を飼育して乳，肉，卵などの食料，衣料，畜力などの積極的な増産を図るようになっていった．このような目的のために飼育されるようになった動物を家畜（domestic animal, livestock）という．その後，家畜の遺伝的改良，増殖ならびに飼養管理の改善を行うことによって家畜の生産力が飛躍的に高められ，今日に至っている．

1.2 畜　産

Animal production,　Animal husbandry

　野生動物を家畜化した人類は，単に自分たち家族やその周りの人々の必要とする量の食料や衣料を生産するだけでなく，必要量以上は不足する人達へ供給するようになった．やがて，他人の必要とする畜産物を供給することが家畜を飼う主目的となり，生業として家畜を飼うという農業形態すなわち畜産が生まれた．畜産（animal production,　animal husbandry）とは（故）上坂章次博士の定義によると，「家畜を飼養し，増殖し，これらを利用して人類に必要なものを生産し，その生産物を利用する産業である」となっている．

　人類が家畜化した動物にはウシ，ニワトリ，ブタ，ウマ，ヤギ，ヒツジ，ウサギ，スイギュウ，アヒル，シチメンチョウ，モルモット，ラット，マウス，イヌなどがあり，これらは分類学的にはすべて脊椎動物門の哺乳綱あるいは鳥綱である．これらのうち食料や衣料などの生産に直接かかわってきた農用動物（farm animal）が現在世界で飼育されている頭羽数を表1.1に示した．ここでは哺乳綱の動物を反すう動物と非反すう動物とに分けて示した．反すう動物とは，4章1節で詳しく述べるが，複数の胃をもち，単胃動物が利用できないセルロースなどを消化する機構をもっている動物である．したがって，人間の利用することのできない草，穀実を取った後の茎葉などの農業残渣を利用するので，農用動物としてとくに重要である．さらに，ここで注目しておく必要があるのは，いずれの動物も飼育頭羽数のうちの圧倒的な割合が発展途上国で飼育されていることである．しかも，これら発展途上国に飼育されている動物の生産性は非常に低い．たとえば，ウシの乳量についてみると，先進国で飼育される代表的な乳用種のホルスタイン種では1日の平均乳量が25 kgから30 kgにもなるのに対して，バングラデシュの在来牛では2 kgから3 kgでしかない．このことは，これからの世界の食料問題を考えるとき，これらの動物の生産能力を改良することがきわめて重要であることを示している．

表1.1 世界で飼育されている主要家畜の頭羽数（百万頭・羽）

	家畜の頭羽数		
	世界	先進国	発展途上国
反すう動物			
ウシ	1,348	459	889
ヒツジ	1,136	457	679
ヤギ	495	361	134
スイギュウ	127	23	104
野生動物	1,269	347	922
非反すう動物			
ブタ	849	211	638
ウマ	146	25	121
家きん			
ニワトリ	8,587	2,085	6,502
アヒル	207	21	186
シチメンチョウ	198	99	99

　従来，われわれはウシ，ブタ，ニワトリなどの農用動物のみを家畜と呼んできた．しかし，近年動物実験に用いることを目的に開発・生産された実験動物や，愛玩動物も含めて人間の生活の伴侶として飼われる伴侶動物（companion animal）をも家畜と考える場合がある．そこで，前者を狭義の家畜，後者を広義の家畜と区別して呼ぶことがある．

　しかし，ある動物が一つの目的にのみ利用されることは少なく，多くの場合多様な利用目的があり，ある場合には農用動物と呼ばれ，別の場合には同じ動物が伴侶動物と呼ばれることがある．ニワトリは卵，肉を生産するために飼養される一方，実験動物として，また闘鶏，愛玩用鶏など伴侶動物としても利用される．さらに，時代とともに，あるいは地域によって動物の利用目的は変化する．たとえば，わが国ではウサギはもともと肉，毛皮などを生産する農用動物として飼育されたが，その後，実験動物あるいは伴侶動物としての利用が中心になってきている．一方，フランスやスペインなどでは今なおウサギによる肉生産が盛んに行われており，農用動物としても重要である．各種動物を現在のわが国における主な利用目的により分けると表1.2のようになる．

　ウシは乳，肉などの生産に重要な動物であり，代表的な農用動物である．

しかし，アメリカなどでは牧場をもちウシを飼うことが功なり名を遂げた人々の最終目標であると聞く．ウシを所有し，放牧地で草をはむのを眺めることが心の安らぎとなるなら，ウシもよき伴侶動物である．ブタは主として肉生産が目的で飼育されるが，生理学的・解剖学的な面で人間との類似点が多いことから，ミニブタに代表されるように医学研究用実験動物としても重要な

表1.2　わが国における家畜の利用目的

動物名	利用目的		
	農用動物	実験動物	伴侶動物
ウシ	○		
ブタ	○	○	
ニワトリ	○	○	○
ウマ	○		○
ヤギ	○	○	○
ヒツジ	○		
ウサギ		○	○
モルモット		○	○
ラット		○	
イヌ		○	○

動物となっている．ニワトリは産卵用および産肉用に全世界で農用動物として飼養される一方，愛玩，観賞用としても広く飼養されている．また，ニワトリは農用動物として利用される品種がそのまま実験動物としても利用されている唯一の動物である．ウマはかつて荷物の運搬，粉挽きなどにその畜力が利用されてきたが，それらの役割は大部分機械力に取って替わられ，最近は競走馬として，あるいは乗用馬として飼育されるようになり，伴侶動物としての役割が大きくなってきている．ヤギはかつてわが国では乳，肉生産目的に全国的に飼育されてきたが，現在では肉の消費は沖縄県を中心とする南西諸島に限られ，乳は自家用に消費されているに過ぎない．一方，シバヤギなどの小型ヤギが実験動物として利用されている．さらに，愛玩動物として公園，学校などでも飼育されている．ヒツジは羊毛生産を主目的として飼育されたが，日本ではラム肉（1歳未満でと殺されるもの）やマトン肉（1歳以上でと殺したもの）の生産が主となっている．モルモットはもとは肉用および愛玩用として飼われ始めたが，現在では愛玩用並びに医学研究，生物製剤の検定など実験動物として利用されている．イヌの伴侶動物としての役割は今さら述べるまでもないが，実験動物としての利用の歴史も古く，人工授精が最初に行われたのも，神経の条件反射理論の実験や，糖尿病の治療にインシュリンが有効であることを証明した実験に使われたのもイヌであり，実験

動物としても大変重要な家畜である．

　人類がこれらの家畜に生産させるものには，まず食料品としての生乳，食肉，生卵，さらにそれらを加工したチーズ，バター，アイスクリーム，発酵乳，練乳・粉乳，ハム，ソーセージ，ベーコン，ピータンなどを即座に挙げることができる．これらの食品が食卓に上らない日はないくらい人類の食生活に欠かすことのできないものとなっている．衣類その他生活必需品の原料を供給する毛，皮革，羽毛，臓器なども家畜によって生産される．ヒツジ，ヤギ，ウサギなどから生産される毛は紡織材料，毛皮は衣料や鞄など皮革製品の材料である．なかでも羊毛（ウール）は高級紡織材料であり，またヒツジの毛皮はムートンとして珍重される．またチベットのカシミール地方原産のカシミヤヤギの長毛の下に密生する綿毛はカシミヤウールとよばれ，独特の柔らかさと絹状の光沢をもち，高価なショールや衣類に加工されている．さらに，靴や鞄なども馬皮，牛皮，山羊皮など動物の皮が高級品に用いられる．羽毛は布団の充填材（なかわた）として綿や化学綿より保温性に優れ，かつ軽いことから，羽毛布団の人気が高まっている．臓器についてはホルモン剤，酵素，血液凝固促進物質などの医薬品の原材料として肺臓，肝臓，膵臓などが利用されている．また，近年人間の移植用臓器としてブタの臓器を利用する研究が盛んに行われており，遠くない将来に実用化されるであろう．

　耕耘用，運搬用などの畜力は農業の機械化によりほとんど利用されなくなったが，乗用としての利用はウマを中心に，人に楽しみを与えるものとして今後とも続くであろう．ふん尿の堆肥・厩肥としての利用は化学肥料に取って代わられ，わが国では土地に還元されない家畜のふん尿が畜産公害の元凶とされるようになったが，有機農業の高まりとともに再び堆肥・厩肥が見直される傾向にある．

　近年，家畜といえば実験動物や伴侶動物も家畜とする広義の家畜を指すようになりつつある．われわれが毎日利用している食品，食品添加物，医薬品，洗剤，化粧品の効果や安全性の検定，また発育，生理，繁殖などの生物学的諸現象の研究，大気中の公害物質のチェックのために動物を用いた実験が行われている．これらの動物実験には実験目的に応じて遺伝的に厳しく選別さ

れ，厳密な条件の下で飼育される動物いわゆる実験動物(laboratory animal)が使用される場合と，農用動物や伴侶動物あるいは捕獲された野生動物など遺伝的に厳しく選別されていない動物が使用される場合がある．今後，前者に属する高血圧自然発症ラット，糖尿病ラットなど人間の新しい疾患モデル動物を家畜や野生動物から開発することが重要になってこよう．

　鑑賞・愛玩動物として古くから飼育されてきたイヌ，ニワトリ，ウサギなどは，都市化の中で心理的安定性を失いつつある人間生活に精神的な安らぎを与えてくれる伴侶動物として，近年その役割が増してきている．また，さらに積極的にアニマルセラピー(動物療法)と呼ばれる新しい精神医療行為に動物を利用することやこれまで以上に身体障害者のよきパートナーとして働く能力の高い盲導犬の改良・育成なども重要である．

　ここで，家畜を飼養し，繁殖し，これらを利用するという点について考えてみよう．動物は太陽エネルギーを利用して，そこから栄養物を得ることはできない．したがって，動物は，植物が地中の養分と太陽エネルギー，CO_2，水を利用して，光合成により生産した植物体を栄養源とする従属的な生物である．植物なしに動物は生きていくことはできない．肉食動物といえども，捕食する動物がいなければ生きられない．この捕食される動物は通常草食動物で植物からの栄養源に依存している．一方，植物が光合成を行うのに必要な地中の栄養分は植物が落葉したり，枝や果実を落としたりあるいは植物体自身が枯死して，これらが地中の微生物に分解されることによっても供給される．しかし，動物の排泄するふん尿，動物の遺骸などは土地を肥沃にするのになくてはならないものである．このように家畜と土地は植物を介して密接につながっている．本来，畜産は乳，肉，卵などの畜産物の生産を目的に動植物の有機的な循環を効率よく利用する農業形態であり，飼料となる植物体を生産する土地の生産力に依存していることから農業の1分野とされている．

1.3 生産の効率化とその限界

Efficient production and its limits

　原始的な畜産は，野生動物を飼い馴らし，手許で飼育する，すなわち家畜化することから始まった．それにより，狩猟に依存していた時よりも容易に，必要なときに自分たちの食料や衣料を，さらに田畑を耕す労力までも手に入れることができるようになった．また，家畜を飼育し，農耕作物の副産物や雑草を，家畜に飼料として与えることによって有効利用する一方，家畜の排泄するふん尿を土地に還元し土地を肥沃化していった．このように農耕と家畜の飼養が渾然一体となって進められてきた．このような農業を有畜農業と呼び，もともと家畜に依存することの少なかったわが国の農業にもより多くの家畜を飼養することが昭和初期から第二次世界大戦後の昭和25年頃まで奨励された．

　ところが，世界的に見れば18世紀後半イギリスに始まった産業革命以降，わが国では第二次世界大戦以降，工業の発展に伴い農村から工業従事者が都会に流れ込み，農工の分業が進んだ．都会に住む人々は農業から離れ，自分達の食料の生産を農村に残った農業者にまかせざるを得なくなっていった．したがって，農業者は自らの食料を生産するだけではなく，余剰を生み出し，それらを都会に住む人々に販売することになった．また，人口の増加や食に対する欲望の多様化はこの傾向に一層の拍車をかけることとなった．その結果，農業は今までの小さな生業（なりわい）から大きな産業へと衣替えをし，それとともに生産の効率化が強く求められるようになった．このため，畜力に替わって機械力が使われるようになり，今では水田や畑をウシに鋤（すき）を引かせて耕す風景（図1.2）を見ることは先進国ではなくなってしまった．また，化学肥料を多用することによって農産物の増産が図られ，家畜のふん尿を肥料として土地に還元することは少なくなり，家畜は耕種農業から離れていった．

　このように農耕から切り離された畜産では，生産性の向上を図るために

1.3 生産の効率化とその限界

ウシを1頭,ブタを2頭,ニワトリを10羽などと数種の家畜を小頭羽数飼うのではなく,ウシならウシを,ブタならブタを,すなわち一種類の家畜を多頭羽数飼育して生産効率の向上を図った.酪農業,肉牛産業,養豚業,養鶏業などの専業経営が出現し,個々の経営の大規

図1.2 ウシによる畑の耕起

模化が勧められた.いまでは,数十頭の酪農経営,数百頭の肉牛経営,数万羽の養鶏も珍しくはない.これら多頭羽数の家畜を畜産専業で飼育するとなると,草原などもともと畜産に利用する土地の少ないわが国では飼料が自給できず,土地から離れた購入に頼る加工畜産とならざるを得ない状況にあった.最近の養鶏業についてみると,産卵効率の最大化をねらって,光を調節できる無窓(ウインドレス)鶏舎の段々重ねの小さなケージの中に,産卵鶏がエネルギー消耗をおさえるために身動きのできない状態で押し込められている.これら数万羽のニワトリの出すふんは莫大な量であり,土地に還元することもできず,その処理に困り,悪臭,河川の汚染などの畜産公害を避けるため余計な石油エネルギーを用いて焼却される場合が多い.

このように生産の効率化を追求するあまり,本来の農耕と家畜飼養との連携,言い換えれば土地,植物,動物の有機的な結び付きから動物が切り離されてしまった.その結果,農耕に利用される土地は有機質の還元がなく,化学肥料の多投入が長く続いたことにより荒廃している.一方,購入飼料に依存した大規模な家畜飼養はふんとして有機物とともに莫大なチッ素やリンを排出することになり,河川や湖沼を汚染し,畜産公害の原因となっており,これらへの対策は避けることのできない事態となっている.

いま,世界的に生産効率一本槍の農業は反省期に入り,自然との共生を

図りながら，自然の生態系との調和の中に農業生産を追い求めていく持続的農業（sustainable agriculture）が模索されている．

また，畜産については生産効率を追求するあまり，動物への福祉的配慮が欠けていたきらいがある．最近になって，生命の尊重と動物愛護の観点からできる限り動物側の権利も認める動物福祉（animal welfare）の考え方が出てきている．先にケージ養鶏について述べたが，少なくとも困難無しに，方向転換，身繕い，起立，横臥，四肢の伸展ができることを動物にも保証するという動物福祉の点から，養鶏システムの見直しが必要であろう．また，見方を変えれば，動物福祉に配慮し，動物の飼育環境を改善することが動物を健康な状態にし，ひいては健康的な食料の生産につながるとも考えられる．

一方，世界の人口は爆発的に増加しており，人口増加に食料の増産が追いつかなければ，食糧危機の到来は避けられない．自然の生態系を生産に都合のよいように改変し，自然生態系とは大きく異なる土地，植物，動物の循環を作り出し，それを農業生態系として利用してきたのがこれまでの農学といっても過言でなかろう．これによって，農業生産を飛躍的に発展させ，これまでの人口増加をまかなうことのできる食料の増産を実現してきた．一方，それによって，引き起こされた自然破壊は今や人類の将来に大きな不安を投げかけている．農業生態系をもとのままの自然生態系に戻すことは無理としても自然生態系と調和を図りながら，また動物福祉にも配慮しながら，増産を図ることが，畜産を含むこれからの農業に課せられた使命と考えられる．これこそ，21世紀の農学，畜産学の一大任務である．現在植物によ

図1.3 種雄牛「糸福号」とその体細胞クローン子牛（佐々木洋太郎氏提供）

る太陽エネルギーの利用効率が 0.8 % にしか過ぎず，また植物エネルギーの動物による利用効率も低く，これらを飛躍的に高めることは至難と考えられている．しかし，これらの効率の向上をバイオテクノジーを駆使して実現するスーパーテクノロジーが農学・畜産学に求められており，今後の畜産学への期待は大きい．つい最近まで，誰もが哺乳動物の体細胞クローンの作出は不可能と考えていたが，ドリー羊による研究により一転して可能となり，それから 1 年経つか経たない内に普通の技術になろうとしている．図 1.3 は，大分県で生産された，遺伝的能力が非常に優れている種雄牛「糸福号」とその種雄牛の体細胞クローン子牛である．

1.4 畜産学

Zootechnical science, Animal science

　はじめに，畜産学の科学としての根拠について簡単に触れてみたい．まず農学が第三の科学に属することを説いたのが京都大学名誉教授柏祐賢博士である．第三の科学とは同博士によると「法則性を追求する自然科学的なるものと価値を追求する文化科学的なるものを両脚としながら，その上に成り立つ学問」である．畜産学は農学の 1 部門であり，その意味で畜産学も第三の科学に属する．動物を研究の対象とすることから，畜産学が自然科学の一つであるかのような錯覚に陥りがちであるが，生命現象をその応用価値を考えずに自然現象そのものとして取り扱う動物学や動物科学とは異なるものである．畜産学では動物の生命現象を人間の経済活動すなわち経済的な価値と関係させながら解明していこうとしている．自然科学の中で扱われる動物学とはこの点で根本的に異なる．自然科学は自然現象の奥にある法則性，たとえばニュートンが万有引力の法則を発見したように真理を追究するものであり，それは何かの利益とか人間にとって都合がよいとか悪いとかとは全く関係がなく没経済価値的である．

　第三の科学に属する科学として医学，教育学，工学などがある．たとえば，医学は人間の病気を治し，健康を増進する科学である．人間も動物の仲間で

あり医学の対象は生物現象であるからその意味で自然科学の一つであるように感じられるが，単なる動物学ではない．即ち，医学は一方の足を動物学・動物科学に置き，もう一方の足を人の病気治療や健康に置いている．

　畜産学も第三の科学に属し，しかも医学と同様に動物を対象とするが，畜産学と医学とが根本的に違っているのはもう一方の足をどこに置くか，言い換えればどういう価値と繋がるかである．医学が人間の病気治療，予防さらに健康の増進，即ちその生命に価値を置くのに対して，畜産学は人間の経済活動に価値を置いている．したがって，畜産学では家畜が体調を崩してしまってその治療に多大の経費がかかる場合には通常その家畜はと殺される．治療をして回復を図るか，と殺するかの判断には経済的価値基準が優先される．しかし，人間の場合は命ある限り最大限の治療・投薬が行われ，延命が優先される．このことはそれぞれの学問領域での研究課題にも関係している．たとえば，著者自身がかつて取り組んだことのある副腎皮質ホルモンの糖代謝調節について考えてみよう．この課題を生物学の領域で取り上げる場合，対象動物は特定されず共通的現象として糖代謝の副腎皮質ホルモンによる調節のメカニズム解明に取り組むであろう．しかし，医学領域あるいは畜産学領域で取り上げる場合にはそれぞれ対象動物は人間あるいは家畜である．ラットやマウスなどの実験動物が実験に使われても，人間あるいは家畜のモデル動物であって実験に使っているモデル動物そのものが対象となることはない．また，医学領域では人間の病気の予防や治療との関連において研究を進めるであろうし，一方，畜産学領域では生産との関連で研究が進められる．もちろん，医学領域においても畜産学領域においても，非常に応用的な研究もあれば，逆に非常に基礎的な研究も行われる．基礎に近づけば近づくほど畜産学領域とか医学領域とかの境界はなくなり，ついには生物学との境界もなくなるかもしれない．

　このように第三の科学に属する畜産学は自然科学のあらゆる分野とくに生物学を基礎に，畜産物の生産・利用を目的とする応用科学である．この関係を，（故）佐々木清綱博士は畜産学の四本柱説（図1.4）を提唱し，つぎのように説明した．「畜産学は応用科学であるから，広い基礎学と多くの関連科目

を構成要素として成立している．まず基礎科目としては，家畜解剖学・家畜生理学・動物遺伝学・生物化学が必要で，これらが土台になって，その上に畜産学の専門科目として，家畜育種学・家畜繁殖学・家畜飼養学・畜産製造学が四本柱を構成している．さらに関連科目としては，畜力利用論・家畜防疫学・土壌学および肥料学・作物学および牧野論が，その四本柱の上線を結ぶヌキの役割を果たし，その上に農業経営学が全体を統合する使命をもっていて，屋根の役割をつとめるものである」．農業経営とはまさに人間の経済的営みであり，経済的価値を追求するものである．このような考え方に沿って，これまでの畜産の中では経済的な効率が最優先されてきたといっても過言ではない．畜産学もその目的のための学問であった．

　ところが，前述したように今日自然の生態系との調和を図り，畜産における生産性を高めていくことが求められる時代になりつつある．即ち，自然生態系との調和を図るという生産性とは相容れない要素を内包した，ある意味では二律背反の目的あるいは価値を達成するという難題が課されているといっても過言でない．さらに，動物福祉も考慮に入れていかなければならない．

　したがって，これからの畜産学には自然の生態系と調和を図りながら，かつ動物の福祉も視野に，畜産における生産性を高めていくための学問であることが求められる．一方で，分子生物学の進展により生命現象が分子のレベルで捉えられるようになり，またコンピュータの普及により情報が瞬時にして世界中を駆けめぐる時代がきている．

　このような背景を踏まえて，21世紀の畜産学を考えて

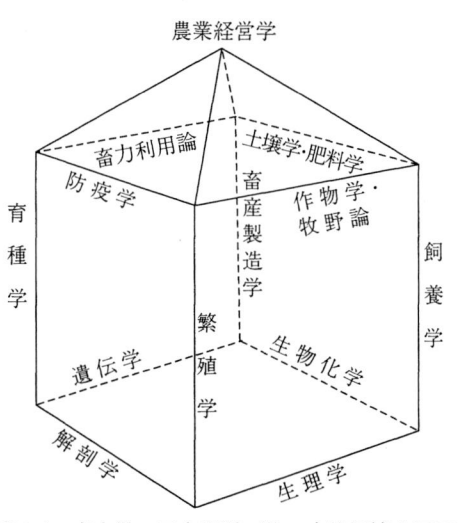

図1.4　畜産学の四本柱説（佐々木清綱博士原図）

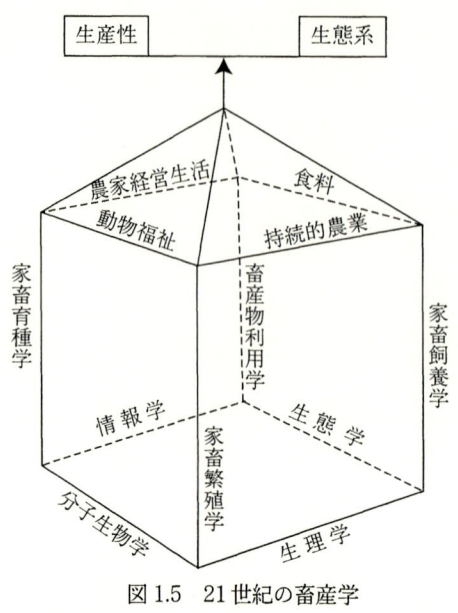

図1.5　21世紀の畜産学

みると，基礎学には多くの学問が関係してくるがとりわけ分子生物学，生理学，生化学，生態学，情報学などが重要である．これらの基礎の上に，4本柱となる家畜育種学，家畜繁殖学，家畜飼養学（栄養学，管理学，衛生学，飼料学）および畜産物利用学がある．それら四本柱のねらいは農家の経営が成り立ち，かつ農家自身が豊かな生活がもてること，これからの人口増加に対応できる食料の増産・確保が図れること，そのような生産活動が耕種農業や自然環境との間に調和が保たれ，持続的かつ発展的であること，しかも動物自体の福祉にも配慮がなされることなどである．これらを（故）佐々木清綱博士の四本柱説に倣って，図示してみると図1.5のようになる．

1.5　畜産技術

Livestock technology

畜産学の成果は畜産技術として畜産業の発展に多大の貢献をしてきた．戦後の日本における畜産の発展に貢献した主要な技術を挙げると，繁殖分野では人工授精，精液の凍結保存，受精卵移植，核移植，体細胞クローンなど，育種分野では初生雛の雌雄鑑別，BLUP法による育種価予測，遺伝子診断など，飼養分野では肉牛フィードロットや養鶏，養豚にみられる多頭羽飼育システム，ルーメンバイパスなど，利用分野では乳牛の肉利用，畜産副生物の有効利用，貯蔵・輸送技術（チルドビーフ，LL牛乳ほか）などがある．

第 2 章　家畜化と品種

　現在，地球上には 100 万種以上の動物種が生息している．地球上に最初の生命が生まれてから，40 億年の間にこのような多数のしかも多様な種を生じさせた原動力は自然淘汰と突然変異であると考えられている．自然淘汰 (natural selection) とは生存競争において少しでも生存に有利なものが生き残って繁栄し，不利なものが亡びていくということである．これにより地球上の種々の異なる環境条件に適した多種多様な生物が生息することになった．また，それぞれの時代の環境条件に適した生物が生息してきた．

　この事実をヨーロッパにおける蛾の工業暗化型への変化に見ることができる．産業革命最中の 1850 年頃，イギリスの工業都市マンチェスター付近にオオシモフリエダシャクという蛾の暗化型 (図 2.1 (A) 右) が出現した．その後，急速にその数が増え，100 年も経たない内に，元の灰白地に黒褐色の斑点の翅をもった野生型 (図 2.1 (B) 左) はほとんどいなくなってしまった．これは工業化により煤で汚れた木の幹にとまると，暗化型 (図 2.1 (B) 右) の方が野生型よりも鳥などに見つけられにくいからである．すなわち，暗化型が生存に有利で，野生型が生存に不利となったから，自然淘汰により野生型から暗化型に変化したのである．この暗化型は蛾にしばしば生じる突然変異であるから，この突然変異に自然淘汰が働いて，オオシモフリエダシャクの翅が野生型から暗化型に変化したものであり，生物進化の好例を提供してくれている．また，工業化の進んでいないところには従来の野生型が生息し，これにより多様化の進展をも知ることができる．

　これら地球上に生息する多数の動物の内，哺乳類と鳥類のごく一部の種の動物が家畜化され，人類に利用されている．しかし，家畜化された動物についてはその後に生じた突然変異の中から人類の目的に適するものだけが順次選抜されていく人為選抜 (artificial selection) によって非常に多種多様な品種が作り出され，利用されている．ここでは野生動物の家畜化，家畜の動物分類学上の分類および品種について述べる．さらに，未だ家畜化されていな

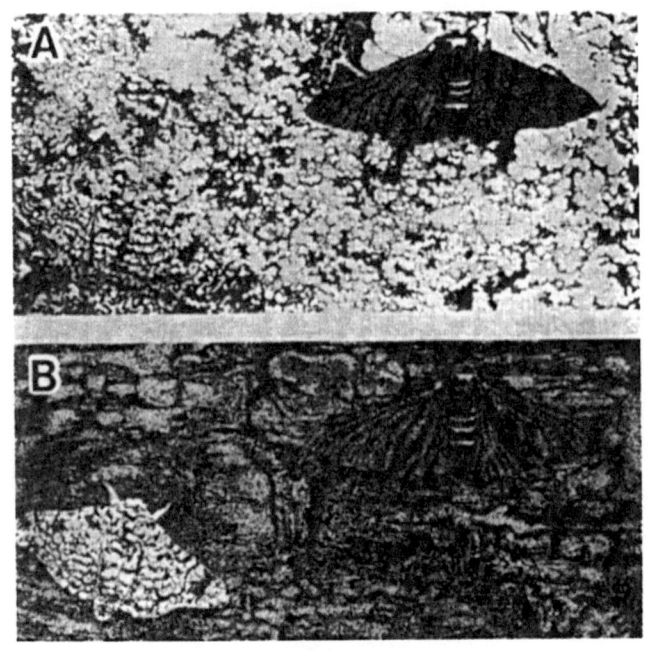

図2.1 工業暗化（田中，1981）
A：明るい基盤の上にとまった野生型（左）と暗化型（右）
B：暗色の基盤の上にとまった野生型（左）と暗化型（右）

い動物資源についても触れておきたい．

2.1 家畜化

Domestication

2.1.1 家畜化とは

　現在の家畜が野生動物から馴致されたものであることは，世界各地で発掘された遺跡やその他の考古学的証明から明らかにされているところである．その年代については，家畜の種類によっていくらか異なるが，多くは有史以前のB.C.1万年以降であるとされている．具体的には，イヌが最も古く10,000～12,000年前，これについでヒツジ，ヤギ（9,000～10,000年前），

ウシ,ブタ (6,000〜8,000年前),ウマ (4,000〜5,000年前) などが続き,ニワトリがそれに続くとされている.またこれらの大部分が西南アジアおよび西アジアで成立したものと考えられている.

ここで,家畜 (domestic animals) とは何か,言い換えれば家畜は野生動物とどこが違うのかについてみておこう.野生の動物を飼い馴らすことができても,それだけでは家畜とはいえず,人間の飼養管理のもとで繁殖が可能であることが家畜としての要件である.この要件を備えて初めて人間の利用目的に適するような形質・能力をもつように動物を遺伝的に変えていくことができるからである.すなわち,家畜とは人間が繁殖を管理することができ,人間の利用目的にかなった形質・能力を遺伝的に付与された動物である.

しかし,動物を家畜と野生動物に明確に2分することは難しい.ウシは家畜であり,ライオンが野生動物であることは明白である.一方,ゾウはタイやインドなどで木材の搬出や荷物の輸送など役畜として重要な役割を演じているが,人間が繁殖を管理することができない.ネコも同様である.これらが野生動物でないことははっきりしているが,繁殖の管理ができないという点で厳密な意味での家畜ではない.逆に,アカシカは野生動物として多頭数イギリスやニュージーランドなどで生息しているが,新たに人間の手によって飼い馴らされ,飼育されるようになっている.飼育されるようになって日も浅いため,家畜化の利用目的にかなった形質・能力を十分付与されるには至っていないが,その途上にあるといってもよいだろう.このように純野生状態から定義通りの家畜の状態に至るまでの間に種々の家畜化の段階がある.そこで,野澤謙博士 (1975) は,家畜化 (domestication) を「動物の受ける自然淘汰が人為選抜により置き換えられていく過程である」と定義し,家畜化の程度が進むにつれて,人間の手がより多く関与するようになるとしている.

2.1.2 家畜化の要因

この家畜化の動機については,人類の宗教的観念から神に捧げるいけにえをえるために野生動物を捕えたとするもの,また野生動物が食べ物を得るた

めに人類の住居近くに集ったものを生け捕りにしたとするものなど諸説があるが，おそらくいずれもが家畜化の動機であったであろう．おそらく種ごとに，また地域によって，あるいは時代によって違った動機で家畜化されたものと考えられる．

そこで，家畜化の要因を整理してみると，次の三つに分けられる．① 自然的要因：食物連鎖の一環の中にあった人間も他の野生動物と同じように小川や泉などの水飲み場に集まり，また季節とともに食物を求めて季節移動する際に同行するなど，人間と野生動物とが生物的に接近していく内に，いつとはなく家畜化されていった．② 人間の側の要因：狩猟や漁猟が天候に左右されるためいつでも必要なときに神への供え物や食物が得られるように捕えた動物を飼育保持するようになったとか，人口が増加し狩猟動物が不足してきたために動物を生け捕りにして増殖を図ろうとしたなど人間の側から意図的な取り組みが行われた．今日においても行われている野生の子猪を生け捕りにして飼育していることとか，あるいは水産養殖などからもこのような要因が働いたであろうことは容易に想像できる．③ 動物の側の要因：一方野生動物の側から人間の居住域に自ら接近し，あるいは入り込み，人間の食べ残した食物，たまには人間の食べ物を失敬する生態，すなわち掃除係的生態を続ける内に，家畜化した．イヌの場合はこれが容易に想像できるし，ブタやニワトリについても中国や東南アジアの国々では今なお庭に放し飼いされている姿（図2.2）が見かけられ，家畜化された過程が推し量られる．

図2.2 庭に放し飼いされているニワトリ

このような状況の中で，人間と密接な関係をもった動物のうち，家畜化に不適当なものは捨てられ，人間にとって有利なものだけが実際に家畜化されていったのであろう．しかも，それらの動物はおそらく繁殖しやすいとか，人間に慣れやすいなど人間に好都合な性質をもっていたことであろう．そして，現在の家畜が成立したのである．

2.1.3 家畜化に伴う変化

次に野生動物が家畜化されていく過程で，どのように変わっていったかをみておこう．変化の程度や方向は利用目的によって異なり，その結果，2.3節に述べるように動物の種ごとに多種多様な品種が成立している．ここでは，繁殖性，毛色・羽色，体格，体型，自己防衛能力および生産能力に見られた家畜化に伴う変化の傾向について述べる．

繁殖性：繁殖性に見られる変化傾向は ① 繁殖季節の周年化，② 早熟化および ③ 多産化の三つに集約される．野生動物の多くは繁殖季節があり，この限られた繁殖季節に，限られた回数の繁殖活動を行う．たとえば，イノシシでは早春のみに発情し，繁殖が可能である．これに対して，イノシシが家畜化されたブタをはじめ，ウシ，ニワトリなど多くの家畜は繁殖季節が年間に拡大し，周年繁殖となっている．しかも，性成熟に達する時期が早まり早熟化している．たとえば，日本のシラヒゲイノシシの場合3年もかかって性成熟に達するのに対して，ブタでは8～9カ月齢で性成熟に達する．さらに，一腹産子数についても増える傾向にあり，イノシシでは4～5頭であるのに対して，ヨーロッパ改良豚では10～13頭である．

毛色・羽色：野生状態では特別に目立った色のものは出現しても自然淘汰されてしまうが，家畜化の過程では人間の好みによって毛色や斑紋の特殊なものが人為選抜され，それを特徴とする家畜が生じる．たとえば，鶏横斑プリマスロック種の横斑，牛ヘレフォード種の白顔，豚ハンプシャー種の肩から胸にかけての白い帯などはその好例である．ハンプシャー種に見られる白い帯についてはほぼ同様の帯をもったものが図2.3に示すようにウシにもウサギにも見られるところが面白い．

(20)　第2章　家畜化と品種

図2.3　白い帯を持つ家畜
上：ウシ（白帯ギャロウエイ種），
中：ブタ（ハンプシャー種），
下：ウサギ（ダッチ種）

体　格：体格いわゆる体躯の大きさの変化傾向を一般化することは難しく，ある動物種では野生動物より大きく，別の動物種では小さく，あるいは同じ動物種の中で大きくなったものと小さくなったものの両方がある場合もあ

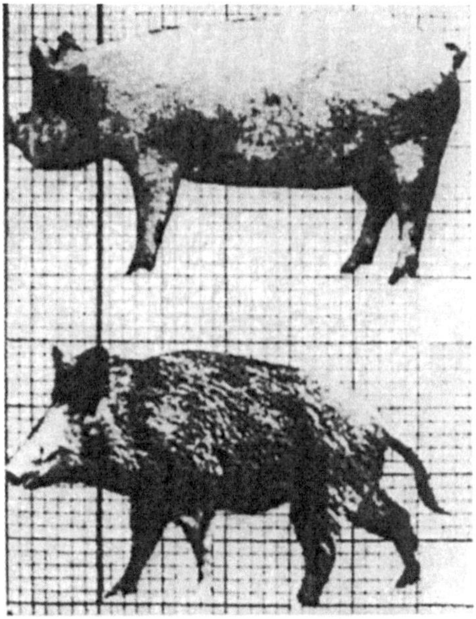

2.1 家畜化　（ 21 ）

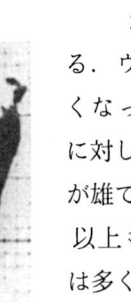

図 2.4　ブタとイノシシの体型の比較
(Hammond : Farm Animals による)（内藤ら, 1975）

る．ウサギやブタでは大きくなっている場合が多いのに対して，野生の原牛は体高が雄で 175 cm，雌で 150 cm 以上もあったが，家畜牛では多くの場合小さくなり，黒毛和種は体高が雄 139 cm，雌 125 cm くらいとなっている．また，ウマではペルシュロン種のように大型化したものとシェットランドポニー種のように小型化したものの両方がある．

体　型：動物体の機能との関係から体型は利用目的に応じた変化をしている．たとえば，ブタとイノシシとを比較してみると，図 2.4 に示すようにイノシシは頭と前半身（前駆）が後半身（後駆）に較べて非常に大きく充実していて，体長が短く，野山を駆けめぐるのに適した体型をしているのに対して，ブタは頭が小さく，前駆に比較して後駆の発達がめざましく，体長も長く，肉生産に適した体型になっていることが分かる．また，乳牛のホルスタイン種雌と原牛雌の体型を頭の大きさを揃えて比較すると，胴が伸び，後駆がよく充実し，乳器の発達により側望の体型が後ろに向かって楔（くさび）形になっていることがよく分かる（図 2.5）．この体型の変化は粗飼料の摂取・利用能力と深い関係のある反すう胃の発達により胴が伸び，乳房および乳腺組織の発達により後駆が充実し楔形になったと考えられる．すなわち乳牛として改良を進めた結果，このような体型の変化が生じたのであろう．

自己防衛能力：自己防衛能力が家畜化によって低下したのか，あるいは高まったのかは一概にはいえない．外敵からの危険に曝されたときの自己防衛能

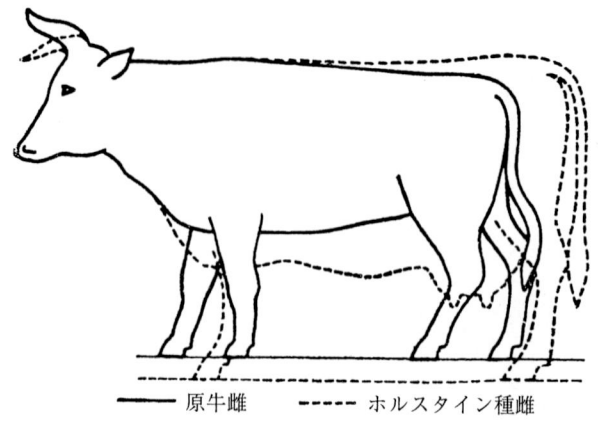

―― 原牛雌　　----- ホルスタイン種雌
図2.5　原牛とホルスタイン種の体型の比較（西田，1974）

力，たとえば敏速に逃げるとか，あるいは敵を威嚇するとかの能力は低下しているであろう．また，餌を自ら探し求め，確保する能力もおそらく低下していて，家畜化された動物をいきなり自然条件下におけば，生き続けることはかなり難しいであろう．さらに，常に病原菌等に曝されていてそれらに対する抵抗性をもったもののみが生き残ってきた野生動物よりも，コントロールされた環境下で飼育されている家畜の方が抗病性の点で劣っているであろう．しかし，一方でウインドレスの畜舎の中で，密飼いをされるというような生産環境への適応性という点では圧倒的に家畜の方が高い能力を備えている．

生産能力：家畜育種とは動物の発現する諸々の形質の内，人類にとって必要な形質を自分たちにとって望ましい方向に変えていくことである．したがって，家畜化とその後の家畜改良によって動物の生産能力は著しく向上してきた．たとえば，ウシの泌乳量は野生状態の場合子育てに必要な量と考えられる1日5〜6 kgであっただろうと推察される．これは肉用種雌牛の分娩後間もない時期の乳量である．しかし，バングラデシュにおける在来牛の乳量は1〜2 kg/日であることからして，野生状態でのウシの乳量はこのくらいで

あったかもしれない．それに対して，現在最も泌乳能力の優れているホルスタイン種の場合，1日25～30 kgも生産するようになっている．なおかつ泌乳期間も非常に長くなっている．

2.2 動物分類学上の分類

Taxonomic classification of animals

　家畜も動物分類学に従って，門，綱，目，科，属，種によって分類される．これらは形態などの点で似たものをまとめて，段階的に大きいグループから小さいグループに分類したものである．したがって，動物の分類上の位置が分かれば，その門，綱，目，科，属の特徴から，その動物の形態，習性などを推察することができる．

　家畜化された動物は32もある門の中で大部分が表2.1に示すように脊椎動物門に属し，ごく一部が節足動物門に属している．さらに，脊椎動物門の中でも哺乳綱と鳥綱に限られている．哺乳綱にはウシ，ブタ，ウマ，ラット，マウス，イヌなど多くの家畜が属し，鳥綱にはアヒル，ガチョウ，ニワトリ，ウズラなどが属している．綱はさらにいくつかの目に分類される．たとえば，哺乳綱の中に，蹄の形態から奇蹄目と偶蹄目に，また歯の形態から鋭い大きな切歯を2対備え，物を齧る齧歯目，肉食で獲物を捕殺するとき武器となる犬歯および肉を細片に切り刻む頬歯すなわち裂肉歯をもつ食肉目などに分類される．奇蹄目にはウマなど，偶蹄目にはウシ，ブタなど，齧歯目にはラット，マウスなど，食肉目にはイヌなどが属する．一方，節足動物門には昆虫綱膜翅目ミツバチ科に属する蜜蜂が唯一家畜化されている．

　分類学上の最小の単位は種（species）であり，同一種に属するものは相互に繁殖が可能であるが，種間では通常正常な繁殖は行えない．種名は属名と種名とを組み合わせた2名式命名法が採られている．その時，属名の頭文字は大文字とし，種名の頭文字を小文字とすることになっている．現在家畜として利用されている主な動物種を動物分類学上の分類にしたがって挙げてみると表2.1のとおりである．

表 2.1 動物分類学上の分類

門	綱	目	科	和名	種名
脊椎動物門	哺乳綱	齧歯目	テンジクネズミ科	モルモット	*Cavia porcellus*
			キヌゲネズミ科	シリアンハムスター	*Mesocricetus auratus*
				チャイニーズハムスター	*Cricetulus griseus*
			ネズミ科	マウス	*Mus musculus*
				ラット	*Rattus norvegicus*
		ウサギ目	ウサギ科	カイウサギ(家兎)	*Oryctolagus cuniculus* var. *domesticus*
		食肉目	イヌ科	イヌ	*Canis familiaris*
		長鼻目	ゾウ科	インドゾウ	*Elephas maximus*
		奇蹄目	ウマ科	ウマ	*Equus caballus*
				ロバ	*Equus asinus*
		偶蹄目	イノシシ科	イノシシ	*Sus scrofa*
				ブタ	*Sus scrofa* var. *domesticus*
			ラクダ科	ヒトコブラクダ	*Camelus dromedarius*
				フタコブラクダ	*Camelus bactrianus*
			シカ科	トナカイ	*Rangifer tarandus*
				アカシカ	*Cervus elaphus*
			ウシ科	ヨーロッパ牛	*Bos taurus*
				インド牛	*Bos indicus*
				スイギュウ	*Bubalus bubalis*
				ヤギ	*Capra hircus*
				ヒツジ	*Ovis aries*
	鳥綱	ガンカモ目	ガンカモ科	アヒル	*Anas platyrhynchos domesticus*
				ガチョウ	*Anser cinereus*
					Cygnopsis cygnoides
		キジ目	キジ科	ウズラ	*Coturnix coturnix*
				ニワトリ	*Gallus gallus*
節足動物門	昆虫綱	膜翅目	ミツバチ科	蜜蜂	*Apis mellifera*

2.3 家畜の品種

Breeds of domestic animals

同じ種の動物でも，長い年月の間，異なる風土のもとで飼育されるか，あるいは異なる用途に用いられるか，または特殊な嗜好のために飼育されるかすると，異なった体型や生産能力をもつようになり，ここに同種の動物のうちにも異なった集団ができる．これが品種（breed）である．たとえば，ウシ

にホルスタイン種,ジャージー種,黒毛和種などが,ウマにサラブレッド種,アラブ種などがあるようなものである.

2.3.1 種内のグループ

　動物分類学上では種が最小の単位であるが,家畜の場合前述したように人間の利用目的に適うような能力・形質をもつように遺伝的に変化させられるので,同一種の中に他と区別しうるグループが人為的に作られ,同一種内において人為的生殖隔離が行われることになる.そのような種内のグループを品種(breed)という.その典型的な人為的生殖隔離が登録である.すなわち,それぞれの品種ごとに登録を行い,異なる品種との間に生まれた個体は登録を行わないようにすることによって,品種間での交配を避けるシステムである.したがって,家畜の場合は一般に品種を分類の単位としている.

　ある集団の家畜を品種と認めるかどうかについては,その形態,能力が大体似ており,大きさ,体型,毛色などの重要な外貌上の形質と,乳,肉,卵などの生産能力とが確実に子孫に遺伝されるならば,その集団は品種と認めてよい.

　次に品種は各家畜について多数存在するが,これらを大きく分類して整理することは,その特色などを知るのに好都合である.この分類の基準となるものに用途,原産地,外貌上の特徴などがある.

① 用途による分類法
　a. ウマ—乗用種,駕用種,役用種,輓用種
　b. ウシ—乳用種,肉用種,役用種,兼用種(乳肉,乳役)
　c. ヒツジ—毛用種,肉用種,毛肉兼用種,毛皮用種,乳用種
　d. ニワトリ—卵用種,肉用種,卵肉兼用種,愛玩用種

② 原産地による分類法
　a. ウシ—イギリス種,ヨーロッパ大陸種
　b. ウマ—東洋馬,西洋馬
　c. ニワトリ—アジア種,地中海沿岸種,ヨーロッパ大陸種,アメリカ種

③ 外貌上の著しい特徴による分類法

a. ウシ－長角種，短角種，無角種
b. ウマ－軽種，中間種，重種
c. ヒツジ－長尾種，短尾種，脂肪尾種
d. ヤギ－有角種，無角種

さらに，同じ品種の中に系統 (line, strain) と呼ばれるサブグループが形成される場合がある．農用動物の場合は，品種の中でとくに能力が他に優れ，それが確実に子孫に遺伝するような場合，その一群を系統という．これは近親交配をくり返えして作出される場合が多く，相互の血縁関係が高いのを常とする．したがって能力だけでなく，体型その他においても遺伝的特色が出る場合が多い．黒毛和種ではこのような系統をとくに蔓（つる）といい，その系統牛を蔓牛（つるうし）と称していた．最近では黒毛和種の分集団をそれらの産地名をとって兵庫系統とか島根系統とか呼んでいる．しかし，この場合は兵庫系統を除いて生殖隔離は行われていない．一方，ニワトリではむしろ品種にこだわらないで，強度の近親交配を続けて作出した近交系をベースに，それらの交雑により高い生産能力をもった採卵鶏やブロイラーがつくられている．

実験動物の分野では系統が品種よりも一般的に用いられ，先祖が明らかで，計画的な交配により維持されている群を系統 (strain) といい，遺伝的コントロールの違いや，系統のもつ特徴によって近交系，コンジェニック系などがある．近交系とはラット，マウスなどの齧歯類では兄妹交配を20世代以上継続して行っている系統をいい，鳥類やウサギでは血縁係数が80％以上のものを近交系と呼ぶことが提案されている．コンジェニック系とは特定の突然変異遺伝子をもつ動物を既存の近交系に繰り返し交配することによって，当該突然変異遺伝子以外の遺伝子組成が既存の近交系と同じになった系統をいう．

2.3.2 ウ シ (Cattle)

1) 起 原

現在の家畜牛の起原は野生牛の原牛 (*Bos primigenius*) である．これは

ヨーロッパ，西アジア，北アフリカなどに広く分布していたらしいが，いまは絶滅していて化石として知るのみである．ウシが家畜化されたのは約6,000～8,000年前といわれ，新石器時代とされている．当時最も文化の進んでいた西アジアのメソポタミアやエジプトなどでは農耕用としてウシが飼われていたようである．したがってウシの最も古い発祥地はおそらくこれら西アジアの文化諸国であろうと推定されている．さらにバビロンで見出された最も古い法律書ハムラビ法典にウシが載っていることは有名である．古代ギリシア・ローマ時代にはウシの飼育はすでに重要産業の一つになっていたらしく，ウシの頭が貨幣に刻まれており，またウシが商取引の基準になっていたことがうかがえる．

2）ホルスタイン種（Holstein - Friesian）

　原産地はオランダの北オランダ州およびフリースランド州である．またドイツのホルスタイン地方にも早くから分布した．家牛としての飼育の歴史が最も古く，2,000年以上になるといわれている．毛色は黒白斑ないし白黒斑で，斑紋の程度は全黒から全白に近いものまで，非常に範囲が広い．乳用種では大型の方で，わが国の標準によると，雌650 kg，雄1,100 kgである．泌乳量が多く，乳脂率が低いのが特色である．草生豊かなところで十分に能力を発揮する．性質は温順で環境適応性も大である．アメリカ，カナダ，オラ

図2.6　ホルスタイン種（吉田重雄氏提供）

ンダなど世界の主要酪農国に広く分布し，オーストラリア，ニュージーランド，南アフリカ，南アメリカなどにも飼われている．今や世界中の乳牛を席巻しつつあるともいわれる．わが国では明治18年（1885）に初めて導入され，その後もアメリカ，カナダ，オランダから頻繁に輸入されている．

3）ジャージー種（Jersey）

英仏間の海峡群島中のイギリス領ジャージー島の原産で，これは対岸のフランス領に飼われていたブルトン種を基礎に，これにノルマン種が交配されて成立した．しかし過去600年ぐらいの間他品種の血液は混ぜられていない．体型，資質，泌乳能力においてよく揃っている．体格は小型で，体重は雌380 kg，雄700 kgぐらいである．毛色は白に近い淡褐色から黒がちな濃褐色まで，さまざまであるが，斑紋はなく一枚毛である．体型は古典的な乳用体型であり，乳房の形状がよい．乳量は少ないが乳質はよく，乳脂率は平均で5％を越えているため，バター，クリーム生産に適している．北欧諸国，フランス，アメリカ，カナダ，南米諸国，オーストラリア，ニュージーランドなどに分布し，飼養されている．わが国には，古く明治時代にも入ったことがあるが，昭和28年以来高原山麓地帯に適する乳牛として奨励され，オーストラリア，ニュージーランド，アメリカから相次いで輸入された．しかし，現在飼育されている頭数は少ない．

4）ガーンジー種（Guernsey）

英仏海峡のイギリス領ガーンジー島の原産で，ジャージー種と同様にノルマン種とブルトン種を基礎に作出され，ジャージー種同様純粋繁殖を長年続行している．ジャージー種より少し体格は大きく，体重は雌450 kg，雄800 kgぐらいである．毛色は淡黄色ないし赤色の地色に，いろいろの大きさの白斑をまじえている．牛乳の黄色味が濃く脂肪球の大きいのが特色である．乳脂率も高く，平均5.0％である．乳量は4,000 kgほどでジャージー種よりは少し多い．

5）乳用ショートホーン種（Dairy Shorthorn）

イングランド北東部諸州の原産である．初めは後述の肉用ショートホーン種との間に特別な区別はなかったが，いまは判然と分かれている．体格は乳

牛としては大型で，体重は雌 600 kg，雄 900 kg ぐらいである．毛色は純白および暗赤色の一枚毛のもの，粕毛色のものなどまちまちである（図 3.7 参照）．乳量は普通のもので 4,000 kg，乳脂率は 3.6 ％ ぐらいである．現在，アメリカ，オーストラリア，ニュージランド，南アフリカに乳用種として飼育されている．わが国にも明治 5 年にアメリカから輸入され，その後もしばしば輸入された．日本短角種の改良に使われたことがあり，また広島県の和牛の改良に用いられたこともある．

6）ブラウンスイス種（Brown – Swiss）

　スイスの北東部の山岳地帯に発達した乳肉役兼用種のスイスブラウン種がアメリカへ輸入された後に作出された乳用種である．スイスブラウン種は，夏はアルプスの山岳地帯に草で飼われ，冬は山麓の農家の牛舎で牧乾草や根菜により飼われるものであり，山岳牛である．したがって四肢が丈夫で頑健である．アメリカに渡ってからは完全に乳用種として改良され，泌乳能力も原産地のものよりも高く，アメリカの 5 大乳用種の一つとなっている．体格は大型で雌 600 kg，雄 1,000 kg ぐらいである．毛色は銀灰色から黒褐色まで，濃淡が種々であるが，一枚毛である．産乳能力は乳量で 4,800 kg，乳脂率で 4.0 ％ ぐらいである．わが国には明治 34 年以来スイスからしばしば輸入されたが，乳牛としては発展しなかった．兵庫県，鳥取県の和牛の改良に貢献したことがある．

7）シンメンタール種（Simmental）

　スイスの西部を原産地とし，前述のスイスブラウン種とともに同国の 2 大品種をなしている．乳肉役兼用種のウシであったが，その後乳肉兼用種となり，さらに近年はホルスタイン種との交雑により乳用のウエイトを高めつつある．毛色は黄白斑または赤白斑で，体格は大型で，体重は雌 750 kg，雄 1,150 kg ぐらいである．能力においても，乳量は 4,500 kg，乳脂率は 4.0 ％ ぐらいである．世界中で広く飼育されており，アメリカではむしろ肉用種として飼育されている．わが国にも明治末期に輸入されたことがあり，熊本，大分，広島，島根の和牛改良に用いられたことがある．ことに熊本系褐毛和種の改良にはかなり使われた．

図 2.7　シンメンタール種

8）肉用ショートホーン種（Beef type Shorthorn, Scotch Shorthorn）

　原産地や初期の改良の経過，外貌特徴などは乳用ショートホーン種のところで述べたとおりである．ショートホーン種のうちスコットランド北部に導入されたものは肉用ショートホーン種として発達した．体格は肉用種としては大型で，体重は雌 650 kg，雄 1,000 kg である．飼いやすく，肥りやすいことで定評がある．また，肉用種としては泌乳量の点でとくに優れる．本種はオーストラリア，アメリカの主要品種の一つであるほか，イギリス，アルゼンチン，カナダ，ニュージランドなどでも飼育されている．本種および以下に述べるヘレフォード種とアバディーンアンガス種を肉用の 3 大イギリス種という．

9）ヘレフォード種（Hereford）

　イングランドの西方ヘレフォード州の原産である．体格は肉用種としては大型で，体重は雌 650 kg，雄 1,200 kg ぐらいである．体型は典型的な肉用体型で，毛色は主として赤色であるが，かなり濃淡がある．顔面は白色で，これは優性白である．早熟・早肥で放牧に適し，気候に対する適応性が高い．アメリカ，アルゼンチン，オーストラリアで飼養頭数の一番多い品種で，そのほか，イギリス，カナダなどで広く飼育されている．アメリカには 1817 年にイギリスから輸入されたが，1900 年ごろアイオワ州で登録牛同志の

図2.8 ヘレフォード種

交配から突然変異の無角のヘレフォード牛が生まれていることを発見し，これを無角ヘレフォード種（Polled Hereford）として固定した．

10) アバディーンアンガス種（Aberdeen Angus）

スコットランド北東部アバディーン州とアンガス州の原産で，外貌は被毛が短く，毛色が黒で，雌雄とも無角を特色とする．体重は雌550 kg, 雄800 kgぐらいである．頭が体に比べて小さいが，体躯は伸びがよく，幅と深さに富んでいて，四肢は短く，典型的な肉用体型をしている．性成熟に達するのが早く，泌乳性に優れるので，子牛の発育がよい．また，肥育牛の肉付が実に滑めらかで，早熟・早肥で，他の品種より肉質がすぐれている．やや神経質なところがあるといわれている．世界各地に広く分布飼養されており，日本にも大正の初めに輸入されて，無角和種の作出に貢献した．

11) ギャロウエイ種（Galloway）

スコットランドの西南部にあるギャロウェイ地方の原産で，これも無角である．寒い地方に向いていて，頑健である．毛色は赤黒いのが多い．被毛が長くて縮れているのが特色である．本種の変種として，身体の中央部に白い帯のあるものが存在しており，白帯ギャロウエイ種（Belted Galloway, 図2.3参照）と呼ばれる．

12) シャロレイ種（Charolais）

フランス，シャロレイ地方原産で，元は役牛であったが，肉用種として改

良された．毛色はクリーム色がかった白色の一枚毛で，額の毛だけは縮毛している．体格は大型で，体重は雌 700 kg，雄 1,200 kg ぐらいである．各部の筋肉の発達がいちじるしく，脂肪の付着の少ない赤肉生産に適したウシである．後躯の傾斜が急で丸尻の傾向がある．このとくに顕著なものを豚尻（double muscle）と呼び，それは劣性遺伝子ミオスタチンの支配を受けていることが最近明らかになった．本種はヨーロッパ大陸種第一の肉用種として脚光を浴び，ヨーロッパ諸国を始め，アメリカ，カナダ，オーストラリアなど世界各国で飼養され，他品種との間の雑種生産に供用されている．

図 2.9　シャロレイ種

13）リムーザン種（Limousin）

原産地はフランス中部のリモージュ地方で，この地方の役用在来牛から改良された．毛色は明るい赤褐色の一枚毛で，鼻鏡の周囲，眼の周囲，身体の下部，四肢の内側と下端は色が淡くなっている．鼻鏡と蹄は黒色で，角は白く，先端が黒い．シャロレイ種に次ぐ肉用種で，豚尻の個体も多いが，世界に広く飼養されている．わが国には農林水産省家畜改良センターにおける肉牛のゲノム解析用材料牛として利用されている．

14）黒毛和種（Japanese Black）

わが国の在来牛を総称して和牛（wagyu）と呼び，アメリカ，オーストラリア，カナダなどでも，WAGYU でそのまま通用するようになっている．そのうち大部分を占めるのが，毛色が黒で有角の黒毛和種である．古くからわ

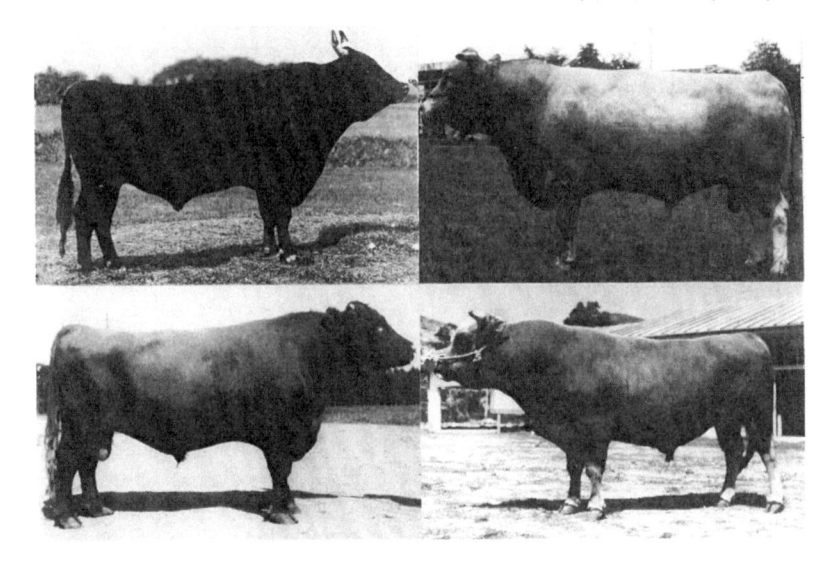

図 2.10 和牛四品種
上:黒毛和種(左)熊本系褐毛和種(右),下:日本短角種(左)高知系褐毛和種(右)

が国に飼育されていた晩熟で,小型のウシの名残りを山口県萩市に属する日本海の一孤島見島にいる見島牛にみることができる.これは天然記念物として指定されている.明治年代に入り,牛肉の消費増などに要請されて,在来牛の改良のために,シンメンタール種,エアシャー種,ブラウンスイス種などの外国種が導入され,幾分無計画に交配された.その結果,早熟性,飼料利用性,泌乳性などはいくらか改良されたが,反面,資質の低下をもたらし,とくに肉質が悪化し,わが国の農家の飼うウシとして有用なものでなくなった.その後,在来牛のよいところに,外国種との雑種牛の美点を取り入れて改良が進められ,固定種とみなされるに至った.その一つが本種で,体重は雌 550 kg,雄 900 kg ぐらいである.前,中躯の改良はかなり進んでいるが,後躯の改良がおくれている.スキ焼肉として肉質のすぐれていることは,世界的に定評がある.全国いたるところに飼われているが,古くは中国地方を中心に,現在では九州地方から東北,北海道へと飼育の盛んな地域が移っている.祖先牛の生産県との繋がりに基づき遺伝的関連性を調べてみると,

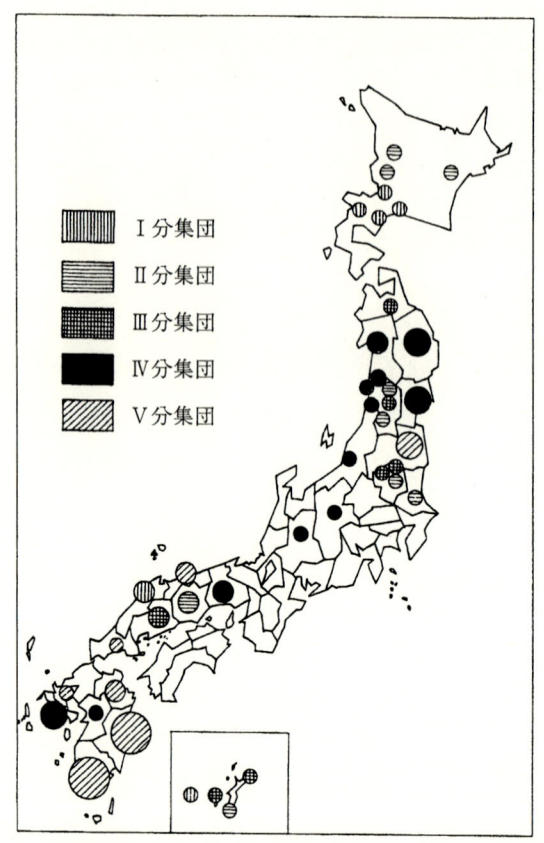

図 2.11 黒毛和種における5つの分集団の分布（野村・佐々木,1988）
分集団Ⅰ：島根県および島根県と相対的に高い血縁関係を示した集団，分集団Ⅱ：岡山県および岡山県と相対的に高い血縁関係を示した集団，分集団Ⅲ：兵庫県産の種雄牛が導入される以前の古い広島県の影響を強く受けている集団，Ⅳ：兵庫県および兵庫県と相対的に高い血縁関係を示した集団，分集団Ⅴ：鳥取県および鳥取県と相対的に高い血縁関係を示した集団，丸の大きさは頭数に比例する．

黒毛和種は図2.11に示すように五つのクラスター（グループ）に分類されることが分かっている．

15）褐毛和種（Japanese Brown）

　毛色が褐色で有角のものを褐毛和種として，従来和牛の一品種として扱っ

てきた．しかし，褐毛和種と呼ばれているウシの中には，熊本県と高知県をそれぞれ主な産地としている二つのグループがある．それらはいずれも日本在来のウシをベースに作出されているが，改良の経過や外貌特徴が違い，現在登録も前者は日本あか牛登録協会が，後者は全国和牛登録協会がそれぞれ別個に実施しており，生殖隔離が行われている．これらの点から別品種とすべきであり，ここでは熊本系褐毛和種（Japanese Brown-Kumamoto）および高知系褐毛和種（Japanese Brown-Kouchi）とした．

熊本系褐毛和種：熊本県に飼育されていた在来牛に明治時代に導入されたデボン種（Devon，イングランド南西部のデボン州原産の肉用種）や，さらにその後数回にわたって導入されたシンメンタール種が交配され，当初は役牛として，戦後は肉牛として改良されてきた．毛は褐色で，皮膚も赤色である．体格は黒毛和種よりも大型で，体重は雌 600 kg, 雄 950 kg ぐらいで，発育がよく，放牧適性にも優れている．現在，熊本県を中心に秋田県，北海道などでも飼育されている．

高知系褐毛和種：高知県でも，一時的にシンメンタール種を導入したことはあるが，むしろ朝鮮牛の雄を導入し，在来牛との交雑を行った．それらをベースに改良が進められ固定種となった．毛は褐色であるが，"毛分け"と称して褐色の毛色に，角，蹄，眼瞼，鼻鏡，舌，尾房，肛門などの黒いものをよしとしている．この点が熊本系と基本的に違うところである．体格は黒毛和種と大差なく，体重は雌 550 kg, 雄 900 kg ぐらいである．高知県を中心に飼育されてきたが，最近頭数が減少している．

16) 無角和種（Japanese Polled）

山口県萩市を中心とした地方で，黒毛の在来牛に，イギリス，スコットランドから輸入されたアバディーンアンガス種を交配して作出されたものである．毛色は黒色で，無角である．飼料の利用性が良く，他の和牛より早熟であるなど肉用種として優れた能力を備えていたが，肉質が黒毛和種に比し劣るなどの点から，現在ではほとんど飼養されなくなった．

17) 日本短角種（Japanese Shorthorn）

岩手，青森，秋田，北海道の一部に分布している褐毛・有角のウシである．

在来牛である南部牛を基とし、これに主としてイギリスからのショートホーン種を導入・交配して作出されたものである。毛色は褐色で濃淡さまざまである。山野の放牧に適し、粗飼料の利用性が良いなどの肉用種としての特性をもっているが、脂肪交雑など肉質の点で劣ることから、近年飼養頭数は大幅に減少している。

18) インド牛 (Indian Cattle, Humped Cattle)

インド原産のウシのことでゼブ (Zebu) ともいわれ、世界のウシの半数以上を占める。これらは *Bos indicus* の学名が与えられ、*Bos taurus* に由来しているヨーロッパ牛とは種が違っている。しかし、両者の交雑による雑種は繁殖能力などすべて正常で、両種の交雑によって成立した品種も多い。このゼブの中には約27の品種があり、乳用を主とするもの（サヒワール種 (Sahiwal、モントゴメリー種 (Montgomery) とも呼ばれる)、ギル種 (Gir)、シンド種 (Sind))、役用を主とするもの（カンクレージ種 (Kankrej))、両者兼用のもの（オンゴール種 (Ongole)) などがある。さらには、ゼブは耐暑性があり、ダニなどの外部寄生虫がつき難くダニ熱にも強いので、熱帯または亜熱帯の諸国で肉牛としての利用が盛んになっている（オンゴール種)。体型は瘤牛 (humped cattle) の通称で呼ばれるようにき甲部に肩峰と呼ばれる隆起があり、また頚垂、胸垂、腹垂の皮膚のたるみが大きい。毛色は白色、灰色、黒色など種々である。

アメリカでは種々のインド牛を導入し、それらを交配することにより、熱帯地方の気候風土に適応できる肉用種のブラーマン種 (Brahman) を作出した。本品種を交雑することにより、数種の新しい肉用種が作出されている。すなわちアバーディンアンガス種との雑種をブランガス種 (Brangus)、シャロレイ種とのそれを Charbray といっている。ブラーマン種をショートホーン種に交雑して作出された耐暑性の品種としてサンタガートルーディス種 (Santa Gertrudis) は有名である。

19) 黄 牛 (yellow cattle)

東南アジア一帯から中国北部までに広く分布している黄褐色の毛色をしているウシを総称して黄牛という。これらはゼブの流れをひいており、体型は

図2.12 ブラーマン種
世界家畜図鑑 (社)日本食肉協議会（天野 卓撮影）

一般に前駆がよく発達した役用型で，耐暑性，抗病性とくにピロプラズマ症に強い．中国の山東省原産の魯西牛（Luxi），華中の陝西省の秦川牛（Qinchuan），雲南省の文山牛（Wenshan）などがある．

20) スイギュウ（水牛，Water Buffalo）

これは同じ牛亜科ではあるが普通のウシとは属が異なり水牛属（Bubalus）に属している．インドを始め，熱帯の水田の多い湿潤地帯における重要な家畜である．インド水牛とアフリカ水牛との2種類がある．毛色は普通灰黒色であるが，まれに白色のものもいる．角が大きく，胴が深く，後駆のひどく傾斜した体型で，役用が主であるが，イタリアには乳用に育種されたスイギュウもいる．

図2.13 スイギュウ

2.3.3 ウマ（Horse）

1）起原

中央アジアで野生馬が慣らされて，現在のウマができたとされている．その野生馬に最も近い体型をしているものとして，ソ連の探険家によってプルツエワルスキー馬（Przewalski）が西蒙古ツンガリア砂漠で発見された．このように現在の家畜馬の祖先はアジアに発し，ヨーロッパにも石器時代すでに入っていたらしい．アメリカにはコロンブスによる新大陸の発見以降に持ち込まれた．

図 2.14 プルツエワルスキー馬（吉田重雄氏提供）

2）アラブ種（Arab）

アラビア半島中心地の砂漠地帯を原産地とする乗用馬で，アラビア馬とも呼ばれる．体格的には軽種で小さく，体高は 145～155 cm である．性質温順で，気品がある．速力はとくに大ではないが，持久力に富み，粗放な管理下にも耐える．毛色は主として芦毛，鹿毛，栗毛で，青毛は少ない．

3）サラブレッド種（Thoroughbred）

イギリスにおいてアラブ系種雄馬 3 頭を中心に在来雌馬と交雑することによって，速力の向上を中心に改良された世界一早いウマで，軽種，乗用馬，競走馬である．軽快な体躯をもち，体高は 160 cm 前後，体重は 500 kg ぐらいのものが多い．毛色は鹿毛，栗毛が多く，芦毛，青毛は比較的少ない．

図 2.15 サラブレッド種（楠瀬良氏提供）

4）アングロアラブ種（Anglo – Arab）

　フランスの西南部の原産で，軽種，乗用馬である．サラブレッド種（雌）とアラブ種（雄）との交配により，またアングロアラブ種相互の交配と戻し交雑によって作出された．体高は 155～160 cm でサラブレッド種よりは小さく，アラブ種よりは大きい．体質強健で，持久力に富んでいる．毛色は鹿毛または栗毛が多い．

5）スタンダードブレッド種（Standardbred）

　アメリカの大西洋岸諸州を主な産地とする．サラブレッド種を基礎にアメリカで改良された競走馬で，速歩馬と側対歩馬とがある．毛色は単色で，鹿毛，栗毛，青鹿毛である．

6）ポスチェブルトン種（Postier Breton）

　フランス産の代表的な重種の一つブルトン種（Breton）の1タイプである．原産地はフランス西部ブルターニュ半島である．その山岳地帯に小格の在来馬がいたが，それにペルシュロン種などを交配していくらか大型化したものである．体高は大小さまざまであるが，一般に海岸地方のものは大きいのに対して，山岳地方のものは小さく，体高 150 cm ぐらいである．大正9年に鞍馬改良の目的で，わが国に輸入されたことがある．昭和27年以降輸入さ

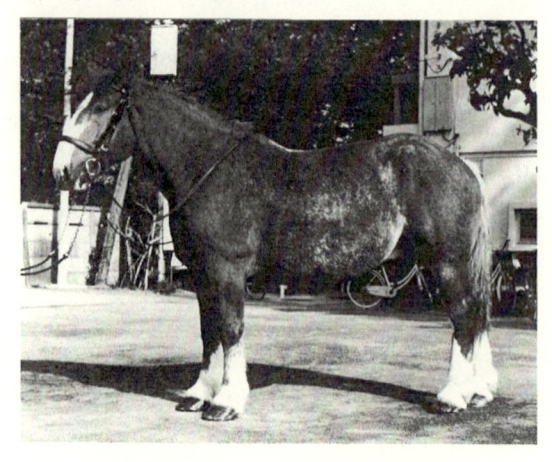

図 2.16 ブルトン種(楠瀬良氏提供)

れているものは,これとは別のもので,トレーブルトン種(Trait Breton)といわれる別タイプものである.

7) ペルシュロン種(Percheron)

フランスのパリー西方ペルシュ地方の原産,重種,重輓馬である.小型と大型とがある.小型は体高152～160 cmであり,大型は体高160～170 cmであり,体重600～750 kgである.筋肉がよく発達し,持久力と耐久力に富み,気質は非常に温順で,長距離貨物輸送,郵便馬車,乗合馬車などに好適な馬であった.毛色は小型では芦毛が多く,大型は青毛である.世界で広く生産され,日本にも輸入されてわが国農用馬の基礎となった.

8) クォーターホース種(Quarter Horse)

アメリカを原産地とする競走用馬で,最大の特徴はスタート時のダッシュ力で,1/4マイル(約400 m)すなわちクォーターマイルの競走に使用されることからこの名称が付けられた.

9) シェトランドポニー種(Shetland Pony)

イギリス最北端のシェトランド諸島が原産地である.体高は96 cmぐらいで,長毛が多く,強健性と耐久性に優れている.かつては炭鉱内で使役されていたが,最近は婦人や子供用の乗馬としての人気が高い.

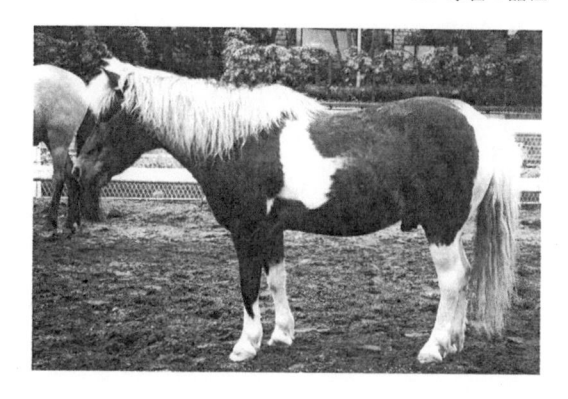

図 2.17 シェットランドポニー種（楠瀬良氏提供）

10）日本在来馬

　現在，日本在来馬として認められているのは 8 馬種である．これらの起源については縄文時代後期から弥生時代にかけて，中国大陸から持ち込まれたとする説が有力である．武士の台頭とともに国や藩ごとに地域色の強いウマが育成された．明治時代以降は軍馬育成のため外国種による改良が全国的に実施され，ほとんどの在来馬は姿を消してしまった．しかし，隔地や離島に飼育されていた一部のウマが日本在来馬として残った．

　これらは体格，体高から中型馬と小型馬に分類される．前者の体高は 130 cm，後者のそれは 110 cm ぐらいである．中型馬は主に本土で飼育されており，北海道和種（北海道），木曽馬（長野県），御崎馬（宮崎県）の 3 馬種である．一方，小型種は主に離島で飼育され，対州馬（長崎県対馬），野間馬（愛媛県），トカラ馬（鹿児島県），宮古馬（沖縄県宮古島）および与那国馬（沖縄県与那国島）の 5 馬種である．北海道和種を除いていずれも 100 頭を切っており，保護増殖が図られている．

11）ロ（Ass）

　馬属に属するがウマとは種が異なる．体質が頑丈で，粗食に耐え，体格の割に大きい負担力を示すので，農耕用，また小荷物運搬などの駄用に広く用いられ，役畜として重要なものである．雌馬に雄のロを交配した種間雑種がラ（Mule）である．繁殖能力はない．粗食にたえ役用能力は大である．これ

と逆の交配のものをケッテイ（Hinnus）という．なお，馬属にもう一つシマウマ（*Equus Zebra*）がいるが，これは家畜化されたことがない．

2.3.4 ブタ（Swine）

1）起 原

ブタは野生のイノシシが家畜化されたものである．イノシシの分布が広範囲であることから，家畜化は世界各地で行われた．最も古くはヨルダン渓谷のジェリコ遺跡で，B.C. 6,000年ころの地層からブタの骨が出土している．また新石器時代のスイスの湖棲民族の遺跡（B.C. 5,000年）から発掘された泥炭豚は家畜化の程度の低い，初期のブタを示すものとされている．その後B.C. 4,000年ごろにはメソポタミアにおいて，B.C. 3,000年ごろにはエジプトにおいて，B.C. 2,000年前後にはアジアの東南部において飼われていた証拠が見られる．

ブタの家畜化が多元的であったこととも関連して，ブタの品種は多数にのぼるが，改良種として世界的に普及しているのは30品種程度である．これらの品種は従来用途別にラードタイプ（脂肪用型），ベーコンタイプ（加工用型），ミートタイプ（生肉用型）に分けられてきた．しかし，近年その区分は明確でなくなってきた．むしろ，雑種利用の時代となり，特定の能力特性を備えているかどうかが重要になってきている．

2）中ヨークシャー種（Middle Yorkshire, Middle White）

わが国では単にヨークシャーといっている．イギリス原産で世界各国に拡がり，多産で，発育も早く，肉質も良好である．体重は成豚で200〜250 kgである．顔面はほどよくしゃくれ，耳は中等大で直立している．被毛は白色である．わが国では，1960年代まで全飼養頭数の95％を本種が占めていたが，ランドレース種に取って代わられ，さらに雑種時代を迎えて大型品種に押されて，現在では小頭数が飼養されているに過ぎない．

3）大ヨークシャー種（Large Yorkshire, Large White）

ヨークシャー種の一種で，白色のブタである．顔面のしゃくれはない．耳も大きく，やや前方に向かって立っている．体格は大型で，体重は成豚で

340～370 kg である．赤肉と脂肪の割合も適度で，良質のベーコンを産し，加工用型として世界中に広く飼われている代表的改良品種の一つである．

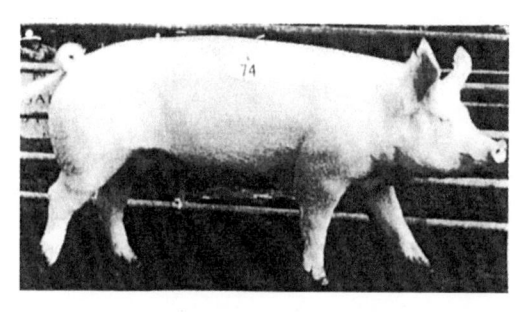

図 2.18　大ヨークシャー種（新畜産大事典　養賢堂　正田陽一・三上仁志著）

4）バークシャー種（Berkshire）

　イギリスのバーク州の原産で，全身は黒色であるが，鼻端，四肢端，尾端が白く，俗に黒六白といわれる．体型，体重などは，中ヨークシャー種とほぼ同様であるが，産子数は少ない．体質強健で飼いやすい．肉質は繊維が細かく柔らかで優れており，生肉用型である．わが国では最近肉質が重視されるようになり，増加傾向にある．とくに雄は雑種生産の父系としての利用が多くなっている．

5）ランドレース種（Landrace）

　ランドレースとは元来土産種という意味であるが，本種はデンマークにおいて在来種と大ヨークシャー種を交配して，それを基礎群として後代検定により作出された．デンマークはランドレース種の輸出を禁止したので，わが国にはそれ以前に国外に出されていたものをもとにつくられた周辺国のものが導入された．胴伸びがとくによく典型的な加工用型である．白色で，体型は流線型を呈し，頭部は小さく，顔面のしゃくれはほとんどないが，耳は大きく前方に垂れて顔を被っている．繁殖能力が高く，平均産子数が11.7にもなり，純粋種雌豚の中心的存在となっている．

6）ピエトレン種（Pietrain）

　ベルギーで作出された新しい品種で，筋肉質でハムの部分が後方と外側に

図2.19 ランドレース種

図2.20 ピエトレン種
世界家畜図鑑（社）日本食肉
協議会（正田陽一撮影）

よく張っていて，筋肉間の溝が表面に見られるほど皮下脂肪が薄い．発育が遅いことやPSE肉の発生率が高いことなどから一時減少したが，最近その赤肉率の高さから雑種生産の雄系としてドイツ，フランスなどで人気が高まっている．

7）デュロック種（Duroc）

アメリカのニューヨーク州，ニュージャージー州などにおいて，西アフリカ，スペイン，ポルトガル原産の赤色豚をベースにイギリス原産の品種を交配し作出された．毛色が赤褐色であるから俗に赤豚と称する．体重は雌300 kg，雄380 kgぐらいである．粗飼料の利用性に富み，体質強健で，耐暑性に優れている．アメリカのほか，中南米，最近ではヨーロッパ，アジアなど世界中で人気が高まっている．わが国では雑種利用の雄系として急速に普及している．

8) ハンプシャー種（Hampshire）

イギリスから輸入したものを基として，アメリカで作出された品種である．毛色は黒で，肩から前肢にかけて 10〜30 cm 幅の帯状の白斑がある（図2.3 参照）．飼料利用性にも優れ，放牧や気候風土に対する適応性が高い．加工用型に近い．

9) 中国種（支那種）

中国大陸に飼われているブタは，体型，毛色など種々雑多であるが，これらを総称して，中国種という．また，インド，ジャワ，台湾のものを含めて中国種ということもある．粗食に耐え，体質がきわめて強健で，繁殖力も旺盛である．この点で，世界各地のブタの改良に貢献した．体重は大型種で約 200 kg，中型種で約 150 kg，小型種で約 80 kg である．いずれも凹背垂腹（背線はくぼみ，腹部が垂下している）のもので，被毛がとくに粗である．

桃園種（Taoyuan Pig）：台湾に数種の在来豚がいるが，そのうち最も多いのが桃園種である．中型，黒色のブタで，凹背垂腹のものが多く，皮膚にしわが多い．多産で気候風土に対する適応性が高い．

梅山豚（Meishan Pig）：中国の太湖周辺の在来豚を総称して太湖豚というが，本種はその中の一品種で，毛色は黒色で，四肢の先端が白色で，耳は大きく垂れている．繁殖能力が非常に高く，平均産子数は 17 頭にもなり，最高 33 頭の記録がある．この優れた繁殖能力を改良種に取り込むための交配試験がフランス，アメリカ，日本など各国で試みられたが，未だそれによって繁殖能力の著しく高い品種は作出されていない．

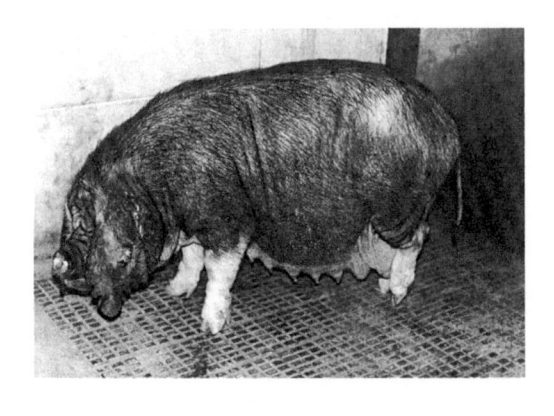

図 2.21　梅山豚

10) ハイブリッドブタ

現在の肥育素豚生産では雑種が主流となっている．その際，通常三元交雑あるいは四元交雑が行われ，しかも既存の品種を漫然と組み合わせるのではなく，より能力の高い固定した系統を作出し（これを系統造成という），それらをうまく組み合わせる努力が払われている．これら組み合わせ系統をセットで育種会社が販売しているもの，たとえばハイポー，デカルブ，コツワルドなどをハイブリッドブタと呼んでいる．

11) ミニブタ (miniature pig)

ブタは従来農用動物として利用されてきたが，人間との類似点が多く，実験動物としての価値が高いために，実験に適した小型豚いわゆるミニブタが開発利用されている．

オーミニ系 (Ohmini)：中国東北部の在来種，台湾の桃園種をもとに作出されたミニブタである．1歳齢の体重が35 kgと非常に小さく，黒色で長毛のブタである．

ゲッチンゲン系 (Gottingen miniature pig)：他のミニブタであるホーメル系とベトナム在来種とドイツランドレース種の交雑を基礎として，ドイツおよび日本で開発された．1歳齢体重は35 kgで，白色に黒斑があり，短毛である．

2.3.5 ヒツジ（めん羊，Sheep）

1) 起原

野生ヒツジから家畜化したと考えられるものの内最も古い遺骨が西トルキスタンのアナウの遺跡にみられる泥炭羊である．したがって当時の定住的農耕民族であったウラルアルタイ人により，イラン高原，コーカサス，アルメニアなど西アジアの高原地帯で家畜化されたと考えられる．いまでもこの地方には最古の家畜めん羊の形態をしたものが野生している．

現在，ヒツジの品種は大変多く，細かく分けると1,000種を越えるといわれる．これらは用途により毛用種，肉用種，毛肉兼用種，毛皮用種，乳用種に大別される．

2) オーストラリアンメリノー種（Australian Merino）

現在，オーストラリアンメリノー種には70もの系統があるといわれ，体格，体型，皮膚のひだ，毛質などから細番手型，中番手型，太番手型の3タイプに区別される．しかし，いずれも雄はラセン型の角をもち，雌は無角で，毛質・毛量ともに毛用種の中で最高クラスである．

本種の中に，3子または4子で生まれたヒツジを選抜することによって，多産系ブールーラメリノー種（Booroola Merino，平均一腹子数2.5で，その範囲は1〜7頭である）が作出されている．これは年間を通じて繁殖が可能で，産子率が200％以上であるなど繁殖性に優れる．とくに，多産性の主働遺伝子 'Booroola' を有していることが明らかにされており，世界的に注目されている．

図 2.22　オーストラリアンメリノー種
新畜産大事典　養賢堂　福井豊著

3) コリデール種（Corriedale）

ニュージーランド原産の毛肉兼用種である．体格は中型で，体重は雌55〜65 kg，雄80〜110 kgである．肉質もよく，湿気および雪によく耐え，粗飼料の利用性にも富む．したがって，わが国の気候風土にも適した品種であると考えられ，1914年以来導入され，日本コリデール種となった．その後，昭和30年代までわが国のヒツジのほとんどを占めてきたが，近年では肉用種のサフォーク種にその座を譲った観がある．

4）ドーセットホーン種（Dorset Horn）

　イングランド南西部ドーセット，サマーセット州が原産の短毛種で，イギリスで作出された品種中最古の品種である．雌雄ともに有角で，雄の角は螺旋状を呈する．体格は中型で，早熟・早肥で，肉質に優れ，風味がよい．さらに，雌は繁殖期が長く，年2回分娩可能で，産子率は160〜200％で，しかも哺育能力も高い．

5）サフォーク種（Suffolk）

　イングランド南東部サフォーク州が原産の短毛種で，在来種にサウスダウン種（Southdown，体躯はよく充実しており，幅も深さもあり，典型的な肉用型の短毛種）を交配・作出され，前者の頑健・多産性と後者の早熟・肥育性を併せもった品種である．イギリスを始め世界各国で飼育され，わが国にも昭和31年以来導入され，現在わが国の主要な品種となっている．雌雄ともに無角で，顔，四肢は黒く，耳も長くて黒い．

図2.23　サフォーク種（吉田重雄氏提供）

6）チェビオット種（Cheviot）

　イングランドとスコットランドとの境界に近い寒冷なチェビオット山地が原産地である．頭部は無毛で，顔面が白色のヒツジで，体質強健で，草生の悪い山地でも飼える山岳種である．スコットランドのツイード原料毛の生産に重要である．

図2.24 チェビオット種

7) イギリスフライスランド種 (British Freisland)

オランダ，ドイツを原産とする乳用種で，体格は大きく，雌雄ともに無角である．多産性で成雌の産子率は250％以上にもなる．また，乳量は400〜700 kg（6〜7カ月搾乳）と高く，乳脂率は5〜7％と高い．

8) 蒙古羊 (Mongolian Sheep)

原種は不明である．中国種の最も代表的なもので毛皮用種である．内外蒙古，満州，中国の各地で古くから飼われている．遊牧の民の家畜となっていただけに，粗放な管理になれている．寒暑に対する抵抗性が大で，尾は厚く大きく半円形の脂尾になっている．毛質は良好でなく，ケンプとめん毛の混生している混毛種である．

9) カラクール種 (Karakul)

旧ソ連の中央アジア，イラン北部，アフガニスタン地方で飼育される毛皮用種である．塊状の脂尾をもつ．成ヒツジの被毛は粗く灰褐色であるが，生後5日以内の子ヒツジの毛皮は黒色で，軽く縮れ，光沢があってアストラカンと呼ばれ珍重される．

2.3.6 ヤ ギ（山羊，Goat）

1）起　原

ヤギの起原となった野生ヤギは3種あると考えられているが，最初に西アジアの山岳地帯に生息していたベゾアールヤギ（Bezoar, *Capra aegagrus*）が家畜化されたとされている．この家畜化されたヤギが東に向かって中央アジア，インド，モンゴルと中国の全域に広がり，その過程でアフガニスタンから蒙古の北部にわたる地域に分布するマルコールヤギ（Markhor, *Capra falconeri*）が交雑された．一方，西に向かっても伝播しアラビア半島，アフリカ大陸，ヨーロッパ大陸へと広められた．これに大型のヨーロッパノヤギ（Prisca goat, *Capra prisca*，今は絶滅している）が交雑され，現在のヨーロッパのヤギがつくられたと考えられている．

また，B.C.3,000年ごろのメソポタミアのスメリア人がすでにヤギをもっていたから，この家畜化はそれより以前と推察され，アジアではB.C.3,500年ごろとされている．ヨーロッパで，最も古いヤギは新石器時代のスイス湖棲民族の遺跡からの泥炭山羊とされている．現在，乳用山羊の代表的なものであるザーネン種やトッケンブルグ種などもここに発している．

2）ザーネン種（Saanen）

スイスベルンのザーネン渓谷を原産地とする代表的な乳用種である．現在世界各国に拡がっている．体型は乳用種特有の楔型をしていて，毛色は白で，多くは無角で，雌雄ともに毛髯が

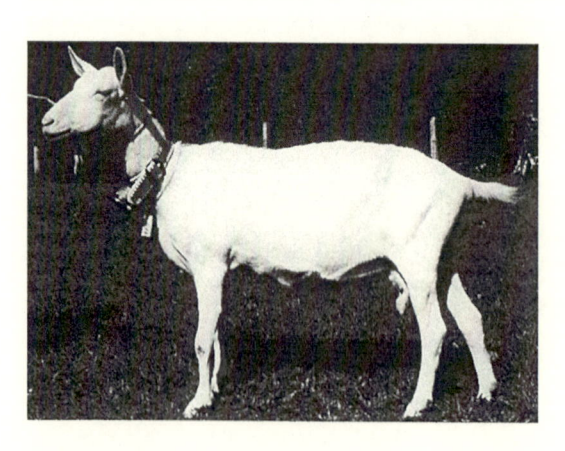

図 2.25　ザーネン種

ある．体重は雌 50〜60 kg，雄 70〜90 kg で，泌乳期間は 270〜350 日が普通で，泌乳量は年間 500〜1,000 kg である．湿気や暑さには比較的弱いが，気候風土に対する適応性は大きい方で，性質も温順である．

わが国には明治 39 年以来スイスおよびイギリスから輸入され，わが国の九州地方に古くから飼われていた日本在来種に，このザーネン種を累進交雑して日本ザーネン種 (Japanese Saanen) が作出された．この体格は小さく，泌乳量は普通年間 500 kg までである．

3) トッケンブルグ種 (Toggenburg)

スイスのトッケンブルグ渓谷地方原産の乳用種である．毛色は淡い褐色から濃いチョコレート色まである．無角で毛髯を有する．ザーネン種よりはいくぶん小型で，泌乳能力もやや劣る．強健で風土に対する適応性が大きい．世界各地に飼われ，スイス以外はとくにアメリカとカナダに多い．明治 40 年以来，わが国にも輸入されたことがあるが，定着しなかった．

図 2.26　トッケンブルグ種

4) アンゴラ種 (Angora)

小アジアのアンゴラ高原地方原産の毛用種である．全身白色で，絹糸状の縮れた光沢のある細長い被毛でおおわれ，被毛の長さは 20〜25 cm である．その毛はモヘアと呼ばれ，織物，セーターなどに加工され，高価である．春，換毛の直前に剪毛する．産毛量は約 2.5 kg である．毛質は若いものほどよ

く，6歳以上になると粗剛となる．トルコ，スペイン，南アフリカ，オーストラリアなどに分布する．

5）カシミヤ（Cashmere）

チベットのヒマラヤ山脈のカシミヤ地方原産の毛用種である．毛色は白，茶，黒など種々である．毛に2種類あって，外側の10cmぐらいの長毛を外毛といい，これは粗毛である．秋に外毛の下に生える柔らかい絹状の下毛をカシミヤといって，高級ショールその他の織物に用いられる．その産毛量は普通，雌で80〜110gである．

6）日本在来種

九州西南部に古くから飼育されている在来ヤギで，その地方によりトカラヤギ，シバヤギなどと呼ばれている．体格は小さく，体重は雌20〜25kg，雄25〜35kgである．体質強健で，粗放な飼養にも強く，繁殖性もよい．毛色は黒，褐，茶，白など種々雑多で，有角である．近年，小型で取り扱いが容易である上，周年繁殖が可能であるシバヤギを実験動物とするための選抜・淘汰が東京大学農学部附属牧場で行われている．

2.3.7 ニワトリ（Fowl, Chicken）

1）起　原

ニワトリの起原はインドや東南アジアに野生的に現存している赤色野鶏（Red jungle fowl, *Gallus gallus*）とされているが，この野鶏を含めて4種の野鶏が現存している．野鶏が家畜化された場所は，現在もそれらがインドからマレーシア，ジャワ島，東インド諸島に棲んでいるので，おそらくこの付近と考えられる．そのうちとくにインド，ジャワ島，マレーシアがその発祥地と考えられ，さらに東南アジアが最も古いとされている．その年代はB.C. 2,000年ごろとされている．

2）白色レグホーン種（White Leghorn）

イタリア原産で，アメリカとイギリスで卵用種として改良された．羽色は白で，優性白色遺伝子をもっている．卵殻は白く，就巣性がなく，病気に強い特色をもっている．体躯は割合に小さく，成体重は雌2.0kg，雄2.5kgぐ

らいである．産卵数は初年度250〜290個である．なお，レグホーンの変種に褐色レグホーン種（Brown Leghorn）があり，これは赤色野鶏と同じ羽色遺伝子をもっている．

3) **黒色ミノルカ種**（Black Minorca）

地中海のミノルカ島原産で，単冠・黒色で，大きな白耳朶をもち，顔面は赤色である．就巣性はなく，美しいニワトリで体も大きく，実用鶏というよりも観賞用である．

4) **横斑プリマスロック種**（Barred Plymouth Rock）

アメリカ東海岸にあるプリマスロックの辺りで作出された卵肉兼用種である．羽色は全身黒色の地に，整然とした白色の平行横斑をもち，単冠で，耳朶は赤く，皮膚は黄色である．成体重は雌2.7〜3.4 kg，雄3.8〜4.8 kgで，産卵数は150〜200個である．卵殻は赤く，就巣性はほとんどない．

図2.27 横斑プリマスロック種（山本義雄氏提供）

5) **白色コーニッシュ種**（White Cornish）

イギリスにおいてアジア系の闘鶏品種を中心につくられたニワトリがアメリカに渡り，日本鶏の大シャモを交配するなどによりブロイラー鶏として改良された．羽色は白色で，耳朶は赤く，就巣性が残っている．肉用種で，発育がよく，胸の肉付きのよい点が特色である．成体重は雌で4.0 kg，雄で5.5

kgぐらいである．産卵数は少なく，100～120個である．

6）愛玩用種

愛玩用鶏は世界各地に見られるが，ここでは日本鶏を中心にその主なものについて述べる．日本鶏は明治維新以前から日本で飼育されていたニワトリの総称で，現在まで17品種が天然記念物に指定されている．

尾長鶏：高知県原産で，世界的に最も有名な日本鶏である．その特色は尾が長いことであり，長いものでは12mにもなる．羽色は白藤（白笹），白，赤笹の三つがある．

図2.28　尾長鶏（山本義雄氏提供）

チャボ（矮鶏）：愛玩用として世界中で飼育されている．日本には江戸時代に中国から入った．胸が前に張り出し，尾羽が直立しているものが多く，小型で，足が短いことが特徴である．

烏骨鶏：中国産で，江戸時代にわが国に入った．羽色は白または黒であるが，皮膚から体内にもメラニン色素がたまる．中国では昔からその卵や肉には薬効があると考えられ，利用されてきた．

シャモ（軍鶏）：シャム（タイ）原産であるが，わが国には江戸時代に導入され，主として闘鶏用の品種として改良された．羽色は黒，白，赤褐色，赤笹など種々である．冠はエンドウ冠かクルミ冠である．体格も大・中・小とあるが，大・中シャモは闘鶏用，小シャモは観賞用である．肉が美味で，肉用としても飼われる．地鶏（古くから各地で飼われていたニワトリの総称）との雑種により作出された品種に，秋田県の比内鶏，鹿児島県の薩摩鶏などがある．

唐　丸：新潟原産の長鳴鶏である．澄んだ張りのある鳴声を出す．その長さは10～13秒程度と長い．羽色は黒色であるが，白色も存在する．単冠で，耳朶は赤色である．

7）日本ウズラ（Japanese Quail）

　渡り鳥の野生ウズラが江戸時代にわが国で家畜化された．採卵用として改良されたが，小型で成体重は雄で約100g，雌で約130g，飼育が容易であり，多産（産卵数：年250個）で，しかも雄の性成熟が35～40日，雌のそれが40～45日と短く，世代回転が速いことなどから実験動物としての利用価値が高まっている．

図2.29　日本ウズラ（岡本悟氏提供）

2.3.8　その他

1）カイウサギ（Domestic Rabbit）

　カイウサギ（家兎）はアナウサギ（*Oryctolagus cuniculus*）を家畜化したものである．アナウサギが家畜化された年代は11世紀中頃で，その場所はヨーロッパ南部らしい．従来，カイウサギは肉および毛皮を利用するために飼われてきたが，近年実験動物としての利用が増加している．

日本白色種（Japanese White）：わが国で最も多く飼われていたもので，肉毛皮兼用種であった．毛色は純白で大型である．体重は生後8カ月において4.8 kgくらいになる．最近，実験動物用としてJw – Nibs, Jw – Cskなどの系統が作出されている．

ニュージーランドホワイト種（New Zealand White）：アメリカで作出された毛皮用種で，体重は4 kgぐらいで，前躯の幅が広く毛皮用として体型は理想的に近い．実験動物として世界的には最も広く利用されている．

アンゴラ種（Angora）：白色で，長毛の毛皮用種として名高い．被毛は長さが10 cmを越えるほど長く，毛の髄質部の空洞部分が多く，最も軽い毛であり，保温力も大である．したがって各種の高級織物に用いられる．

2）**アヒル**（Duck）

　野生のマガモ（真鴨，*Anas boschas*）が家畜化されたものである．エジプトではB.C. 2,000年ごろの彫刻にカモを捕える図があるということである．

北京アヒル種（Pekin Duck）：中国の原産で，300年以上の歴史のある世界的に有名な卵肉兼用種である．羽毛は全身白色で，嘴，脚はともに黄橙赤色を呈する．成体重は雌約3.5 kg，雄約4.0 kgである．産卵数は年間150〜160個である．

大阪アヒル種（Osaka Duck）：日本の在来種に北京アヒル種を交雑して，大阪地方で作出された．羽毛色，嘴，脚色ともに北京アヒル種に類似している．成体重は3.0 kg前後で，産卵数は年間180〜200個である．

3）**ガチョウ**（Goose）

　ガチョウの先祖はヨーロッパやアジア中北部などにみられるハイイロガン（*Anser cinereus*）と中国で見られるサカツラガン（*Sygnopsis sygnoides*）の2種がある．古代エジプト人がB.C. 3000年頃から飼育していた世界最古の家禽である．ガチョウは雑草を好み，飼料効率が高く，湿潤な気候にも適応し，耐病性にも極めて優れている．肉やフォアグラの生産に加えて，羽毛とくに綿羽（ダウン）の生産が注目されている．

ツールーズ種（Touloose）：ツールーズを中心としたフランス西南部の原産で，肥育性に優れ肉専用種である．成体重は雌約9 kg，雄約12 kgである．

ランド種 (Landes): フランス原産のフォアグラ生産に最も適した品種で, 成体重は約 6 kg と小さく, 咽喉袋がない. 石川県に導入飼育されている.

図 2.30 ランド種 (泉徳和氏提供)

4) マウス (mouse) ラット (rat) ハムスター (hamster) モルモット (guinea pig)

　これら齧歯類に属する動物は世代間隔が短いこと, 強度の近親交配によっても維持できること, 生産コストが比較的安いことなど, 実験動物としての利点を多くもっているために, 実験動物として最も多く利用され, 最も選抜が進んでいる.

マウス: 最も代表的な実験動物で, 実験動物としての質が高く, 利用頻度の点で抜群である. 原種は野生のハツカネズミで, 毛色はアルビノをはじめ, 黒色, 野生色のものなどがある.

ラット: 原種は野生のドブネズミで, 実験動物の歴史はマウスよりも古く, 現在でも生理学や栄養学関連の研究ではマウスよりも頻繁に利用されている. 代表的なものにウイスター系, ドンリュー系などがある.

ハムスター: 動物分類学上の属を異にする多くの種があるが, 実験動物として利用される代表的なものはシリアンハムスターとチャイニーズハムスターである.

モルモット: 元々南アメリカ大陸に生息していた動物で, ヨーロッパに持ち

込まれて，主に愛玩動物として飼育されたが，今ではワクチンの力価検定，補体採取，アレルギーに関する実験などに利用されている．

5) ラクダ (camel) トナカイ (reindeer) ゾウ (elephant)

世界の特定の地域で家畜として重要な役割を持っている動物である．

ラクダ：熱帯アフリカ，中東，西南アジアなどに飼育されるヒトコブラクダとモンゴル，中国，中央アジアの草原地帯に飼育されるフタコブラクダがあり，主な用途は運搬用であるが，乳，肉，毛皮も利用される．耐暑性や耐久力があり，砂漠地帯の不良環境において遊牧民や隊商にとってきわめて重要な家畜である．

図2.31　フタコブラクダ（北川政幸氏提供）

トナカイ：北欧，シベリア，北アメリカの北極地方，中国北部など厳寒の地帯に分布し，夏は草を，冬はコケを食して半野生的に生きていくことができる．多方面に利用され，肉用，乗用，駄用，雪ぞり引きの役用，地域によっては乳用にも利用される．

ゾウ：インドゾウとアフリカゾウの2種が現存しているが，インドゾウは熱帯地域で木材などの運搬用に利用されている．しかし，ゾウは繁殖が人間の管理下になく完全な家畜とはいえない．

6) イヌ（dog）ネコ（cat）

　人類の伴侶として重要な動物である．また，実験動物としても重要になってきている．

イヌ：最も早く家畜化された動物で，多くの品種が作出されており，品種によって外貌はきわめて変化に富み，体重で見ると 500 g のチワワから 80 kg のセントバーナードまで変異が大きい．

ネコ：人類との関わりはイヌと同様に深いが，ネコは未だに繁殖を人為的にコントロールすることができないために品種改良・分化は余り進んでいない．この意味でネコも完全な家畜とはいえない．

7) 蜜　　蜂（honey bee）

　蜜蜂は蜜を生産するほか，蜜蝋やローヤルゼリーが製薬や化粧品の原料になる．このような養蜂は B.C. 3,000 年頃から始まっているといわれる．蜜蜂には 4 種があるが，世界で最も広く飼育されているのがセイヨウミツバチ（*Apis mellifera*，ヨーロッパ種ともいう）である．

2.4　動物資源

　地球上には多数の野生動物が生息している．これまで述べてきたように，それらが家畜化され，人類の利用に供されている．一方で，絶滅の危機に曝されている野生動物種も多く，それらの保護・保存を図ることが重要な課題となっている．また，今後の人口増加に伴う食料問題などを考えるとき，それら野生動物を新たに家畜化することも必要であろうし，さらには既存の家畜の抗病性，環境適応性などの改良の育種素材として利用することも考えられる．それらの動きの 2〜3 を紹介し，これから畜産学を学ぼうとする学生諸君が，この面にも感心をもつきっかけとなってくれることを期待する．

1) アカシカ（red deer）

　偶蹄目シカ科に属し，野生種はヨーロッパ，アジアおよび北アメリカの温帯地域に広く分布していたが，現在ではニュージーランド，オーストラリア，南アメリカにも分布している．アカシカはウシやヒツジと同じく反すう亜目の一種で草を利用し，しかも草性の非常によくない土地においてもよく成長

すること,その生産する肉は脂肪含量が少なく肉質がよいなど市場性が優れていることなどから,スコットランドにおいて20世紀後半になって,家畜化がなされた.枝肉重量およびその構成をヒツジと比較してみると,表2.2に示すようにアカシカの方が優れていることが分かる.総合的に見て,これまでスコットランドの高地に飼育されていたヒツジよりも優れているとされる.これによって従来草性状態がよくないためにヒツジなどでは採算のとれなかった半不毛の地を肉等の生産に利用することができるようになった.

表2.2 アカシカとヒツジの枝肉重量およびその構成の比較

	月齢	枝肉重量（kg）	枝肉構成（%）	
			脂肪	タンパク質
飼育アカシカ	6	24.5	7.32	1.4
	12	40.8	5.72	1.8
	18	51.9	6.02	1.5
ヒツジ	5	8.3	17.31	8.8
	13	14.6	28.01	6.0
	25	16.6	29.01	5.3

2）草刈りラット（grasscutter ratあるいはcane rat）

　西アフリカのセネガルから南アフリカまでに分布し,アフリカの重要な肉資源である.この動物を捕獲し,飼育する農家が30年以上も前からガーナにある.さらに,近年この捕獲した動物を繁殖させ,増殖させるとともに選抜育種する努力が進められている.草刈りラットは湿地帯に繁茂するギニアグラスの中に棲み,その根や茎を餌とする草食動物である.成体重は7カ月齢で雄雌ともに約3kgである.この肉はガーナ人にとっては大変人気が高く,ヨーロッパやアメリカに住むアフリカ人向けに輸出もされており,経済的に重要な食品である一方,農業にとって有害な小動物でもある.そこで,これを家畜化することによってタンパク質食品としての肉の増産を図るとともに農業への害を防止することができる意義は大きい.

3）カピバラ（Capybara）

　齧歯目のカピバラ科に属する半水生の野生草食動物で,中南米のパナマからアルゼンチン東部までのアンデス山脈東側に分布している.最大の齧歯類

表2.3 アフリカおよびヨーロッパにおけるウシの乳・肉生産量

	年次	世界	アフリカ	ヨーロッパ
乳量（kg/年/頭）	1965	319	57	1,122
	1985	361	66	1,394
肉量（kg/年/頭）	1965	30.8	11.4	59.1
	1985	36.3	17.7	83.3

(FAO, 1965, 1985)

図2.32 カピバラ
（平井八十一氏提供）

で，体重はパナマより北に生息する亜種の一つパナマカピバラは30 kg程度で小さいが，それ以外は45〜70 kgで，とくに大きい個体は100 kgを越すといわれる．体長は106〜134 cmである．体には剛毛が生え，毛色は淡黄褐色から茶褐色である．18カ月齢くらいで成熟し，一腹子数は2〜6頭で平均4頭である．水草，イネ科の草，若い木の皮などを餌としている．肉が美味なため原住民のタンパク質食料となっている．また，カピバラの皮は良質で，その皮革は高級な手袋の材料となっている．カピバラの草利用性，繁殖効率，抗病性などの高さから，今後家畜化を図ることも含めて，その利用と保存について研究を進めることが必要であろう．

4）在来家畜（native domestic animals）

家畜化された動物といえどもすべてが高い生産能力を賦与されている訳ではない．世界に莫大な頭数の家畜が飼育されているが，それらの内かなりが

発展途上国で飼育されていることは先に述べたとおりである（表1.1）．これら発展途上国に飼育される家畜は未だその生産能力の改良が進んでいない場合が多い．たとえば，ウシについてアフリカとヨーロッパにおける乳量と肉量を比較してみると，表2.3に示すように，1985年の時点でアフリカの乳量はヨーロッパのそれの1/20，またアフリカの肉量はヨーロッパのそれの1/5に過ぎない．さらに問題となるのは乳量について1965年から1985年の20年間にヨーロッパでは24％の生産量の増加が図られているのに対して，アフリカでは16％でしかないことである．その点で，肉量の場合はアフリカでの生産量の増加がヨーロッパでのそれを上まわっている．しかし，まだまだ改良の余地は大きいと考えられる．ブタ，ニワトリなどについても同様である．今後予想される人口増加を考えるとき，いや現時点でも発展途上国のタンパク質栄養を考えるとき，これら家畜の遺伝的改良は喫緊の課題である．

第3章　家畜の生産能力とその遺伝的改良

　前章で述べたように家畜とは人間の利用目的に適するような形質・能力をもつように遺伝的に変化させられた動物である．いま，世界には生産能力や繁殖性，抗病性などの点で特徴をもった種々の動物種のいろんな品種の家畜が飼育され，利用されている．

　本章では，これらの家畜がどのように遺伝的に変化させられてきたか，また今後どのような遺伝的改良の技術が開発されようとしているかなどについて述べる．すなわち，この章は家畜育種学の概論に相当し，家畜育種学の基本的な考え方，事項などについて述べる．

3.1　形質とその発現

Traits and their expression

　遺伝や育種を考えていくうえで最初の手がかりになるのが形質であり，表現型（値）である．そこで，本節では形質とは何か，表現型（値）が遺伝と環境にどう関係しているのかなどについて述べる．

3.1.1　形質とは

　生物はこの世に生まれてから死に至るまで生涯にわたって形態，生理状態などを変化させていく．この間に生物が表現する形態的，生理的，生化学的あるいは解剖学的性質を形質（trait, character）という．たとえば，形態的性質としては角の有無，冠型，体高などが，また生理的性質としては血糖濃度，血圧，心拍数などが，生化学的性質としては血液型，酵素活性，DNA 型などが，さらに解剖学的性質としては椎骨数，臓器重量などが挙げられる．

　ここで，動物による生産の基本パターンを見ると，図 3.1 に示すように三つのステップがある．すなわち，雌畜に子畜を生ませ（繁殖），子畜を育てて成畜とする（成長）．これらの成畜に人類に必要な乳，肉，卵，毛などを生産

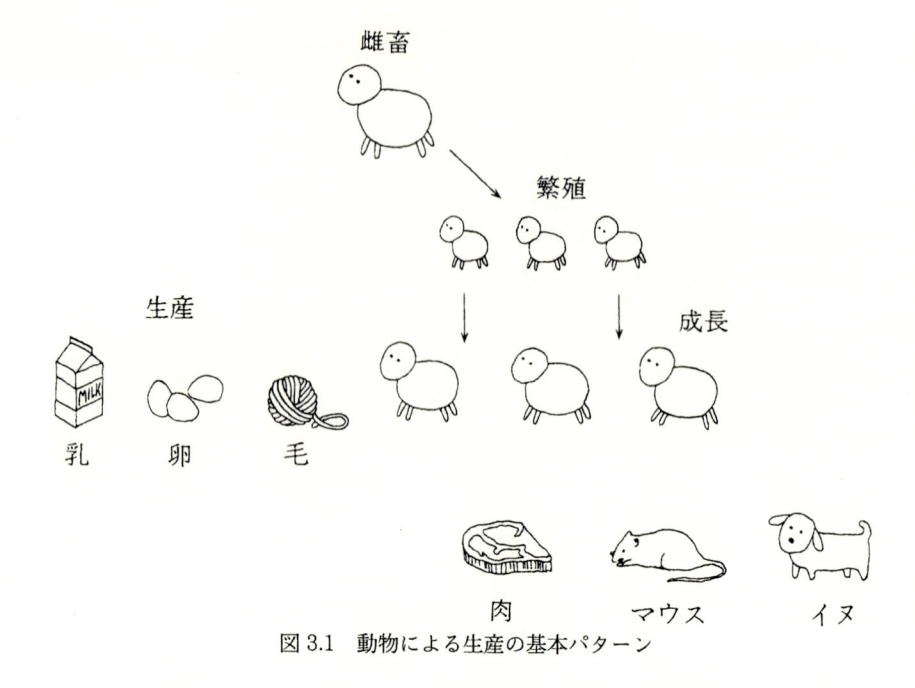

図 3.1 動物による生産の基本パターン

させる（生産）という三つのステップである．このことからも分かるように畜産とは動物が表現する種々の性質を利用して，人類に必要なものを生産することである．

　したがって，家畜の生産性を高めようとする場合，繁殖の段階では繁殖能力が重要である．また，生まれた子畜を上手に育てる雌畜の哺育能力，さらにその強健性などが生産性を大きく左右する．生まれた子畜がうまく育たなかったり，死亡したりする割合が高ければ，生産性が低下することは明白である．

　成長および生産の段階では飼料を効果的に利用して，どれだけ早く成長し，どれだけ多くの生産物を生産するか，すなわち飼料利用能力が問題となる．また，生産の段階では量的にどれだけ多くのものを生産するかだけではなく，生産物の好ましさすなわち質も重要である．これら生産物の量および質に関する能力を生産能力という．

そこで，家畜・家きんに要求される能力を整理してみると，表3.1に示すように繁殖能力，哺育能力，強健性，飼料利用能力および生産能力に分類される．それらの能力にはそれぞれいくつかの形質が関与している．たとえば，乳牛の生産能力である泌乳能力の場合についてみると，まず1泌乳期（通常305日）に生産する生乳量を乳量，次に牛乳中の脂肪の割合を乳脂率，さらにこれら両者の積すなわち乳量×乳脂率＝乳脂量などは泌乳能力を構成する形質である．これら家畜の能力に関与している形質を，家畜の経済価値と重要なかかわりをもつ形質という意味で経済形質という．また，＊印を付けた能力あるいは形質は発現が一方の性に限られている形質で限性形質とよばれる．さらに＊＊印を付けた形質は通常と殺しないと測定できない形質である．

表3.1　家畜・家きんに要求される能力並びにそれらに関与する形質

能力区分	形　質
繁殖能力＊	受胎率　分娩間隔　多胎率　分娩の難易度　一腹子数
哺育能力＊	泌乳量　生時から2カ月齢時までの1日当たり増体量　離乳時体重
強　健　性	抗病性　環境適応性　長命性
飼料利用能力	飼料要求率　飼料摂取量　粗飼料摂取率
生産能力	
産肉能力	1日当たり増体量　成熟体重　枝肉重量＊＊ 可食肉量＊＊　皮下脂肪厚＊＊　肉質＊＊（脂肪交雑，肉のきめ・しまり）
泌乳能力＊	乳量　乳脂率　乳脂量　無脂固型分率　搾乳性
産卵能力＊	初産日齢　産卵数　卵重　卵殻強度
産毛能力	毛長　毛の密度　体表面積　フリース重

実験動物の場合も表3.2に示すように家畜・家きんと同様に繁殖性，発育性，強健性などが重要であるが，実験動物ではとくに遺伝的均一性が重要であり，さらにある特定の疾病を高発する系統が求められるなど独特の形質も関与している．また伴侶動物の場合は外貌特徴や温順性，さらには学習能力などが重要になるであろう．

それらの形質について個体ごとに観察あるいは測定された属性を表現型（phenotype）あるいは表現型値（phenotypic value）という．たとえば毛色が

表 3.2　実験動物および伴侶動物に要求される特性並びにそれらに関与する形質

特　性	形　質
繁殖性	腟開口日齢　早熟性　受胎率　一腹子数　繁殖供用可能年数
外貌特性	毛色　体型　垂耳　角の有無　尾の有無および長さ　フード
発育性	生時体重　離乳時体重　成熟体重　成長率
生存性	致死　育成率　生存率　生存日数
温順性	
特定疾病自然発症性	肥満　高血圧　糖尿

　黒であるとか白であるとか，あるいは角が有るとか無いとか，いくつかの種類に分類された属性を表現型という．また，形質によってはいくつかの種類に分類することが難しく，したがってメジャーを用いて測定される形質がある．たとえば，体重が 650 kg であるというように個々の個体について測定された属性を表現型値という．

3.1.2　形質の発現

1) 遺伝と環境

　ウシの毛色が黒色になること，あるいは白色になることを毛色という形質が発現するという．これまで高等学校などの生物学においてエンドウの種子の形には丸としわとがあり，そのいずれを発現するかは遺伝に支配されていることを学んだ．その時は，あたかも遺伝だけに支配されているかのように説明されてきた．

　しかし，遺伝的に全く同じ一卵性双子でさえも表現型（値）が全く同じになるとは限らない（図3.2）．これは遺伝の他に環境の関与があるからである．たとえば，図3.3に示すように，ウシの発育はそのウシのもっている遺伝とそのウシに与えられた飼養条件などの環境に影響される．このように形質の発現には遺伝と環境の両方が関与している．ここで，環境（environment）とは温度，湿度，栄養，騒音など生物体を取り巻く外界の諸条件のことをいい，また遺伝（inheritance）とは形質が親から子に伝えられることである．

図3.2 ウシの一卵性双子（A.E.Freeman氏提供）

　遺伝と環境のどちらがより大きく関与しているかは形質により，また環境条件により異なるが，遺伝のみに支配されている形質もないし，逆に全く遺伝の関与していない形質もない．

2）遺伝子の本体は DNA である

　親から子へ遺伝するのは形質自体ではなく，一定の時期になるとその形質を発現させる遺伝物質であり，遺伝子（gene）とよばれているものである．この遺伝子は染色体上の定まった場所すなわち遺伝子座（locus）を占めている．図3.3 についてみれば，2対の染色体上のそれぞれに遺伝子座 A および B があって，それぞれの遺伝子座に対立遺伝子（allele）A_1 と A_2 および B_1 と B_2 があることを示している．

　対をなしている染色体は大きさや形が同じであり，相同染色体と呼ばれる．染色体の数は種ごとに決まっていて，ウシは60，ブタは38，ニワトリは78，ウマは64である．これらの染色体が親から子へ伝えられるが，配偶子を作る減数分裂の際相同染色体対のそれぞれが分かれて別々の配偶子を形成する．したがって，配偶子の染色体数は体細胞の染色体数の半分となる．受精によりこれら雌雄の配偶子が合体することにより生じる個体すなわち接合体は元の染色体数になる．これらの染色体は2本の性染色体と残りの常染色体とに分けられる．性染色体が性の決定に関係しており，雌雄どちらかの性で

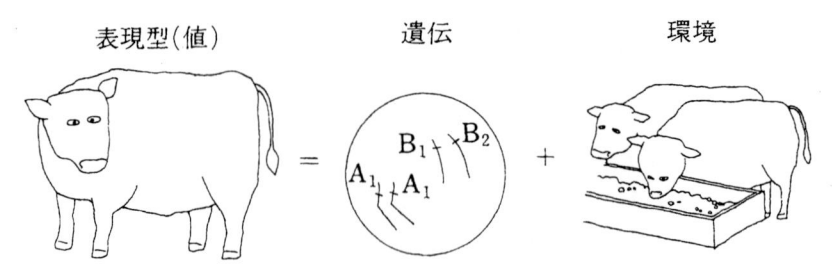

図3.3 形質の発現に対する遺伝と環境の関与

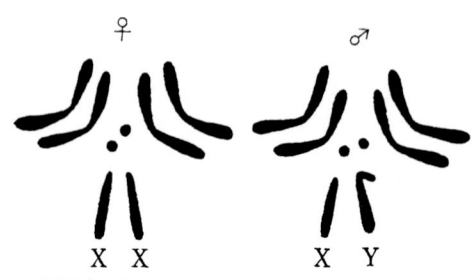

図3.4 キイロショウジョウバエの染色体

完全な相同染色体になっていない，すなわちヘテロ型になっている．図3.4に示したキイロショウジョウバエの場合，雌では性染色体がXとXで相同になっているのに対して雄ではXとYで完全な相同になっていない．哺乳類でも雄がXYでヘテロ型になっている．一方，鳥類ではZ染色体とW染色体があり，雌がZWでヘテロ型になっている．

哺乳動物が種々の形質を発現させるのに関与している遺伝子は5万から10万に上るといわれている．これら遺伝子の本体は2重ラセン構造をしたデオキシリボ核酸（DNA）で，遺伝情報はA（アデニン），G（グアニン），C（シトシン）およびT（チミン）の四つの塩基の内3個の塩基が組になって一つのアミノ酸を定義することによって伝えられている．アミノ酸が集まってタンパク質になるので，あるタンパク質を構成するアミノ酸を定義している塩基配列部分が当該タンパク質を支配している遺伝子ということになる．

タンパク質は細胞を構成する一方，酵素として生体内の諸々の代謝をつかさどり，生物の生理的・形態的性質に関与する．したがって，何らかの原因によりDNAの塩基配列に変化が生じると，合成されるタンパク質に違いが生じ，その結果として形質に変化が生じることになる．たとえば，ヒトのヘモグロビンを定義している塩基配列のうち，6番目のアミノ酸（グルタミン酸）を定義する塩基配列GAGの内アデニン（A）がチミン（T）に代わり，そのアミノ酸がバリンに変わるだけで，赤血球が鎌状になり，貧血を呈し大部分成年になるまでに死ぬ．これが鎌状赤血球貧血症とよばれる遺伝性疾患である．この例は次節で述べる形質の変異と塩基配列の違いとの関係をよく説明している．

3.1.3 質的形質と量的形質

　形質について多くの個体を観察あるいは測定してみると，個体ごとに差異のあることが分かる．たとえ，同じ両親から生まれた子でも多くの点で違っており，全く区別のつかないような個体は地球上広しといえども二つとない．いま，ショートホーン種の子牛10頭について毛色および離乳時体重を調べてみると表3.3のようであった．これを見ると，1号牛の毛色は褐色で，その離乳時体重は161kgであり，2号牛のそれらとはいずれも異なっている．このように表現型（値）にみられる個体間の差異を変異（variation）という．

　そこで，種々の形質について変異の仕方を調べてみると，その属性がいくつかのグループに明確に区分される場合と，明確に区分することができない場合とがあることが分かる．たとえば，表3.3における牛ショートホーン種の毛色についてみると，属性として褐色，粕毛色および白色があり，このいずれかに明確に区分される．したがって，

表3.3　牛ショートホーン種における毛色および離乳時体重

子牛番号	毛色	離乳時体重（kg）
1	褐	161
2	粕	165
3	白	158
4	粕	163
5	褐	168
6	粕	155
7	白	160
8	粕	162
9	褐	157
10	粕	159

その分布は不連続である．ところが，離乳時体重の場合は個体ごとに違った値をとり，厳密には一つとして同じ値をとることはない．さらに，多くの個体について測定すれば，個体と個体との間が埋められ，互いに連続した分布を示す．

　このように形質によっては不連続分布を示し，また，他の形質では連続分布を示す．前者のように不連続分布する形質たとえば毛色，角の有無，血液型などを質的形質（qualitative traits）と呼び，多くの場合ごく少数の遺伝子座の遺伝子の支配を受けている．一方，後者のように連続分布する形質たとえば体重，乳量，卵重などを量的形質（quantitative traits）といい，その発現には多数の遺伝子座が関与している．経済形質の多くは後者に属する．

3.2　質的形質の遺伝とその改良

Genetics and improvement of qualitative traits

　質的形質は前述したようにごく少数の遺伝子座の遺伝子に支配されている場合が多い．このような形質の遺伝様式は一般に単純で，多くの場合メンデルの法則に従う．質的形質の中でも，品種などの特徴を表すうえで外部形態的特徴，毛色などが，また個体識別の手段として血液型が重要視され，それらの遺伝様式が明らかにされてきた．近年，分子生物学的手法の発展により，DNAの変異を検出する方法が一般化してきている．それに伴って質的形質に関する改良の様相は飛躍的に変化しつつある．

3.2.1　メンデルの法則とその拡張

　Mendelがエンドウの形質を調べることによって発見したメンデルの法則（Mendel's law），すなわち優劣の法則，分離の法則および独立の法則が1900年に再発見され，その後100年になるが今なお遺伝の基本法則として生き続けている．一方で，この法則に従わない形質や現象も明らかにされてきた．

1）優劣の法則

　ウシには角のある有角の品種と無角の品種とがある．そこで，無角のアン

ガス種と有角の黒毛和種とを交配するとそれらの雑種第一代 (F_1) はすべて無角である．これら純粋なもの（後に述べるホモ接合体）同士をかけ合わせた F_1 は無角となる．このように純粋なもの同士かけ合わせた F_1 には両親の表現型の何れか一方の属性だけが発現し，他方は全然現れない．すなわち，対になっている属性（たとえば無角と有角）には優劣があり，F_1 に現れる方を優性 (dominant) とよび，現れない方を劣性 (recessive) とよぶ．これを優劣の法則という．

一般に優性である属性を支配している対立遺伝子 (allele) を大文字のアルファベットで，劣性である属性を支配している対立遺伝子を小文字のそれで表す．したがって，無角にする対立遺伝子を P，有角にする対立遺伝子を p とすると，無角および有角の純粋なものはそれぞれ PP および pp の遺伝子の組み合わせをもつことになる．なぜなら遺伝子の存在する染色体は一般に相同染色体が対をなしているので，それぞれの遺伝子も対をなしているからである．このように相同染色体上で対をなしている対立遺伝子の組み合わせを遺伝子型 (genotype) という．そこで，無角および有角の純粋なものすなわち遺伝子型 PP と pp とをかけ合わせると，図 3.5 に示すように F_1 は親世代からそれぞれ遺伝子を一つずつ受け取るので Pp という組み合せしかできない．P が優性であるので F_1 はすべて無角となる．

優劣の法則に従う主な質的形質を挙げると，ウシやヤギでは有角が無角に対して劣性，ウシに見られる豚尻は正常に対して劣性，ウシやマウスの矮性は正常発育に対して劣性，ウシの毛色の場合一般に黒色は褐色や赤色に対して優性で，褐色は赤色に対して優性，ウシのホルスタイン種，エアシャー種などの体各部に見られる白の斑紋は単色に対して劣性，しかし，ヘレフォード種の顔面白斑，ホルスタイン種のそけい部白斑，白帯ギャロウエイ種の白色帯状斑，ピンツガウ種の背線の白色線状斑などは優性，ブタのランドレース種，大ヨークシャー種，ヨークシャー種などの白色もすべての有色に対して優性，鶏の場合黒色が褐色に対して優性である．

2) 分離の法則

こうしてできた F_1 同士の交配により生じる雑種第 2 代 (F_2) では，F_1 に出

第3章　家畜の生産能力とその遺伝的改良

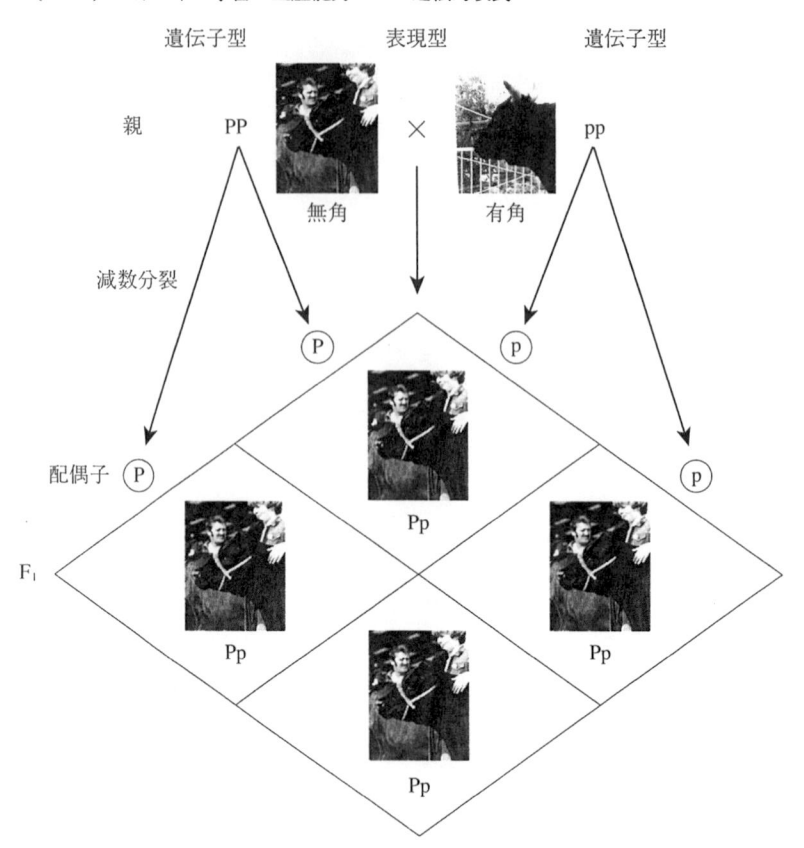

　　　　　遺伝子型　　　　表現型　　　　遺伝子型
親　　　　　PP　　　×　　　　　　pp

　　　　　　無角　　　　　　　　有角

減数分裂

配偶子　　Ⓟ　　　　Ⓟ　　　ⓟ　　　　　　ⓟ

F₁

Pp

Pp　　　　　　　　　Pp

Pp

図 3.5　角の有無について優劣の法則を示す図

現しなかった劣性の属性（ここでは有角）が再び現れてくる．すなわち，F_2 において優性の属性を示す個体と劣性の属性を示す個体とが 3 : 1 の割合で分離する．これを分離の法則という．

　これは F_1 が表現型では無角であるが有角の遺伝子をもっていることに起因する．図 3.6 に示すように，F_1 同士がかけ合わされるとき減数分裂により P と p の対立遺伝子が別々の配偶子になり，それら雄側配偶子と雌側配偶子とがランダムに組み合わされて F_2 が生まれる．したがって，F_2 の遺伝子型は PP，Pp，pP および pp となり，はじめの三つは P が優性であるので無角

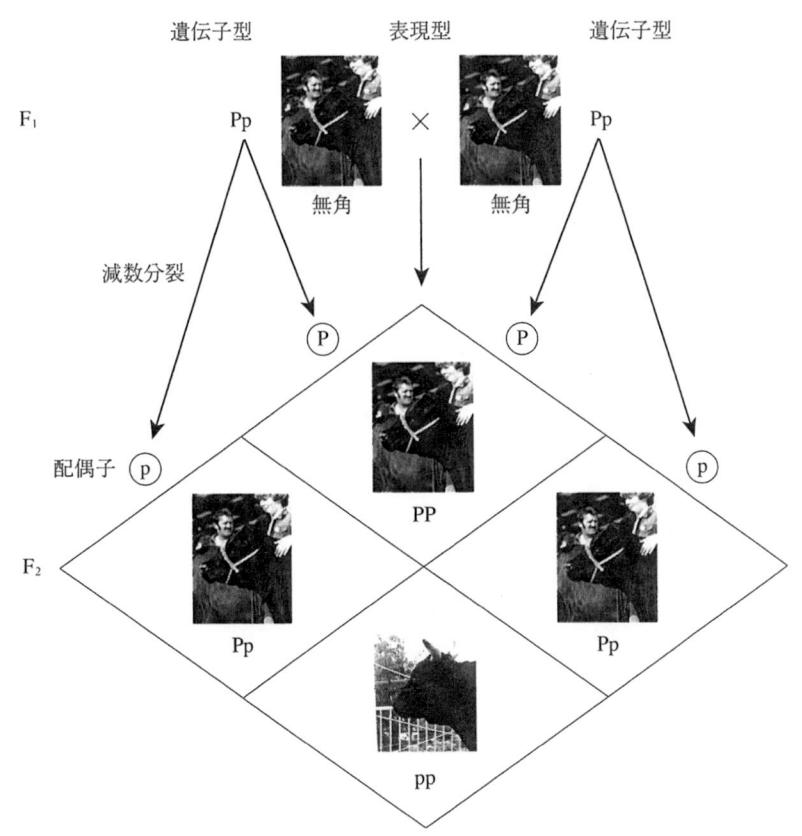

3.2 質的形質の遺伝とその改良 (73)

図 3.6 角の有無について分離の法則を示す図

となり，最後の pp のみが有角となるので，無角のものと有角のものとの比が 3:1 となる．

このように雌雄の配偶子が受精により合体して個体すなわち接合体ができる．ここで PP，pp など遺伝的に純粋である接合体をホモ接合体，Pp のように雑種である接合体をヘテロ接合体という．

3) 独立の法則

これまでの二つの法則はいずれも一つの形質の遺伝に関する法則であった

が，次に角の有無と毛色の二つの形質について考えてみよう．ウシの毛色については黒色（B）が褐色（b）に対して優性である．いま，無角で，毛色が黒であるアンガス種（PPBB）と，有角で，毛色が褐である褐毛和種（ppbb）とを交雑すると F_1 ではすべての個体が無角で，毛色は黒である．これらの F_1（PpBb）を褐毛和種に戻し交雑すると無角で黒色，無角で褐色，有角で黒色，有角であって褐色の子牛が $1:1:1:1$ の割合で出現する．このことは褐毛和種が作る配偶子がすべて pb であることから，F_1 が作る配偶子は PB：Pb：pB：pb の比率が $1:1:1:1$ であることを示している．P をもつ配偶子と p をもつ配偶子がそれぞれ B とペアとなる確率と b とペアとなる確率が等しいからである．このことから角の有無と毛色とは互いに干渉せず独立に遺伝していることが分かる．このように異なる形質が互いに独立に遺伝することを独立の法則という．

4）無優性

相対立する表現型の優劣がはっきりせず，F_1 が両親の中間型を示すことを無優性という．たとえば，牛ショートホーン種の毛色の遺伝についてみると，褐色のものと白色のものとを交配すると F_1 は両者の中間に相当する粕毛色しか生まれない．そこで，F_1 同士を交配すると，F_2 では褐：粕毛：白が $1:2:1$ の割合で出現する．この場合，褐色の対立遺伝子を R，白色の対立遺伝子を W とすると，図3.7 に示すように表現型の褐色，粕毛色および白色がそれぞれ遺伝子型の RR，RW および WW に対して1対1に対応する．

5）共優性

相対立する表現型が共に優性で，F_1 に両方の表現型が発現することを共優性という．たとえば，ウシのヘモグロビン型を支配している対立遺伝子 H_b^A および H_b^B についてみると，H_b^A をホモ型にもつウシのヘモグロビンの電気泳動図は図 3.8 の AA のように移動度の遅いバンドのみが現れる．一方 H_b^B をホモ型にもつウシのそれは BB のように移動度の早いバンドのみが現れる．これらホモ型の個体間で交配すると F_1 遺伝子型は $H_b^A H_b^B$ のようにヘテロ型で，その電気泳動図は図 3.8 の AB のように遅いバンドと速いバンドの両方が現れる．

←遺伝子型：WW

遺伝子型：RR→

←遺伝子型：RW

図3.7　牛ショートホーン種の毛色に関する表現型と遺伝子型

　その他，トランスフェリン型，アルブミン型などのタンパク質多型やエステラーゼ型，セルロプラスミン型などのアイソザイム型の遺伝では共優性の場合が一般的である．これらの場合，一般に関与する対立遺伝子が三つ以上になることが多い．たとえば，ウシについてみると，対立遺伝子の数がトランスフェリン型で12個，アルブミン型で7個，エステラーゼ型で2個，セルロプラスミン型で3個となっている．このように同じ遺伝子座に三つ以上の対立遺伝子が関係している場合，これらは複対立遺伝子とよばれる．

AA　BB　CC　AB

図3.8　牛ヘモグロビン型の電気泳動図

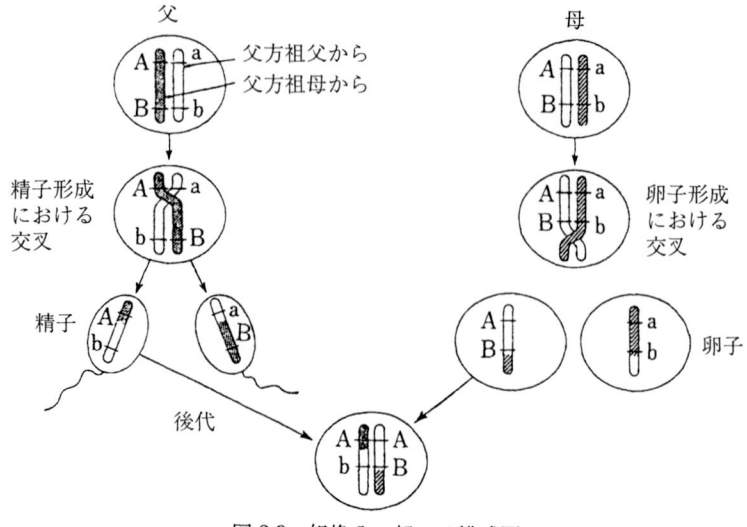

図3.9　組換えの起こる模式図

6）連関と組換え

　前述した独立の法則は異なる形質を支配している遺伝子座が異なる相同染色体対の上にある場合に成り立つ．異なる形質を支配している遺伝子座が同じ相同染色体対の上にある場合には，これら両形質は独立の法則に従わない．なぜなら，一つの染色体上にある遺伝子は配偶子が形成されるとき一緒に行動する傾向があるからである．このように二つ以上の遺伝子座が同じ相同染色体対の上にある場合，それらは互いに連鎖または連関（linkage，リンケージ）しているという．しかし，一つの染色体上にある遺伝子は常に行動を共にするわけではなく，配偶子形成のための減数分裂の際，染色体の一部が図3.9に示すように相同染色体間で入れ替わること（これを交叉という）がある．その結果，精子側で見ると，B遺伝子座における遺伝子が入れ替わって，親にはなかったA－bやa－Bの組み合わせが生じる．このように染色体の一部が入れ替わって新しい遺伝子の組み合わせができることを組換え（ricombination）とよぶ．

3.2 質的形質の遺伝とその改良 （77）

このような組換えの起こり易さは組換え価で表され，同一染色体上にある二つの遺伝子座間での組換え価は2遺伝子座間の物理的な距離に比例する．そこで，組換え価の大小を遺伝子座間の距離の尺度として用いて遺伝子座の染色体上の配置（遺伝子座間の距離と配列の順序）を示した連鎖地図（染色体地図の一つ）が作製される．この時，通常組換え価1％を地図上の1単位とする．この単位はセンチモルガン（cM）とよばれる．

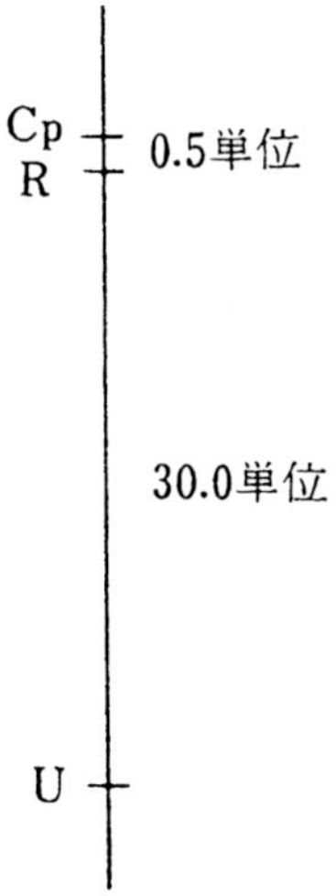

今，ニワトリにおける肉冠（R），短肢（Cp）および尾腺乳頭分裂（U）を支配している遺伝子座相互（R：Cp，R：UおよびCp：U）間の組換え価がそれぞれ0.5％，30.0％および30.5％であったとすると，この連関群の連鎖地図は図3.10のようになる．これは遺伝子の染色体上の位置を示したものであるが，近年マイクロサテライトなどの遺伝子マーカーの位置を示した詳細な連鎖地図が作製されている．図3.11にウシの第5染色体について作成されている連鎖地図を示した．このような連鎖地図は質的形質や量的形質を支配している遺伝子座の位置を決めるためのそれぞれ連鎖解析やQTL解析（3.3.3－1）選抜基準参照）に必須のものである．

図3.10 ニワトリにおける連鎖群Ⅰの連鎖地図

Cp
R — 0.5単位

30.0単位

U

3.2.2 質的形質の改良

　質的形質の改良のねらいは当該集団における望ましい対立遺伝子の全遺伝子数に対する割合すなわち遺伝子頻度（gene frequency）を高め，望ましくない対立遺伝子の遺伝子頻度を下げることである．

1）表現型に基づく個体選抜

　質的形質の中で表現型から遺伝子型が分かる場合は表現型に基づく選抜で十分である．たとえば，牛ショートホーン種の場合図3.7に示したように，

第3章　家畜の生産能力とその遺伝的改良

表現型と遺伝子型が1対1に対応する．したがって，毛色を褐色に変えたい場合，褐色の個体のみを選べば，次代はすべて褐色となる．

　一方，ヘテロ接合体と一方のホモ接合体とが表現型で区別できない場合には劣性の対立遺伝子を完全に除去するのに，多くの世代にわたるたゆまない選抜を続ける必要がある．このような例として，ヘレフォード種から無角ヘレフォード種を作出した例について考えてみよう．ある時，突然変異により有角のヘレフォード種の中に無角の雄牛が生まれた．この雄牛を100頭の雌牛に交配すると次代の半分が有角で，残りの半分が無角であった．この時点で無角の遺伝子頻度は0.25である．無角のもののみを選抜し，それらの間で相互に交配すると生まれてくる次の世代は無角と有角とが3：1に現れる．この世代になると無角の遺伝子頻度は0.50にもなる．さらにこの世代の無角のもののみを選抜し，相互に交配すると次代では無角のものがさらに多く現れる．この時点で，無角の遺伝子頻度は0.67となる．このように選抜を続けて無角の遺伝子頻度を高めることにより無角ヘレフォード種が作出された．

2）後代検定による選抜

　育種で問題となるのは致死，半致死，奇

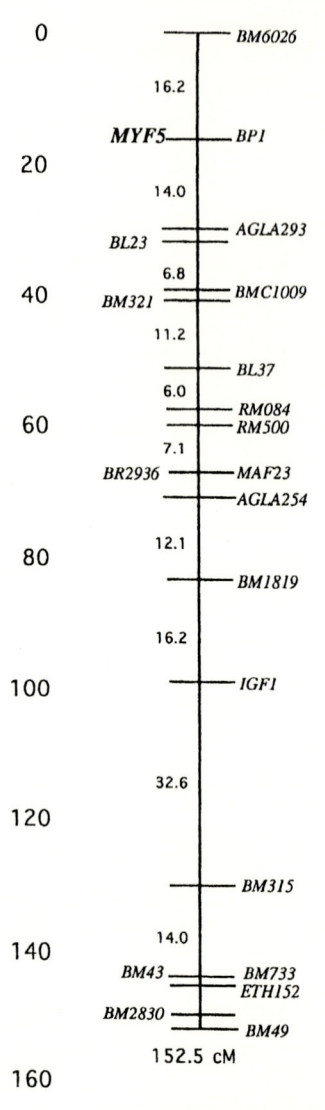

図3.11　ウシにおける第5染色体の連鎖地図（Bishopら，1994）

形などを支配する劣性の不良遺伝子の除去である．今日，人工授精が普及している状況で，このような不良遺伝子のキャリア（carrier, 外見上は正常であるが，劣性不良遺伝子を1個保有している個体）が種雄として供用されることになれば，その遺伝子はヘテロ接合体として集団中に潜行している場合があるので，その不良形質が集団全体に発現することになり，きわめて深刻な事態となる．

　そこで，劣性不良形質が発現した場合にはその個体と血縁関係にある個体は表現型では正常であっても，両親は100％キャリアであるのですべて淘汰すべきである．また全きょうだいがキャリアである確率は67％であり，半きょうだいは50％以上であることを知り，それに応じた強度で淘汰すべきである．しかし，それらキャリアであることの懸念される個体も，生産能力の点でとくに優れている場合，簡単には淘汰しがたいこともある．このような個体がキャリアでないことを証明するには後代検定が必要である．

　後代検定とは当該個体（通常雄）をある頭数の雌に交配し，その後代に劣性不良形質が発現しないかどうかを調べ，当該個体が劣性遺伝子をもつキャリアであるかどうかを検定するものである．したがって，当該個体がキャリアでないことを確かめるのにウシなどの大家畜では長い年月と多額の経費を要する．

3）DNA診断による選抜

　ところが，近年分子遺伝学の進展により，遺伝病とくに正常に対して劣性である遺伝病の原因遺伝子が種々の動物で単離されるようになり，遺伝病に関してキャリアであるかどうかを遺伝子診断することができるようになってきた．たとえば，ブタにおいてストレス症候群とよばれる遺伝病があり，養豚業に多大の被害を及ぼしていた．これはハロセン感受性遺伝子（Hal）に支配されていることが明らかにされ，ハロセン麻酔テストによる診断法が確立されていたが，正常に対して劣性であるのでHal遺伝子に関してのキャリアと正常個体を区別することはできなかった．ところが，この遺伝子を制限酵素HgiA I で切断した時，正常の対立遺伝子との間にDNA上での変異すなわち制限酵素断片長多型（RFLP）が認められ，Hal遺伝子のキャリアと正常

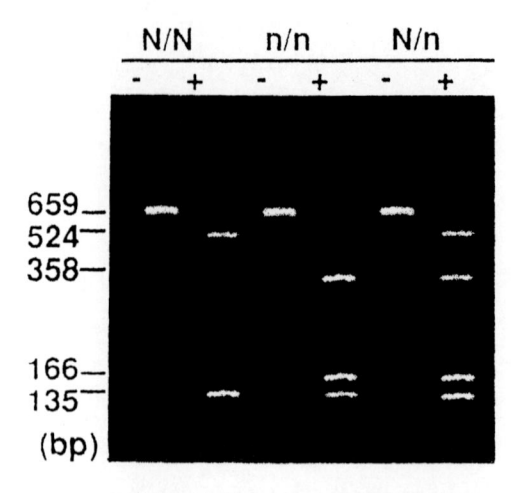

```
            N/N      n/n      N/n
           ─────    ─────    ─────
           -   +    -   +    -   +

  659 ─
  524 ─
  358 ─


  166 ─
  135 ─
  (bp)
```

N: 正常遺伝子　n: ハロセン感受性遺伝子
−: 制限酵素未処理　+: 制限酵素処理

図 3.12　ブタのハロセン感受性遺伝子変異の電気泳動図　(Otsu ら，1992)

個体を電気泳動像として図 3.12 のように区別することができるようになった．これによって Hal 遺伝子を保有しているキャリアを検出し，確実にその不良遺伝子を除去することができるようになった．

　その他，牛白血球粘着不全症では正常に対して BLAD 遺伝子の 383 番目の塩基に置換を生じている変異を，牛赤血球膜タンパク質バンド 3 欠損症では正常に対してバンド 3 遺伝子の 1990 番目の塩基に置換が生じている DNA 変異を検出することにより遺伝子診断が行える．このような例は今後急速に増えていくものと予想される．

　一方，当該形質を支配している直接の遺伝子ではなく，それと連鎖している遺伝子マーカーを手がかりに行う選抜が注目されている．たとえば，ブラウンスイス種のウシに多い進行性脊髄脳疾患いわゆる "ウイーバー (weaver)" 病の場合はこの発病と遺伝子マーカー TGLA 116 とが 3 % の組換え価で連鎖していることを利用して，TGLA 116 マーカー型を手掛りに "ウイーバー" 病の遺伝子を除去するマーカーアシスト選抜が可能となっている．

3.3 量的形質の遺伝とその改良

Genetics and improvement of quantitative traits

量的形質の場合は質的形質と違って多くの遺伝子座が関与していることが多い．このため量的形質の属性は連続分布し，質的形質のようにいくつかのタイプに分類することができない．ここでは，このような量的形質の遺伝現象はどのように捉えられるのか，また量的形質の改良はどのように進められているのかなどについて考えてみよう．

3.3.1 量的形質は連続変異を示す

最初に，ウサギの耳の長さの遺伝について考えてみよう．ウサギには耳の長い長耳種と短耳種（アンゴラ種）とがあり，耳の長さはそれぞれ約 220 mm と約 100 mm 位である．この耳の長さに関与する遺伝子座が異なる三つの染色体上にあり，それぞれに A－a，B－b および C－c の対立遺伝子があって，大文字で示す一つのプラス遺伝子がいずれも等しく耳の長さを 20 mm 長くする作用をもっていると考えられている．

今，図 3.13 に示すように長耳種のウサギと短耳種のウサギとの間で交配し，F_1 をつくると，その遺伝子型は AaBbCc となり，耳の長さは約 160 mm になる．次にこれらの F_1 同士を交配すると，F_2 では遺伝子型においてプラス遺伝子を全然持たないもの（aabbcc）から 1 個もつもの，2 個もつもの … 6 個もつもの（AABBCC）までが，1：6：15：20：15：6：1 の比で生ずる．aabbcc の耳の長さは短耳種と同じで約 100 mm，プラス遺伝子を 1 個もつウサギは 120 mm，2 個もつウサギは 140 mm となる．したがって，それら各遺伝子型の耳の長さはそれぞれ 100 mm，120 mm，…220 mm となり，遺伝子型分布に示すように不連続分布となるはずである．

ここで，注目してもらいたい点は同じ遺伝子型のウサギでも個体ごとに耳の長さが違っていることである．たとえば，遺伝子型が AABBCC である長耳種の耳の長さがすべて同じ 220 mm になるのではなく，個体ごとに異な

第3章 家畜の生産能力とその遺伝的改良

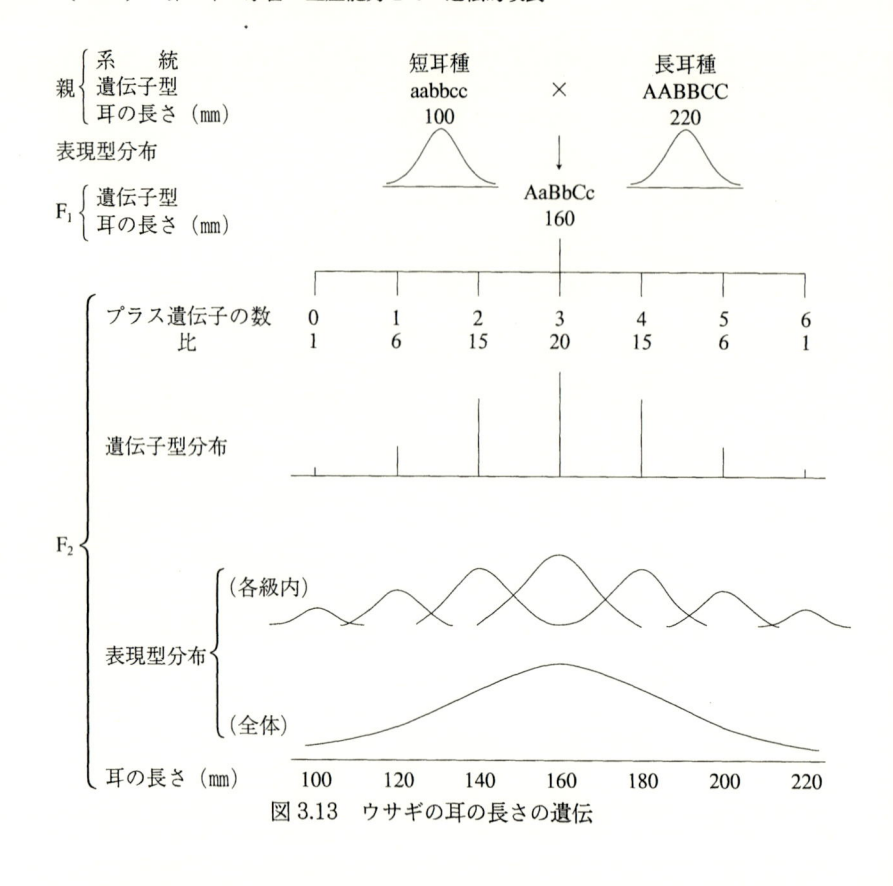

```
         ┌ 系  統         短耳種           長耳種
   親  ┤  遺伝子型        aabbcc    ×      AABBCC
         └ 耳の長さ (mm)    100              220
   表現型分布
         ┌ 遺伝子型              ↓
   F₁ ┤                      AaBbCc
         └ 耳の長さ (mm)       160

   プラス遺伝子の数   0    1    2    3    4    5    6
   比                1    6    15   20   15   6    1

   遺伝子型分布

   F₂   表現型分布 ┌ (各級内)
                    └ (全体)

   耳の長さ (mm)   100  120  140  160  180  200  220
```

図 3.13 ウサギの耳の長さの遺伝

り，225 mm であったり，218 mm であったりする．これら同じ遺伝子型の中でみられる変異は環境効果の差に基づくものである．

これら環境効果の分布を加え合わすと全体に示すような連続分布になると考えられる．ウサギの耳の長さの遺伝では3対の対立遺伝子を考えたが，量的形質とよばれる多くの形質では10対あるいはそれ以上の対立遺伝子が関与しているとされている．そうなると，遺伝子型そのものについてもかなり連続分布に近いものになるし，それに環境効果が加われば，表現型値がほぼ完全な連続分布となることは容易に理解できよう．

3.3.2 量的形質の遺伝

このように量的形質は多数の遺伝子座上の対立遺伝子により支配されており，したがって一つ一つの遺伝子の効果が小さく（このような遺伝子をポリジーンという），かつ環境効果が加わることから，連続変異を示す．したがって，量的形質の遺伝を考える場合，質的形質の場合には余り必要としなかったような理論や方法が必要になる．量的形質を取り扱う遺伝学は量的遺伝学（quantitative genetics）とよばれ，動植物の育種改良を進めていくうえでの理論的なバックボーンとなっている．

1) 表現型値と遺伝子型値

これまでにもたびたび述べてきたようにすべての形質の発現には遺伝と環境の両方が関与している．したがって，表現型値に影響する因子は遺伝的因子と環境因子とに分けられる．そこで 表現型値（Y）のうち，遺伝に起因する部分を遺伝子型値（G），環境に起因する部分を環境偏差（e）とすると，表現型値は式（3.1）のように遺伝子型値と環境偏差の和として表される．

$$Y = G + e \cdots (3.1)$$

ウサギの耳の長さについてみれば，表現型値が 225 mm であった個体は遺伝子型が AABBCC であるから遺伝子型値は 220 mm である．したがって，環境偏差は ＋5 mm である．一方，表現型値が 218 mm であった個体に対する環境偏差は －2 mm である．このように環境偏差（e）は個体ごとに大きさも符号も異なるので，平均環境偏差は個体数が多くなるにつれて限りなく 0 に近づく

したがって，特定の遺伝子型をもつ多数の個体の表現型値について平均値を求めれば，表現型値の平均は遺伝子型値に等しくなる．遺伝子型値そのものは測定できないので，遺伝子型が表現型などにより区別される場合，同じ遺伝子型に属する多数の個体についての平均値として遺伝子型値は推定される．たとえば，長耳種のウサギの耳の長さに関する遺伝子型は AABBCC であり，この品種の多数のウサギについて耳の長さを測定し，平均値を求めればその遺伝子型値 220 mm が得られる．

(84) 第3章 家畜の生産能力とその遺伝的改良

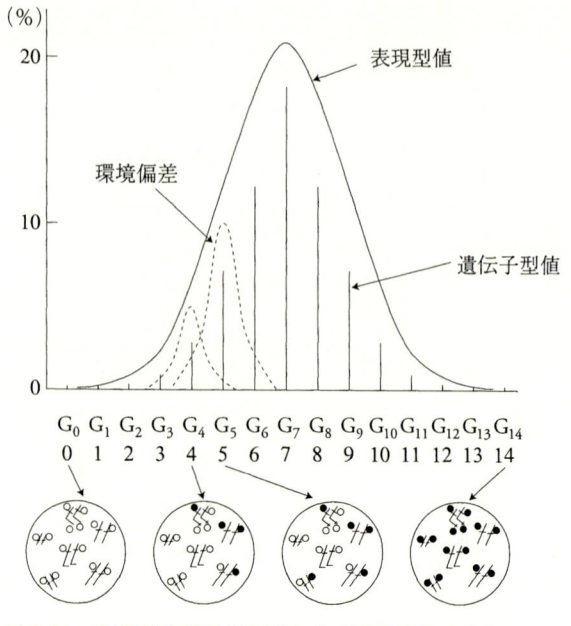

図3.14 表現型値,遺伝子型値および環境偏差の分布

　これら表現型値，遺伝子型値および環境偏差の分布を図示してみると，図3.14のようになる．表現型値の分布は多数の個体について実際に測定することによって得られるのに対して，個々の個体の遺伝子型値や環境偏差を直接測定することはできないので，遺伝子型値の分布も，環境偏差の分布も実際の集団について得ることは難しい．しかし，先のウサギの耳の長さの遺伝でも見たように，表現型値の分布の背後に図3.14に示すような遺伝子型値および環境偏差の分布があると考えることができる．この遺伝子型値の分布からも分かるように，右の方にある個体ほど遺伝子型値は高く，したがってもっているプラス遺伝子（黒丸で示す）の数も多くなっていると考えられる．
　ところが，表現型値となると単純にそうはいえない．たとえば，遺伝子型値が G_4 および G_5 の場合について環境偏差を加えてみると，波線で示した分布のようになるであろうと考えられる．この分布からも分かるように，表現

型値では遺伝子型 G_5 のものでも遺伝子型 G_4 より小さい個体もあるし，逆に遺伝子型 G_4 のものが遺伝子型 G_5 より大きい場合もある．これら各遺伝子型ごとの波線で示した分布を足し合わせたものとなっている表現型値の分布では，必ずしも表現型値で大きいものが遺伝子型値でも大きいとは限らないが，しかし非常に表現型値の大きいものは遺伝子型値も大きく，プラス遺伝子の数も多い傾向にあることは確かである．

2）遺伝子の作用

ウサギにおける耳の長さを支配する遺伝子の場合，プラス遺伝子（大文字で示した遺伝子 A，B および C）が 1 個増えると耳の長さが 20 mm 長くなり，2 個増えると 40 mm 長くなる．このようにある遺伝子の作用が同じ形質に関与する他の遺伝子の作用に対して加算的である場合，その作用を相加的遺伝子効果（additive gene effect）という．

一方，ある遺伝子の作用が同じ形質に関与する他の遺伝子の作用に対して加算的でない場合，その作用を非相加的効果という．今，ウシの矮小個体（遺伝子型が dd で，離乳時体重が 90 kg である）と正常個体（遺伝子型が DD で，離乳時体重が 180 kg である）とを交配した場合，正常遺伝子（D）の効果が加算的であれば，F_1 の遺伝子型が Dd であるので離乳時体重は 135 kg 前後となるはずである．しかし，実際には 180 kg 位となり，遺伝子の効果が加算的だけでないことが分かる．この差は対立遺伝子すなわち正常遺伝子と矮小遺伝子との間の相互作用により生じていると考えられる．この場合のように同一遺伝子座位にある対立遺伝子相互間にみられる非相加的効果を優性効果（dominance effect）という．

前者の耳の長さの場合は遺伝子型値が主として相加的遺伝子効果によって決まっているが，後者の矮小の場合は相加的遺伝子効果だけでは説明しきれなくて，これに優性効果が加わっていると考えられる．後者のように量的形質には大なり小なり相加的遺伝子効果と優性効果の両方が作用している．

ここで，集団平均（population mean）について考えてみよう．集団は個体の集まりであるから，集団に属する個々の個体の遺伝子型値の平均値が集団平均となる．今，集団平均を μ，個々の個体の集団平均からの偏差すなわち

遺伝子型効果をgとおくと，個々の個体の遺伝子型値$G = \mu + g$と表される．

そこで，量的形質に関与する各遺伝子座の相加的遺伝子効果をすべての遺伝子座について加え合わせたものを育種価（breeding value），各遺伝子座の優性効果をすべての遺伝子座について加え合わせたものを優性偏差と定義すると，遺伝子型効果（g）は育種価（A）と優性偏差（D）との和である．したがって，遺伝子型値（G）は式3.2により示されるように集団平均，育種価および優性偏差の和となる．

$$G = \mu + A + D \cdots (3.2)$$

3）量的形質に見られる遺伝現象

量的形質には二つの特徴的な遺伝現象が見られる．その一つは血縁でつながっている個体すなわち血縁個体の表現型値間に似通いが生じることであり，もう一つは血縁個体間で交配が続けられることなどによって近交度が上昇するのにつれて近交退化が見られることである．

（1）血縁個体間の似通い

子は親に似ている．また，きょうだいが互いによく似ていることも経験的に分かっている．そして，一卵性双子が最もよく似ていて，次に全きょうだい，半きょうだいというように血縁関係が遠くなるにつれてその似通い度が小さくなることも経験的に知られているところである．このように血縁個体間に似通いが生じるのは形質の発現に相加的遺伝子効果が関与しているからである．したがって，相加的遺伝子効果の関与の大きい形質ほど似通いの程度は高くなる．この血縁個体間の似通いを利用して，遺伝率，遺伝相関などの遺伝的パラメータを推定することによって，量的形質の遺伝を明らかにすることができる．また，家畜や実験動物の育種をすすめていくうえで，これらの情報は基本的に重要な情報である．

遺伝率（heritability）とは表現型値にみられる変異のうち，どれだけが親から子へと遺伝する変異であるかを示す．今，体重に関する遺伝率が0.4である集団Aと0.1である集団Bがあったとすると，二つの集団においていずれも集団平均より30 kg優れている雌雄2個体を選抜して交配したとき生まれ

てくる子の体重が集団よりどれだけ優れているかは

　　集団 A　30 × 0.4 = + 12kg
　　集団 B　30 × 0.1 = + 3kg

となり，遺伝率の高い集団 A において親の変異のより多くが子に伝えられることが分かる．

　各種家畜について推定された遺伝率を表 3.4 に示した．これからも分かるように，遺伝率は形質によって非常に高いもの（0.4 以上）から低いもの（0.1 以下）まであるが，一般に繁殖性や活力に関する形質の遺伝率は低く，発育や泌乳性に関する形質の遺伝率は中程度から高めである．しかし，遺伝率は実際の記録に基づき推定される値であるので，記録を得た集団によっても，また同一の集団でも記録のとり方によって異なる．今，育種価の高い家畜を導入すると，一時的にその集団の遺伝的変異は大きくなり，したがってそのような集団の遺伝率は高い．その後，選抜がすすみ，集団が遺伝的に斉一になると遺伝率は低くなる．一方，飼養条件の斉一性，測定精度なども遺伝率に関与している．たとえば，環境がよく制御され，すべての個体がよく似た条件のもとで飼養されれば，遺伝率は高くなる．したがって，表 3.4 に示した遺伝率の推定値は遺伝率の大方の目安となるもので，実際に育種計画などに利用するためには当該集団について遺伝率を推定する方が望ましい．

　一方，育種の目的が家畜の全

表 3.4　各種動物における遺伝率の推定値

動物	形質	推定遺伝率
ヒト	身長	.65
	血清 IgG 量	.45
ウシ	生時体重	.30
	1 歳齢体重	.63
	脂肪交雑	.40
	ロース芯面積	.70
	皮下脂肪厚	.40
	分娩間隔	.10
	乳脂率	.40
	泌乳量	.35
ブタ	皮下脂肪厚	.70
	飼料要求率	.50
	1 日当たり増体量	.40
	一腹子数	.05
ヒツジ	産毛量	.35
ニワトリ	32 週齢体重	.55
	卵重	.50
	産卵数	.10
マウス	尾長	.40
	6 週齢体重	.35
	一腹子数	.20
ラット	9 週齢体重	.35
	春機発動日齢	.15

体的な経済価値の向上にある点を考えると，ある形質について改良をすすめていった時，他の形質がどう変化するかに注意を払わなければならない．たとえば，肉畜において増体量について改良をすすめていった場合，皮下脂肪厚が厚くなるとすれば，増体量にのみ注目して選抜をすすめるのは経済的な観点からは妥当でない．したがって，いずれの形質に注目すべきかを考えるうえで，ある形質について選抜による改良をすすめていった場合，他の形質がどう変化するかについての情報が必要である．この情報を与えてくれるのが遺伝相関 (genetic correlation) である．すなわち，遺伝相関が正であれば，選抜により一方の形質が増加するのに伴って，他方の形質も増加する方向に変化することを意味する．負の場合はその逆である．また，遺伝相関係数の絶対値は両形質間の緊密度を示し，相関係数が 0.7 以上なら高く，0.4〜0.6 なら中程度，0.3 以下なら低いと判断される．

遺伝相関係数の推定値としては表 3.5 のような値が得られている．乳牛の場合乳量と脂肪生産量との間の推定値は 0.81 にもなっており，両者間に高い正の遺伝相関があるということを示している．このことは，一方の形質に対する選抜が他方の形質の改良にもつながることを示すもので，好ましいものである．一方，乳量と乳脂率との間の遺伝相関は負となっており，−0.41 である．これはわが国のように乳脂率を重視する場合には望ましくない関係であり，選抜の際工夫を要する．しかし，形質間の遺伝相関が正であるか負であるかは両形質の関連が望ましいものであるか否かを必ずしも示すものではない．たとえばブタの場合についてみると，1 日当たり増体量 (DG) と飼料要求率との間の遺伝相関は負であるが，選抜によるDGの改良は飼料要求率を減ずる方向に変化させ，これは望ましい関係である．一方，DGと背皮下脂肪厚との間の遺伝相関は正

表 3.5 各種動物における遺伝相関係数の推定値

動物種	関連形質	平均
乳牛	乳量と脂肪生産量	0.81
	乳量と乳脂率	−0.43
	体型評点と乳量	0.05
ブタ	DGと飼料要求率	−0.76
	DGと背皮下脂肪厚	0.25
	DGとロース芯面積	−0.25
肉牛	生時体重と離乳時体重	0.46
	DGと飼料要求率	−0.76
	DGと枝肉等級	0.25
	DGとロース芯面積	0.49

であるが，DG の改良は背皮下脂肪厚を増し，必ずしも望ましい関係ではない．

(2) 近交退化とヘテローシス

　血縁関係の近い個体間で行われる交配を内交配（inbreeding），とくに血縁関係の近い親子とかきょうだいなどの間で行われる交配を近親交配といい，これらの交配が行われると近交係数が上昇する．また，集団が小さい場合はたとえ無作為交配が行われていても近交係数が上昇する．近交係数が上昇すると，その上昇とともにヘテロ接合体の割合が減少するのに対して，ホモ接合体の割合が増加する．

　ホモ接合体の割合が高まるということは，集団の中に潜んでいた劣性不良遺伝子もホモ型になる機会が増え，不良形質が発現することになる．一方，近交係数の上昇に伴って表現型値の集団平均が低下する現象が見られ，これを近交退化（inbreeding depression）とよぶ．たとえば，マウスやショウジョウバエで，図3.15に示すように一腹子数や繁殖性が近交係数の上昇に伴って直線的に低下する結果が得られている．

　このような近交退化現象が生じるのは形質の発現に対して優性効果が関与しているからであり，優性効果の関与の大きい形質ほど近交退化現象が顕著に起きる．したがって，主として相加的遺伝子効果が関与しているような

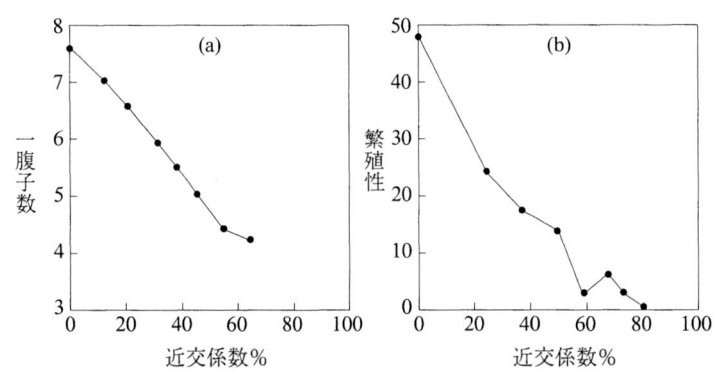

図3.15　マウスの一腹子数 (a) およびショウジョウバエの繁殖性 (b) にみられる近交退化

遺伝率の高い形質たとえば枝肉形質などでは近交退化の程度は低い．一方，優性効果の関与が大きいとされる繁殖性，生存性などの形質では近交退化が顕著である．

3.3.3 量的形質の遺伝的改良

量的形質を遺伝的に改良するということは集団平均を上げることである．また，式3.2にも示されているように個々の個体の遺伝子型値は集団平均に相加的遺伝子効果の和である育種価と優性偏差を加えたものであるから，相加的遺伝子効果がより多く関与している形質については望ましい遺伝子の割合を高める方向で改良を行う．一方，遺伝子の優性効果がより多く関与している形質については望ましい遺伝子の組み合わせをつくる方向で改良を行う．前者の方向での改良が選抜育種であり，後者の方向での改良が交雑育種である．また，近年交配によらない，遺伝子工学的手法による遺伝子導入についても研究がすすめられている．

1）選抜育種

（1）選抜基準

選抜（selection）とは望ましい個体と望ましくない個体とを判別し，望ましい個体には後代を生産させ，望ましくない個体を淘汰することである．その際に，望ましいか望ましくないかを判別する拠り所となるのが選抜基準である．選抜のねらいは当該集団における望ましい対立遺伝子の割合を高めていくことであるから，選抜基準はその基準により選抜をすすめていった時，望ましい対立遺伝子すなわち，プラス遺伝子の割合が高まるようなものでなければならない．量的形質の場合，前述したようにプラス遺伝子の数を直接数えることは難しいので，育種価（A）を予測し，それを選抜基準とする．

ところが，形質によってはその属性が個体自身について測定できるものもあるが，測定できないものもある．また，測定がすべて同じ時期に同じ条件でできる場合もあるし，できない場合もある．これらの違いに応じて種々の育種価予測法が開発されている．

a.選抜対象個体自身についての測定記録 個体自身の能力は人類が野生動物

を家畜化し始めて以来，選抜の拠り所としてきたものであり，人類にとって都合のよい能力を示した個体を残し，後代を生産させることによって改良を進めてきた．

　理論的には，個々の個体の能力が同じ条件の下に同じ時期に検定されておれば，個体自身についての表現型値がその個体の育種価を反映している．すなわち，当該個体の予測育種価 ($\hat{A}$) は表現型値での平均値からの偏差 ($Y - \bar{Y}$) に遺伝率 (h^2) を乗ずることにより次式 (3.3) のように求められる．

$$\hat{A} = h^2 (Y - \bar{Y}) \cdots (3.3)$$

この時，表現型値が育種価をどの程度正確に反映するか，すなわち正確度 (accuracy，ρ_{AY}) は式 (3.4) により求められる．

$$\rho_{AY} = h \cdots (3.4)$$

すなわち遺伝率の平方根である．

　このように個体自身の表現型値に基づく選抜が個体選抜であり，遺伝率が高ければ，最も効率的な選抜法である．この選抜法は発育能力とか飼料利用能力などに適用される．

b. 選抜対象個体自身の能力記録が測定できない　肉牛やブタにおける枝肉形質のようにと殺しないと測定できない形質の場合，あるいは乳量，産卵率，一腹子数などのように発現が雌性に限られている形質の場合は選抜対象個体自身や雄畜についての記録が得られない．このような場合どうすればよいであろうか．

外貌審査：昔の人々はこのような場合の選抜の拠り所を家畜の外貌に求めた．たとえば，乳牛の場合であれば，乳生産に関係した乳房や乳腺の発達，それらを支える後駆の充実，その結果としての楔形体型などにより，乳牛としての良否を体型審査し，それを選抜の拠り所としてきた．また，肉牛の場合は肉量に関係するであろうとの観点から胴伸びがよく，体躯に深みがあり，幅のある体型のものを良しとして理想体型を言葉で表した審査標準に基づいて審査を行い，選抜を行ってきた．わが国の肉牛の外貌審査についての特徴は枝肉形質とくに肉質の指標として，資質形質（被毛，皮膚，角，蹄などの質の総称）を取り上げてきたことである．しかし，これら資質形質が肉質

に関する選抜の拠り所となるためにはそれらと肉質形質との間の遺伝相関が高くなければならない．この点に関して，(社)全国和牛登録協会が実施した間接検定牛に関する記載法審査の記録を用いて分析した結果，資質形質と肉質形質との間の遺伝相関係数は高いものでも0.3程度と低いことが明らかとなり，資質形質は肉質の選抜指標として有効でないと考えられるようになった．

血縁個体の能力記録：そこで，当該個体と血縁関係にある個体についての能力記録を用いて，それを選抜の拠り所とするようになっていった．この場合，血縁個体が余り血縁の遠く離れたものでは役に立たない．したがって，ウシの場合当該牛（通常雄牛）の血縁個体として後代（progeny）が，また，ブタでは当該豚の全きょうだい（full-sibs）がよく利用される．

　当該雄畜を何頭かの雌畜に交配し，生まれた後代について能力を測定する．そこで，得られた表現型値に基づき親の育種価を予測する方法を後代検定（progeny test）という．和牛では検定場方式での後代検定を間接検定と呼んでいる．育種価予測の正確度は雄畜当たりの後代数の増加により高まり，その増加は遺伝率の低い形質程大きい．したがって，後代検定は遺伝率の低い形質に対しても有効な方法である．

　当該個体のきょうだいについての表現型値に基づき当該個体の育種価を予測するのがきょうだい検定（sib test）である．一腹産子数の多いブタ，ニワトリなどの場合には全きょうだいが利用される．近年，ウシにおける受精卵移植の普及に伴い，このきょうだい検定がウシにも利用されはじめている．

c.複数の形質についての能力記録　家畜の経済価値は一つだけの形質の良し悪しによって決まるものではない．ブタの場合でいえば，増体量だけでなく，飼料効率，皮下脂肪厚など複数の形質がその価値に関与している．したがって，ある個体は形質Aに優れるが形質Bは余り良くないのに対して，他の個体は逆に形質Aが今一つであるのに対して形質Bが優れている場合，いずれを選抜すべきかを決めることは難しい．この点に関して複数の形質を考慮した選抜法として代表的な方法が選抜指数法（selection index）である．

　たとえば，アイオワ州豚検定場においてHagelにより設定された選抜指数

式は次のとおりであった.

$$I = 260 + 35G - 75F - 40E \cdots (3.5)$$

ただし，I：選抜指数式，G：1日当たり増体量（ポンド/日），F：背皮下脂肪厚（インチ），E：飼料要求率（飼料消費量/増体量）である．そこで，表3.6に示した種豚候補のどちらを種豚として選ぶべきかについて考えてみよう．種豚候補No.1は1日当たり増体量の点で優れているが，背皮下脂肪厚および飼料要求率のいずれでもNo.2に劣っている．逆にNo.2は背皮下脂肪厚や飼料要求率の点で優れているが，1日当たり増体量の点でNo.1に劣っている．どちらを種豚として残すべきかを判断するには選抜指数式(3.5)を用いて表3.6の最右欄に示すように選抜指数値が計算され，その値の大きいものから順に選べば，総合育種価が最大になる個体が選抜されることになる．

d.生産現場での能力記録並びに血統記録 実際にウシ，ヒツジなど大中家畜の育種を進める場合，飼養条件，時期などがばらばらである農家の能力記録を利用した検定すなわちフィールド方式が一般的である．さらに実際の家畜集団では集団平均が年とともに変化する，すなわち遺伝的趨勢（genetic trend）が生じる．このような場合，遺伝的趨勢を考慮しない同期比較法などでは予測育種価に偏りが生じる．

そこで，農家，年次，季節などの影響を取り除き，さらに遺伝的趨勢および血統記録を取り込むことにより，正確度が高くかつ偏りのない育種価が予測できるブラップ法（best linear unbiased predictor, BLUP法）が用いられるようになった（Henderson, 1973）．このBLUP法には図3.16に示すように種々のモデルがある．

後代の記録に基づき，それらの父親である雄を評価するのに用いられるの

表3.6 種豚候補の検定成績並びに選抜指数値

種豚候補	1日当たり増体量 （ポンド/日）	背皮下脂肪厚 （インチ）	飼料要求率	選抜指数値
No.1	2.0	1.2	3.2	112
No.2	1.8	1.0	3.0	128

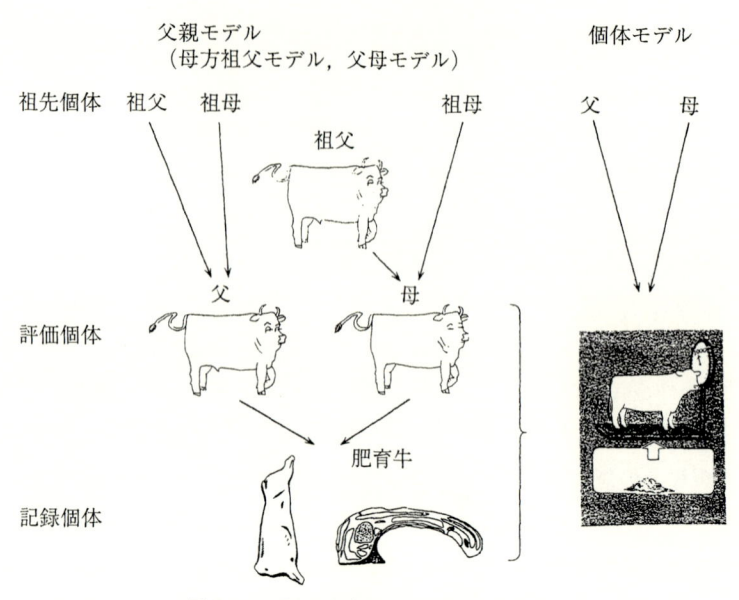

図3.16　BLUP法のための種々のモデル

が父親モデル（sire model）のBLUP法で，最も早く実際に採用されてきたが，現在では余り採用されていない．

　雄の評価値は期待後代差（expected progeny difference, EPD）とよばれ，当該雄を供用した場合，後代がどれだけ改良されるかを予測したものである．たとえば，雄牛 S_1 および雄牛 S_3 の皮下脂肪厚に関する EPD がそれぞれ -0.32 cm および 0.20 cm であったとすると，雄牛 S_1 を選抜し，供用した場合，後代において皮下脂肪厚が 0.32 cm 薄くなることが期待される．逆に雄牛 S_3 を供用すれば，後代において皮下脂肪厚は 0.20 cm 厚くなる．また，雄畜自身の予測育種価は EPD の 2 倍すなわち $\hat{A} = 2 \times \text{EPD}$ である．

　BLUP法による予測育種価の正確度は一般に後代数が多くなればなるほど高くなる．しかし，後代が複数の群あるいは季節などにまたがって分布している場合，後代の絶対数が多ければ正確度も高くなるとは限らない．後代が特定の群に偏在していると見かけの後代数よりも有効な後代数は小さくな

る．一方，多数の群にわたって共通に供用されている雄のことを基準雄（reference sire，レファレンスサイヤー）という．このような雄が多くの後代をもっておれば，有効な後代数も大きくなるが，このような雄が存在しなければ，有効な後代数は小さくなり，BLUP 法といえども群を越えた比較はできない．

　父親モデルの場合は，雄が雌群に無作為に交配されていることが前提条件となっている．しかし，実際の家畜集団では一般にこの前提は成り立たない．そこで，この雌への無作為交配からのずれを取り除いて，偏りのない育種価を予測するために母方祖父を考慮した父親モデルすなわち母方祖父モデル（maternal grandsire model）が用いられる．

　増体能力や産毛能力，乳用雌畜の泌乳能力などのように選抜対象個体自身が記録をもっている場合に，当該個体自身の育種価予測のために用いられるのが個体モデル（animal model，アニマルモデル）の BLUP 法である．これは雌畜の評価も同時に行えることやコンピュータの性能の向上とも相まって広く採用されるようになっている．しかし，個体モデルの場合は血統記録を取り込まないと評価することができないという点で，血統記録の整備が前提条件となる．

e.遺伝子マーカー情報　量的形質遺伝子座（quantitative trait loci，QTL）と連鎖している遺伝子マーカーを同定するのが QTL 解析で，QTL と密接に連鎖したマーカー座が特定できれば，マーカー型により優れた効果をもつ QTL 遺伝子型の個体の選抜ができるようになる．このように遺伝子マーカー型を手掛かりに，あるいはその情報を取り込んで行う選抜をマーカーアシスト選抜（marker − assisted selection，MAS）という．

　MAS の利用についてはいろんな可能性が期待されているが，その一つが計画交配産子の予備選抜への利用である．同じ父と母との交配により生まれるすべての後代の期待値は同じく両親の育種価の 1/2 の和である．しかし，図 3.17 に示すように各後代が実際に受け取っている QTL 対立遺伝子は違っている．計画交配（後述）ではそれら後代の中から望ましい QTL 対立遺伝子（●）の組み合わせの個体を見つけだす必要がある．QTL 対立遺伝子と密接

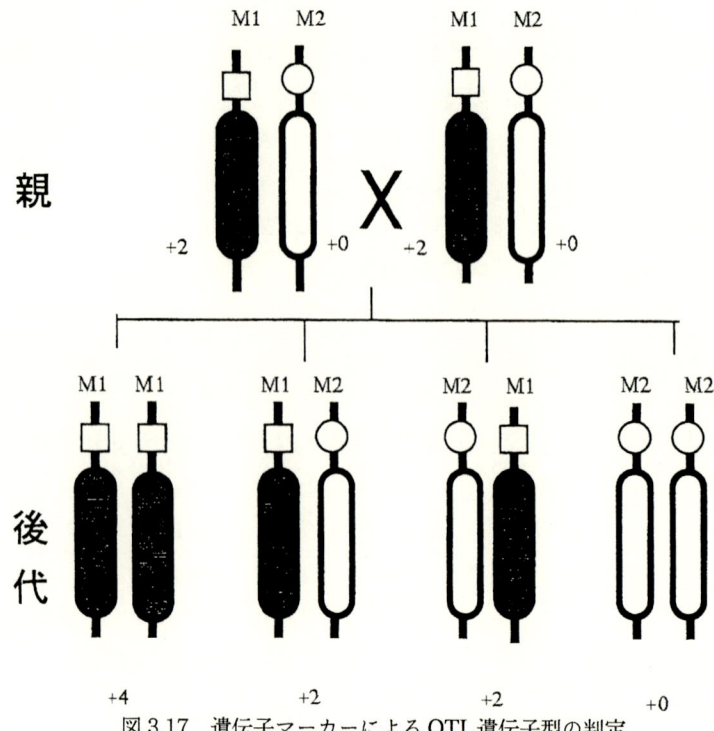

図3.17 遺伝子マーカーによるQTL遺伝子型の判定

に連鎖しているマーカー（M）が知られておれば，そのマーカー型（M1M1，M1M2およびM2M2）を調べることにより，望ましい対立遺伝子の組み合わせの個体を選抜することができる．たとえば，後代においてマーカー型がM1M1であれば，QTLについても望ましい対立遺伝子がホモ型（●●）になっていて，相加的遺伝子効果も＋4であると期待できる．

（2）遺伝的改良量

　選抜のねらいは集団平均を望ましい方向に変えていくことである．すなわち，選抜により望ましい対立遺伝子の割合が高まれば，当該形質の集団平均も上昇する．この集団平均の変化量が遺伝的改良量（genetic gain，選抜反応ともいう）である．

　今，親世代においてある淘汰水準以上のものをすべて選抜し，それ以下の

3.3 量的形質の遺伝とその改良

ものをすべて淘汰するとしよう．こうして選抜された選抜個体群の中で無作為交配が行われた場合，子世代の集団平均と親世代の集団平均との差が世代当たりの遺伝的改良量（ΔG）である．ΔG は次式 (3.6) により予測される．

$$\Delta G = i\, \sigma_A\, \rho_{IA} \quad \cdots (3.6)$$

ただし，i は選抜強度，σ_A は相加的遺伝標準偏差，ρ_{IA} は選抜基準の正確度である．

選抜強度（selection intensity）は選抜の強さを表し，選抜個体群の親集団全体に対する割合すなわち選抜率から表 3.7 により求められる．相加的遺伝標準偏差とは相加的遺伝子効果の変異の大きさを示す値である．したがって，選抜率をできるだけ低くし，選抜の正確度をできるだけ高めると遺伝的改良量は大きくなることが分かる．選抜育種において選抜基準の正確度をいかに高めるかが重要である所以もこの点にある．また，人工授精，受精卵移植などバイオテクノロジーの進展により 1 頭の個体から多数の後代が得られるようになった結果，選抜率を下げることができるようになり，この面からもバイオテクノロジーは改良に大きく貢献している．

一方，ある形質について選抜を行った時，当該形質以外の形質の集団平均にも変化が生じる．これを相関反応（correlated response）という．たとえば，ブタや肉牛などの肉畜において 1 日当たり増体量について選抜を進めていくと飼料効率もよくなることが知られている．変化の方向や大きさは両形質間の遺伝相関に依存する．遺伝相関係数が正であれば同じ方向に，逆に負

表 3.7 選抜率と選抜強度

選抜率	選抜強度	選抜率	選抜強度	選抜率	選抜強度	選抜率	選抜強度
0.001	3.400	0.01	2.660	0.10	1.755	0.55	0.720
0.002	3.200	0.02	2.420	0.15	1.554	0.60	0.644
0.003	3.033	0.03	2.270	0.20	1.400	0.65	0.570
0.004	2.975	0.04	2.153	0.25	1.271	0.70	0.497
0.005	2.900	0.05	2.064	0.30	1.159	0.75	0.424
0.006	2.850	0.06	1.985	0.35	1.058	0.80	0.350
0.007	2.800	0.07	1.919	0.40	0.966	0.85	0.274
0.008	2.738	0.08	1.858	0.45	0.880	0.90	0.195
0.009	2.706	0.09	1.806	0.50	0.798	0.95	0.109

であれば反対方向に変化する．また，遺伝相関係数の絶対値が1に近ければ近い程，変化量は大きく，0に近ければ近い程小さい．家畜の経済価値はただ一つだけの形質によって決まるのではなく，多くの形質の良否が関与しているので，相関反応を遺伝相関係数によって予想することは育種計画をたてるうえで非常に重要である．

(3) 予測育種価にもとづく交配

　一般的には選抜の項でも述べたように選抜個体群の中で無作為交配が行われ，次代が生産される．しかし，ウシなどの大家畜においては量的形質に関する育種価が予測され，得られた予測育種価に基づいて形質ごとに序列が付けられる．これを利用して優秀な種雄を作出するための交配では計画交配，また雌集団の改良には矯正交配などが行われる．

計画交配：家畜とくに大家畜集団の遺伝的改良を進めるうえで，父から息子への径路を通じての改良が集団全体の改良へ最も大きく寄与している．このことは優秀な種雄の作出が集団の遺伝的改良にとって非常に重要であることを示している．とくに凍結精液を利用した人工授精が普及しているウシの場合，1頭の雄牛が生産する子牛は莫大な頭数に上り，種雄牛は集団の遺伝的改良に対して機関車の役割を果たしている．したがって，既存の種雄牛よりも遺伝的に優秀な後代種雄牛を次々に作出することが求められる．最も優れている既存の種雄をさらに凌駕する種雄を後代でより確実に作出するためには計画交配を行う必要がある．計画交配（planned mating）とは最上位の雄と最上位の雌とを交配することである．もし，最上位の雄を選んでも，それに余り優秀でない雌に交配した場合は父親である雄を越えるものを作出することは難しい．

矯正交配：一方，個々の繁殖用雌を飼育する農家の最大の関心はいかにして市場で高く売れる子を生産するかである．さらにはいかにして自らの雌群の遺伝的レベルを上げることのできる更新用雌を生産するかである．したがって，現在飼育している雌を前提に，それらに対して最も適合した雄を選ぶことが重要になる．

　このような観点から雄を選ぶ場合，当該雌の欠点を補うことのできるよう

な雄を選び交配するのがよい．たとえば，今肉用種の雌牛を飼育しているとしよう．この雌牛は枝肉重量に関してはまずまずの能力であるが，脂肪交雑に関しては低く，肉質の点で問題がある．そこで，脂肪交雑の非常に優れている種雄牛を選び交配すると，子牛の育種価は枝肉重量でも，脂肪交雑でもまずまずのものが期待され，質量兼備の後代を生産することができる．これが矯正交配（corrective mating）である．

2）交雑育種

　次に遺伝子の非相加的効果がより多く関与しているような形質の改良について考えてみよう．異なる集団（品種，系統など）に属する個体間での交配を交雑という．1900年代の初頭に，トウモロコシの近交系間で交雑を行うと非常に高い収量が得られることが明らかにされ，植物育種に革命をもたらした．この発見は家畜育種の分野でも，まず最初にニワトリの育種に，ついでブタ，さらに肉牛へと波及していった．このような品種あるいは系統間で交雑を行うことにより望ましい遺伝子の組み合わせをつくる育種を交雑育種（cross breeding）とよぶ．

(1) 交雑のねらい

　交雑のねらいの第一は雑種強勢（hybrid vigour,）である．雑種強勢とは近交退化と裏腹の関係にある現象で，いずれの両親よりもそれらの後代が優れていることをいう．たとえば，図3.18では品種あるいは系統Aと他の品種あるいは系統Hとの間の交雑により生まれた後代（F_1）をAHで，それぞれの品種あるいは系統内での後代をAAおよびHHで示してあり，右端の棒の大きさが表現型値を示している．すなわちAHの表現型値がAAとHHの表現型値の平均値より高く，これらの間に雑種強勢のあることが分かる．

　交雑のもう一つのねらいはある形質に優れている品種あるいは系統と別の形質に優れている品種あるいは系統とを交雑させ両方のよいところを兼ね備えた後代を生産することである．たとえば，発育が非常によいが肉質の点でやや劣る品種に肉質の点でとくに優れている品種を交雑することにより，発育もよく肉質も優れた肥育素畜を生産しようとするような場合である．

　第3のねらいは遺伝子導入である．ある集団において選抜育種をすすめて

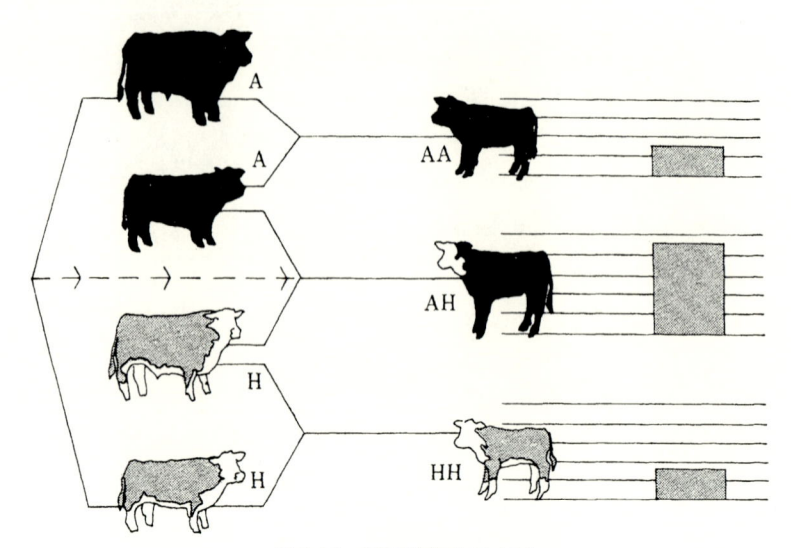

図 3.18　雑種強勢を示す図

いこうとする場合，変異の存在しないところまで遺伝的改良量をもっていくことは難しい．たとえば，ヒツジのサフォーク種の場合，一腹産子数は1頭が最も多く，2頭，3頭がそれに続く．しかし，3頭生まれる場合は少ない．この品種において一腹産子数を3頭とか4頭まで改良しようとすれば，まずはじめに多産品種との間で交雑を行い，生まれた F_1 同志の交配により生じる F_2 について一腹産子数の選抜を続けるのがよい．これが交配による遺伝子導入である．

(2) 交雑の種類

これらのねらいを達成するために種々の交雑システムがある．

末端交雑システム：末端交雑システムの概略は図 3.19 に示すとおりである．農家1において二つの純粋品種あるいは系統 PB_1 と PB_2 との間に生まれた F_1 を実用畜として雌雄ともに利用すればこれは二元交雑 (two-way crossing) である．これら F_1 のうちの雌畜に，第3の品種あるいは系統 PB_3 の雄を交配し，それらの後代 (C) を実用畜として雌雄ともに利用するシステムを考えるならば，これは三元交雑 (three-way crossing) となる．三元交雑に

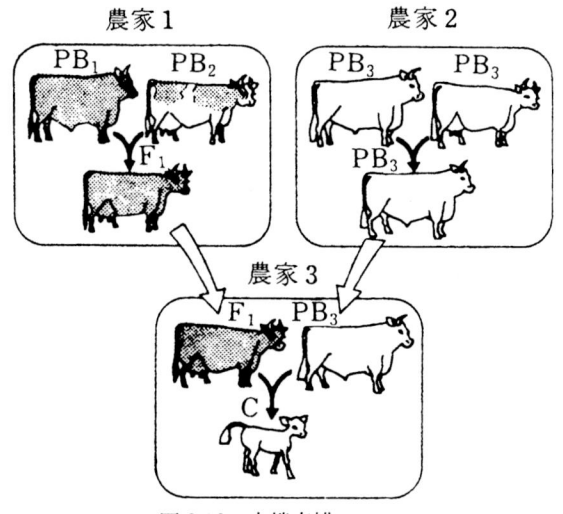

図3.19 末端交雑システム

おいて第3番目に交配される雄の後代は，すべて実用畜として利用され，繁殖に供されることはないのが普通であるので，第3番目に用いられる雄は末端種雄（terminal sire，ブタでは留雄とよばれる）とよばれる．さらに四つの品種あるいは系統が関与する交雑を四元交雑という．

このように，末端交雑システムは純粋種維持用ならびに実用畜生産用雌畜を常に補充しなければならない．したがって，一般的に雌が多産性のニワトリ，ウサギ，ブタなどの交雑システムとして採用される．

☆近交系間交雑

組み合せ能力の高い近交系を作出し，それらの間で交雑することにより雑種強勢を利用しようとするもので，トウモロコシの生産に利用されたのが始まりで，ニワトリ，ブタ，実験動物などで多くの近交系が確立され，利用されている．しかし，大家畜であるウシなどでは近交系そのものの作出に多くの困難が伴い，あまり利用されていない．

☆品種間交雑

大中家畜の場合はむしろ既存の品種と品種との間での交雑すなわち品種間

交雑が一般的である．その時，雑種強勢だけでなく，形質の組み合わせも重要な狙いどころである．また乳牛を利用した肉牛生産など，資源を有効に利用することも肝要である．

これらを考慮した品種間交雑システムの例はイギリスとくにスコットランド地方における肥育素牛生産体系にみられる．その交配組み合わせは図3.20に示すとおりである．このシステムでは牛乳は乳専用種である乳用ショートホーン種が生産し，その乳専用種の雌とくに泌乳能力の点で劣る雌牛あるいは初産雌牛に，当該地方の在来種であるギャロウェイ種を交配する．ここで生まれた F_1 雌牛を肥育素牛生産用繁殖雌牛として育成し，それに，肉専用種であるアンガス種の雄を交配する．この組み合わせにより生まれた F_1 雌牛の泌乳能力は高く，放牧主体の粗放な飼養条件下で子牛を充分育てることができるメリットは大きい．このように三つの品種あるいは系統がすべて異なる場合，肥育素牛はヘテロ性が100％であり，大きい雑種強勢を期待することができる．また三つの品種のもつ特徴を兼備した素牛を生産することができる．

輪番交雑システム：雌の産子率が低いウシやヒツジにおいては多数の更新用雌畜を毎世代導入するのは大変である．大規模経営においては更新用雌畜生

乳用ショートホーン種 ＊ ギャロウエイ種
　　　　（雌）　　　　　　　　（雄）
　　　　　　　　　↓

アンガス種 ＊ F_1 雌牛
　（雄）
　　　　　↓

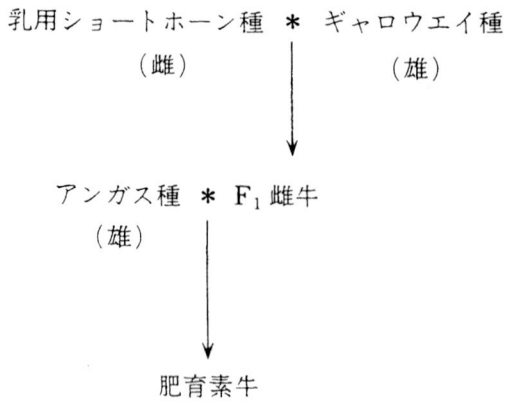

肥育素牛

図3.20　英国スコットランド地方における三元交雑システム

産のための純粋品種あるいは系統群を維持することができたとしても，それらについては交雑育種のうまみを利用することができない．これらの点を考慮して考え出されたシステムが輪番交雑システム（rotational crossing）である．

その最も簡単なものが十字交雑システムである．これは二元輪番交雑システムのことで，交雑に用いる品種あるいは系統をAおよびBとすると，Aの雌にはBの雄を，Bの雌にはAの雄を交配する．生まれた雑種第1代の雄を実用畜として用い，雌にはどちらかの雄親を戻し交雑する．次の世代の雌にはこの代で戻し交雑に用いなかった品種あるいは系統の雄を交配する．以下，同様に品種Aを父としてもつ雌には品種Bの雄を交配し，品種Bを父としてもつ雌には品種Aの雄を交配する．このように交配する雄の品種を順番に変えていく方法である．さらに，三つの品種あるいは系統をA，BおよびCとする．まずAとBとの雑種第1代雌にCの雄を交配し，ついでその後代雌にはAの雄を交配する．その次の代の雌にはBの雄をというように雄のみを順番に変えていく方法が三元輪番交雑システムである．

累進交雑：望ましい品種あるいは系統（通常雄である）を未改良品種あるいは余り能力の優れていない畜群に数代重ねて交配することを累進交雑（grading）という．すでに当該地域に馴化しているが，いまだその能力の劣る畜群（とくに雌）を急速に改良し，高い生産能力を賦与したいような場合に有効である．

一般に最大の改良は1回雑種に見られ，それ以後の改良量はだんだん小さくなる．この1回雑種の改良量にはヘテローシス効果も含まれており，その割合はだんだん減少する．一方，選抜をうまく組み合わせ実施すれば，改良効果を持続させることができる．

3）遺伝子導入

ラットの成長ホルモン遺伝子をマウス受精卵にマイクロインジェクションし，ジャイアントマウスの作出に成功して以来，交配によらない遺伝子導入技術の家畜改良への応用に対する関心が急速に高まった．この技術により，家畜の生産能力や耐病性を改良し，また特定の生理活性物質を大量に生産す

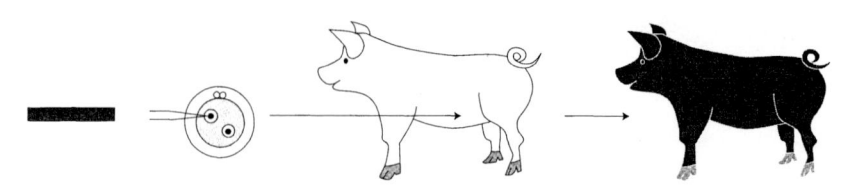

抗病性遺伝子　マイクロインジェクション　　受精卵移植　　　　　　遺伝子導入動物
図3.21　遺伝子工学的手法による遺伝子導入（STAFFパンフレットより改変）

る家畜を作出したりすることができると期待されている．たとえば，図3.21に示すように抗病性遺伝子を受精卵に導入し，その受精卵を借り腹雌牛に移植することによって抗病性遺伝子を保有するブタを作出することが考えられる．

　遺伝子導入により生産能力の向上を図ろうとする場合，生産能力に関与している遺伝子を探索・クローニングすることが第一の課題である．これまでに生産能力に関係した遺伝子を家畜についてクローニングできたのは，赤肉生産割合を高める牛筋肉倍増遺伝子ミオスタチンだけである．さらに生産能力に関与する効果の大きな遺伝子として多排卵を支配するブールーラ遺伝子（ヒツジ），発育，腹腔内脂肪量および皮下脂肪厚を支配する遺伝子（ブタ）などが知られているが，これまでのところ染色体上の位置は明らかにされつつあるが，遺伝子そのものをクローニングするには至っていない．また，ウシやブタなどに対する遺伝子導入法についても体細胞クローン作出の成功によって明るい見通しはでてきているものの，ねらった遺伝子をねらった位置に導入することは未だ難しい．さらに，ある特定の遺伝子が導入された場合，その家畜本来の他の機能への悪影響も懸念される．このように，遺伝子導入の家畜育種への実用化には大きな期待がかけられているが，いまだ未解決の点も多く，今後の研究に待つところが大きい．

参考資料

佐々木義之：動物の遺伝と育種，朝倉書店，東京，1994．

第4章　家畜の生産能力とその飼育的改善

4.1　動物と栄養

Animals and nutrition

　動物は自らの生命を健康に維持しながら生活しようとする．健康に生活するには体を動かすためのエネルギーと体の中の種々の代謝活動のためのエネルギーが必要である．また身体そのものを維持（maintenance）し，さらに成長（growth）させていくために物質を体に取り入れることも必要である．そのために，動物は，飼料から生活に必要なものを体内に吸収し，不必要なものを排泄する．このように，動物がエネルギーや体の成分のもとになる物質を体内にとり入れ利用し，不要物を排泄することを栄養（nutrition）という．また，飼料中にある動物の生活に必要な物質を栄養素（nutrients）という（図4.1）．飼料に含まれる物質の種類は多く，したがって栄養素の種類も多種にわたっている．

　動物に必要な栄養素の量は，その動物の生活状況によって異なる．産肉，産乳，産卵，労役などの生産行為は，成長，繁殖，行動などの動物の生活を利用し増大させたものなので，生産行為に必要とされる栄養素の種類は変わ

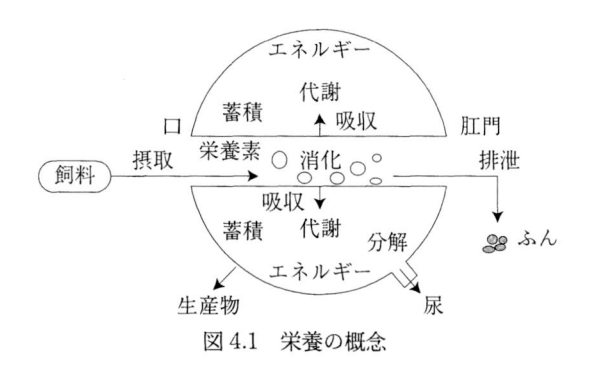

図4.1　栄養の概念

らずに，必要量が変化する．すなわち，動物のなかでも生産にたずさわる家畜は，一般の動物が行う身体そのものを健康に保つことに加えて，畜産物の生産 (animal production) を行うので，さらに多くの栄養素を必要とする．

　動物が摂取する栄養素を，役割と化学的成分によって分類すると，水分，炭水化物，脂肪，タンパク質，ミネラル（鉱物質）に分けられる．また，これらの栄養素のほかに，微量ではあるが欠くことのできないものとして有機化合物であるビタミンがある．

　これらの栄養素を摂取する動物の体も同じようにこれらの成分によって構成されている．表4.1をみると体成分組成は，動物の生活状況によって変化しているが，大きく変化するのは水分と脂肪であり，それらを除くタンパク質とミネラル両者だけの割合はほぼ8:2と一定である．このことから，動物体の基盤をつくっているものはタンパク質とミネラルであり，残る水，脂肪が動物の生活状況に応じて大きく変化していることになる．動物の体成分や乳，卵，毛などの生産物をつくるのに必要なものは，体成分と生産物の栄養素と，それらをつくるためのエネルギーとなる栄養素である．そこで，飼料

表4.1　動物の体成分組成（％）

種	全体での成分組成				水分，脂肪を除いたときの成分組成	
	水分	タンパク質	脂肪	灰分	タンパク質	灰分
子牛（出生時）	74	19	3	4.1	82.2	17.8
子牛（肥えたもの）	68	18	10	4.0	81.6	18.4
成牛（痩せたもの）	64	19	12	5.1	79.1	20.9
成牛（肥えたもの）	43	13	41	3.3	79.5	20.5
ヒツジ（痩せたもの）	74	16	5	4.4	78.2	21.8
ヒツジ（肥えたもの）	40	11	46	2.8	79.3	20.7
ブタ（体重8kg）	73	17	6	3.4	83.3	16.7
ブタ（体重30kg）	60	13	24	2.5	84.3	15.7
ブタ（100kg）	49	12	36	2.6	82.4	17.6
ニワトリ	56	21	19	3.2	86.8	13.2
ウサギ	69	18	8	4.8	79.1	20.9
ウマ	61	17	17	4.5	79.2	20.8
ヒト	59	18	18	4.3	80.7	19.3

Maynard and Loosli, Animal Nutrition 1979

を動物に与えるとき，このような動物の生活と体組成の状況を考慮して必要な栄養素を給与することが大切である．

4.1.1 栄養素（nutrients）

栄養科学の分野は近年目覚ましく発展している．この発展によって動物の栄養素の代謝や必要量について，多くの新しい事実が明らかになってきている．これらの先端的な分野を理解するためには，動物栄養に関する基礎的な事柄の理解がまず必要である．一般的な栄養素の種類や性質，化学構造に関する知識は，栄養に関する理解を速めることになる．

1）栄養素の分類

現代の日本のような国において，食事に気を配っている多くの人々は，水，タンパク質，炭水化物，脂肪，ミネラルやビタミンが食品中に含まれていることを知っている．動物に与える飼料も同じ成分を含んでおり，それらの成分が，動物の生命を維持し，動物の生活を支えている．これらの栄養素の間には，構成している元素の割合や種類に違いがみられ，その違いはその栄養素の栄養学的役割の違いにもなっている．図4.2は，一般的な飼料中の栄養素を成分的に分類した場合の関係を示している．

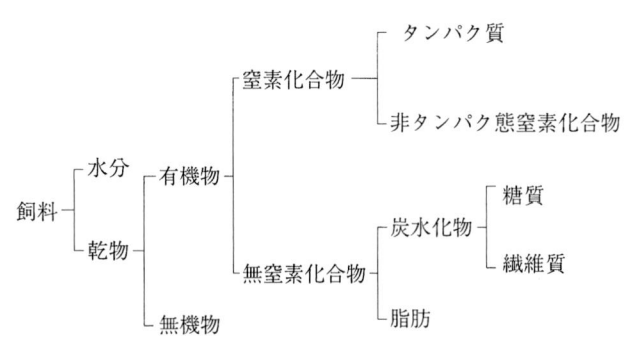

図4.2 飼料中栄養素の成分的関係

（1）水　分（moisture, water）

たとえば，肉牛を1 kg増体させるにはアルファルファ乾草の場合12 kg食べ

させなければならない．また，1 kg のアルファルファ乾草つくるのに畑では950 l の水が必要とされる．そうすると，ウシが 1 kg 増体するためには11,400 l もの水が必要となる．さらに，生産された枝肉（歩留まりを 60 % とする）1 kg 当たりの必要量に換算すると，少なくとも 19,000 l の水が使われることになる．このように，1 頭のウシを飼育するのにきわめて大量の水が確保されなければならない．水の確保は耕種農業と同様に畜産にとっても重要事項である．

　水分はもっとも安価な栄養素であり，地球上でもっとも豊富な栄養素である．もし，妊娠直後の胚が動物の生命の始まりとすれば，動物胚は 95 % もの水分を含む．表 4.1 の例にも示されるように，出生時には動物体の水分含量は 65～75 % となり，肥育され，脂肪を蓄えた家畜では 45～55 % をしめる．一般的に体の水分は，動物の年齢とともに減少し，代わりに脂肪が増加する．動物体の水分は，体中での栄養素の運搬，老廃物の排出，化学反応の場の提供，体温の調節，体細胞の形状維持，関節の潤滑・衝撃緩衝などに大きな役割を果たしている．

　これらの水分は，飲水，水分を含む飼料の摂取，体内での化学反応によってつくられる水分（代謝水：metabolic water）によって供給され，尿（urine），ふん（feces），呼吸による蒸発，表皮からの蒸発，汗腺からの発汗などによって失われる．飼料中の水分含量は生草で 75～85 %，サイレージで 60～70 %，乾草や穀実で 10～13 % であり，摂取する飼料の違いや量により飲水量は大きく変化する．肥育牛は 10 kg の飼料を摂取すると 25 l から 45 l の水を飲むといわれている．水分の摂取量は，通常の飼育状態で，1 日 1 頭当たり，ブタ 8～12 l，ヒツジ 4～12 l，ウシ，ウマ 40～50 l 程度である．また，これらの値は，生活環境の気温，湿度，飼料中の塩分，泌乳などの生産活動，飲水そのものの質によって変化する．

(2) 炭水化物（carbohydrate）

　主なものに，糖（sugar），でんぷん（starch），セルロース（cellulose）があり，これらのうち動物に利用されやすい糖，でんぷんなどを糖質，難利用性のものを繊維質と呼び区別することがある．これらはいずれも炭素（C），水

素（H），酸素（O）の3元素で構成され，炭水化物100g中にはおよそC：40g，H：7g，O：53g含まれる．炭水化物は動物体には1％以下ときわめて少量しか含まれず，植物体では，乾物重のおよそ3/4をしめ，家畜に給与される飼料成分中にもっとも多いものである．同じ元素割合でありながら，炭水化物には易利用性の糖質と難利用性の繊維質が含まれているので，栄養学上両者を分けて考える場合が多い．食品や飼料の栄養成分を分析する場合も両者を分けて分析し，可溶性無窒素物（nitrogen free extracts）および粗繊維（crude fiber）と2者に分けて分析値を表示する．炭水化物は植物中で次式に示すような経路で光合成される．

$$6CO_2 + 6H_2O + 673 カロリー（太陽光エネルギー，2.8kJ) = C_6H_{12}O_6 + 6O_2$$

　栄養素としての炭水化物の主たる役目はエネルギーの供給で，脂肪とならび重要なエネルギー供給源である．人はかなり多くの動物性食品を摂取するので，エネルギーを植物性食品に依存する度合いは一般の家畜より少ない．また，植物を主な成分とする飼料の脂肪含量が，5％以下であることから，家畜に必要なエネルギーの大部分は炭水化物から供給されるといってもよい．
　動物体の細胞に直接必要なエネルギーは，ほとんどの場合，単糖のグルコース（ブドウ糖：glucose）のかたちで供給される．グルコースはグルコースそのものやでんぷんなどのグルコースの前駆体を動物が摂取することにより，また，動物の体内で他の代謝物質がグルコースへ転換されて供給される．
　炭水化物は，腸から大きな分子を吸収できる幼動物の期間をのぞいて，単糖のかたちでのみ消化管壁から吸収される．飼料中に含まれる多糖類や少糖類は，消化器官から分泌される消化酵素群により単糖に分解され，また反すう動物の場合，消化管に生息する微生物の酵素により単糖からさらに揮発性脂肪酸（volatile fatty acids：VFA）に分解され吸収される．動物の消化器官から分泌される炭水化物分解酵素群は，複雑な炭水化物を加水分解するのに効率よく働くが，セルロースやキシランにある結合を切断することができない．草食動物の反すう胃やウマ，ウサギなどの単胃動物の盲腸に生息する微

生物は，その結合を切断する酵素のセルラーゼ，キシラナーゼをもっており，それらの動物は微生物の力を借りてセルロースやキシランを分解し，分解物を吸収して利用している．

　消化管で単糖グルコースを吸収する主要な場所は，十二指腸，空腸など小腸の上部である．胃，回腸下部，大腸ではほとんど吸収は行われない．単糖類のなかで，グルコース，ガラクトースがよく吸収されることが知られている．グルコースやガラクトースは吸収されたあとそのまま門脈にみられるので，吸収されるときに化学的変化を受けないようである．吸収の時変化を受けなかった単糖は，肝臓でグルコースへ転換される．動物は炭水化物のかたちで多くのエネルギーを貯蔵することができないが，グルコースの一部をでんぷんによく似た構造のグリコーゲンに転換し，肝臓や筋肉組織に貯蔵する．このグリコーゲンへの転換とグリコーゲンをまたグルコースにもどすことによって，血液中のグルコース濃度が調節される．グリコーゲンの体組織の貯蔵量は限られているので，必要量より過剰に炭水化物が摂取されたとき，脂肪に転換され身体の脂肪組織に蓄えられる．グルコースは動物体組織において脂肪酸やアミノ酸からもつくられる．この過程を糖新生（gluconeogenesis）と呼ぶ．

　植物は非常に多くの炭水化物を含むが，すべての植物が動物にとってよい炭水化物の供給源ではない．動物に植物性飼料を与えるとき，動物種と同時に飼料に含まれる炭水化物の種類を知ることが重要であり，そのことによって炭水化物の飼料価値を大まかに知ることができる．動物は代謝のために特定の糖を必要とするが飼料中に含まれていなくてもそれらを体内で他の糖，アミノ酸，または脂肪にあるグリセロールから合成できる．それゆえ飼料から摂取しなければならない必須の炭水化物はない．炭水化物は一般にそれを構成している糖分子の数によって分類される．主要なものをあげれば次のとおりである．

　[単糖類（monosaccharides, simple sugars）] 自然界に約20種類が存在し，大部分が五炭糖と六炭糖である．

　五炭糖（pentoses, 5-C sugars）は単糖類のなかで，五つの炭素をもつもの

である．天然に単独で存在することはほとんどなく，多糖類の構成糖なので，多糖類を分解したときにはじめて単独で出現する．もっとも代表的なものに草，樹木に含まれる繊維成分のヘミセルロースの骨格をつくる多糖類キシランの構成糖であるキシロース（xylose）がある．次にペクチンや多糖類のアラバンの構成糖として存在するアラビノース（arabinose），動植物の細胞中の核酸に含まれるリボース（ribose）などがある．

六炭糖（hexoses, 6-C sugars）は単糖の中で六つの炭素をもつものである．食品，飼料成分および動物体内の代謝物質として，栄養上重要な働きをしている．そのうちグルコース（ブドウ糖：glucose）は動植物界に単独で広く分布する．また，多くの少糖類，多糖類の構成糖であり，単胃動物の最も主要で直接的なエネルギー源である．フルクトース（果糖：fructose）は果汁や蜂蜜など広く単独で存在し，もっとも甘みを感じさせる単糖である．また，二糖類シュークロース，多糖類イヌリンの構成糖でもある．ガラクトース（galactose）は自然に単独では存在せず，乳汁の中の二糖類のラクトース（乳糖），多糖類ガラクタンの構成糖となっている．マンノース（mannose）も単独では存在しない．コンニャクイモ，植物木質部などに含まれる多糖類マンナンの構成糖である．

［少糖類（origosaccharides）］数個の単糖が結合したもので，二糖類，三糖類，四糖類などがみられるが，二糖類以外は重要でない．

二糖類（disaccharides）のうちシュクロース（蔗糖：sucrose）は単糖のグルコースとフルクトースが結合したもので，サトウキビやビート（砂糖大根）以外にも植物界に広く分布する．一般に食卓糖（table sugar）と呼ばれるもので，甘みが強く，容易に消化・吸収されるので人や動物に手早く与えることのできる重要なエネルギー源である．マルトース（麦芽糖：maltose）はグルコース2分子が結合したもので，多糖類のでんぷんを加水分解したときにできる．ラクトース（乳糖：lactose）は乳中のみに含まれる糖である．ガラクトースとグルコースが結合したものである．セロビオース（cellobiose）は単独では存在せず，セルロースの加水分解により得られる．マルトースと同じグルコース2分子が結合したものである．高等動物はこの結合を切断する

消化酵素をもたないので，消化管内の微生物の酵素が切断したものを利用している．

[多糖類（plysaccharides）] 単量体として単糖が多数集まって構成される重合体が多糖類である．構成する単糖が一列につながっている場合と，枝分かれしている場合がある．単量体の糖がすべて同じものである場合単純多糖類と呼ぶ．キシラン，でんぷん，セルロースなど植物質の飼料中に多く含まれる炭水化物が単純多糖類である．キシランは五炭糖のキシロースが単量体で約20～150個結合したものである．草類や木質が含むヘミセルロースに多く含まれる．この結合もセロビオースと同じで動物の消化酵素で切断することができない．五炭糖が単量体である単純多糖類をペントザンと呼ぶ．でんぷん，セルロースは六炭糖のグルコースが単量体である単純多糖類で，このようなものをヘキソザンという．

でんぷんには二つの形の大きな分子がみられ，グルコースがコイル状に一列につながったものをアミロース（amylose），枝分かれがあるものをアミロペクチン（amylopectin）と呼んでいる．普通のでんぷんは約20％がアミロースで約80％がアミロペクチンである．つながっている単量体のグルコースの数（重合度）は，アミロースで200～3,000，アミロペクチンで1,000以上である．でんぷんを酸または酵素で加水分解すると，まず，大きく分解されてデキストリン（dextrin）ができる．さらに二糖類のマルトースまで分解され，最後にグルコースを生じる．でんぷんは植物体に粒状で存在し，植物の種類，存在部位によって大きさが異なる．でんぷんのアミロペクチンに似た構造をもち，枝分かれの鎖長が短い（約10～20単量体）ものが肝臓や筋肉に貯蔵される動物貯蔵多糖のグリコーゲン（glycogen）である．

繊維素とも呼ばれるセルロース（cellulose）は，でんぷんと同じくグルコースのみが構成糖であるが，マルトースやでんぷんとは異なる結合をしている．セロビオースやキシランの場合と同様に，高等動物はこの結合を切断する消化酵素をもたず，微生物のみが分解することができる．グルコースの重合度は3,000～10,000程度である．セルロースは自然界にもっとも多く存在する有機物であり，全植物体の約50％をしめる．植物の骨格を構成し，

植物の茎，葉，根の繊維部分に多く存在し，種子には少ない．

　複合（混合）多糖類は，構成糖が1種類ではなく異種の単糖類が含まれる場合をいう．複合多糖類にはヘミセルロース（hemicellulose）とグルコマンナン（glucomannan）があげられる．ヘミセルロースは植物中の繊維質を熱水で煮沸しても溶出しないがアルカリや酸溶液で煮沸処理したときに，溶出し洗い出される糖類の総称で複合多糖類の代表である．そのため消化液中の酸による部分的な消化が可能である．骨格は五炭糖のつながった単純多糖類キシランであり，それに異種の単糖から構成される枝分かれをもつ多糖である．キシラン骨格の結合は，セルロースの場合と同様の理由で分解が難しい．枝分かれした部分に切断可能な結合をもつので，全体的にはセルロースよりも消化されやすい．マンノースを単量体とする単純多糖類をマンナンと呼ぶが，グルコマンナンはマンノース以外にグルコースを含む複合多糖類で，ヘミセルロースの一部として存在する．コンニャクいもの主成分であるコンニャクマンナンはグルコマンナンである．

　これらの多糖類のうち繊維質のセルロースやヘミセルロースは，植物細胞壁中にみられるので構造性炭水化物と呼び，細胞内容物中にみられるデンプンや単糖類，二糖類などを非構造性炭水化物と呼び区別することがある．また，動物が消化する場合の難易度から，前者は難利用性炭水化物，後者は易利用性炭水化物とも呼ばれる．

　リグニン（木質素：lignin）は炭水化物と同様，C，H，Oで構成されているが，炭水化物ではない．コニフェリルアルコールなどを構成成分とする不定型の構造をもつ物質である．きわめて難消化性の物質で，高等動物はもちろん微生物にもほとんど分解できない．木質素の名前のように，草や木材中にセルロースやヘミセルロースと結合して存在し，木材中には20～30％含まれる．植物の成長とともに増加し，自身が消化されないばかりかセルロースの消化を妨げる．一般的にリグニン含量の高い植物は消化率が低いので，栄養価値も低くなる．

(3) 脂肪，脂質 (fat, lipid)

　脂肪の定義はあいまいであるが，一般的には水に不溶な有機物で，エーテ

ルなどの有機溶媒に溶けるものとされている．もう少し限定していえば，高級脂肪酸とアルコールがエステル結合したものとそれに似たものということができる．すなわち，脂肪は二つの単位，脂肪酸とアルコールで構成されている．これらのもの全般を脂質と呼び，そのうち常温で個体のもの，または構成単位のアルコールがグリセロールであるトリグリセリド（脂肪酸グリセリンエステル）だけを脂肪と呼ぶ場合がある（図4.3）．

　食品や飼料中の脂肪をエーテルを用いて抽出し，抽出物を粗脂肪（crude fat），またはエーテル抽出物（ether extracts）と呼び，その量を脂肪の含有量として示す場合が多い．

　脂肪を構成する元素は炭水化物と同じ，炭素（C），水素（H），酸素（O）である．脂肪100g中には，およそ C：77g，H：12g，O：11g が含まれる．炭水化物のそれぞれ40g：7g：53g に比較すると炭素，水素の割合が多く酸素の割合が少ない．このことから炭水化物よりも高いエネルギーをもっていることがわかる．水に不溶で，1gの脂肪が完全に燃焼すると，9.45 kcal（39.5 kJ）の熱量を出す．この熱量は炭水化物やたんぱく質の2.25倍にもなる．その上，脂肪は代謝されるとき最も熱の放出が少ない栄養素である．そのため動物の体温を上げる度合いが少なく，高温ストレス下にあるときのカロリー源として有効である．このような性質をもつ脂肪は体内にエネルギーを保留するのに動物にとって最も都合の良い栄養素である．脂肪は，動物体では皮下，内臓の周辺，筋肉中や乳に多く存在する．植物では，胚にもっとも多い．

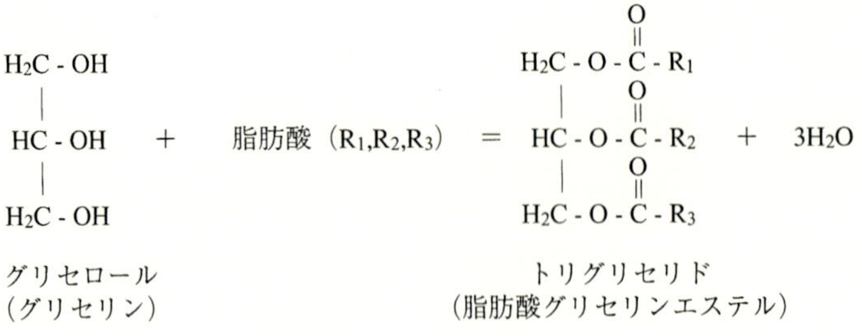

$$
\begin{array}{c}
H_2C\text{-}OH \\
| \\
HC\text{-}OH \\
| \\
H_2C\text{-}OH
\end{array}
\;+\; 脂肪酸\,(R_1,R_2,R_3) \;=\;
\begin{array}{c}
H_2C\text{-}O\text{-}\overset{\underset{\|}{O}}{C}\text{-}R_1 \\
| \\
HC\text{-}O\text{-}\overset{\underset{\|}{O}}{C}\text{-}R_2 \\
| \\
H_2C\text{-}O\text{-}\overset{\underset{\|}{O}}{C}\text{-}R_3
\end{array}
\;+\; 3H_2O
$$

グリセロール　　　　　　　　　　　　トリグリセリド
（グリセリン）　　　　　　　　　（脂肪酸グリセリンエステル）

図4.3　トリグリセリド

4.1 動物と栄養 (115)

　脂肪は，エネルギー源として重要であり，また動物体では体温を保持するための断熱材としても働いている．リノール酸（$C_{18:2}$）やリノレン酸（$C_{18:3}$）のような動物に必須の脂肪酸は，動物の組織で合成されないか，合成されても量的に少ないので飼料から脂肪で給与する必要がある．このように動物体に必須の脂肪酸の供給源としても脂肪は重要である．またビタミンには脂肪に溶けるものが多くあるので，脂溶性ビタミンの貯蔵，運搬にも脂肪は役立っている．

　他の栄養素に比較して脂肪の消化率はきわめて高く，一般に80％をこえる．ほとんどの粗飼料の脂肪含量は非常に低く，一般の穀類は脂肪を1〜4％しか含まないが，ダイズ，ピーナッツなどの油料種子では20％ちかく含む．エネルギーを上げるため動物性脂肪（タロー）を飼料に添加することがある．ウシの飼料には4％以上，ブタには10％以上添加すると悪影響があるとされている．飼料に配合する場合，脂肪の酸化や加水分解によっておこる変敗に気をつける必要がある．変敗が起こり始めると，悪臭を放ち飼料の嗜好性がわるくなる．

　代表的な脂質のトリグリセリドは，3価のアルコールであるグリセロールに高級脂肪酸がエステル結合したものである．自然界の高級脂肪酸のほとんどが偶数個の炭素（C）をもち，グリセロールのR_1〜R_3基には，Cの数が10から24の各種の脂肪酸が結合している．脂肪酸の両末端のカルボキシル基および三つのHをもつCを除いたすべてのCが二つのHと結合しているものを飽和脂肪酸（saturated fatty acids），一対またはそれ以上の対のCが一つのHを失い，二重結合しているものを不飽和脂肪酸（unsaturated fatty acids）と呼び，二重結合が2箇所あれば，$C_{18:2}$などと表す（図4.4）．不飽和脂肪酸

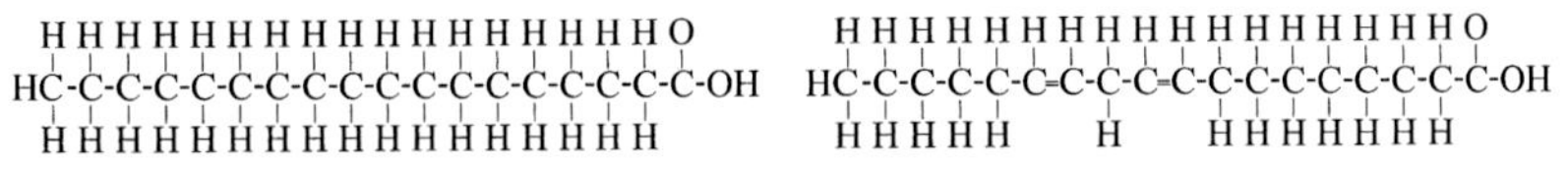

```
 H H H H H H H H H H H H H H H H H O            H H H H H H H H H H H H H H H H H O
HC-C-C-C-C-C-C-C-C-C-C-C-C-C-C-C-C-OH          HC-C-C-C-C-C-C-C-C-C-C-C-C-C-C-C-C-OH
 H H H H H H H H H H H H H H H H H              H H H H H       H       H H H H H H H
```

　　ステアリン酸（$C_{18}H_{36}O_2$, $C_{18:0}$）　　　　　　リノール酸（$C_{18}H_{32}O_2$, $C_{18:2}$）

　　　　　　　図4.4　飽和および不飽和脂肪酸の例

は，融点が低く，酸化・分解されやすい．一般に，動物性脂肪には飽和脂肪酸が，植物性脂肪には不飽和脂肪酸が多く含まれる．ブタの脂肪（ラード）の脂肪酸は約半分が，オリーブ油では9/10が不飽和である．

脂質は単純脂質と複合脂質に大きく分類される．

[単純脂質（simple lipids）] 中性脂肪（neutral lipids）とも呼ばれ，自然界にもっとも広く分布している．脂肪酸と各種のアルコールがエステル結合したものである．そのなかのトリグリセリド（triglyceride）またはグリセリド（glycerides, true fat）は，もっとも代表的な脂肪で，脂肪酸と結合するアルコールが3価のアルコール，グリセロール（glycerol）である．一般に，脂肪といえばこれを指している．飼料にもっとも多く含まれるトリグリセリドは，小腸で脂肪分解酵素リパーゼにより加水分解をうけ，モノグリセリドと二つの脂肪酸に分解され血中またはリンパ液中に吸収される．ロウ，鑞（wax）は脂肪酸と結合するアルコールがグリセロール以外のものである場合をいう．アルコールのコレステロールとエステル結合したコレステロールエステルがよく知られている．

[複合脂質（compound lipids）] 脂肪酸以外とのエステル結合を含むもので主要なものは次の二つである．リン脂質（phospholipids）はリン酸と窒素（N）を含んでいる．レシチン（lecithin），セファリン（cephalin），スフィンゴミエリン（sphingomyelin）などがある．リン脂質は，水に溶けやすい部分の疎水性基（脂肪酸）と溶けにくい親水性基（リン酸など）をもっているので，水を境にして膜をつくりやすく，たとえば細胞の核，ミトコンドリアの膜などの成分となりやすい．生体膜での物質の通過，情報の伝達に関与している．もう一つの　糖脂質（glycolipids）はリン酸を含まず，炭水化物や窒素化合物を含むものをいう．リン脂質と同様に，親水，疎水の基をもっているので，神経系の情報伝達や生体膜での物質の通過に関与している．

(4) タンパク質（protein）

動物の身体の成分の中で，最も重要な成分である．表4.1に示すとおり，動物の身体の成分から，増減の変動が多い水分と脂肪を除けば，残るタンパク質とミネラルの比率は，ほぼ80：20と安定している．このことは動物体

の基本的な部分がタンパク質とミネラルで構成され，タンパク質が動物細胞の主要部分であることを示している．また，酵素やホルモンなど動物の生命活動に重要な役割を果たしている物質や，乳，肉，卵などの生産物の主成分でもある．

　タンパク質は，炭水化物や脂肪より成分元素の種類が多いので，動物には必ずタンパク質を給与しなければならない．当然，成長が急である若い動物や産乳，産卵などの生産に携わっている動物には多く与える必要がある．また，消化管内の微生物が，尿素などの非たんぱく態窒素からタンパク質を合成している動物でも，必要なタンパク質の全量を非タンパク態窒素で給与することはできず，必ずタンパク質を与えなければならない．

　タンパク質は，種類によって化学成分，物理的性質，大きさ，生物学的機能などが大きく変わる．しかし，どのタンパク質もアミノ酸（amino acid）を単量体にして組み立てられた重合体の大きな分子である．

　アミノ酸は，同じ炭素原子に結合する酸性基のカルボキシル基（－COOH）とアルカリ基のアミノ基（－NH_2）をもつので，酸，アルカリの両方の性質をもっている．アミノ酸が結合してできているタンパク質も両性物質である．天然のタンパク質には22種類ほどのアミノ酸がみられ，それらは互いにカルボキシル基ともう一方のアミノ酸のアミノ基とでつながるペプチド結合をしている（図4.5）．アミノ酸は，カルボキシル基とアミノ基の数により示される酸性，中性，塩基性の性質によって分類される．中性アミノ酸

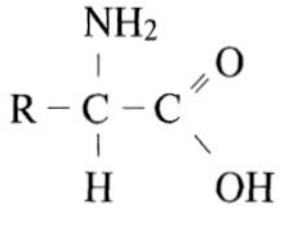

アミノ酸の一般構造式
（R－基はアミノ酸の種類によって異なる）

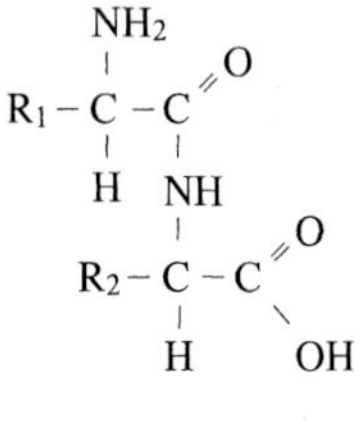

2つのアミノ酸がペプチド結合したもの

図4.5　アミノ酸とペプチド結合

はアミノ基とカルボキシル基を同数もつもので，そのなかでさらに脂肪族アミノ酸，イオウを含む含硫アミノ酸，芳香族をもつ芳香族アミノ酸の三つの種類に分けられる．脂肪族アミノ酸にはグリシン，アラニン，バリン，ロイシン，イソロイシン，セリン，スレオニン，含硫アミノ酸にはシステイン，シスチン，メチオニン，芳香族アミノ酸にはフェニールアラニン，チロシン，トリプトファンがある．酸性アミノ酸はアミノ基よりもカルボキシル基の数が多いもので，アスパラギン酸，グルタミン酸がある．塩基性アミノ酸はアミノ基がカルボキシル基より多いものでリジン，アルギニン，ヒスチジンがある．

　タンパク質は 100 g 中におよそ炭素 53 g，水素 7 g，酸素 23 g，窒素 16 g，と少量の硫黄と燐（1 g 以下）を含む．食品や飼料中のタンパク質量を表示する場合，タンパク質が窒素を約 16 % 含む性質を利用して，窒素含量を測定しそれに 100 / 16 = 6.25 をかけて粗タンパク質（crude protein）量として表す場合が多い．

　タンパク質の多くは，分子量が約 35,000〜500,000 の大きな分子で，アミノ酸の数は 350〜5,000，それゆえ多様な化学的性質，物理的性質，形状，溶解性，生物学的機能をもっている．実際，タンパク質の数は非常に多く，性質がそれぞれ異なり一般性がみとめられず，系統だてて分類ができない．多数のアミノ酸が結合したペプチド鎖だけでできあがっている単純タンパク質と，核酸，糖，リン，脂肪，色素，金属イオンなども含む複合タンパク質に大別される．化学構造に主眼をおかず，水や酸，アルカリ，アルコールに対する溶解性や熱変性などの性質によって分類されている．たとえば，アルブミンには，血清アルブミンや筋肉中のミオゲンなどが含まれる．表4.2 に代表的な単純タンパク質とその性質を示した．

　タンパク質は血中にみられる血清アルブミン，血清グロブリンなど，またコラーゲン，エラスチン，ケラチンなど，動物の臓器，筋肉，上皮など基本構造をつくる．また，動物体の内外で行われる，消化，分解，合成などの過程に関与する酵素，ホルモンや免疫抗体もタンパク質である．

　動物に摂取されたタンパク質は，消化管で分解されてアミノ酸になり吸収

表 4.2 単純タンパク質の性質

タンパク質名	溶解性					その他の性質	含まれるもの
	水	希塩類水溶液	希酸 pH4-5	希アルカリ pH8	アルコール 60-80%		
アルブミン albumins	可溶	可溶	可溶	可溶	不溶	加熱凝固	卵白,血清,乳,筋肉
グロブリン globulins	難溶	可溶	可溶	可溶	不溶	加熱凝固	卵白,血清,乳,筋肉
グルテリン glutelins	不溶	不溶	可溶	可溶	不溶	乾燥状態で安定	コメ,コムギなどの穀類
プロラミン prolamins	不溶	不溶	可溶	可溶	可溶	グルテリンに似ている	コメなどの穀類
ヒストン histones	可溶	可溶	可溶	不溶	不溶	塩基性が強い変性に対して安定	動植物細胞の核中の核酸と結合
プロタミン protamines	可溶	可溶	可溶	可溶	不溶	塩基性が強い変性に対して安定	動植物細胞の核中の核酸と結合
コラーゲン collagens エラスチン elastins ケラチン keratins などの硬タンパク質	不溶	不溶	不溶	不溶	不溶	濃酸,濃アルカリに可溶,タンパク質分解酵素により分解されにくい.	動物界にのみ存在,骨,皮,毛,角,爪

される.哺乳動物の場合,出生後48時間ぐらいまでは,免疫グロブリンなどは大きな分子のタンパク質のまま吸収される(飲細胞現象または食細胞現象).タンパク質の加水分解は,膵臓や小腸の上皮組織でつくられるタンパク質分解酵素によって行われる.加水分解が容易に行われ,必須アミノ酸をバランスよく含むタンパク質が,栄養上良質のタンパク質とされる.

吸収されたアミノ酸は,体組織のタンパク質の合成,酵素・ホルモン・その他の代謝物質の合成につかわれ,またアミノ基がはずされ(脱アミノされ)

炭素骨格がエネルギーとして利用される．タンパク質ではない窒素化合物を非タンパク態窒素（non-protein-nitrogen：NPN）または非タンパク態窒素化合物と呼ぶ．タンパク質の分解物であるペプチドやアミノ酸は厳密には非たんぱく態窒素であるが，一般にはタンパク態窒素化合物とされている．飼料に添加される非タンパク態窒素の代表的なものに尿素（urea）があげられる．

　タンパク質含量は飼料によってかなり異なるが，タンパク質に含まれるアミノ酸の組成はそれ以上に変化に富んでいる．必要量を体内で合成できず，飼料から供給しなければならないアミノ酸を必須アミノ酸（essential amino acids）という．それに対して，動物には必須ではあるが，通常必要量が十分に合成されたり，飼料中に十分に含まれているものを非必須アミノ酸という．必須アミノ酸には，フェニールアラニン，バリン，スレオニン，トリプトファン，イソロイシン，メチオニン，ヒスチジン，アルギニン，ロイシン，リジンがあげられ，ニワトリには，これにグリシン，プロリンが加わる．体内でメチオニンはシスチンから，フェニールアラニンはチロシンから合成されるが，その量は十分ではない．各種の飼料中のタンパク質とアミノ酸含量を表4.3に示した．

　植物飼料中のタンパク質は，動物の主要なアミノ酸の給源であるが，どの植物のアミノ酸組成もその植物単一では動物のアミノ酸要求に応えられない．数種の植物性飼料や植物性飼料に動物性飼料を混合することによって初めて動物の要求に応えることのできるアミノ酸組成となる．タンパク質中のある必須アミノ酸の含量が低い飼料を単一で与えると，そのアミノ酸が少ないために体内で他のアミノ酸の利用が抑えられ動物の成長や生産が低下する．その飼料に不足するアミノ酸を多く含む飼料を混合することによって，たとえタンパク質含量が以前の飼料と同じであってもアミノ酸バランスが改良されるため良い結果が得られる．このように，飼料中の必須アミノ酸含量はタンパク質の利用性の重要な要因なので，できるかぎり動物のアミノ酸要求に合うように飼料を配合しなければならない．たとえば，ブタにトウモロコシだけを給与した場合を考えると，ヒスチジン，イソロイシン，リジン，メ

表4.3 各種の飼料中のタンパク質とアミノ酸含量

	トウモロコシ (穀実)	コーングルテンミール	アルファルファ乾草	大豆粕	綿実粕	コムギ (穀実)	魚粕
乾物当たりタンパク質含量	10.0	47.0	19.0	57.0	44.0	16.0	66.6
タンパク質中必須アミノ酸% (乾物飼料中必須アミノ酸%)							
フェニールアラニン	4.5 (.45)	6.0 (2.9)	4.2 (.8)	3.9 (2.2)	5.3 (2.3)	4.4 (.70)	4.1 (2.7)
バリン	4.0 (.36)	5.0 (2.2)	4.2 (.9)	4.2 (2.4)	4.7 (2.1)	3.8 (.6)	5.4 (3.6)
トリプトファン	1.0 (.09)	.4 (.2)	2.1 (.4)	1.0 (.6)	1.5 (.65)	1.1 (.18)	.9 (.6)
スレオニン	4.0 (.36)	3.0 (1.4)	4.0 (.8)	3.0 (1.7)	3.4 (1.5)	2.6 (.42)	4.4 (2.9)
イソロイシン	4.5 (.45)	4.9 (2.3)	3.7 (.7)	4.4 (2.5)	3.6 (1.6)	4.4 (.7)	6.2 (4.1)
メチオニン	1.0 (.09)	2.1 (1.0)	1.0 (.2)	1.0 (.6)	1.5 (.65)	1.3 (.2)	2.7 (1.8)
ヒスチジン	2.0 (.18)	2.1 (1.0)	2.1 (.4)	1.9 (1.1)	2.5 (1.1)	1.9 (.3)	2.4 (1.6)
アルギニン	4.5 (.45)	3.0 (1.4)	3.7 (.7)	5.6 (3.2)	9.8 (4.3)	4.4 (.7)	6.0 (4.0)
リジン	2.0 (.18)	1.7 (.8)	4.2 (.8)	5.1 (2.9)	3.9 (1.7)	2.8 (.45)	7.5 (5.0)
ロイシン	10.0 (.99)	16.2 (7.6)	6.8 (1.3)	6.0 (3.4)	5.7 (2.5)	5.6 (.9)	7.5 (5.0)
非必須アミノ酸	62.5	55.6	63.2	63.9	58.1	67.7	52.4
1gのリジンを給与するのに必要なタンパク質量 (g)	50	58	23	19	25	35	12
1gのリジンを給与するのに必要な飼料の量 (g)	555	125	125	34	58	222	18

チオニン，フェニールアラニン，スレオニン，トリプトファンおよびバリンが不足し，ロイシンとアルギニンだけがブタの要求量を満たすことになる．このアミノ酸バランスの不均衡に対する一つの対策は，まず最も不足するリジンの要求量を満たすために大豆粕を加えることである．そうするとリジン以外のアミノ酸は大豆粕のアミノ酸によって要求量をこえて十分に給与されることになり，アミノ酸のアンバランスを解消できる（表4.3参照）．この場合大豆粕によって過剰に給与されたアミノ酸は脱アミノされアンモニアとなる．アンモニアは非必須アミノ酸や尿素の合成に使われるか，尿pHの調整に用いられる．市販されている合成リジンを添加すると，加える大豆粕の量を節約することができる．リジンをうまく添加することによって他の必須アミノ酸の無駄が解消されるからである．このように単胃動物に穀類とくにトウモロコシを主体にした飼料を与える場合，リジンがタンパク質の利用性を制限するので，飼料中のリジン含量に注意しなければならない．さらに，タンパク質の要求量は動物の成長段階によって変化する．これは体組成が大きく変化するためだけではなく，幼動物はタンパク質の消化力が低いことによる．

(5) ビタミン (vitamin)

　動物体内の各種の代謝過程に必要な有機物のなかに他の栄養素に比べてきわめて微量を必要とするものがある．それぞれが特有の機能をもっており，不足すると動物は特有の欠乏症状を示す．このような生理的性質をもつものを一つのグループにまとめてビタミンとしている．個々のビタミンは化学構造や性質が大きく異なり，全体としてまとまりがなく，水溶性ビタミン（water-soluble vitamin）と脂溶性ビタミン（fat-soluble vitamin）に大別されるのが一般的である．いくつかのビタミンは補酵素として働くことが知られているが，そのような役割がなく，ただ代謝に必須とされるものもある．表4.4に主要なビタミンの機能，欠乏症状，過剰に給与した場合の症状および給源について示した．このなかには，飼料中に豊富に含まれるものや動物の体内で合成されるものもあり，通常の飼育状況ではほとんど不足しないものや，少し飼料の組成に気を配るだけで，必要量を給与できるものが多い．

表 4.4 ビタミンの機能と欠乏および過剰の症状

脂溶性ビタミン

名称	主要な機能	欠乏症状	過剰症状	多く含まれるもの
ビタミンA（レチノール）	骨の形成，健全な視覚の維持，上皮細胞の維持，成長など	夜盲症，角化症，骨の障害，成長障害，繁殖障害	欠乏時と同様の症状がでる	生草，黄色トウモロコシ，ニンジン，乳脂肪
ビタミンD（カルシフェロール）	骨の形成（Ca, Pの吸収），炭水化物代謝，成長	成長期に骨の障害，軟卵，産卵能力の低下	柔組織への Ca 沈着，骨組織の脱 Ca	天日乾草，卵黄，日光浴により合成される
ビタミンK *	血液凝固に関与するプロトロンビンなどの合成	プロトロンビンの含有量低下による血液凝固速度の低下	あまり毒性をみない	生草，魚粉，卵黄，消化管内微生物により合成される
ビタミンE（トコフェロール）*	酸化防止剤，筋肉組織の維持，繁殖整理	筋肉障害，脳軟化症，繁殖障害	あまり毒性をみない	生草，乾草，糖蜜，米糠

水溶性ビタミン

名称	主要な機能	欠乏症状	過剰症状	多く含まれるもの
ビタミンB_1（チアミン）*	補酵素チアミンピロフォスフェートを形成，酸化的脱炭酸反応に関与	神経炎，筋肉麻痺，食欲不振	あまり毒性をみない	米穀，生草，アマニ粕，豆類
ビタミンB_2（リボフラビン）	補酵素フラビンモノヌクレオチドを形成，水素受容体として働き，エネルギー代謝に関与	食欲不振，成長障害，鶏ヒナの足指障害	無毒である	ホエー，フィッシュソリューブル，生草
パントテン酸	補酵素Aを形成，3大栄養素の代謝	成長障害，繁殖障害，脱毛	あまり毒性をみない	ホエー，糖蜜，米糠，フィッシュソリューブル，卵黄

(表4.4続き)

ニアシン (ニコチン酸) *	酵素NAD, NADPの構成分, 水素転移に関与	成長阻害, 皮膚障害	脂肪肝, 皮膚炎	粕類, 糠類, 穀類, 動物性飼料
ビタミンB_6 (ピリドキシン) *	補酵素ピリドキサルリン酸の構成分, アミノ酸代謝に関与	成長阻害, 皮膚炎, 貧血	麻痺	米糠
ビオチン *	カルボキシル化に関与する補酵素, 糖新生, 脂肪酸合成	成長阻害, 皮膚炎	毒性はない	米糠, 菜種粕
葉酸 (フォール酸) *	核酸の合成, アミノ酸代謝に関与する補酵素の構成分	成長阻害, 貧血	毒性はない	糠類, アルファルファ, 油粕類
コリン	広い機能をもつ, アセチルコリン, リン脂質構成分, メチル基供与,	脂肪肝, 成長阻害	下痢	穀類, 油粕類, 動物性脂肪
ビタミンB_{12} (シアノコバラミン)	イソメラーゼやデハイドラーゼ, またメチオニン合成に関与する酵素の補酵素,	成長阻害, 神経障害, 皮膚炎	毒性はない	魚粉
ビタミンC (アスコルビン酸) *	コラーゲンの合成, チロシンの代謝に関与	貧血, 壊血病	毒性はない	生草, 根葉

*:一般に飼料中に豊富に含まれたり, 体内合成されるので, 通常の飼育状態では給与する必要のないビタミン.

ビタミンB類やビタミンCなどの水溶性ビタミンは動物が代謝を行う上で必須のものであるが, 代謝に必要なものすべてを飼料で供給する必要はない. また, 飼料中に必要な量は反すう動物と単胃動物とでは異なる. ビタミンCの場合, ヒト, サル, モルモットを除くほとんどの動物は体内で合成することができる. このように体内合成量と通常の飼料に含まれる量により必要量のほとんどがまかなわれるビタミンは, 不足はほとんど起こらず飼料中含量に注意する必要はない. 反すう動物では, ビタミンB類は反すう胃内の

微生物により合成されるので，もっぱら脂溶性ビタミンの不足だけに注意すればよい．単胃動物であるウマの場合も盲腸において反すう動物と同じような微生物による合成が行われている．ヒトやブタの場合，このような合成機構をもたないのでいつも食品や飼料から不足する水溶性ビタミンを供給する必要がある．

　動物体内の水分の出入りから考えると，水溶性ビタミンの体内滞留期間は2, 3日と考えられるので，不足する量を絶えず飼料から供給しなければならない．一方，脂溶性ビタミンは動物の脂肪組織に蓄えられるので，欠乏する飼料を与えても長期間にわたり欠乏症状を示すことはない．

　一般に飼料中に含まれる量が少なく，欠乏が心配されるビタミンは飼料にビタミンを添加することによって補われる．実際面からみると，脂溶性ビタミンのビタミンAとDはすべての動物で，単胃動物のブタ，ニワトリではそれらに加えて水溶性のビタミンB_1, B_2, コリンが不足することが多い．このように不足するビタミンの種類や量をある程度予測することができるので，あらかじめそれらを飼料に添加しておくとよい．不足が予想されるビタミンを混合したビタミンプレミックスと呼ばれる飼料添加剤が市販されているのでそれを用いる場合が多い．

　脂溶性ビタミンのビタミンAそのものは植物には含まれない．ニンジン，トマト，カンキツ類に多く含まれる黄色のカロチノイド色素の$\alpha-$, $\beta-$, $\gamma-$カロチンは化学構造がビタミンAと似ていてビタミンAの効力をもっており，ビタミンAの前駆物質である．これらはプロビタミンAと呼ばれ，ビタミンAはこれらによって補われている．プロビタミンAは不安定な物質であり，飼料中の含量は条件により大きく変わる．青草が豊富に与えられる場合ビタミンAは十分に供給される．トウモロコシにふくまれる同じ黄色の色素であるキサントフィルはビタミンAの効力をもたない．

　脂溶性ビタミンのビタミンDにも植物に存在するエルゴステロール，動物の皮下に存在するデヒドロコレステロールなどの前駆物質がある．これらはそれぞれ，プロビタミンD_2, D_3と呼ばれ，紫外線の照射によりビタミンDの効力をもつようになる．

家畜の種類やその飼養状況によってビタミンの給与量が飼養標準に定められている．実際面では，不足が予測されるビタミンを飼料に添加することは家畜飼養において当たり前のことになっている．ビタミンの量は，ビタミンの給源のもつ効力を表す単位の IU (international unit, 国際単位) で表されることが多い．それは，たとえばビタミンAのようにビタミンが前駆物質である異性体や類縁物質をもつことと，そのことによって消化率，吸収率，活性の変化があることによる．もしそれらの変化要因に関するデータが正確ならすべて重量で表す方がよいが，現在そのような状況にはない．

(6) ミネラル（無機質, minerals）

　ミネラルの飼料中に含まれる量，動物に必要な量および動物体に含まれる量は他の栄養素の炭水化物，タンパク質，脂肪に較べてきわめて少ないにもかかわらずミネラルは重要な栄養素であり動物体にとって必須のものである．飼料や食品を細かく砕き，るつぼに入れて 500 ℃以上に熱し灰化すると灰分が残る．この灰分中に飼料中ミネラルのほとんどが含まれるが，灰化中に蒸発してしまうミネラルやミネラル以外の燃焼しきれない物質があるので，この灰分量は飼料中に含まれるミネラル量を正確には示していない．

　動物体には多くの種類のミネラルが含まれ，ビタミンのように動物の体内で合成されることはない．またミネラル分析法の発達によって動物体に含まれるとされるミネラルの種類は次々と増えている．それら動物体に含まれるミネラルのすべてが動物に必須であるかどうかは現在のところわかっていない．動物体に発見される多くのミネラルのうち少なくとも 17 種が動物体に必要であることが知られており，飼料中や動物に対する必要量の多少によって多量元素（macro minerals, macro elements）および微量元素（trace minerals, trace elements）と呼ばれている．動物にとってかなり多量に必要である多量元素には，カルシウム (Ca)，リン (P)，ナトリウム (Na)，塩素 (Cl)，カリウム (K)，マグネシウム (Mg) およびイオウ (S) がある．ごく微量必要である微量元素には，コバルト (Co)，ヨウ素 (I)，鉄 (Fe)，銅 (Cu)，亜鉛 (Zn)，マンガン (Mn)，セレン (Se)，クロミューム (Cr)，フッ素 (F)，モリブデン (Mo)，シリカ (Si) がある．CaやPは骨に多く含まれ，骨の形成に

は Mg, Cu, Mn が関与している．Na, K, Cl は酸・塩基平衡に関与し，Zn や Cu は酵素の働きに関与するなど，多くのミネラルが，体内活動に関与している．

動物体に必要なミネラルでも多量に給与するとほとんどのものが毒性を示す．Cu, Mo, Se など，比較的低い量で毒性を示すものがあるので過剰に与えることのないよう注意が必要である．また，自然界に比較的多く存在し，毒性がよく知られているミネラルに，鉛 (Pb), カドミウム (Cd), 水銀 (Hg) がある．

多量元素の Ca は，動物体の骨や歯に多く含まれるミネラルである．しかし，それ以外の場所にもみられ血液凝固，筋肉運動，膜透過，神経から筋肉への刺激伝達，体液の酸塩基平衡などに関係する重要なミネラルである．動物体にもっとも多くみられるミネラルで，その 99％が骨と歯に存在し，生の全骨重量の約 9％を占めている．残る 1％は血液や柔組織に含まれ，血液には 1 dl 当たり 10 mg 程度含まれている．血液中の Ca 濃度の低下によって起こる代謝病として乳牛の乳熱 (milk fever) が知られている．この病気は，イヌ，ブタにもみられ，体内で多量の牛乳の合成が始まり，Ca が多量に必要になる分娩後 5 日までによく起こる．血液中の Ca が急激に使い果たされ，低

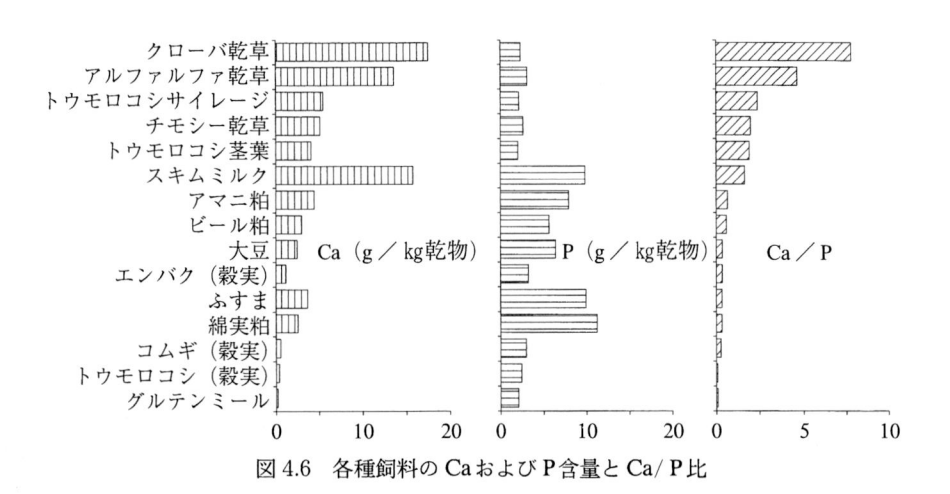

図 4.6　各種飼料の Ca および P 含量と Ca/P 比

Ca血症を起こすのである．妊娠中の動物は，泌乳していなくても通常より多くのCaを，ホルモンのカルシトニンやビタミンDのはたらきで吸収し骨に蓄える．妊娠初期の胎児の成長の遅いときはCaの要求は少なく，骨に蓄えられているCaでそれを補うことができる．

　Caは骨中に，CaとPが2：1の比で含まれているので，飼料中では1：1から2：1の間で含まれるのがよいとされている．両者の比をそれから大きくはずさないようにして動物に飼料を給与することが大切である．図4.6に示すように，一般的に穀類にはCaが不足し，Pが多く，牧草類ではその逆である．そこで，穀類を多く給与する場合はCaが不足するので飼料中に必ずCa剤を添加しなければならない．

　Pはミネラルのうちもっとも広く動物の体に分布し，あらゆる代謝活動に利用され，必須のものである．動物体のPの約80％は骨に含まれ，あとの20％が血液や柔組織に含まれる．血液中のPの量は間接的にカルシトニンと上皮小体ホルモンによって調節されている．カルシウムが骨から血液中へ放出されたり，骨へ蓄積されると，同じことがPにも起こる．これは両者が結合し結晶のかたちで骨に存在することによる．このようにCaとPは随伴して行動するので，飼料中の過不足について両者を同時に考える必要がある．一般に穀類にはPが多く，穀類が多給されPが多く与えらると（ママ）Caとの間に不均衡がおこるのでCaの給与量を上げなければならない．各家畜へのCa，Pの給与割合は，多くの代謝試験が行われ推奨値が発表されている．単胃動物では，一般に，飼料中のCa：P比は1：1から1.5：1の間でよいとされている．たとえば，ブタには1：1から1.2：1の間の飼料が給与されている．卵殻には多量にCaが含まれているので産卵鶏ではCaが多く給与される．また，育成中のニワトリには2：1の飼料が給与されている．CaとPの給与割合が適正でないと，骨に異常がでたり，牛乳の生産が低下したり，卵殻が軟らかくなったり，幼動物では成長が止まることがある．また，植物に含まれるPは1/2から2/3が単胃動物には利用することのできないフィチン酸のかたちで含まれていることにも注意する必要がある．

　動物体のMgの70％は骨に含まれる．CaやPと同様に骨の形成と成長

に必須のものである．骨以外のところに存在する Mg は多くの酵素の触媒反応に関係しており，ATP が加水分解されエネルギーをつくり出すときの酵素反応全般に必要である．また，炭水化物，タンパク質，脂肪の代謝においても重要な役割をもっている．

冬に畜舎に入れて飼育していたウシを急に春先の青々とした草地に放牧すると，体組織や血液中の Mg が低下し，まれにグラステタニーとよばれる Mg 欠乏症を起こして酔ったように孤立し立っていることがある．草中に Mg は十分含まれているが，吸収が十分でないため血液，骨，筋肉中の Mg が代謝反応に利用されその量が低下するために起こる．この場合，草に含まれる Mg 量を測定してグラステタニーを予測することは難しい．Mg 吸収力の低下の原因が春先の草に K とタンパク質が多く含まれることによるからである．

多量元素の Na, Cl, K のうち Na と Cl はもし飼料中に不足すると，動物に欠乏症状がもっとも早く出るミネラルである．それらを十分含む飼料は海草，魚粕，ホエイぐらいで，その他の飼料は不足しているため添加して動物に与える必要がある．植物および動物性飼料の両者とも K 含量が高く，通常の飼料を与えている場合には K 欠乏症は起こらない．

Na は血液中の塩基の 90% 以上に含まれ，体液中の酸塩基平衡に大きく関係し，不足すると繁殖機能の低下がみられる．Cl は血液中の酸の 70% ちかくにみとめられ Na と同じように酸塩基平衡に関係し，胃液中にも塩酸や塩のかたちで多くみとめられる．Na, Cl, K の 3 者とも細胞内外の浸透圧調節や神経の命令伝達に重要な役割をもっている．

微量元素の Fe は，体細胞で行われる代謝作用に重要なはたらきをもっている．動物体に含まれる Fe の 50% 以上が血液中のタンパク質であるヘモグロビンに含まれている．ヘモグロビンは大きな分子のタンパク質で四つの Fe 原子をもっており，Fe 原子は 1 分子の酸素，水，一酸化炭素のどれかと結合している．酸素よりも一酸化炭素に強く結合するので，環境に一酸化炭素が多く存在すると一酸化炭素中毒を起こす．血液中のヘモグロビンは酸素運搬を行う重要なタンパク質である．血液はヘモグロビンのはたらきがなく

表4.5 主要なミネラルとその機能,欠乏症および過剰症

元素	主な機能	欠乏症	過剰症	備考
Ca	骨・卵殻形成,血液凝固,筋肉の収縮,神経作用,細胞膜透過作用	骨軟化症,テタニー	過剰のCaを長期にわたり摂取すると,骨形成に異常が発生する.	ビタミンDの欠乏によりCa吸収,蓄積が妨げられる. Mgの過剰摂取によりCa排出が増加する.
P	骨形成,エネルギー代謝(リン酸化反応),酸・塩基平衡,	骨軟化症	上皮小体機能亢進によるPの遊離,骨異常,骨折,筋力減退	ビタミンDが腎臓での再吸収,蓄積に関与している.
Mg	酵素の活性化(とくに,炭水化物代謝),骨形成	テタニー,神経過敏症	腎臓のMg排泄機能が働くため通常ではみられない.	Ca, Pの代謝を亢進させる.
Na	細胞外溶液の主なカチオン(浸透圧,酸塩基平衡),筋肉運動,	生育不良,生殖障害,雄性不妊,雌の性成熟遅延	神経障害	単胃動物で飼料に8%以上含まれていると障害を起こすことがある.
Cl	浸透圧,酸塩基平衡に関与する細胞外溶液の主なアニオン,消化液中塩酸の成分	食欲低下,産乳量低下,生育不良	通常,Clだけが過剰になることはない.	飼料中に欠乏することは少なく,嘔吐などの生理障害によって欠乏が起こる.
K	浸透圧,酸塩基平衡に関与する主要な細胞内液陽イオン,筋肉運動	下痢,腹部膨張,昏睡	副腎皮質の肥大によるアルドステロンの分泌異常によって起こることがある.	K, Na, Clの過剰は,腎臓の調節機構により,排出されるので,飲水が十分であれば通常はみられない.
S	含硫アミノ酸(メチオニン,シスチン)に含まれる.	幼動物の成育,通常の飼料には十分含まれているので起こりにくい.	無機Sは,ほとんど小腸から吸収されないので,過剰による生理的障害は起こりにくい.	
Fe	呼吸(ヘモグロビン,チトクローム,ミオグロビン),ヘモグロビンに70%,ミオグロビンに20%が含まれる.	貧血,新生豚貧血	発育不良	Ca/P比が吸収に影響する.また,Feの代謝にはCuが必要である.ピリドキシン欠乏は吸収を妨げる.
Cu	酸化・還元酵素活性化,ヘモグロビン合成,骨形成,神経系ミエリン鞘の維持	脱毛,神経障害,関節水腫,骨軟化症	欠乏症と同様の症状	過剰のMo, Znは,Cuの利用と貯蔵を妨げる.約250ppm以上で毒性をもつ.
Zn	酵素活性化(ペプチダーゼ,カーボニックアンハイドラーゼ)	毛の発育障害,脱毛,皮膚障害	Cuの代謝障害,貧血	

ても酸素を液中に溶かして運ぶことができるが、それだけの酸素では十分ではなくヘモグロビンのはたらきがないと動物は窒息する。また、二酸化炭素を運搬するのもヘモグロビンであるが、このはたらきには酸素や一酸化炭素の場合のように Fe が直接関与をしていない。

ほとんどの飼料は動物に必要な Fe 量を含んでいる。ところが母乳、とくに繁殖豚の母乳には Fe が不足するので、子豚を飼育する場合には Fe 欠乏に十分注意する必要がある。このように動物のミネラル要求量は動物の種類や発育段階によって異なる。また、動物が飼われている地域の土壌中に、特異的に欠乏する、または過剰に含まれるミネラルが存在することがある。その地域の飼料作物を与えることの多い肉用牛の繁殖牛や乳牛を飼育する場合とくに注意が必要である。

多量元素の場合飼料の種類による含有量の多少がよく知られており、飼料中ミネラルの過不足やバランスは飼料配合や飼料へミネラル剤を添加して調整することができる。一方そのような情報の得にくい微量元素については、ミネラルプレミックスと呼ばれるあらかじめ必要な微量元素が混合されている市販の添加剤を飼料に添加しておく場合が多い。また、各種のミネラルを含ませて固形にしてあるミネラルブロックを動物になめさせて給与する方法もある。

表 4.5 に、主要なミネラルとその機能、欠乏症、過剰症についてまとめて示した。

4.1.2 消化機構と栄養 (digestive system and nutrition)

消化 (digestion) とは、飼料が体内へ吸収 (absorption) されるまでに受ける物理的、化学的変化、すなわち吸収のための下準備をいう。

消化管 (digestive tract) とは、口腔 (mouth) から、肛門 (anus) にいたる管状の通路である。口より摂取された飼料は咀嚼され、消化管を通過する過程で多くの臓器、腺などが関与して各種の消化作用を受け、分解 (degradation)、吸収が行われる (図 4.7)。消化管の構造的、機能的な相違から家畜は、単胃動物 (monogastric animals) と反すう動物 (ruminants) に分けられる。

図4.7 消化と吸収

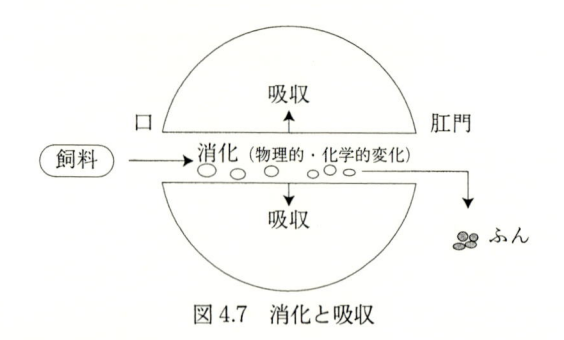

1）単胃動物の消化機構

1室の胃（図4.8）をもつブタ，イヌ，ウマ，ネコ，一室ではないが消化機構が似ている鳥類などが単胃動物と呼ばれる．ほとんどの単胃動物は繊維質飼料をわずかしか消化できないが，ウマやウサギは，盲腸，大腸に生息する微生物の働きで消化し利用することができる．代表的な単胃動物であるブタ，ウマの消化管の概要は図4.9に示すとおりである．

まず，口腔の歯，舌で，飼料が摂取され，細かく砕かれる．ブタの口腔の運動は自由度が低く，飼料の摂取は鼻を補助的に用いて行われるが，ウマは唇を活発に働かせる．

一般に，ヒトやブタのような雑食動物（omnivorous）では，門歯（切歯）はもっぱら食物の切断に使われ，臼歯はすり潰しに使われる．舌の働きの少ない肉食動物（carnivorus）では，歯は餌とする他の動物の捕獲や解体に用いら

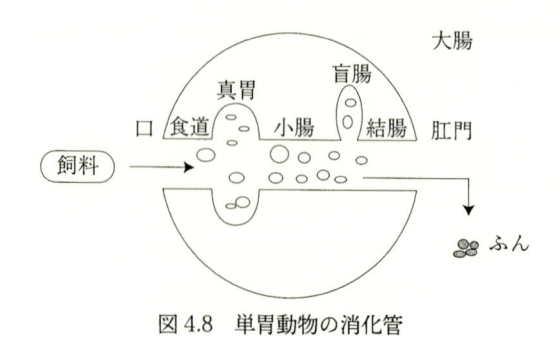

図4.8 単胃動物の消化管

れるので，門歯，犬歯が鋭く，臼歯は骨を砕くのに用いられ，喰いちぎられた餌はすり潰されずにほとんど飲み込まれる．げっ歯類の成長を続ける切歯や犬歯は，堅いものを砕くのに適している．

　唾液腺から唾液（saliva）が出され，かみ砕かれた飼料に混ぜられる．唾液には，水，ムチン（粘素），炭酸塩，酵素が含まれ，これから始まる消化作用の下準備が行われる．水は，食塊の物理的粉砕，化学的消化を助け，粘液成分であるムチンは食塊の通過を容易にし，ウマを除く単胃動物では，わずかばかり含まれる消化酵素のアミラーゼがでんぷんの分解を始める．また，唾液に含まれる炭酸塩は胃の pH の調整を行う．

　食塊は，蠕動運動によって食道（esophagus）から胃（真胃，腺胃：stom-

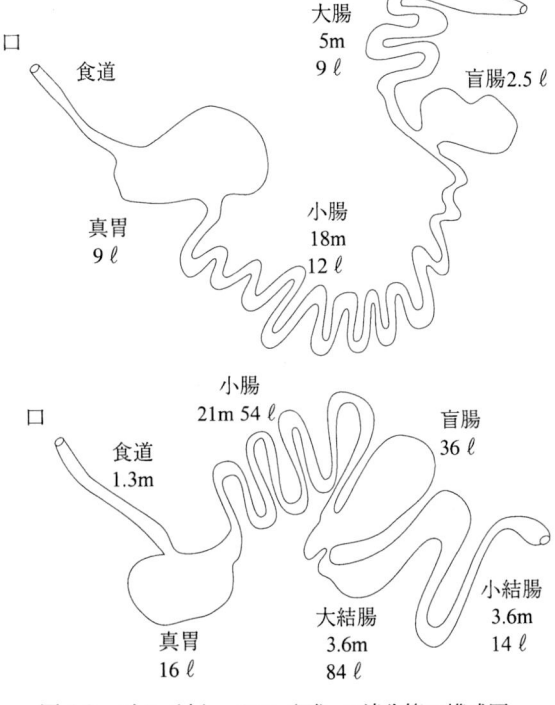

図 4.9　ブタ（上），ウマ（下）の消化管の模式図

ach）に送られる．食道は，横紋筋（随意筋）と平滑筋（不随意筋）でつくられ，両者の割合，位置によって胃からの食塊のはきもどし（嘔吐）の難易度が決まる．ウマでは胃に近いところが平滑筋が多く，ほとんどはきもどしができない．

　胃の入り口付近（噴門部）では，胃粘膜の細胞が粘液を多く分泌する．胃の内面には胃液を出す無数のくぼみ，胃腺がある（図4.10）．胃の中心部分，胃底部では胃腺がとくに多く分布する．食道からきた食塊は胃にとどめられ，胃の筋肉の運動により混合され，水分の浸透が行われ，細かくされる．胃腺から消化液の胃液の分泌が始まる．胃液には，塩酸，タンパク質分解酵素のペプシン（pepsin）がふくまれ，哺乳中の幼動物では，凝乳酵素のレンニン（rennin）がこれに加わる．胃の出口付近（幽門部）で再び粘液が胃粘膜の細胞から多く分泌される．胃の内部は約0.4％の塩酸でpH2付近に保たれており，雑菌の繁殖を防いでいる．ここで食塊はどろどろした状態，食糜になり，小腸（small intestine）へ送られる．

　小腸は十二指腸（duodenum），空腸（jejunum），回腸（ileum）の三つの部分に分けられるが形態，組織には著しい差異はない．小腸の内側は，多くのしわがあり，その表面には長さ0.5mmほどの細かな腸絨毛（図4.11）が密生し，表面積を大きくすることにより吸収の効率をよくしている．腸絨毛の中心には，リンパ管があり，その周りを毛細血管がとりまいている．それらの毛細血管は，肝門脈につながり，リンパ管は胸管を経て大静脈から肝門脈につながり，吸収された栄養物を肝臓（liver）に運んでいる．小腸の内

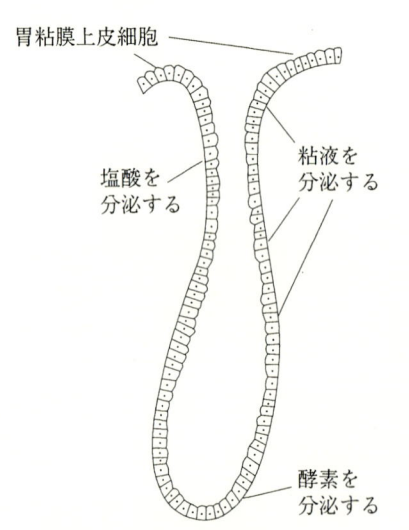

図4.10　胃腺上皮細胞
（細胞により粘液，塩酸，酵素と分泌するものが異なる）

部のpHは，胃に近い十二指腸の始まりの部分（十二指腸噴門部）では，胃液の影響で低いが，十二指腸腺や腸腺から分泌される腸液中のアルカリ性の重炭酸塩によりpH 6〜7に調整されている．

十二指腸には膵臓（pancreas）からの膵管と肝臓から胆のうを経由する胆管（bile duct）が，動物種によって個々に，または両者が一本に合流し開口する．そこから膵液，胆液（胆汁）が十二指腸に送り込まれる．多くの消化液が混ざりあう十二指腸では，活発に消化作用が行われる．そのあとの空腸，回腸では，吸収が盛んに行われる．

大腸は，盲腸（cecum），結腸（colon），直腸（rectum）に分けられる．これらの相対的な大きさは，動物種によってかなり違う．ウマでは，結腸は大きさが異なる二つの部分をもつので，大結腸，小結腸に分けられる．盲腸の大きさは，一般的に雑食および肉食動物よりも草食動物の方が大きい．小腸でみられた絨毛は退化してなくなっているが，内表面の上皮の構造は小腸とほとんど同じで，小腸と同じような吸収作用も行われている．

大腸の主な機能は，水分の吸収，ミネラルの排出，消化残物の貯蔵である．また，盲腸，結腸に微生物が棲息し，水溶性ビタミンの合成，繊維質の分解，タンパク質の合成が行われている．さらに酢酸，プロピオン酸，酪酸などの分解産物の吸収も行われている．微生物の活動は，ウマ，ウサギで盛んである．ウサギは透明な盲腸ふんを食糞することにより，ビタミンやミネラルを補っている．消化管内微生物の役割については，後述されるように，反すう胃について多くのことが知られているが，大腸については不明な事柄も多く，今後の研究が待たれる分野である．

小腸で消化された食糜は，大腸に入り，水分が吸収される．はじめはどろどろの食

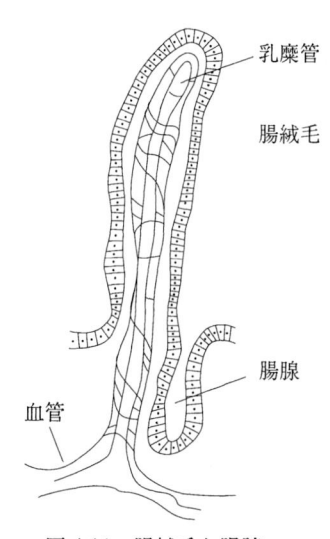

図4.11 腸絨毛と腸腺

図4.12　鳥類の消化管

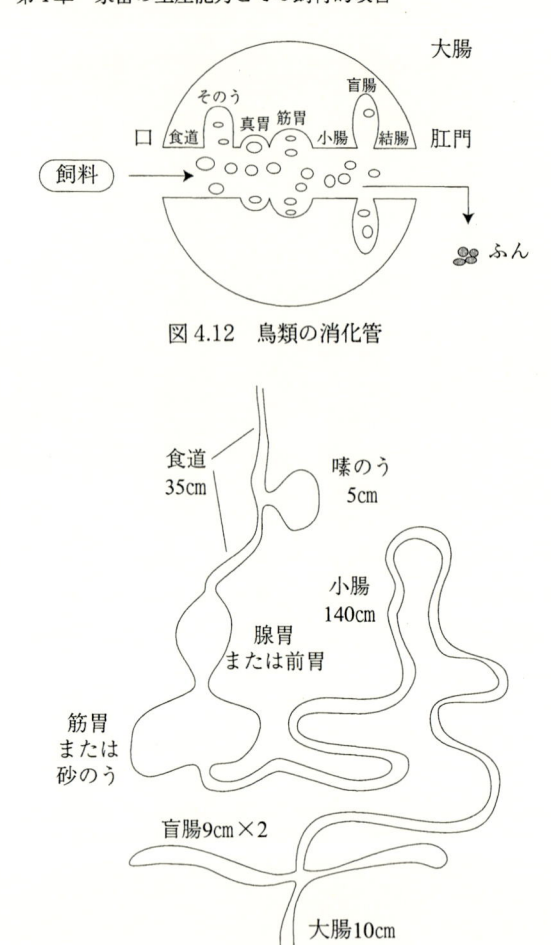

図4.13　ニワトリの消化管の模式図

糜も，結腸の終わりから直腸で，動物種特有のふん形に固められる．直腸のふん塊は直腸壁を圧迫，知覚神経を刺激する．それが大脳に伝わり，便意が脊髄の排便中枢を刺激して直腸筋肉を収縮させふんが肛門より押し出される．

単胃動物のなかでも鳥類の消化管（図4.12, 13）は，解剖学的にかなり異なっている．鳥類には，歯がなく，舌の動きも不活発で，餌は嘴で摂取される．嘴は食性によって形が異なり，穀類を餌とするものは粒餌の摂取に，肉類を餌とするものは肉を引き裂くのに便利な形をしている．唾液にはアミラーゼが含まれるが，飲み込むのに都合の良い大きさにされた食塊は，口腔内での消化をほとんど受けずに食道へ送られる．

食塊は，食道が胸部へ入る前にあるそのう（嗉嚢）に入り，一時的に蓄えられ，ふやかされて，再び食道を経て腺胃（前胃）に入る．昆虫を主食としているものや，水きん類にはそのうはなく，食道から直接に腺胃に入る．腺胃では，単胃動物と同じような成分の胃液が分泌され，本格的な消化作用が始まるが，留まる時間は少なく，ニワトリの場合15秒ぐらいで，pHも4.0付近と単胃動物よりも高い．次に腺胃に近接してつながる筋胃（砂嚢）に食塊が送られる．厚い筋肉質の壁でできている筋胃では消化酵素は分泌されず，強く収縮し，腺胃で分泌された消化液や筋胃に蓄えられている石粒の働きで，食塊は小さくすりつぶされ消化され食糜となる．

小腸に送られた食糜は，酵素による分解を受け，栄養素が吸収され，そのようすはほ乳類とほとんど変わらない．

鳥類の盲腸には，盲嚢が二つで構成されているものもあり，ニワトリはそれにあたる（図4.13）．大腸はほ乳類に比較して短く，盲腸と大腸の働きは，ほ乳類とほとんど変わらない．微生物も生息するが，その役割はほ乳類より幾段も小さい．

2）反すう動物の消化機構

反すう動物の口腔の構造は単胃動物と幾分異なる（図4.14）．上顎に門歯（切歯），犬歯がなく，それらの代わりにまな板のような役割をする歯床板があり，舌で巻きつけ引き込んだ草を，挟んで切断する．顎の動きは自由度が大きく，臼歯は横方向に大きく動き，草など繊維質の多い餌をすり潰す．

唾液は大量に連続的に分泌され，ウシでは1日当たり45 l，ヒツジで7.5 l 以上にもなる．唾液は，酵素は含まず，アルカリ性，pH約8.3で，反すう胃へ流れ込み，重炭酸塩と尿素を含んでいるので，pH緩衝液として，また窒素

補給液として働く.

　胃は図4.15に示すように4室あり，もっとも身体の前方に位置するのが，第2胃（蜂の巣胃：reticulm）である．第1胃（反すう胃：rumen）と第2胃は，完全に分離せず，食道からの入り口の食道溝は，両者にむかって開いている．食道溝は，幼動物が吸乳している時には閉じて，反すう胃内の微生物による分解を受けさせずに乳を第4胃へ送る．第3胃（重弁胃：omasum）は，第1胃と第2胃の右側にあり，第4胃（腺胃，真胃：abomasum）は第3胃の下部から第1胃の右側を通って，腹腔後部に押し込められている小腸に連なる．第1・2・3胃は，出生時にはきわめて小さく，生後きわめて急速に発達する（図4.16）.

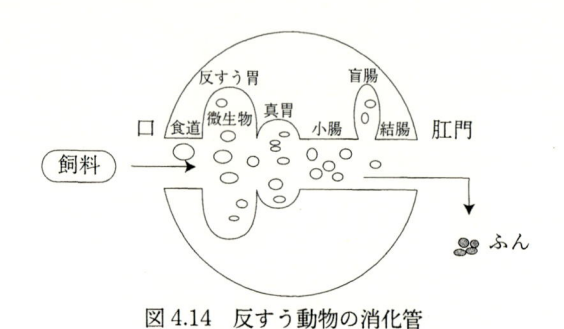

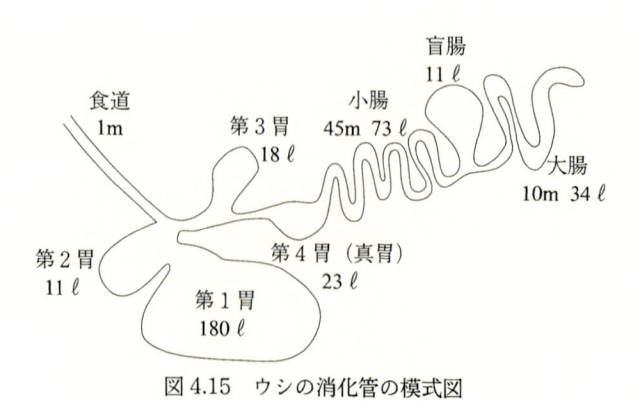

図4.14　反すう動物の消化管

図4.15　ウシの消化管の模式図

第1胃は，胃全体の容積の約80％を占め，容積は大型種の成牛で約180 *l* もあり，腹腔いっぱいに広がり，一部が左側にせり出している．内面には，半絨毛と呼ばれる長さ3 mm ほどの舌状，針状の絨毛が絨毯のように密生している．酵素を分泌せず，大量の飼料を貯蔵し，水を浸透させ，収縮により混合し，食塊を第2胃とやりとりしながら微生物による飼料の発酵分解に都合のよい環境をつくっている．

　第2胃の内面には，蜂の巣状のひだがあり，よくクギや針金などが見つか

図 4.16　日本ジカの出産直後（上）および約3カ月後（下）の反すう胃（右側）と腺胃（左側），両方とも野犬に襲われたもの．間にあるのはマッチ棒

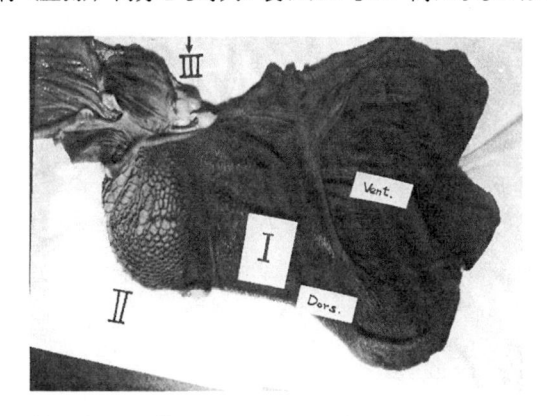

図 4.17　I：第1胃，II：第2胃，IIIの上部：第3胃，左隅：第4胃（真胃）
　　　　矢印：食道

ることから，消化管を傷つけるものの捕獲場所ともいわれている．酵素を分泌せず，第1胃から食塊を受け取り，反すう（rumination）のために口腔へ，発酵が終えたものを第4胃へ送り出す役目をもっている（図4.17）．

ほぼ39.5℃に保たれた第1・2胃には，200〜500億/mlもの細菌（bacteria）の他に，原生動物の繊毛虫類（protozoa），カビ類のツボカビ菌（fungi）が棲息し，摂取した飼料の嫌気的発酵を行う（図4.18）．

これらの微生物が活躍する発酵タンクのような第1・2胃では，少糖類，でんぷん，ヘミセルロース，セルロースなどの炭水化物は，グルコースを経

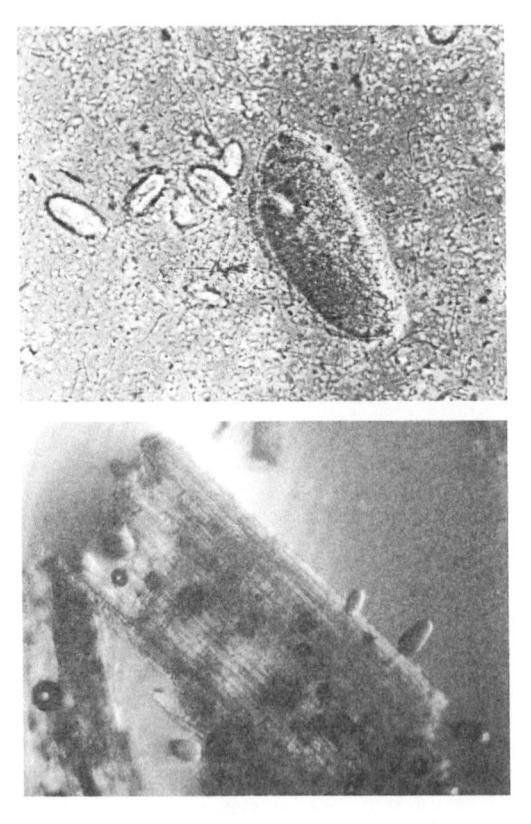

図4.18 反すう胃内のプロトゾア（写真上，大きく見えるもの）と飼料片に付着するツボカビ菌の胞子嚢（写真下）

て酢酸，プロピオン酸，酪酸などの揮発性脂肪酸（volatile fatty acids, VFA）にまで分解される．とくにヘミセルロース，セルロースのもつ結合は，動物の消化器官から分泌される消化酵素では切断できないため，反すう動物は，微生物の力（酵素）を借りてそれらを切断，分解していることになる．

また，タンパク質は，アミノ酸に分解され，さらに脱アミノされてVFA，アンモニアを生じる．アンモニアはさらに微生物の増殖，すなわち微生物態タンパク質の合成に用いられる．このように，反すう動物の炭水化物およびタンパク質の微生物を利用した消化の方法は単胃動物のそれとは大きく異なる．そのようすを，単胃動物のブタと比較して図4.19, 20に示した．

反すう胃内の微生物は，水溶性ビタミンのビタミンB群や脂溶性ビタミンのビタミンKを合成し，さらに飼料中の脂肪の不飽和脂肪酸に水素添加を行い，脂肪酸の飽和度を高めるため，それを吸収する反すう動物は単胃動物より融点の高い脂肪をつくる．

主要な分解産物であるVFAは，第1・2胃壁より吸収されて，反すう動物に必要なエネルギーの約80％を供給する．合成された微生物態タンパク質は，反すう動物の常食である草類のタンパク質より高い生物価（biological value, BV）をもち，水素添加された脂肪や合成されたビタミンとともに第4胃以降に流れてゆく．それらは，単胃動物の真胃と同じ構造をもっている第4胃（真胃）に入るとその後は単胃動物と同じように吸収されたり，消化器官より分泌される酵素により分解された後利用される．

第1・2胃内は，飼料摂取前はpH7付近に保たれているが，飼料を摂取し，微生物の発酵作用が盛んになるとともに，pHが6付近まで低下する．低下したpHは，流れ込む唾液の緩衝作用や発酵産物の吸収，第3胃以降への流下によりpH7付近に戻される．発酵ガスには，CO_2，メタン（CH_4），H_2などが含まれる．おくびにより外界へ排出される発酵ガスは飼料エネルギーの損失となるとともに地球温暖化ガスでもあるので，排出を抑制する研究が続けられている．

反すう動物の真胃の前にある三つの胃を前胃と呼ぶことがある．反すう動物は，前胃という微生物の活動の場をもつことによって，繊維質が多く，質

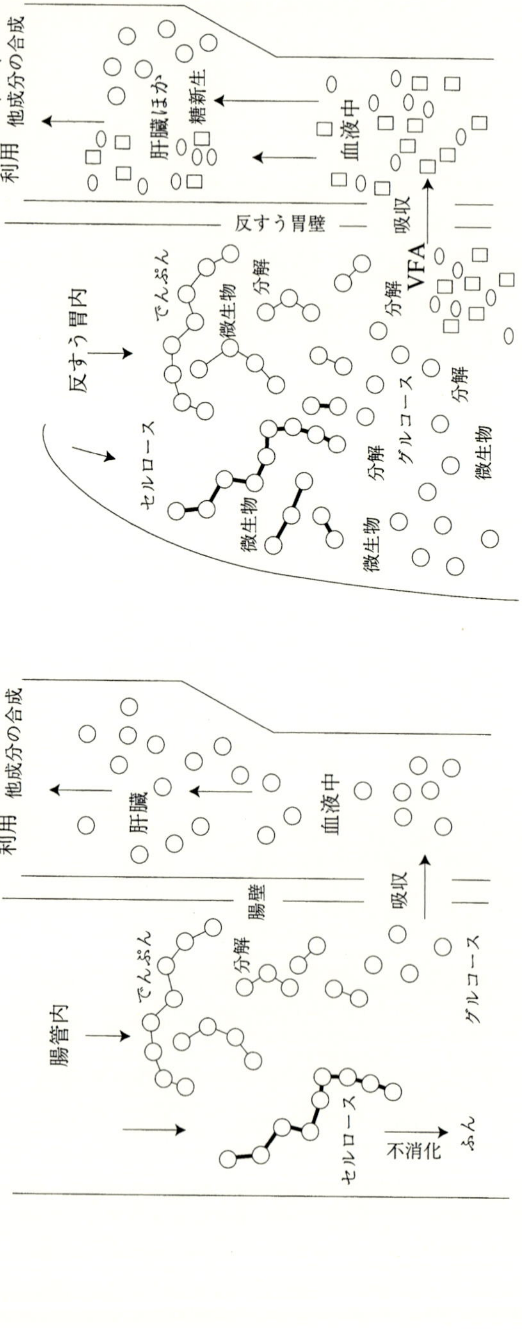

図4.19 ブタとウシの炭水化物の消化生理

4.1 動物と栄養 (143)

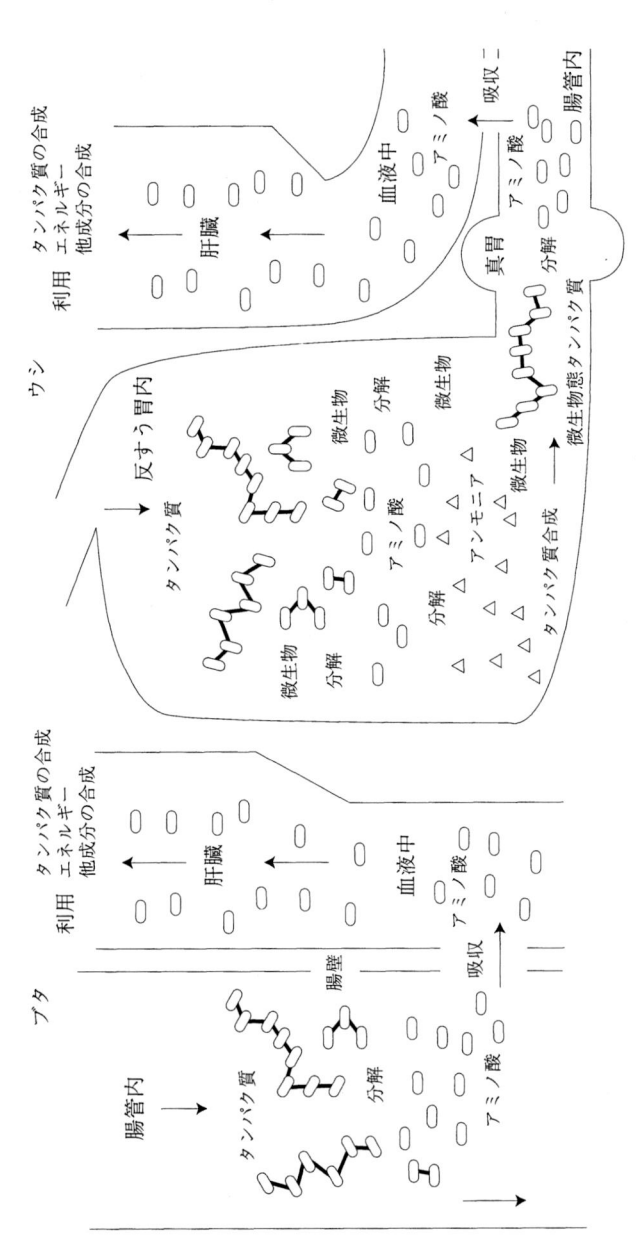

図 4.20 ブタとウシのタンパク質の消化生理

の悪いタンパク質を含む草類をうまく利用することができる．この単胃動物にはない消化生理上の特徴は，反すう動物の飼料がヒトの食糧や単胃動物の飼料と競合するところが少ないという大きな利点となっている．このことから，反すう動物はこれからの人類の食料を考える上で重要な位置を占める動物である．

以上に述べた，消化器官の働きのなかにでてくる消化酵素の性質については，まとめて表4.6に示した．

表4.6 消化器官から分泌される代表的な酵素

名称	分泌場所	対象基質	生成産物	備考
でんぷん分解酵素				
唾液アミラーゼ	唾液腺	でんぷん，デキストリン	デキストリン，マルトース	分解能力は小さい，反すう動物には無し，
膵アミラーゼ	膵臓	でんぷん，デキストリン	マルトース	反すう動物で少
マルターゼ	小腸壁	マルトース	グルコース	反すう動物で少
ラクターゼ	小腸壁	ラクトース	グルコース，ガラクトース	ほ乳類幼動物で多
シュークラーゼ	小腸壁	シュークロース	グルコース，フルクトース	反すう動物で僅少
脂肪分解酵素				
リパーゼ	膵臓	トリグリセリド	脂肪酸，モノ-，ジーグリセライド	
タンパク質関連酵素				
ペプシン*	胃壁	タンパク質	ポリペプチド	
レンニン*	反すう動物の第4胃	タンパク質	Ca-カゼイン結合物	乳タンパク質を凝固させる
トリプシン*	膵臓	タンパク質，ポリペプチド	ポリペプチド，ジペプチド	
キモトリプシン*	膵臓	ポリペプチド	小さなペプチド	
カルボキシペプチダーゼ*	膵臓	ペプチド	アミノ酸	
アミノペプチダーゼ*	小腸壁	ペプチド	アミノ酸	
ジペプチダーゼ*	小腸壁	ジペプチド	アミノ酸	
ヌクレアーゼ	膵臓，小腸壁	核酸	ヌクレオチド	
ヌクレオチダーゼ	小腸壁	ヌクレオチド	プリン，ピリミジン塩基，リン酸，五炭糖	

*消化器管組織タンパク質の分解を防ぐため，不活性のものが分泌される．たとえば，ペプシンは，ペプシノージェンのかたちで分泌され，塩酸に出会うことによりタンパク質分解活性をもったペプシンに変わる．

4.1.3 飼料価値（feed value）

飼料の栄養的価値を知るには，まず飼料に含まれる栄養素の含量を知らなければならない．さらに，飼料に含まれる栄養素がどれだけ吸収され動物体内で利用されるかを知る必要がある．動物の飼養には，多くの種類の栄養素が必要とされているが，まず，今までにでてきた五つの栄養素のうち炭水化物，タンパク質，脂肪の3大栄養素の含量を知ることが重要である．一般分析法とデタージェント法は，栄養素含量を直接分析するものではないが，分析操作が簡単であり，実用性が評価されて広く用いられている飼料栄養素の分析法である．

1）一般分析法とデタージェント法

一般分析法と呼ばれる方法では，次のような手順で栄養素の組成分析が行われる．まず，分析する前に，飼料を細かく粉砕する．その一定量を100℃前後で一定時間加熱したあとの重量を正確に測定し，失われた重量を水分量とし，残った重量を乾物量とする．次に飼料の一定量をるつぼで燃焼させ，残った重量を灰分（粗灰分）量とする．さらに飼料中の窒素（N）含量を測定（多くの場合，ケルダール法と呼ばれる方法が用いられる）する．一般に，飼料中の窒素化合物はほぼすべてがタンパク質であり，それらタンパク質の窒素（N）の平均含量が16％なので，測定したN含量に100/16＝6.25を乗じてタンパク質（粗タンパク質）量としている．また，飼料を有機溶媒（エーテル）で抽出を行い，エーテルで抽出されたものの重量を測り，脂肪（粗脂肪）とする．炭水化物は，セルロースなどの難消化性の繊維質と消化が容易なでんぷんなどの非繊維質に分ける必要がある．そこで，飼料を酸とアルカリで煮沸し，残る残渣の重量を繊維質（粗繊維）量とみなす．直接に分析せず，これまでの水分，灰分，粗タンパク質，粗脂肪，粗繊維の割合（％）を，全体（100％）から差し引いたものを，でんぷん質など可溶性糖類（可溶無窒素物）とする．

栄養素分画と一般分析法による分画（図4.21（ ）内に示す）とは正確に一致するものではない．たとえば，窒素化合物の中には純タンパク質と非タン

図4.21 一般分析成分と栄養素分画の関係

```
                          ┌─ タンパク質
              ┌─ 窒素化合物 ─┤
              │ （粗タンパク質）└─ 非タンパク態窒素化合物
       ┌─ 水分 
       │ （水分）                        ┌─ 糖質
飼料 ─┤              ┌─ 有機物       ┌─ 炭水化物 ─┤ （可溶無窒素物）
       │              │                │           └─ 繊維質
       └─ 乾物 ─┤   └─ 無窒素化合物 ─┤             （粗繊維）
                     │                  └─ 脂肪
                     └─ 無機物                （粗脂肪）
                        （粗灰分）
```

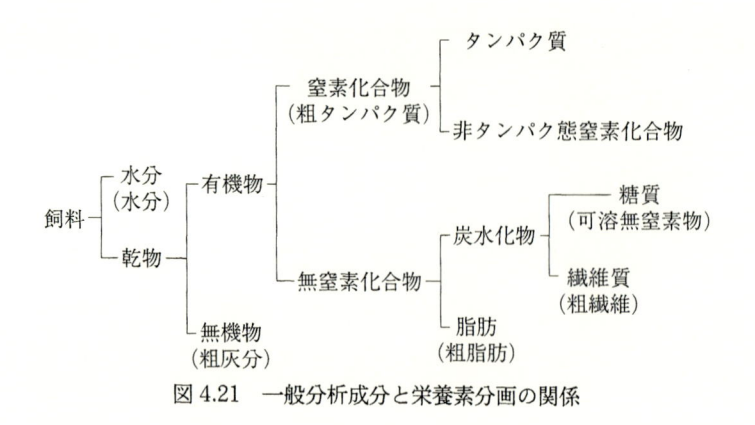

パク態窒素化合物（アマイド）が含まれ，またアルカリで飼料を煮沸すると，繊維成分であるリグニンが溶かされて繊維成分の値が低くでるなど問題点もある．しかし，栄養分の組成を知るには，きわめて便利な方法なので，飼料，食品の分析に広く用いられている．

　繊維質を利用することのできる反すう動物を飼育する場合，飼料中とくに粗飼料中の繊維質の含量やその消化率が問題とされる．飼料中の繊維質は酸，アルカリで処理するとヘミセルロースとリグニンの一部が溶け出すので，酸，アルカリで煮沸し粗繊維として繊維質を一括表示する一般分析法は粗飼料中の繊維質を分析するのには好ましくない方法である．そこで，中性洗剤，酸性洗剤，硫酸で順番に処理し粗飼料中の栄養成分を消化性の難易度によって分けるデタージェント分析法（Van Soest 法）がとられる．その方法では，まず中性洗剤で溶出するものを細胞内容物，残るものを NDF (neutral detergent fiber) とし，NDF はヘミセルロース，セルロース，リグニンからなる細胞壁構成物質（cell wall constituents, CWC）を示している．次に酸性洗剤で処理し溶出するものをヘミセルロースとし，残るセルロースとリグニンの混合物を ADF (acid detergent fiber) とする．さらに，強酸の硫酸で処理をすることによりセルロースを溶出除去し，残ったものをリグニンとしている．

2）消化率 (digestibility)

　飼料の栄養素含量を知っても，動物がそのうちどのくらい利用してくれるかを知らなければその飼料の栄養価値を知ったことにはならない．そこで，実用的な飼料価値を知るために消化試験が行われる．

　消化試験は，まず動物に一定期間飼料を給与し，その間排泄されるふんを正確に採取し，ふんと飼料中の成分含量を分析し求める．給与した飼料中の成分量からふん中成分量を差し引いて給与飼料中成分量で除して，消化管を通過する間に消失した飼料成分の割合を求めるもので，求めた数値を消化率という．計算式は次のようになる．

消化率（％）＝ ｛(飼料中成分量－ふん中成分量)/飼料中成分量｝×100

　飼料とふん中の栄養素の量を一般分析法で分析すれば，可消化粗タンパク質 (digestible crude protein, DCP)，可消化粗脂肪 (digestible crude fat)，可消化粗繊維 (digestible crude fiber) など，飼料中の可消化の栄養素の割合（％）を知ることができ，次のような式で表される（図4.22）．

可消化栄養素含量（％）＝ ［｛(給与した飼料の量×飼料中栄養素含量％)－(ふんの量×糞中栄養素含量％)｝/ (給与した飼料の量×飼料中栄養素含量％)］×100

　消化率を求めたときに採取されたふんのなかには，消化酵素，消化管粘膜の脱落したもの，微生物などのふん代謝性産物が含まれ，これらは給与した飼料に由来しないものである．そこで求められた消化率は正確な消化率を示していないと考えられるので，見かけの消化率 (apparent digestibility) と呼び，これらのものが除かれた真の消化率 (true digestibility) と区別する場合がある．

　可消化の栄養素含量（％）は，飼料の栄養価値の重要な判断基準である．しかし可消化のエネルギー含有量，すなわち飼料中の利用可能なエネルギー含量を示すものではない．そこで，炭水化物とタンパク質は体内で酸化されるとほぼ同じ熱量を発生し，脂肪はそれらの2.25倍の熱量を発生するので，可消化粗脂肪含量（％）には2.25を乗じ，それにその他の可消化栄養素含量

(148)　第4章　家畜の生産能力とその飼育的改善

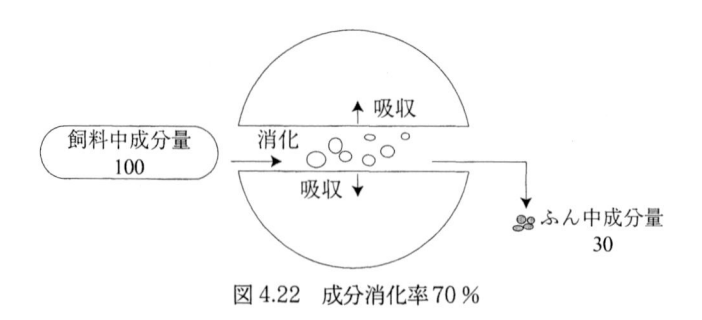

図4.22　成分消化率70％

(％)を加えて得られる値は，エネルギーの大きさを示していることになる．それを可消化養分総量（total digestible nutrient, TDN）と呼び飼料の可消化エネルギー量を示す値としてパーセントまたは実量で示している．実際の熱量そのものを示すものではないが便宜的に多用されている．すなわち，

可消化養分総量（％）＝可消化粗タンパク質含量（％）＋可消化粗脂肪含量（％）×2.25＋可消化可溶性無窒素物含量（％）＋可消化粗繊維含量（％）

　飼料価値は，まず，利用可能なエネルギー含量とタンパク質含量で判断されるので，可消化養分総量（TDN）と可消化粗タンパク質（DCP）含量（％）で示されることが多い．

3）飼料のエネルギー的価値

　飼料のエネルギー的価値を表す値として，TDNがあるが，さらに子細に飼料のエネルギー的価値を知るには，熱量の値を用いて，細かく飼料のエネルギー的価値の判断を行う必要がある．熱量の値を用いた飼料のエネルギー的価値判断は，段階的に次のような順番で求められる．

（1）総エネルギー（gross energy, GE）

　飼料のもつ全エネルギーのことで，飼料をカロリメーターに入れて完全に燃焼させ，発生熱量を測定したときの値である．飼料のすべてが酸化されたときに発生する熱量であり，動物に飼料を給与したときのエネルギー的価値を示すものではない．

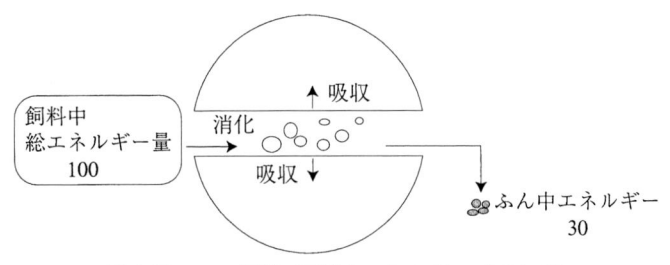

図 4.23　この飼料の可消化エネルギー（DE）70

（2）可消化エネルギー（digestible energy, DE）（図 4.23）

　給与された飼料のもつ総エネルギー（GE）は消化管内ですべてが消失しない．排泄されたふん中にもエネルギーが残っている．総エネルギーからふんのエネルギー（fecal energy）を差し引いたものが可消化エネルギーである．消化管内で消化され消失したエネルギー量を示し，この消失したエネルギーのほとんどは吸収されたものと考えられる．前に述べた TDN も可消化エネルギーを表しており，TDN 1 g は，DE で約 4.4 kcal（18.45）kJ に相当する．

（3）代謝エネルギー（metabolizable energy, ME）

　与えられた飼料中の消化された成分の大部分は消化管より吸収されるが，一部は消化管内の微生物による分解をうけメタンガス（CH_4）や水素ガス（H_2）となって口や肛門から排出される．これらは動物に利用されなかったエネルギーと考えられる．また排泄された尿にもエネルギーがあるので，これは吸収されたが利用されなかったエネルギーとみなされる．すなわち，可消化エネルギーから，発生ガスのエネルギーと尿のエネルギーを差し引き，利用されたエネルギーを DE より正確に示したものが代謝エネルギーである（図 4.24）．代謝エネルギーを測定するためには，ふん以外にガス，尿の採取を行う代謝試験が必要である．それには消化試験より複雑な装置が必要となる．反すう動物の場合，消化管から排出されるガスの量は多くて無視することができないが，単胃動物の場合，ガスにより消失するエネルギーは，総エネルギーの 1 ％未満とされるので無視されることが多い．また，鳥類の場

第4章　家畜の生産能力とその飼育的改善

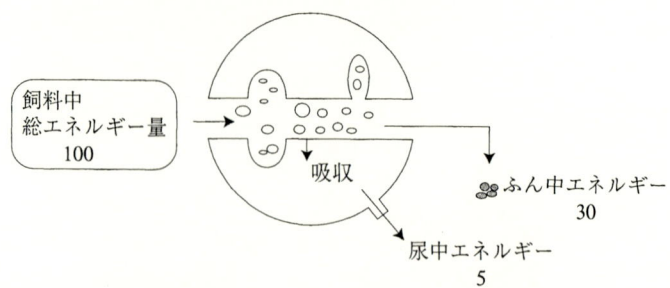

```
飼料中
総エネルギー量  → 吸収
100              → 尿中エネルギー 5
                 → ふん中エネルギー 30
```
この飼料の代謝エネルギー（ME）65（単胃動物）

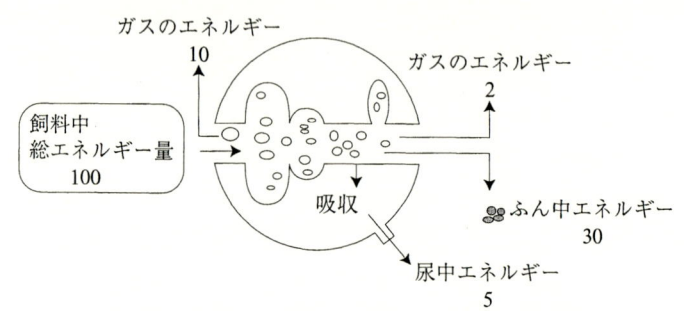

```
            ガスのエネルギー 10 ↑     ガスのエネルギー 2 ↑
飼料中
総エネルギー量  → 吸収
100              → 尿中エネルギー 5
                 → ふん中エネルギー 30
```
この飼料の代謝エネルギー（ME）53（反すう動物）

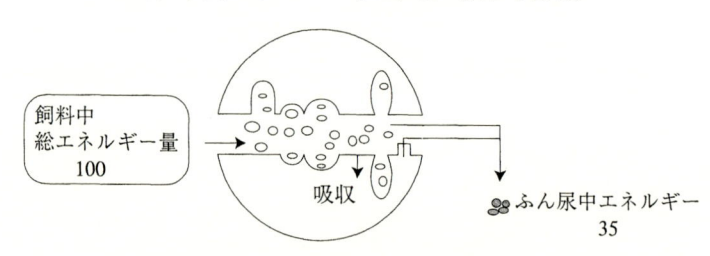

```
飼料中
総エネルギー量  → 吸収
100              → ふん尿中エネルギー 35
```
この飼料の代謝エネルギー（ME）65（鳥類）

図4.24　単胃動物と反すう動物の代謝エネルギー値

合，ふんと尿が総排泄口から一緒に排泄されるので，ふんと尿の分離が難しく，自ずと代謝エネルギーを測定することになる．

（4）**正味エネルギー**（net energy）

　代謝エネルギーは，飼料エネルギーのうち動物が利用できるエネルギーを

示している．さらにその代謝エネルギーは，動物体の維持および，飼料の摂取，消化，分解，吸収と，生産の仕事のために使われ，乳，肉，卵などが生産される．すなわち，代謝エネルギーから，① 動物体の維持のために使われたエネルギーおよび ② 飼料の摂取，消化，分解，吸収と生産の仕事のために使われたエネルギーを差し引けば，その飼料によって生産される乳，肉，卵などのエネルギー量を知ることができる．最終的には，飼料のもつエネルギーのうちどのくらいが生産物のエネルギーとなるかを知ることが大切なので，正味エネルギーと呼ばれるこの値は直接的に飼料の価値を示しており，もっとも合理的な値とされている（図 4.25）．

正味エネルギーは，上記 ①，② が最終的に熱となって体外へ放散されるので，その熱量を測定することにより求められるが，② は生産されるものの違

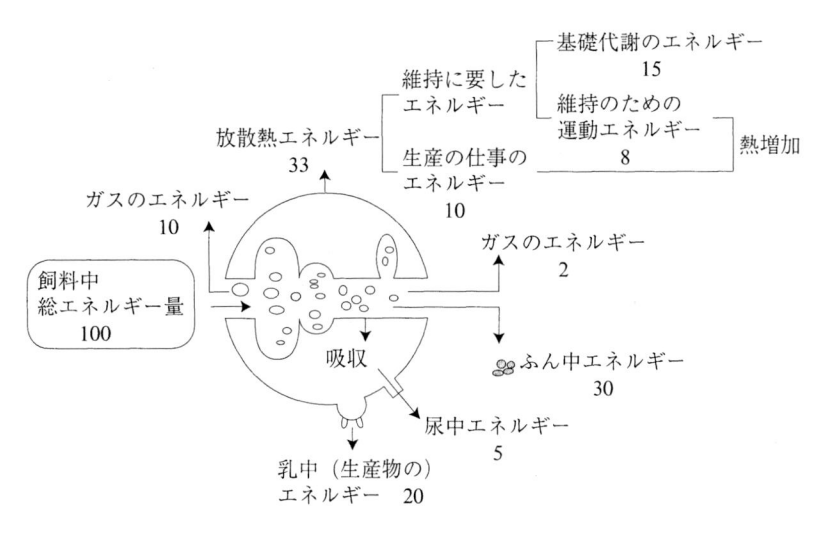

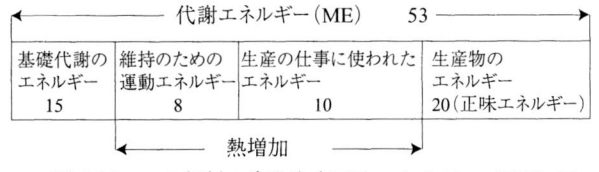

図 4.25 この飼料の牛乳生産正味エネルギー（NE）20

いによって異なるので，正味エネルギーは同じ飼料でも生産目的によって異なる数値をもち複雑になる．

維持状態とは，動物が生産を行わず身体の現状を維持して生活している状態で，歩行などの最小限の体外的活動が含まれる．維持エネルギーは，動物が絶食状態に消費するエネルギーとされている．

維持エネルギーから体外的活動のエネルギーをも差し引いたものを，基礎代謝量（basal metabolism）と呼び，動物がただ生存するための最小限の内部的仕事をしている時に消費するエネルギー，具体的には動物の体外的活動を全くしない絶対安静時のエネルギー消費量を指す．畜産の分野では実用的な都合で，維持エネルギーを用いる場合が多い．また，動物が放散する熱量のうち維持エネルギー（または，基礎代謝量）以上の増加部分を熱増加（heat increment）と呼ぶ．

4）飼料タンパク質の価値

可消化粗タンパク質含量（DCP %）は飼料の可消化タンパク質含量を示すものである．飼料中の可消化タンパク質は，消化管でアミノ酸に分解され体内に吸収される．アミノ酸は体内で再び動物体のタンパク質に合成されるが，そのとき不要なアミノ酸は分解される．すなわち，吸収されたアミノ酸の体内保留量がタンパク質の実質的価値を決めることになる．体内で分解されたアミノ酸の量は尿中に排泄される窒素（N）量で知ることができるので，吸収されたアミノ酸のN量から尿中N量を差し引いたものが体内で保留されたアミノ酸のN量となる．この体内保留量を表したものが，生物価（biological value, BV）と呼ばれる値で，飼料中のタンパク質に含まれるアミノ酸のバランスのよし悪しを示しており，次のように示される（図4.26）．

生物価（%）＝（体内でタンパク質合成に利用されたアミノ酸量/吸収したアミノ酸量）×100＝〔{N摂取量（タンパク質摂取量）－ふん中N量（利用されなかったタンパク質量）－尿中N量（体内に保留されなかったアミノ酸量）}/吸収されたアミノ酸量（N摂取量－ふん中N量）〕×100

一般に，植物性タンパク質よりも動物性タンパク質がアミノ酸バランスが優れ，高い価をもつ．低い生物価をもつタンパク質が，他のタンパク質や

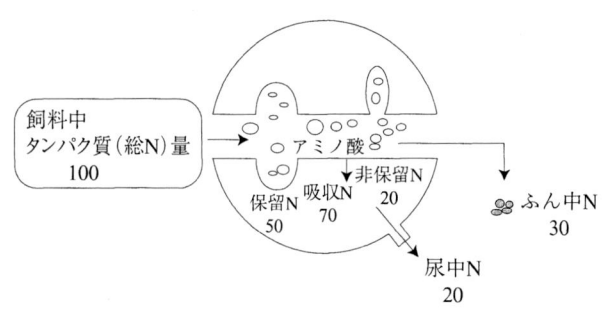

図 4.26 この飼料のタンパク質の生物価 50/70 × 100 ≒ 71 %（単胃動物）

アミノ酸の添加によって，高い生物価のものと同じ働きをする場合がある．動物の健全な成長には必要なエネルギーとともに 70 % 以上の生物価をもつタンパク質を与えることが望ましい．

5）飼料効率（feed efficiency）

飼料の増体，産乳，産卵に対する効率の表し方に，飼料効率（feed efficiency）がある．増体重，産乳重，産卵重などの生産物重量を与えた飼料重量で除して表す．たとえば，10 kg の飼料給与に対して 2 kg の増体があれば飼料効率は 0.2 である．この数値の逆数，すなわち単位生産量に対する飼料の必要量を飼料要求率（feed conversion）といい，この場合 5.0 と表し，5 kg と表せば飼料要求量（feed requirement）である．どちらも飼料の価値をおおざっぱに直感できる数値なので，日常よく用いられる．

今日まで多くの飼養試験や代謝試験が行われ，消化率をはじめとする飼料の栄養価値を表す多くの数値が求められている．そのような数値を集めてまとめたものが標準飼料成分表である．同じ飼料を与えても，動物種によって各成分の利用能力が異なるので，動物種によって異なった値をもつことになる．とくに，単胃動物，鳥類，反すう動物では，消化能力に差があるので，標準飼料成分表では畜種ごとに値を示している．表 4.7 に日本標準飼料成分表の一部を示した．また，日本では栄養関係のエネルギーの値は，一般にカロリー（kcal）が用いられてきたが，2000 年までに国際基準のエネルギー単位のジュール（J）に統一される（1 cal = 4.184 J）．

表 4.7 日本標準飼料成分表 (1995) の一部　穀類, マメ類およびイモ類 Grains, beans, roots and tubers

栄養価 Nutritive value	ウシ Cattle							ブタ Swine							ニワトリ Poultry					
	原物中 (as fed basis)				乾物中 (dry basis)			原物中 (as fed basis)				乾物中 (dry basis)			原物中 (as fed basis)			乾物中 (dry basis)		
飼料名 Feed Name	DCP (%)	TDN (%)	DE (Mcal/ kg)	ME (Mcal/ kg)	DCP (%)	TDN (%)	DE (Mcal/ kg)	ME (Mcal/ kg)	DCP (%)	TDN (%)	DE (Mcal/ kg)	DCP (%)	TDN (%)	DE (Mcal/ kg)	GE (Mcal/ kg)	ME (Mcal/ kg)	GE (Mcal/ kg)	ME (Mcal/ kg)		
穀類, マメ類およびイモ類 Grains, beans, roots and tubers																				
トウモロコシ Corn	6.9	79.9	3.52 (14.73)	3.09 (12.92)	7.9	92.3	4.07 (17.03)	3.57 (14.93)	6.7	80.7	3.56 (14.90)	7.7	93.2	4.11 (17.20)	3.90 (16.32)	3.27 (13.68)	4.51 (18.87)	3.78 (15.82)		
グレインソルガム Grain sorghum	7.0	78.2	3.45 (14.42)	3.02 (12.62)	8.1	90.3	3.98 (16.65)	3.48 (14.57)	6.7	80.6	3.55 (14.85)	7.7	93.0	4.10 (17.15)	3.86 (16.15)	3.21 (13.43)	4.46 (18.66)	3.71 (15.52)		
コムギ Wheat	10.2	78.7	3.47 (14.52)	3.03 (12.68)	11.5	89.0	3.92 (16.40)	3.43 (14.33)	10.5	79.8	3.52 (14.73)	11.9	90.1	3.98 (16.65)	4.60 (19.25)	2.97 (12.43)	4.59 (19.20)	3.36 (14.06)		
オオムギ Barley	7.6	74.1	3.27 (13.69)	2.84 (11.90)	8.7	84.1	3.71 (15.52)	3.22 (13.49)	8.1	70.4	3.10 (12.97)	9.1	79.8	3.52 (14.73)	4.03 (16.86)	2.77 (11.59)	4.57 (19.12)	3.14 (13.14)		

※下段 ( ) 内数値はジュール表記 (MJ)

4.1.4 動物の栄養要求量

　動物が摂取する栄養素は，生存や生産の仕事に必要なエネルギーを，また，動物体の更新や動物が生産する生産物に必要な成分をまかなうために用いられる．炭水化物，脂肪，タンパク質のどの栄養素によってもエネルギーはまかなわれるが，体組成や，生産物の主要成分であるタンパク質やミネラル，体内の代謝作用を円滑に行うためのビタミンは個別に補う必要がある．一般にミネラル，ビタミンの不足は，飼料にそれらを添加することによって，容易に補うことができるので，多量に必要とされるエネルギー量とタンパク質量に注目して飼料が給与されている．

　家畜は目的によってさまざまな方法で飼育される．家畜の飼養形態に応じて必要なエネルギーとタンパク質量は変化する．動物に必要なエネルギーやタンパク質およびその他の栄養素の量は，各家畜について多くの試験研究が行われ，飼養標準（feeding standard）として発表されており，その一部を表4.8に示した．

　動物に必要な栄養素の量は，動物の大きさや種，動物の成長段階や年齢，動物の遺伝的能力，活発や不活発などの動物の性格，暖地・寒地，高地・低地などの環境条件，与えられる飼料の栄養素のバランスなどによって変化する．そこで，飼養標準を基準として，これらのことを考慮しながら栄養素の給与量が決定される．

1）維持に必要なエネルギー量とタンパク質量

　動物が，乳，肉，卵，毛などの畜産物の生産を行わず，また耕耘や運搬などの労働（労力の生産）もせずに，現在の体重を増減なく保持して飼育されている状態を維持（maintenance）状態という．動物は維持状態では，摂取した飼料のエネルギーを体温の維持，呼吸，心臓の鼓動，消化管の収縮などの体内的運動，飼料の摂取などの最小限の体外的運動に使う．しかし，維持状態においても，脱毛，消化管粘膜の脱落など最小限の体細胞の入れ替わり，体の成分の更新が行われるので，新しい体成分の補給のためにタンパク質が必要である．そこで，維持状態ではエネルギーが主に給与され，それに加え

表4.8 日本飼養標準・乳牛（1994年版）の一部

成雌牛の維持に要する養分量

体重 Body Weight (kg)	乾物量 Dry Matter (kg)	粗タンパク質 CP (g)	可消化 粗タンパク質 DCP (g)	可消化 養分総量 TDN (kg)	可消化 エネルギー DE (Mcal)	代謝 エネルギー ME (Mcal)	(MJ)
350	5.0	365	219	2.60	11.48	9.41	39.38
400	5.5	404	242	2.88	12.69	10.40	43.52
450	6.0	441	265	3.14	13.86	11.36	47.54
500	6.5	478	297	3.40	15.00	12.30	51.45
550	7.0	513	308	3.65	16.11	13.21	55.26
600	7.5	548	329	3.90	17.19	14.10	58.99
650	8.0	581	349	4.14	18.26	14.97	62.64
700	8.5	615	369	4.38	19.30	15.83	66.22
750	9.0	647	398	4.61	20.33	16.67	69.74

雌牛の育成に要する養分量

体重 Body Weight (kg)	週齢 Age (Week) (週)	増体日量 Daily Gain (kg)	乾物量 Dry Matter (kg)	粗タンパク質 CP (g)
250	45	0.6 0.7 0.8	5.87 6.33 6.79	635 695 754
300	55	0.6 0.7 0.8	6.86 7.39 7.91	701 764 827
350	65	0.6 0.7 0.8	7.81 8.40 8.99	763 830 896

体重 Body Weight (kg)	可消化 粗タンパク質 DCP (g)	可消化 養分総量 TDN (kg)	可消化 エネルギー DE (Mcal)	代謝 エネルギー ME (Mcal)	(MJ)
250	364 401 437	3.71 3.97 4.22	16.38 17.49 18.60	13.43 14.34 15.25	56.2 60.0 63.8
300	390 428 465	4.26 4.55 4.84	18.78 20.05 21.33	15.40 16.44 17.49	64.4 63.8 73.2
350	415 453 492	4.73 5.10 5.43	21.08 22.51 23.94	17.28 18.46 19.63	72.3 77.2 82.1

表4.8 つづき

産乳に要する養分量（牛乳1kg生産当たり）

乳脂率 Milk fat (%)	粗タンパク質 CP (g)	可消化 粗タンパク質 DCP (g)	可消化 養分総量 TDN (kg)	可消化 エネルギー DE (Mcal)	代謝 エネルギー ME (Mcal)	 (MJ)
2.8	64	41	0.28	1.23	1.01	4.21
3.0	65	43	0.29	1.26	1.04	4.33
3.5	69	45	0.31	1.35	1.11	4.64
4.0	74	48	0.33	1.44	1.18	4.95
4.5	78	50	0.35	1.53	1.26	5.25
5.0	82	53	0.37	1.62	1.33	5.56
5.5	86	56	0.39	1.71	1.40	5.87
6.0	90	58	0.41	1.80	1.48	6.18

分娩前2カ月間に維持に加える養分量

胎児の品種 Breed of fetus （胎児数 Number of fetus）	粗タンパク質 CP (g)	可消化 粗タンパク質DCP (g)	可消化 養分総量 TDN (kg)	可消化 エネルギー DE (Mcal)	代謝 エネルギー ME (Mcal)	 (MJ)
乳用種 Dairy (S)	367	220	1.63	7.20	5.90	24.69
肉用種 Beef (S)	168	101	1.22	5.37	4.40	18.41
〃 (T)	285	171	2.07	9.15	7.50	31.38

注1）母牛の体重を600kgとした．
2）(S)の単胎 Single，(T)双胎 Twin

て最小限の体成分更新に必要なタンパク質が給与される．

　体が大きい動物ほど維持には多くのエネルギーが必要である．しかし，維持エネルギーの量は，体重（W）ではなく体表面積に比例し，体表面積は$W^{3/4}$（代謝体重：metabolic body size）に比例することが知られている．そこで，維持に必要なエネルギー量は代謝体重に比例して決めることができる．

　日本飼養標準，乳牛（1994）では，乳牛の維持に必要なエネルギーは，代謝体重当たり116.3 kcal（486.6 kJ）としている．そこで体重600 kg（$W^{3/4}$ = 121.2）の乳牛の維持に必要なエネルギー量は1日当たり，代謝エネルギー（ME）14.10 Mcal（59.0 MJ），タンパク質量は可消化粗タンパク質（DCP）で329 gとされている（表4.8参照）．

2）成長（growth）に必要なエネルギーとタンパク質量

動物が，維持状態からはずれて，体重を増加させている状態を成長といい，一般にS字曲線を描いて成長する（図4.27）．成長（育成）状態では，動物は筋肉，骨が増大するなど体物質の急速な蓄積を行う．筋肉や骨の増大には，そのためのエネルギーの他にタンパク質が必要である．成長中の動物には維持に加えて，成長に必要なエネルギーとタンパク質が併せて供給されなければならない．

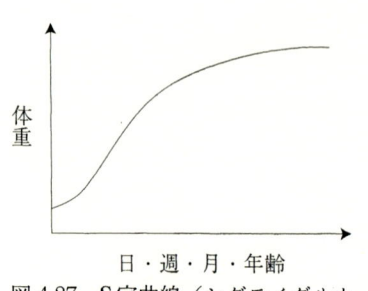

図4.27 S字曲線（シグモイダルカーブ）を描く成長

そこで，日本飼養標準（1994）では300 kg（$W^{3/4} = 72.1$）の若雌牛の維持に必要なエネルギー量を代謝体重当たりMEで118.3 kcal（495.0 kJ）とし，また，1 kg増体に必要なエネルギー量を代謝体重当たりMEで135.5 kcal（566.9 kJ）としている（表4.8にはない）．

すなわち，体重300 kgの若雌牛の成長には

$\{118.3 \times W^{3/4} + 135.5 \times W^{3/4} \times 1$日当たり増体量（kg/日）$\}$ kcalのMEが必要となる．

今，1日当たり0.7 kg増体している300 kgの若雌牛に必要なエネルギー量は1日当たり，MEにして，15.4 Mcal（64.3 MJ），タンパク質量は，DCPで428 gとされている（表4.8参照）．

成長には筋肉，毛，皮などの増加を伴うので，生産行為でもある．動物が，成長と同時に産乳や労働などの生産を行っている場合，成長よりも産乳や労働などに優先してエネルギーとタンパク質が用いられるので，成長不良とならないように十分な量が給与されなければならない．

3）繁殖（reproduction）に必要なエネルギーとタンパク質量

次代を生産するという意味では，繁殖は生産行為でもある．妊娠時に必要なエネルギーとタンパク質の量，とくに妊娠前期の必要量はきわめて少ない

ことが分かっている．一般に，妊娠している家畜に過剰に飼料を与えることが多く，過肥は繁殖障害の原因にもなるので，注意しなければならない．

繁殖には，繁殖と維持に必要なエネルギーとタンパク質が供給されなければならないが，妊娠前期では胎児の生育が遅く，繁殖（妊娠）についてはあまり考慮する必要はない．

妊娠末期（分娩前2カ月間）の乳牛に，維持に必要な量に加えて与えなければならない妊娠に必要なエネルギー量は ME にして1日当たり，5.90 Mcal (24.7 MJ) で，タンパク質の量は DCP で，220 g である（表4.8参照）．

4）泌乳（lactation）に必要なエネルギーとタンパク質量

乳牛は，10カ月の泌乳期間に，体重の2.5倍の乳固形分（水分を除いた乾物）を生産するので，必要なエネルギーとタンパク質の量は膨大である．妊娠し，泌乳している乳牛では，体成分の増加（とくに体脂肪の増加）よりも泌乳に効率よくエネルギーが用いられる．しかし，幼動物には，母親を迂回して乳によって栄養を与えるよりも，直接飼料を幼動物に与える方が効率的なので，できるだけ早期の離乳が望ましい．産乳中や哺乳中の動物には，維持に加えて産乳に必要なエネルギーとタンパク質が，併せて給与されなければならない．

牛乳1 kg を生産するのに必要なエネルギー量は乳成分によって変化することが考えられ，脂肪含量にほぼ比例することが知られている．脂肪含量3.5％の牛乳1 kg を生産するのに必要なエネルギーは ME にして，1.11 Mcal (4.6 MJ)，必要なタンパク質量は DCP にして45 g とされている．

今，体重600 kg の乳牛が1日当たり30 kg の乳脂率3.5％の牛乳を生産していると，維持に必要なエネルギー量は1日当たり，ME で14.10 Mcal (59.0 MJ)，タンパク質量は DCP で329 g とされるから，それに泌乳（産乳）に必要な ME 30 × 1.11 Mcal を加えて，ME で，47.4 Mcal (198.3 MJ) となる．また必要なタンパク質量は DCP で1,679 g となる（表4.8参照）．

また，乳中には Ca をはじめとするミネラルを多く含むので，それらを補給することも重要である．

5）肥　育 (fattening)

　従来は，成長後の肉畜に高エネルギー飼料を与えて，体組成中の脂肪の割合を上げることが肥育とされていた．現在は，赤肉 (lean meat) の多い肉が好まれるので，筋肉の増加と脂肪の蓄積のために飼育することが肥育と呼ばれ，育成と肥育の時期を明確に区別することができない．筋肉の増加にはタンパク質が必要であり，脂肪は維持に必要な量より過剰のエネルギー給与により蓄積される．動物の生理状態を，筋肉の増大がのぞめる時期（前期），脂肪の蓄積が優先される時期（後期または仕上げ期）に分けて，エネルギー，タンパク質の給与量を調節し肥育する場合が多い．肥育をするには，維持と肥育に必要なエネルギーとタンパク質が給与されなければならない．成長や泌乳の項と同じような方法でエネルギーとタンパク質の必要量が計算される．

6）産　卵 (egg production)

　繁殖行為でも生産行為でもある産卵も，必要なエネルギーとタンパク質量を維持量に加えて給与することによって，健康に産卵させることができる．とくに1個の鶏卵には約7gの純タンパク質が含まれており，産卵鶏にはタンパク質が十分に給与されることが重要である．一般に，産卵鶏の飼料には粗タンパク質が15〜17％含まれ，卵タンパク質への変換効率は約60％とされている．また，卵殻にはCaをはじめとするミネラルが多く含まれているので，それらの補給についても特別に考慮する必要がある．

　以上のように，動物に必要なエネルギーやタンパク質の量は，動物の飼養状態によって維持と生産に必要な量を考えて決定される．しかし，与えたエネルギーやタンパク質がまず維持のために用いられ，つぎに生産のために用いられるという明確な優先順位はない．たとえば乳牛に，維持量以上ではあるが，現在の泌乳に必要な量よりかなり少ないエネルギーやタンパク質を給与した場合，体成分を減らしてある程度の泌乳量を維持する．逆に過剰に給与した場合には，乳量はあまり増加せず体成分の増加（脂肪の増加）がおこる．

4.1.5　飼　料

　飼料は，動物体の維持と動物の活動に必要な栄養素を供給するために与え

られる．飼料には，少なくとも数種の栄養素が含まれており，それらの栄養素の組成と利用性，加えて価格や生産費が飼料の価値を決定する．

今日，地球上において，人の食料の窮乏が切実な問題とされている．一方で，人は高エネルギーで生産効率の高い穀実飼料を多量に動物に与えて動物性食品を得ており，もし，それら穀実飼料が直接人の食料にするなら，地球上の飢餓はなくなるともいわれている．今，人の食料とできるだけ競合しないものを家畜の飼料として利用する努力が求められている．

1）飼料の分類

きわめて多種多様な飼料が動物に与えられている．また，飼料は，栄養生理が異なる各種の動物の栄養素の要求量にあわせて，適切に与えなければならない．そこで，栄養素の含量や組成をはじめとする飼料がもつさまざまな特徴について知ることが重要である．

飼料は，一般にその成分的特徴で分類されている．

（1）粗飼料（roughages）

単位重量当たりの容積が大きく，繊維質を多量に含み，一般に可消化エネルギーが低い飼料，牧草，飼料作物およびそれらを調整した乾草（hay），サイレージ（silage）など，また穀実などを収穫した場合に副産物としてでてくる繊維質の多い茎，葉などを粗飼料と呼んでいる．

粗飼料を反すう動物に給与すると，反すう胃内発酵によって繊維質が利用されるため，有効な飼料であるとともに，反すう胃内の微生物の活動を維持したり，乳脂率を維持するために必須の飼料である．一方，ブタなどの単胃動物には，利用できるエネルギー含量が低いため，利用価値は少ないが，近年，繊維質の整腸作用に注目して，給与されることがある．

成分的特徴は繊維質含量が多いことで，アメリカでは18％以上の粗繊維を含むものを粗飼料と定めている．一般に，多量元素のCaを，また微量元素を多く含み，脂溶性ビタミンのよい給源でもある．マメ科のものは，タンパク質を多く含み，水溶性ビタミンのよい給源である．栄養成分量は，草種，生育期や刈り取り時期，貯蔵方法，施肥などによって，大きく変動するので，栄養的価値，嗜好性も大きく変わる．

粗飼料は，以下に述べるような形態で動物に与えられる．

a. 粗飼料の給与形態

(i) 草地 (pasture)

　乳牛，肉牛，ヒツジなどの反すう動物やウマを草地に放ち，そこに生えている草類を直接食べさせる（放牧する）方法である．国土が広く，草原の豊富な国において盛んに行われ，それらの国ではもっとも経済的な粗飼料給与方法である．自然の草原そのままのものを自然草地，潅木を取り除いたり，牧草を播種するなど，人の手を加えたものを改良草地，自然草地の植生を完全に最適な牧草に入れ替え，施肥したり，潅漑設備を設けるなどして，牧養力（放牧可能頭数）を極端に高めた草地を人工草地と呼んでいる（図 4.28）．

　草地は，毎年春先から秋の遅くまで安定して利用でき，牧草から得られる栄養素のバランスがとれていることが望ましい．そのため，栄養成分だけでなく，家畜の踏みつけに対する強さや，耐寒性，耐暑性，耐湿や乾燥耐性などを考えて播種する牧草種が決められる．また牧草の生産量，栄養バランス，利用期間を考慮して，数種の牧草を混播することも行われる．とくに，イネ科とマメ科の混播草地は，タンパク質をより多く供給できるだけでなく，土壌に窒素を供給（固定）するためにも好ましい方法である．

　牧草は生育時期によって栄養素の組成，栄養素の利用率（消化率）が変化

図 4.28　イギリス，イングランドの人工草地に放牧されるヘレフォード種，雌牛子牛はシャロレー種との雑種

する．一般に，成熟が進むほど，タンパク質含量，可消化エネルギー含量（TDN），ミネラル含量，カロチン含量が低下し，繊維質（粗繊維）含量が増加する．

(ii) 青刈り（soilage, green crop）

草地や飼料畑の新鮮な牧草や飼料作物を刈り取り，生草のまま直接動物に給与する方法で，日本などの集約的な畜産業においてよく行われる．この方法の利点は，生草が動物に踏みつけられないので損失が少なく，制限給与すれば動物に選り好みをさせず，全量摂取させることができる．トウモロコシなどの多収量の飼料作物も利用できるので，面積当たりの栄養収量が大きく，牧柵もいらず，経済的な方法である．

しかし，日々の栄養成分が安定していない，毎日の刈り取り作業が天候によって影響される，毎日の作業となり労働を集約して利用することができない，などの欠点がある．

(iii) 乾　草（hay）

草地の草や飼料畑の飼料作物を刈り取り，保存性をよくするために乾燥し，水分含量を15％以下にしたものを乾草と呼んでいる．長期間貯蔵できるので，粗飼料の不足する冬場の飼料に，また夏に大量に調製し，1年を通じて与えることにより安定した栄養分が給与できるのでよく作られる．一般に，生草で与えた場合よりも乾物摂取量が多くなるので，より多くの栄養を動物に与えることができるのも乾草給与の利点である．

乾草調製のためには，まず，状況が許す限り栄養収量が最大となるような生育時期に草や飼料作物を刈り取ることが大切である．植物細胞の呼吸によるエネルギーロスを防ぐため，細胞の呼吸が止まる水分含量40％以下にできるだけ早くしなければならない．天日や乾燥機を用いて乾燥され，できあがった乾草は，機械で角形に固められたり，円形に巻きとられて貯蔵される．

乾草を調製する過程で，かならず起こる栄養的ロスに葉の脱落がある．葉は茎よりも2～3倍のタンパク質を含んでおり，またビタミンやミネラルも多い．一般にもっともよい条件で天日乾燥した場合でも，マメ科では30％近くの葉の脱落があるとされている．また，加熱によるダメージ，乾燥する

までに起こる呼吸によるエネルギーロスなど，乾燥調製時に起こる栄養的，収量的損失はかなり大きい．

(iv) サイレージ（silage）

　牧草や飼料作物を刈り取り，サイロ（silo）と呼ばれる施設あるいは容器に詰め込んで密閉貯蔵し，乳酸発酵を起こさせて保存性をもたせたものをサイレージと呼ぶ．材料となる細切された生草を詰め込むサイロは，筒状の塔の形をしたタワーサイロ，地上に囲いを作った形のバンカーサイロ，地下に生草を埋めるトレンチサイロ（trench silo）などがある．また，生草を地上に積み上げて，上から圧縮し，ビニールなどで覆ってつくるスタックサイロと呼ばれる設備のいらないものもある．サイロの中で嫌気的乳酸発酵を起こさせるため，設備の気密性が高いほどよいサイレージができあがるので，金属やプラスチックでつくられたものも多い（図4.29）．

　あらかじめ乾燥（予乾）や加水して50〜70％に水分調整し，細切して詰め込まれた生草は，しばらくは呼吸を続け酸素を消費し炭酸ガス（CO_2）を発生し，嫌気性を高め，カビの発生を防ぐ．呼吸により温度が30〜35℃に高まり，初めは酢酸菌の活動により酢酸が生成されるが，pHの低下とともに乳酸発酵が始まる．もし，発酵温度が低いと，酪酸菌により酪酸が発生し，その臭気によって嗜好性が悪くなり，また高すぎるとタンパク質の変質が起こる．乳酸発酵が始まると，pHはさらに低下し，3週間ほどで乳酸が十分に生成されpHが3.5程度になると，長期保存に耐える安定した状態となる．サイロ内の乳酸発酵をできるだけ優勢にするため，また不足する栄養分を補うため，穀類，糖蜜，石灰，尿素，各種の酸が，また防カビ剤などが，サイレージ調製時に加えられることがある．

　サイレージは調製するときに季節，天候による影響が少なく，日本など高湿，多雨の国に適した方法である．乾草では，かなりの養分，乾物の損失があるが，サイレージをうまく調製すれば，損失は低く押さえられ，また，混入した雑草の種が，発酵中に分解され，雑草の伝搬を防ぐなどの利点もある．サイレージは，水分含量が多いので，乾物食下量が少ないなどの欠点もあるが，全般的に乾草よりも利点が多く，面積当たりの収量が多いので飼養頭数

図 4.29　プラスチック製サイロ，手前はスタックサイロ

を多くできる．集約的な酪農経営では周年粗飼料としてサイレージを給与し，粗飼料成分の季節的変動をふせぎ，産乳量の安定をはかっている．

　予乾して水分調整を行い，発酵に十分な炭水化物を加えて，完全な詰め込みを行えば，ほとんどの飼料作物や牧草をサイレージにすることができる．トウモロコシ（corn）やソルガム（sorghum）は，もっとも盛んにサイレージに調製される飼料作物である．トウモロコシでは，植物体全部を細切しサイレージにする場合が多いが，実をとった後の茎と葉を，また実のついたトウモロコシの穂（ear corn）を用いることもある．また，トウモロコシの穀実（grain）のみに水分を加えてサイレージをつくることがあり，ハイモイスチャーコーンと呼ばれ，これは後に述べる濃厚飼料に属する．マメ科やイネ科牧草は 60～70 ％に水分を調製してサイレージがつくられる．とくに水分を 40 ％程度にまで落としてから詰め込んでサイレージにしたものをヘイレージと呼ぶ．

b. 粗飼料として用いられる牧草，飼料作物および農業副産物

(ⅰ) 炭水化物を多く含む粗飼料

　マメ科以外の粗飼料がこれにあたる．成分では，炭水化物の割合が多く，タンパク質は粗タンパク質にして乾物当たり 10 ％以下が普通である．粗飼料としてよく利用されるものを数種あげた．

《イネ科牧草》

[オーチャードグラス（orchardgrass, *Dactylis glomerata* L.）]温帯地域で広く栽培される多年生の寒地型イネ科牧草である．芝生状にはならず，草丈が50～130 cmになり，群生する．日陰に強く，耐寒性をもつが，耐暑性は中程度である．早春から生長を初め，生長初期のものは，嗜好性がよい．急速に生長するが，成熟とともに嗜好性，栄養的価値は落ちるので，開花期までの生長最盛期に利用することが重要である．放牧や刈り取り後の生長も早く，他の牧草が生長を休止する真夏でも生長し季節を通して比較的安定した収量が得られる．粗タンパク質を乾物当たり8～18％含んでいる．マメ科牧草と混播して利用することも多い．適応性が広く，日本では，中部北海道から本州中部で栽培されている．

[チモシー（timothy, *Phleum pratense* L.）]耐寒性が強く，多年生の寒地型イネ科牧草である．地際に球塊をもち，地下茎をもたず，草丈が50～100 cmほどになり，根は浅く，細かい．主に乾草の材料として用いられることが多いが，マメ科と混播し，一番草は刈り取って乾草に調製し，二番草から放牧に用いることもある．開花初期前の栄養価の高いときに刈り取り，乾草にしてウマの飼料にされることでもよく知られている．乾物当たり8～12％の粗タンパク質を含んでいる．日本では，東北，北海道で栽培される．

[ライグラス類（ryegrasses）]ライグラス類は飼料価値が高く評価される寒地型の牧草で，一年生のものと多年生のものが栽培されている．重要なものにペレニアルライグラスとイタリアンライグラスがある．

ペレニアルライグラス（perenial ryegrass, *Lolium perenne* L.）は世界の温帯地域に分布する多年性牧草で，生長が早く，草丈は30～60 cmで，乾燥に弱く，耐寒性も低い．葉が多く，嗜好性，栄養価値も高いためヨーロッパで盛んに栽培されている．肥料の少ない土地に播種したり，背の高い牧草と混播すると1，2年で消滅してしまう．早く発芽し，急速に生長するので，放牧地によく用いられる．イタリアンライグラス（Italian ryegrass, *Lolium multiflorum* LAM.）は一年生で，乾燥を嫌い，湿潤，肥沃な土地で，旺盛に生育する．世界の温帯から亜熱帯において広く栽培されている．また，嗜好性もよ

く，栄養価値，収量も高いため，刈り取り用に畑地で栽培されることが多い．日本ではほとんどの地域で作付けでき，また，湿潤地に適するので，水田の裏作として主要な飼料作物となっている．

　［ダリスグラス (dallisgrass, *Paspalum dilatatum* POIR.)］暖地型イネ科牧草で，暖地型の中では耐寒性をもつ．熱帯，亜熱帯にひろく分布し，丈夫な直立した茎をもち，草丈は 60〜120 cm ほどである．根が深く，適切な管理をすれば数年間は利用することができる．早春から生育を始め，秋まで生育し，少しの霜には耐えるので，この季節の主要な牧草である．春から秋まで利用期間が長いので，マメ科牧草と混播して放牧地で利用されることが多い．多くの種子をつけるが，カビ病の麦角病にかかりやすいため，発芽してこない場合が多い．7〜12％の粗タンパク質を含んでいる．日本では，麦角病予防のため種子を国内生産し，西南暖地で利用されている．

　［バヒアグラス (bahiagrass, *Paspalum notatum* FLUGGE.)］多年生の暖地型イネ科牧草である．根が深く，短くて頑丈な地下茎をもち，芝生状に広がってゆく．短草型で，稈長は 15〜60 cm で，放牧地用である．アフリカ，南米など，熱帯，亜熱帯の自然草地の主要な牧草で，放牧に強いが，嗜好性，栄養価値で劣るのが難点である．日本では，ダリスグラスと同じく，西南暖地で用いられる．

写真　イタリアンライグラス
　　　カネコ種苗（株）提供

《飼料作物》

[トウモロコシ（corn, maize, *Zea mays* L.）とソルガム（sorghum, *Sorghum bicolor* MOENCH）] これらの2者は，世界的にもっとも広く，多く栽培され乳牛，肉牛用に利用されている飼料作物である．実取り用にも利用される．青刈りやサイレージ用に全植物体を用いる場合，収量も高く，嗜好性に優れ，サイレージも作りやすい．サイレージにした場合，栄養的には，トウモロコシでは乾物当たり，粗タンパク質が，7～9％，ソルガムでは6～10％とタンパク質が低く，TDN がそれぞれ約65％，60％とエネルギーの高いことが大きな特徴である．遺伝的に変異が大きく，生育期間も3カ月～6カ月，草丈も1～3mと品種，用途によりさまざまで，適応地域が広く，わが国でも全国で栽培されている．トウモロコシは，雑種強勢が強くでるので F_1 利用が行われる．

[エンバク（oat, *Avena sativa* L.）] 湿潤冷涼地に適する飼料作物で，とくに出穂後は暑熱，乾燥に弱い．乾草，青刈り，サイレージに用いられ，とくに乳熟期から固熟期の始めのものが用いられる．細い茎をしており，早く乾燥でき，収量も多く，嗜好性も高いことから利用価値が高い．乾物当たり8～14％の粗タンパク質，55～60％の TDN を含んでいる．日本では，青刈りやサイレージに調製して給与されることが多く，トウモロコシやソルガムに次いでよく用いられる飼料作物である．エンバクサイレージは，タンパク質含量が多いため，トウモロコシやソルガムの場合に比べて作りにくい．

写真　トウモロコシ
カネコ種苗（株）提供

(ii) タンパク質を多く含む粗飼料

　マメ科の牧草や飼料作物は，イネ科のものに比較して多くのタンパク質を含み，Ca，ビタミンAが豊富である．また，天日乾燥されたものはビタミンDも多い．イネ科でも若い時期にタンパク質を多く含むことがあるが，ここでは代表的なマメ科牧草を数種あげた．

　［アルファルファ（alfalfa, lucerne, *Medicago sativa* L.）］ルーサンとも呼ばれる多年生マメ科牧草であり，根を広く張るので日照りに強い．草丈は50〜100 cm程になる．やや乾燥し，暖かい地域の，水はけのよい土地が栽培に適している．世界の多くの地域で放牧用，青刈り用，乾草用，サイレージ用に栽培されている．放牧用やサイレージ用には，イネ科牧草と混播されることも多い．乾草は，15〜25％の粗タンパク質，50％以上のTDN，1.3％程度のCaを含んでおり，栄養価は粗飼料の中でずば抜けて高い．アメリカでは80％以上が乾草に調整されて，流通粗飼料としても多量に売買されている．

　アルファルファは，その栄養価の高さから，粗飼料として用いられるだけでなく，乾燥して粉状に挽いたものは，アルファルファミール，またそれをペレット状にしたものは，アルファルファペレットと呼ばれ，前者は養鶏飼料に盛んに用いられている．

　日本では，多湿と日照不足のため栽培が困難であるが，乾草やアルファルファミールがアメリカから輸入されており，よく知られているタンパク質に富んだ飼料である．

　［クローバー類］アルファルファと同じように，栄養価値が高い多年生マメ科牧草であるが，アルファルファに比較して，幾分嗜好性が劣る．アルファルファとは逆に，乾燥に弱く，冷涼，湿潤な環境を好むので，アルファルファが栽培できない地方で栽培される．代表的なものを3種あげる．赤クローバー（red clover, *Trifolium pratense* L.）はアルファルファよりも草丈は高くなるが，根は張らない．雨が多い地方に適し，よくチモシーと混播して栽培されることがある．乾草はほぼアルファルファと同じ栄養価値があるが，タンパク質は，乾物当たり粗タンパク質にして12〜22％と幾分低い．日本では，北海道，東北地方で栽培されている．　白クローバー（white clover, *Trifo-*

lium repens L.) は環境適応性が赤クローバーより大で，世界中の広い地域で栽培される．草丈は低く，繁殖力が旺盛なので，冷涼で湿潤な地域の放牧地に適した牧草であり，イネ科牧草と混播して用いられることが多い．日本では，全国に広く分布しており，野生化したものも見られる．

ラジノクローバー（ladino clover, *Trifolium repens* L. var.）は白クローバーが突然変異したもので，白クローバーより葉，茎，花が2〜3倍大きく，生育が早い．肥沃で湿潤な土地を好み，浅根性であるため乾燥には弱い．よく

図4.30 ロールに巻かれて運ばれる小麦ワラ．アンモニア処理をして肉牛に給与される．（イギリス，イングランド）

図4.31 ビニールで覆いアンモニア処理される小麦ワラ．手前はアンモニアガスボンベ．（中国，北京郊外）

イネ科牧草のオーチャードグラスと混播されて用いられる．欠点として，白クローバーに比較して連続放牧に弱い，乾草調製が難しい，乾草収量が悪いことがあげられる．飼料価値は白クローバーとほぼ同じである．

(iii) 農業副産物

ワラ（藁）など各種の農業副産物も盛んに粗飼料として利用されている．

《稲ワラ，小麦ワラ》

世界的には，家畜の敷料として利用されることが多いが，粗飼料の不足する地域においては繊維質の不足を補うために飼料として用いられる（図4.30）．日本では，稲ワラは主要な粗飼料である．ワラにアンモニア処理，石灰処理，苛性ソーダ処理などのアルカリ処理を行ってリグニンの一部を分解し，消化率を高めて利用することも行われ，とくに小麦ワラのアンモニア処理は世界的に行われている（図4.31）．小麦ワラは，粗タンパク質が乾物当たり2〜5％と低く，稲ワラは幾分これより高い．反すう動物とくに肉用牛の飼料に容積，粗剛性，繊維成分を補う目的で加えられるが，栄養価値は低く，栄養分は他の飼料で十分に補う必要がある．

（2）濃厚飼料（concentrate）

高エネルギーで，重量当たりの容積が小さく，繊維質含量の低い飼料で，ほとんどが，穀実類，マメ類およびそれらの加工副産物である．成分的特徴により，でんぷん質濃厚飼料，タンパク質濃厚飼料に大別される．日本では飼料穀実類のほとんどを輸入している．

a. でんぷん質を多く含む濃厚飼料

トウモロコシ，ソルガム，オオムギ，エンバク，ライ麦などの穀実類やそれらを加工したときにでる糠・ふすま（bran）などが主なものである．高エネルギーで，タンパク質含量は比較的少ない．アメリカではタンパク質20％，繊維質18％以下と定めている．含まれるタンパク質の栄養価値は，一般に低い．粗飼料よりPを多く含むが，Ca含量は低く，多く与えるときはCaを添加してやる必要がある．ビタミンA・D，リボフラビン，ビタミンB_{12}，パントテン酸含量は低く，チアミン，ニアシン含量が高い．ニアシンはブタには利用できない形で含まれるので，ブタにでんぷん質濃厚飼料を多量に給与

する場合，これらのうち，チアミン以外は飼料に添加しなければならない．以下にでんぷん質濃厚飼料の代表的なものをあげる．

［トウモロコシ（corn grain）］もっともよく用いられる穀実飼料であり，穀実飼料の栄養価を大まかに判定するとき，比較対照にされる穀実である．飼料として用いられるのはほとんどデントコーン種で，どの家畜に給与しても TDN にして約 80 ％ とエネルギー含量が高く，粗タンパク質にして 8～9 ％ とタンパク質含量は低い．リジン含量が比較的低く，育種によって高める努力が行われている．0.2～0.3 ％ とリンはかなり含まれるが，Ca 含量は 0.02 ％ くらいで低い．チアミンが多く含まれ，ビタミン D，リボフラビン，パントテン酸含量は低い．ニアシンは多いが，ブタには利用できない．ビタミン A は，一般に用いられている黄色トウモロコシには多いが，白色トウモロコシでは少ない．すべての家畜によい飼料である．消化率を高めるため，圧片，粉砕，蒸気圧片などの加工（図 4.32）を行ったり，20～35 ％ ぐらいに水分含量を高めたハイモイスチャーコーンにして与える．また，芯付きのまま粉砕して与えられるなど，収穫時の副産物と組み合わせて与えられることも多い．

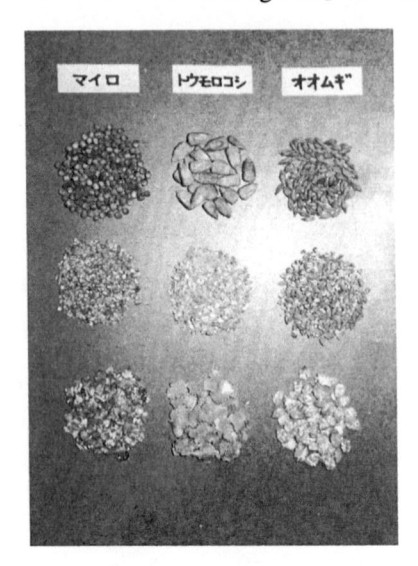

図 4.32 処理された穀類飼料，全粒（上段），粉砕（中段），蒸気圧片（下段）

［ソルガム（sorghum grain）］品種が多く，日本では代表的品種名のマイロが，穀実ソルガムの代名詞となっている．穀実の皮が固く，そのまま給与するとふん中にでてくるので，必ず加工して与えられる．TDN 含量はどの家畜に対しても 77 ％ 程度で，トウモロコシよりも少し低い．タンパク質含量は少し高く，タンニンを含むので幾分嗜好性は劣るが，トウモロコシによく

似た栄養価値をもつ穀実飼料として，広く世界で用いられている．

　[オオムギ (barley)] 各家畜に対して 70〜75 ％の TDN, 11〜12 ％の粗タンパク質をもち，繊維含量が 5〜6 ％とトウモロコシよりも高く，肥育豚や養鶏などで高エネルギーを必要とする場合は向いていない穀実飼料である．トウモロコシの 85 ％程度の栄養価値をもつと判断されている．

　[ふすま (weat bran)，ぬか (糠 : rice bran)] コムギやコメを製粉，精米処理する過程で，穀実の外皮の果皮，種皮，外胚乳が削られる時にでる副産物で，わが国では重要な飼料である．栄養価は処理の程度によって異なるが，TDN は 70 ％，粗タンパク質は 12 ％程度である．当然穀類よりでんぷん質が少なく，脂質が多いので変質しやすく，脱脂されて利用されることが多い．

b. タンパク質を多く含む濃厚飼料

　高エネルギーでタンパク質を多く含み，飼料のタンパク質含量を高めるために加えられる濃厚飼料である．大豆粕 (soybean meal), 綿実粕 (cotton seed meal), アマニ油粕 (linseed meal), なたね粕 (rapeseed meal) など，油料作物の種実から油脂を抽出した後の副産物の油粕類 (oil meal) が多い．

　一般的に，粗タンパク質にして 40 ％程度か，それ以上のタンパク質を含み，Ca 含量は低い．単胃動物に給与する場合，その栄養価値は，含まれるタンパク質のアミノ酸組成によって判断される．なかでも日本でもっとも広く用いられている大豆粕のアミノ酸組成が優れている．

　動物性のタンパク質も飼料として用いられている．魚油を抽出した後の，魚粕類 (fish meal) や畜肉加工場の副産物の肉・骨くずを粉砕し乾燥して作られる肉粉 (meat meal) やタンケージがこれにあたる．タンパク質含量は，製造方法で大きく異なるが，35〜75 ％と高く，植物性タンパク質には少ないシスチン，メチオニンなどの含硫アミノ酸含量が高いため，タンパク質含量を上げ，アミノ酸バランスをとるために単胃動物に用いられる．魚粕は，多く与えると肉や鶏卵に魚臭がするので注意しなければならない．

　反すう動物では，飼料中のタンパク質は，反すう胃内でアンモニアまで分解されて，微生物タンパク質に再合成されるので，アミノ酸組成には気を配らなくてもよい．タンパク質合成には，エネルギーを十分に与え，アンモニ

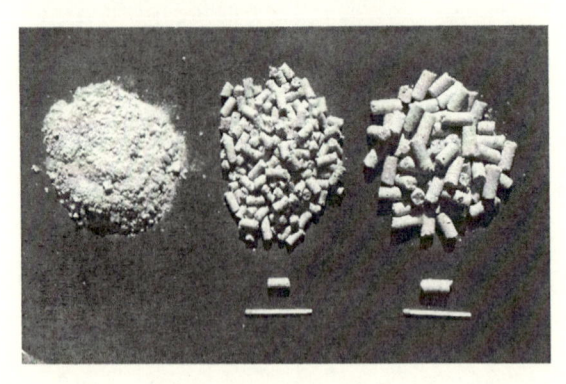

図 4.33　ペレットにされた肉牛用市販配合飼料（左は原料），比較にマッチ棒が置いてある

アを供給すればよいので，反す胃内でアンモニアを発生する種々の化合物が反す胃内の微生物タンパク質の窒素源となり得る．これらを非タンパク態窒素（non-protein nitrogen, NPN）飼料と呼ぶ．尿素や，ビューレットと呼ばれる尿素の重合体などが NPN として用いられているが，これらは反す胃内で急激にアンモニアを発生するので，一度に多くを用いることができず，最大量で飼料中の窒素（N）含量の 1/3 を置き換えることができるとされている．

　単胃動物では，主として植物性の濃厚飼料が給与されるので，アミノ酸バランスが片寄ることが多く，与える飼料の必須アミノ酸の含有量について注意する必要がある．

　一般に，トリプトファンは，トウモロコシ，ソルガム，オオムギ，エンバクなどの穀実類や肉粉で低く，大豆粕，魚粕で高い．チロシン，ヒスチジン，アルギニン，イソロイシン，バリン，フェニールアラニン，ロイシンは穀実類にかなり含まれており，不足することはない．リジンは穀実類に少なく，魚粕，大豆粕，肉粉に多く含まれるので，これらのタンパク質飼料により補給されるか，化学的に合成されたものを添加することが多い．穀実類はメチオニンが少ないので，それを多く含む大豆粕，魚粕，肉粉など，または合成メチオニンが添加されて給与される．ニワトリに必須のグリシンや，グルタ

ミン酸はトウモロコシにはかなり含まれている.

　これらのことから，穀実類を多く含む高エネルギー飼料をブタやニワトリなどの単胃動物に与える場合，リジン，メチオニン，トリプトファンを添加して給与することが多い.

　以上に上げた粗飼料，濃厚飼料の他に，それらの栄養価値や保存性，または消化管内微生物環境を改善するため，種々のミネラル，ビタミン剤，抗生物質などが添加される．これらを飼料添加剤(supplements)と呼ぶ．また，動物の活動に必要な栄養素を含むように各種の飼料を混合し栄養的に調整されたものを配合飼料といい，動物種と用途に応じたものが市販されている（図4.33）.

4.1.6 動物の飼養法

　家畜の成長過程は，一般に哺乳（育）期，育成期，成熟期に大きく分けられる．この過程のなかで生産に利用される期間は畜種や乳，肉，卵，毛，皮などの生産目的，飼養環境などによって異なる．たとえば，近代的な養豚業では，肥育豚は約110 kgでと殺されるが，この時期は育成期の終りまたは成熟期のごく初めに当たり，その体重は成熟終了時の半分にも満たない．一方，わが国の肉牛業では，黒毛和種の肥育の場合は成熟期に入って日々の体重の増加が止まっても肥育が続けられる．酪農業では，搾乳牛は育成期の終わりごろに受胎させ，成熟期に入って分娩させ牛乳の生産を始める．養鶏業の産卵鶏は，初生雛で始まる育成期は小雛期，中雛期，大雛期と細かく区別され管理される．このような各畜種の生育期間の区切り（段階）は生育速度や体組成の変化に対応してくぎられている．当然，与える飼料もそれらの変化に応じて成分と量を変えなければならない.

　子畜をつくる家畜，すなわち繁殖家畜(breeding stock)と生産に用いられる生産（実用）家畜(commercial stock)では，栄養素の必要量が異なる．肉用牛や肉用豚の場合，繁殖に関わる個体と生産に関わる個体が異なるので，繁殖家畜（繁殖牛，繁殖豚）では栄養素の給与量は維持状態を基準にして決められ，胎児が急成長する妊娠末期にその分給与量を増加する飼養方法がと

られる．それに較べて，生産家畜（肥育牛，肥育豚）では，家畜の生産力に応じた量の栄養素が与えられ，生産（体重の増加，増体）が旺盛な個体ほど多量の栄養素の給与が必要となる．一般に，体重当たりの栄養素の要求量は繁殖家畜よりも生産家畜で格段に多いので，生産家畜を飼養する方が多量の飼料を必要とする．肥育牛や肥育豚の場合，増体を旺盛にさせるため飼料をいつも餌槽に満たして自由に摂取させる飼養方法（自由摂取法）が採用される場合が多い．この場合，飼料の給与量ではなく摂取量と飼料中の栄養素の割合に注意して飼料配合が行われる．一方，繁殖家畜である繁殖牛では低質の草地に放牧する飼養方法（図4.34）や，繁殖豚では繊維成分の多い飼料を一定

図4.34 イギリス，スコットランドの低質草地に放牧されるブルーグレイ種，子牛はシャロレー種とのF_1

図4.35 フランス，ルエ地方で飼育される地鶏，肉にうま味を加えるため広い運動場を与え，90日間飼育される．

量だけ給与する飼養方法（制限給餌法）がとられる．

　乳牛の場合，子牛の生産（繁殖）と牛乳の生産が同じ個体で行われるので，両方に必要な栄養素の量を考慮して飼料を給与しなければならない．すなわち，産乳量と胎児の発育に応じた飼料の給与方法がとられる．また飼料中に含まれる粗飼料が乳量と乳質に大きく関係するので，給与する粗飼料の量と質に最大の注意がはらわれる．多くの場合，必要な栄養素量の大半を草地に放牧したり，刈り取った飼料作物や乾草を与えることによって給与し，補助飼料として濃厚飼料が搾乳時に泌乳量に応じて給与される．

　ほぼ連日産卵する産卵鶏や増体の急速な肉鶏の場合，体重当たりの1日の生産量が大きいので，必要な栄養素の量も大きい（図4.35）．たった2カ月で体重3 kgにまで増体させて出荷されるブロイラーでは，きわめてエネルギーの高い飼料を自由摂取させる．

　動物の飼養は，基本的には前述した飼養標準表に基づいて行われる．ただ，飼養標準表には給与すべき栄養素の分量は記されているが，たとえば1日当たりトウモロコシを何グラム，大豆粕を何グラムなどと具体的に給与する飼料の種類や量が示されてはいない．飼養に関わる人たちは，給与する飼料を設計するために，用いる飼料に含まれる栄養素の量を何らかの方法で知る必要がある．一般に，それを手助けするものが飼料成分表である．わが国でも，多くの研究所や大学などで行われた各種の飼料の分析結果を集計し，飼料成分表がつくられている．この飼料成分表から飼料に含まれる栄養素の量を知り，多くの場合数種の飼料が混合され，飼養標準表の指示する栄養素量を含むように飼料が設計される．

　ウシ，ヒツジ，ヤギなどを草地に放牧している場合のように，摂取される栄養素の量が不確かなときにもおおよその摂取量が飼料成分表により推定できる．飼養標準にてらして栄養素の不足が考えられる場合，不足の栄養素を補うため補助飼料が給与される．

　給与される飼料は，その地域や国の自然状態，経済状態などさまざまな要因によっても変化する．肥育牛の飼養では飼養方法の地域による特色がよく現れる．草地にめぐまれない日本では，高エネルギーの濃厚飼料を多量に与

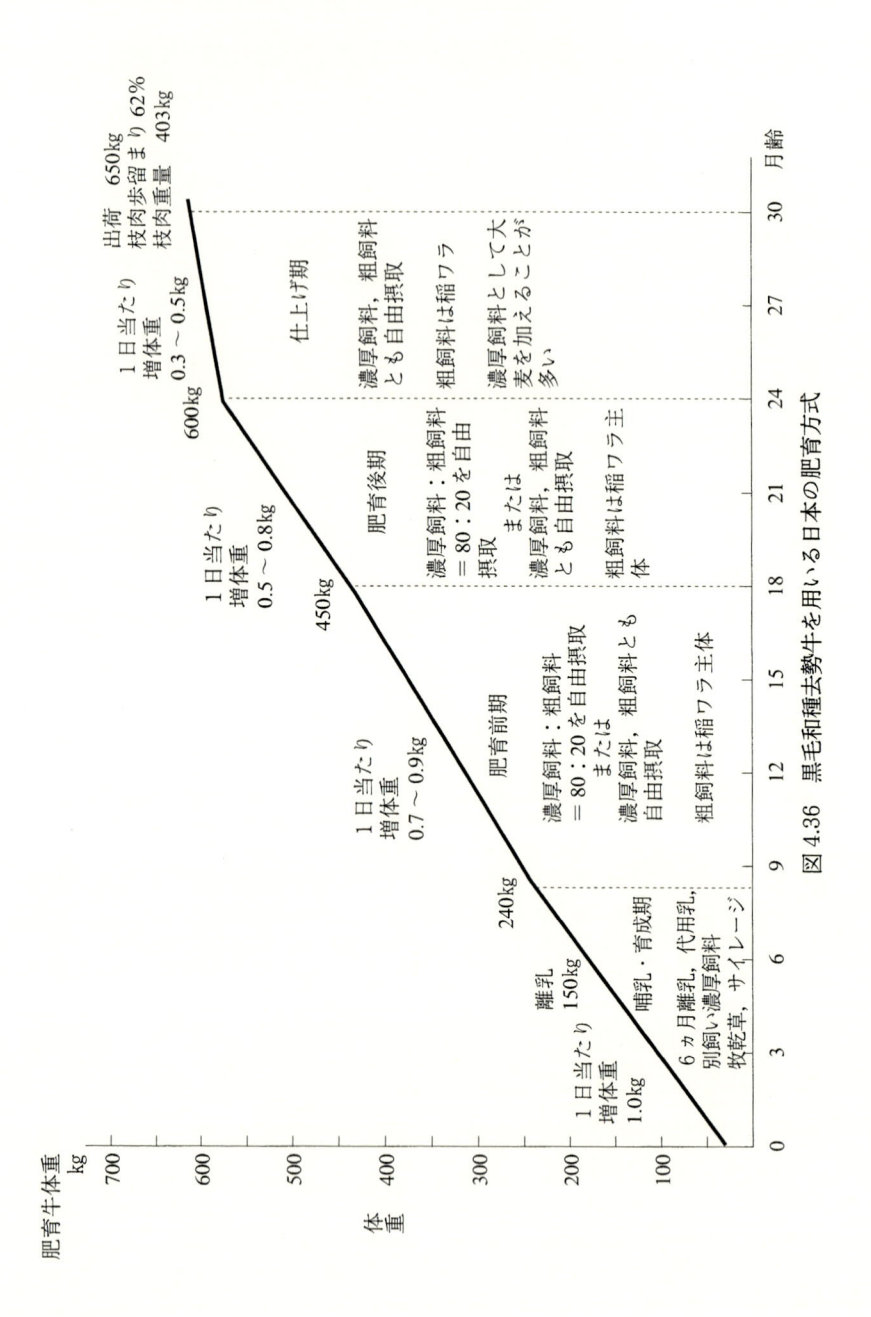

（178） 第4章　家畜の生産能力とその飼育的改善

図4.36　黒毛和種去勢牛を用いている日本の肥育方式

肥育牛体重 kg

体重：哺乳150kg（離乳）→ 240kg → 450kg → 600kg → 650kg（出荷、枝肉歩留まり62%、枝肉重量403kg）

月齢区分：0〜6ヵ月（哺乳・育成期）、〜9ヵ月、〜18ヵ月（肥育前期）、〜24ヵ月（肥育後期）、〜30ヵ月（仕上げ期）

哺乳・育成期：
- 1日当たり増体重 1.0kg
- 6ヵ月離乳，代用乳，別飼い濃厚飼料，牧乾草，サイレージ
- 離乳150kg

肥育前期：
- 1日当たり増体重 0.7〜0.9kg
- 濃厚飼料：粗飼料＝80：20を自由摂取 または 濃厚飼料，粗飼料とも自由摂取
- 粗飼料は稲ワラ主体

肥育後期：
- 1日当たり増体重 0.5〜0.8kg
- 濃厚飼料：粗飼料＝80：20を自由摂取 または 濃厚飼料，粗飼料とも自由摂取
- 粗飼料は稲ワラ主体

仕上げ期：
- 1日当たり増体重 0.3〜0.5kg
- 濃厚飼料，粗飼料とも自由摂取
- 粗飼料は稲ワラ
- 濃厚飼料としで大麦を加えることが多い

図 4.37 濃厚飼料を多給し肥育される黒毛和種肥育牛（鹿児島県），肥育方法調査中の写真である

図 4.38 イギリス，イングランド地方の夏季の良質草地に放牧肥育される肥育牛

えて肥育する飼養方法がとられる（図 4.36, 37）.

図 4.36 に典型的なわが国の黒毛和種去勢肥育牛の飼養方法の概略を示した．黒毛和種の場合，約 30 kg で生まれ，母牛から授乳される．子牛は 3 週間後になると母牛の飼料を少しずつ摂取し始める．3 カ月後になると授乳だけでは栄養分が不足するため別飼い飼料を与えられ，離乳される約 6 カ月後までの哺乳期を過ごす．離乳後の育成期には子牛の体格や消化器官の発達を重視した飼養法がとられる．そのため，良質の粗飼料を自由摂取させ，タンパク質の割合が高い濃厚飼料が給与される．その後成熟期に入ると，脂肪組

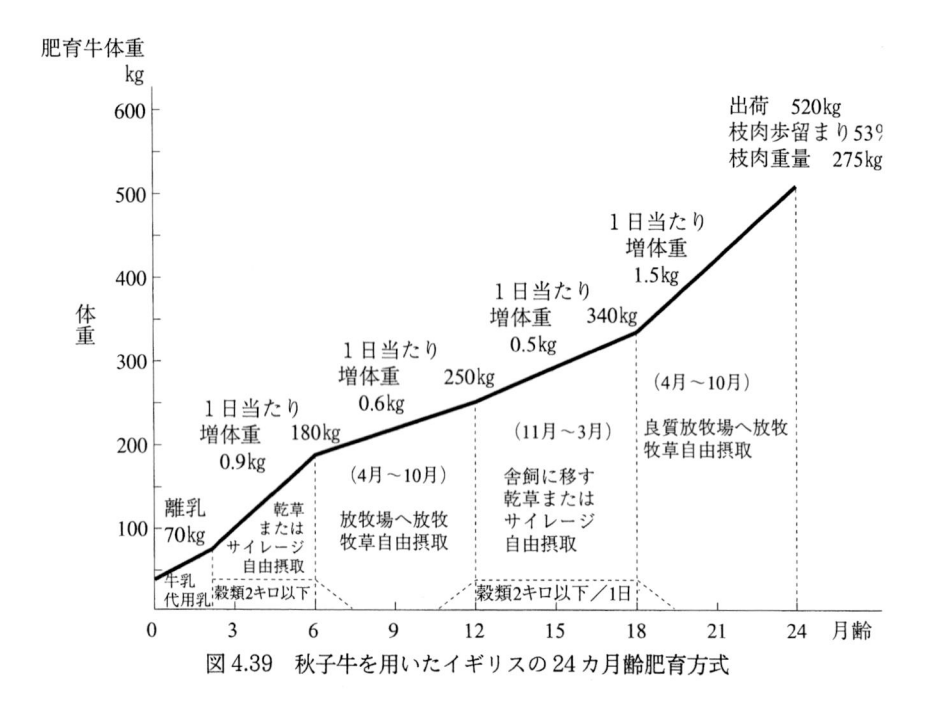

図4.39 秋子牛を用いたイギリスの24カ月齢肥育方式

織の増加をねらって粗飼料の給与量が減らされ，トウモロコシやオオムギなどのエネルギー含量の高い濃厚飼料が多給される．肥育も終わりに近づき仕上げ期に入ると，筋肉中に脂肪が蓄えられて脂肪交雑が高まるように，稲わらなどが必要最少量与えられ，粗飼料の給与量がさらに抑えられる．このように濃厚飼料の摂取量をさらに高めて，体重の増加より肉質の向上を目的とした飼養法がとられる．

イギリスなど草地にめぐまれている国では肉牛を草地に放牧したり，冬には夏に蓄えた乾草を給与するような草を主体に肥育する飼養方法がとられている（図4.38）．図4.39に秋に生まれた子牛を草のみで18カ月間で肥育するイギリスの一般的な肥育牛の飼養方法の概略を示した．8月から10月に生まれた子牛は哺乳期では牛乳や代用乳と同時に粗飼料が与えられ約2カ月後の体重70 kg程度になると離乳される．本格的に冬になり，育成期に入る

と前年の夏に蓄えられた良質のサイレージや乾草が自由に与えられ，また養分の不足は少量の濃厚飼料の給与により補われ最高の体重増加がはかられ

図 4.40 アメリカ，コロラド州の超大型のフィードロット，4万頭の肥育牛が飼育されている．

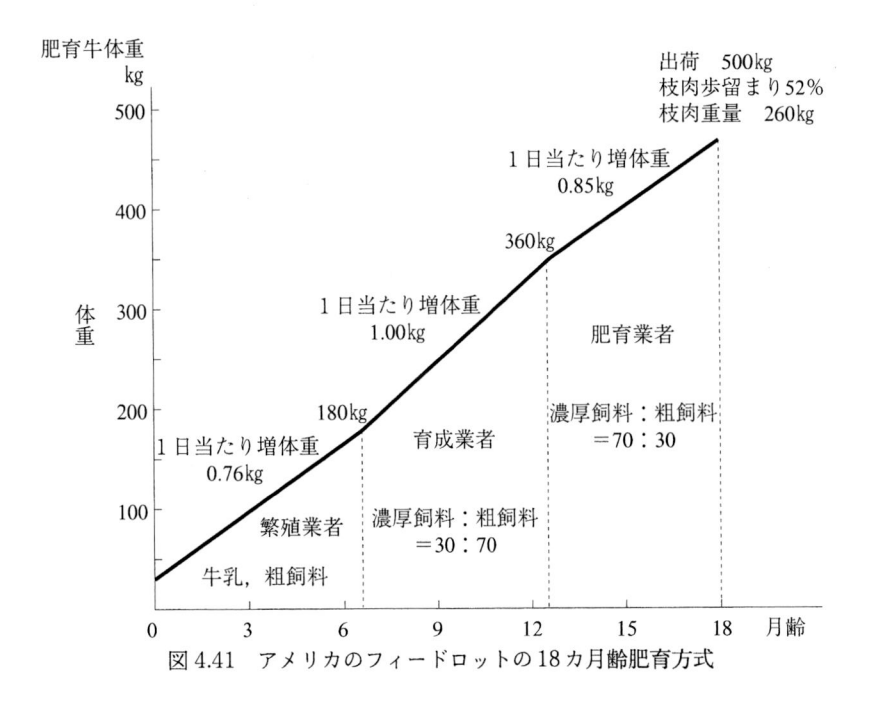

図 4.41 アメリカのフィードロットの18カ月齢肥育方式

図4.42　モンゴル草原で放牧されるヤギとヒツジ

る．春になり，草地の状況が良くなると，秋まで次々と草地をかえて良質の一番草に放牧し肥育される．草地に草が無くなると家畜舎に入れられサイレージまたは乾草が給与される．また，最大の増体をさせるため，濃厚飼料も同時に給与され翌春500 kg程度になると出荷される．

　草地にも飼料穀類にもめぐまれているアメリカでは，肥育期間やでき上がる牛肉の肉質を調節するため，給与する草と穀類の割合や給与時期を変化させた多様な肥育方法がとられている．その場合，飼料の給与や肥育牛の管理を容易にするため，多数の肥育牛を柵（フィードロット）内で肥育するフィードロット（Feedlot）方式（図4.40）がとられることが多い．1日当たりの体重増加が大きい育成期に最大限の栄養を与えて短期に肥育を終了するフィードロット方式の肥育牛飼養の一例を図4.41に示した．アメリカではグレートプレーンと呼ばれる中央平原が主要な子牛生産地である．早春から初夏にかけて南部から北部へと子牛の出産が行われる．子牛は母牛とともに春の草地や時には小麦畑に放牧され，6，7カ月間180 kg程度まで哺育される．それらの肥育素牛は育成業者により農家から集荷され6カ月間360 kg程度まで育成される．そのとき与えられる飼料は粗飼料を主体としたもので，およそ粗飼料70 %：濃厚飼料30 %である．さらに肥育業者によって多数の育成業者から育成牛が集められ，大規模なフィードロットで濃厚飼料70 %以上の高エネルギー飼料が与えられ約6カ月間肥育され450～500 kg程度で出荷される．

　肥育牛に穀類を多給するわが国においても，規模的には小さいが肥育牛を

一カ所に囲んで肥育するフィードロット方式がとられている．脂肪交雑を重視するわが国では，育成期に続いて成熟期にも高エネルギー飼料を与えるため，肥育期間がきわめて長く，飼料効率が悪くなっている．

モンゴルでは，遊牧民によって家畜は放牧され，草原の草のみで飼養される（図 4.42）．極寒の冬期にはほとんど草原に草が無くなるため家畜の体重は減少する．そのため，肉牛の場合夏と冬で体重の増減を繰り返えすため肥育が終わるまでに 5 年から 10 年を必要とする．

4.1.7 新しい家畜飼養

畜産物とくに動物性食品は，人々の経済的生活水準の向上とともに需要が高まる傾向にある．わが国においても経済力の発展とともに動物性食品の消費量が急速な増加をみている．動物性食品の消費増大分は国内生産の拡大や海外からの輸入によってまかなわれてきた．海外からの輸入増は海外での生産拡大を招いている．ところが工業生産とは異なり，畜産物は動物の生活を利用して生産しているので，急速にその生産量を増やすことは難しい．大家畜の乳牛や肉牛の場合はもとより中小家畜においても，生産の拡大には利用土地面積，頭羽数，家畜能力，管理労力の増加がなくては成立しない．一般に，これらの畜産物生産拡大に必要な条件が整い，需要の増加に応じて生産拡大が行われることは希である．経営面積や管理人員を増やすことなく頭羽

図 4.43　フィードロットに野積みされる肥育牛のふん（アメリカ，オクラホマ州）

数が増やされたり，家畜の生産能力を上げるために動物体の生理条件を無視して飼料が給与されることにより，家畜の飼養環境は悪くなる．また，草地の牧養力以上に家畜が放牧され草地が砂漠化したり，畑地へ還元されなければならないふん尿が野積み（図4.43）され公害を引き起こしたり，濃厚飼料が安易に多給されるため人が食用としなければならない穀類までも不足したりするような世界的に重大な弊害が引き起こされている．家畜飼養の分野において，経済的効率だけを追い求めた今までのような家畜飼養法が続けられるならば，畜産物生産の基盤は崩壊し，将来の動物性食品の供給はきわめて心細いものになるだろう．

　この問題を解決するため，環境に負荷を与えすぎない持続的な飼養法の開発が求められている（図4.44）．たとえば，家畜の飼料とヒトの食料との競合を避けるためできる限り草を利用して反すう動物を飼養することが提言されている．それに対する飼養方面からの取り組みとして，反すう胃内での繊維質分解能力を上げる研究が行われている．また反すう胃内発酵による地球温暖化ガスのメタンガスの発生は地球上の総発生量の約15％を占めるといわれているのでそれらの発生低減のための研究も同時に行われている．これらの研究において，現在もっとも注目されているのが遺伝子工学的手法であり，遺伝子操作によって反すう胃内微生物の反すう胃内pH耐性や酵素の分解能力の改善，有害ガスの発生を抑制する努力が行われている．

図4.44　ふん尿処理のためスノコ上で飼育される肥育牛（アメリカ，オクラホマ州）

図4.45 チリー，チロエ島のチロエ馬，バランスのとれた体型の小型役用馬，性質がきわめて温順，アニマルセラピー用に有望視されている

　わが国の農業では，畑作，稲作に代表される耕種農業に比較して畜産の歴史はきわめて短い．畜産は，それまで耕種が優勢な農業の中で，明治以降に発展してきたため，耕種農業との有機的なつながりが薄く経営規模も小さい．このことは，わが国の畜産の土地利用，飼料利用，農業副産物利用に大きな困難や弊害をもたらしている．とくにそれを示す現象として，中山間地の里山の放牧地利用が困難なこと，さらには家畜ふん尿や稲ワラの有機的な利用が耕種農業との間で，一つの経営内でも，一つの地域内でも難しいことがあげられる．これらの困難さは耕畜双方に経済的に不利な条件を招くだけではなく，耕畜によって築かれる中山間地の環境保全にも好ましくない．わが国の中山間地の農業がつくりあげる環境は治水やグリーンツーリズムをとりあげるまでもなく今後急速に重要性を増すものと予想される．その中にあって，畜産では周囲の環境と調和がとれた家畜飼養が行われるべきである．それにはまずふん尿の畑地への還元，農業副産物有効利用を地域と連携して行うなど耕種農業と有機的に密接に関連した健全な家畜飼養を行うことが当面の目標と考えられる．近年，ふん尿を集積し堆肥化する施設を地域内に建設し，耕畜農業の接点として有効に機能させようとする大小の堆肥センター構想が中山間地域で進められており，それらの発展が望まれている．

ペット動物のはたらきをあげるまでもなく，ヒトと動物との交わりがヒトに精神的な安らぎを与えることは広く知られている．近年，この動物のはたらきは，ペット動物にだけ求められるのではなく，生産動物にも求められている（図4.45）．また，わが国の農業の中心地である中山間地は農業生産の場であるだけではなく国民の安らぎの場としての機能をも期待されている．その中にあって，畜産業は，地域への訪問者に対して，動物に親しみをもち，安らぎを求めることのできる環境を提供するように心がけなければならない．それには，愛情をもって動物の飼養管理を行うことが必要とされる．生産動物は，最終的に死をもってヒトに仕えてくれる動物である．生産動物に対し最大限に動物福祉に配慮し必要以上の苦痛を与えることを避けるような飼養が行われるべきである．動物に与えるさまざまなストレスは，生産を低下させる原因にもなる．そのなかで，栄養的なストレスたとえば急激な飼料の量的，質的変化は，動物の栄養生理に混乱をもたらししばしば生産を低下させる原因にもなっている．

4.2 家畜管理学

現在の近代的畜産業においては集約的飼養管理方式が主流で，そこでは狭い空間に家畜を拘束している場合も見られるので，動物の行動欲求を充足させ，家畜の行動と心理状態を改善できるような飼育管理の改善を行うことが求められている．同時に，暑い寒いという温熱環境は動物の生理や生産に大きく影響するので，家畜が快適に生活しつつ生産性を向上できるような温熱環境を人為的に制御することも必要である．

また，昨今の家畜排泄物による土壌や地下水汚染については深刻にとらえて，家畜の存在が農業を発展させるという展望で解決を図る理論と技術の展開も必要である．

このように，家畜を飼育管理するにあたり，彼らの生活，彼らの環境との関わり，および環境への負荷について解明し，家畜の生産と健康，および畜産業の健全さを目指す学問が家畜管理学であり，言い換えると，家畜を健全に飼育しつつ，生産を保証する理論と技術を構築する学問である．なお，家

畜管理学の内容は，家畜行動学，家畜環境生理学および畜産環境学から成っている．

［家畜行動学］家畜は本能行動や学習した行動を日常的に発現している．それらの行動の意味を理解することが家畜の心を理解する第一段階である．次いで，飼育目的にあわせて家畜の行動を制御し，生産の効率を上げることも重要である．この行動制御が家畜本来の行動欲求を抑制する場合には心理的な圧迫から異常行動の出現や疾病の頻発，さらには生産効率の低下を引き起こすので，家畜管理方式のあり方を見直すことも必要である．

［家畜環境生理学］家畜は体温を一定に保つために，暑熱下では体熱の放散を進め，逆に寒冷下では体熱の産生，等の体温調節に努めている．したがって，暑熱・寒冷という状況は家畜生産の効率に大きく影響する．これらが動物の成長，生理や生産に大きく影響している内容や程度を明らかにし，さらに，家畜が快適に生活して生産性を向上できるように温熱環境等を人為的に管理制御することも必要である．

［畜産環境学］大型家畜または多数の小型家畜の存在は大量のふん尿を排出することを意味している．これらの排泄物は地域の土壌や河川と地下水の汚染を引き起こしやすいものである．しかし，このふん尿は適切に処理されると堆肥などの有機肥料として有効利用できるので，この分野は農業発展の根幹にも関わっている．

上記の3分野は家畜を中心に考えた分野であるが，家畜生産は経済活動であることを踏まえて，効率的な経営管理を目指し，家畜生産の効率，畜舎・機材などの施設設備，土地利用，などを有機的に組み合わせたシステムとして構成し，評価することが生産活動を持続させるのに重要である（家畜管理システム学）．なお，家畜の移動を制御したり，労力に利用する等の技術や学問は，わが国では近代化の中で見られなくなったが，地球規模で見直すと将来にわたっても重要な課題である．

4.2.1 家畜の行動（Animal behavior）

家畜の行動は，飼育環境下にある動物を対象にしているため，一般に，自

然界から隔離されている，狭い環境で生活している，野草の摂取は少なく，加工された飼料を摂取している，成長，肥育や泌乳などの生産が目標になっている，等の特徴をもっているので，家畜行動学では，飼育環境との関わりで家畜の心理的状況を把握したり，生産との関わりで行動を制御することなどがテーマになっている．

家畜行動の種類は，まず個体行動と社会（個体間）行動に分けられる．また，多くの行動は単一動作だけで成り立っているものは少なく，一連の動作群（行動システムという）から成っており，出現の順に，前行動，完了行動，後行動と分けられる．摂食行動を例にすると，餌探索（空腹），摂取（摂食），毛繕いや休息（満腹）の3過程からなっている，等である．

家畜の生活や体型が野生動物とは異なっているので，家畜と野生種は全く別の動物だと認識する向きもある．しかし，野生動物が家畜化されて今日まではわずか1万年程度しか経過していないことを考えると，本質的な変化は起こっていないと考えるのが妥当であろう．

しかしながら，戦後50年程の畜産業の近代化は，家畜に集約的な飼養管理下での生活を強いており，家畜は精神的にも肉体的にも重い負担を負っていると考えられる．昨今の家畜における疾病の多さ，家畜生産性向上の停滞，等を踏まえると，家畜が本来もっている行動欲求の抑制を軽減したり，他へ転換させたりするなど，家畜管理のあり方の新たな工夫が求められている．

動物行動学の起源をたどると，19世紀には産業革命の進展とともに自然界の観察も盛んとなり，動物の行動や生活を観察し記録する動物行動学（animal behavior）が発足した．20世紀になると，C. Lorenz, N. Tinbergen らの活躍で動物行動の法則や意義が次々と明らかになり，市民もなじめる自然科学の一つの分野として動き始めた．

家畜の行動についても，19世紀に農学者が放牧地で家畜がどのように草を選んで食べるか調べたことから出発した．20世紀前半には Scherderupp-Ebbe が雌鶏においても厳しい順位制が存在することを発見している．

第二次大戦後には，霊長類や他の野生動物の行動に関する研究が隆盛を極めるが，その影響で，家畜についても放牧家畜の本能的行動や社会構造に関

する研究が盛んとなった．しかし，家畜は人間による制御の下にあり，その環境が自然とは著しく異なって野生動物の行動生態とは違うため，家畜の行動に対する関心は依然として低かった．

しかしながら，畜産農業の近代化によって，家畜生産方式が変化し，集約的な管理方式へ進行する過程で，家畜には，疾病が多くて，異常な行動も頻発していることが認識され，集約的畜産に対する批判が大きくなっている．これによって西欧では動物福祉運動が高揚し，家畜の福祉（animal welfare）を評価したり，家畜管理の代替法を開発したりする家畜行動学の研究が盛んになってきている．現在では，家畜の行動は家畜管理学および畜産学の主要な一分野として，著しく発展している分野である．

1）家畜行動の基本的理論

動物は，進化の過程で決定された生活環境の中で，遺伝的に決まった独自の行動様式をもっており，これを生得的行動または本能行動という．一方，動物が新たな環境に適応する場合には，試行錯誤を行って新たな行動様式を身に付けてゆくことになり，それを習得的行動という．また，多くの行動は身の回りの環境や他個体に対する働きかけであり，同時に，環境や他個体からの刺激を受けたことに対する反応でもあり，刺激－反応（stimulus－response）の関係を基盤にしている．

動物の行動は，無目的に行われることは少なく，多くは明確な目標に向かっているのである．これらの行動が発現する過程は，次に述べるように，いくつかに分類できる．

(1) 生得的行動解発機構（innate-behavior releasing mechanism:IRM）

本能行動が発現する場合の代表的な機構である．多くの行動は通常は抑制されているけれども，特定の刺激を受けると抑制の状態から解き放されるので，行動が解発（release）されると表現する．その刺激条件は，鍵と鍵穴の関係のような特定の関係にあり，鍵刺激（key stimulus）または行動解発因（releaser）ともいわれ，それまで抑制されていた行動がこれによって解き放されるのである．

その具体例としては雄イトヨの巣守り行動が有名である．淡水魚の1種，

イトヨの雄は繁殖季節になると巣をつくり，雄イトヨの腹部は赤く変わるが，他の雄イトヨの赤腹の侵入を見るとそれに攻撃して自分の巣を守るのである．この場合，下半分を赤く塗った円板を提示しても同様な攻撃を行うことが知られている．すなわち，抑制されていた行動が特定の刺激（鍵刺激：この場合は赤腹）によって解発され，発現したのである．

（2）行動の刺激－反応連鎖（Stimulus-Response Sequence）

動物の行動の多くは，他個体や環境から何らかの刺激を受け，それに反応して発現する場合が多い．この刺激と反応の関係は動物行動の基本原理の一つである．したがって，ある行動が出現した場合，その行動を発現させた刺激が何であったかを把握することは意義深く，有効でもある．また，この反応が次の段階では別の行動を引き出す刺激となることもある．後者の場合，動物間で刺激と反応が交互に組み合わさり，刺激－反応連鎖を形成することになる．

社会行動である交尾行動や闘争行動の場合，ある個体が他個体からの特定

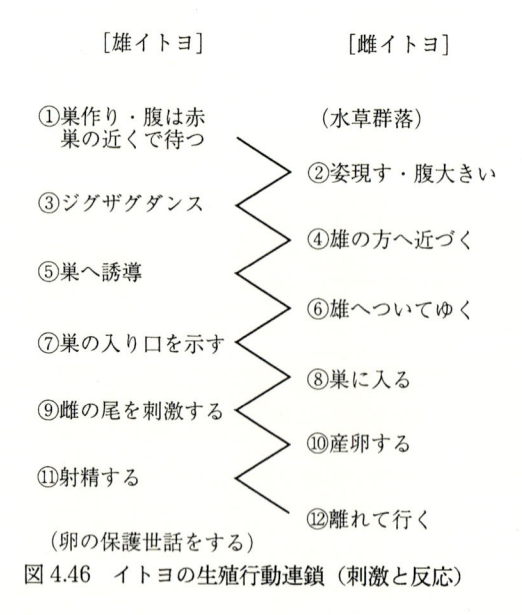

[雄イトヨ]　　　　　　　[雌イトヨ]

①巣作り・腹は赤　　　　（水草群落）
　巣の近くで待つ
　　　　　　　　　　②姿現す・腹大きい
③ジグザグダンス
　　　　　　　　　　④雄の方へ近づく
⑤巣へ誘導
　　　　　　　　　　⑥雄へついてゆく
⑦巣の入り口を示す
　　　　　　　　　　⑧巣に入る
⑨雌の尾を刺激する
　　　　　　　　　　⑩産卵する
⑪射精する
　　　　　　　　　　⑫離れて行く
（卵の保護世話をする）

図 4.46　イトヨの生殖行動連鎖（刺激と反応）

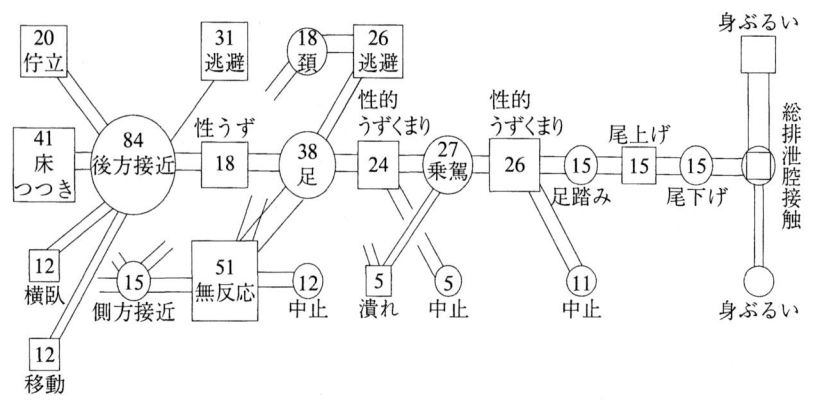

図 4.47 ニワトリの交尾行動（刺激－反応連鎖）
円は雄鶏，四角は雌鶏を指し，図中の用語は動作を示し，数字は%を示し，最終的には15%で交尾が成立した．

の刺激に対して反応する場合の行動様式は決まっており，選択の余地が少ないことが多い．さらに，この反応に対して相手の次の行動動作が引き出されることになる．このようにして，両者の間で相互に行動を発現させてゆく経過を刺激－反応連鎖 (reaction-chain) という．

前節で紹介した雄イトヨの場合，赤腹ではなく，大きな腹を持った雌の接近に対しては，雄は特別のダンスを行って巣へ誘導し，雌が巣に入ると雄は雌を刺激して放卵を誘起し，射精するという一連の行動（反応鎖，行動連鎖という：図4.46）を示す．なお，このような行動連鎖は高等動物をも含めて全ての動物に共通して観察されるものである．

ニワトリの交尾で見られる行動連鎖の例を示した（図4.47）．ここでは，雄鶏の雌への接近（刺激）に対する雌鶏の反応として許容の性的うずくまりも見られるが，多くは逃避した．逃避した雌に対して雄は自らの行動を中断せざるをえないが，独特の許容姿勢（性的うずくまり）を示した雌鶏に対しては脚をかけて乗駕する．その後，雄鶏の脚踏みに対して雌の尾上げ，それに対して雄の尾下げが続いて，総排泄腔接触（射精）が行われる．途中の段階で雄の刺激が不十分，または雌の反応が不十分であるとこの連鎖は中断す

ることになる.なお,家畜化が進行した動物では連鎖の中途段階が省略されていることが多い.

(3) 刺激が多様で豊富な環境における行動の発現と制御

前項で述べたように,生得的行動の発現は環境や他個体からの刺激に対する反応から成り立っている.しかしながら,昨今の家畜の多くは単純な環境下で生活しているため,環境からの刺激が少ないので,生得的行動の発現は抑制されている状態である.たとえば,野生動物は餌を探して徘徊し,多くの物を探索した上で,適当な餌を得ることができる.しかし,家畜では餌探索の必要性が無いか,軽減されており,また,食べる際には頻回の咀嚼を行わなくても栄養的には十分な物を容易に摂取できる.したがって,本能として持っている探索その他の関連する行動を発揮することは少ないため,欲求不満状態(frustration)もしくは心理的葛藤状況(conflict)に陥っていると考えられる例も多い.家畜を心身共に健全に飼育するには,単純な環境ではなくて,刺激の多い環境下で飼育することも必要である.

異常行動について

刺激の少ない単純な環境で飼育される場合,家畜は通常では見られない,欲求不満と考えられる異常な行動を示すことが多い.たとえば,濃厚飼料を多給して,粗飼料給与が少ないと,口と舌を使うことが少ないために,舌遊び行動を示すことになる.舌遊びとは,舌を口の外に出して,長時間,ブランブラン,クルクル,ペロペロ,等,異常な様式で動かす動作である.粗飼料を十分に給与している場合には,このような異常行動は見られない.したがって,家畜を心身共に健全に飼育するには,単純な環境ではなくて,刺激が多い環境下で飼育することが必要であろう.

(4) 情動:家畜も心を持っている

動物もヒトの喜怒哀楽に類似する動作や感情表出を行い,これは情動(emotion)といわれる.これらの情動は同種の他個体に伝達できることはもちろんであるが,異種の動物にも伝達できることが多い.なお,生理的には自律神経系の活動変化を伴うことが多いのも特徴である.

実験的に動物の情動を説明するRollsの実験(図4.48)では,動物がボタ

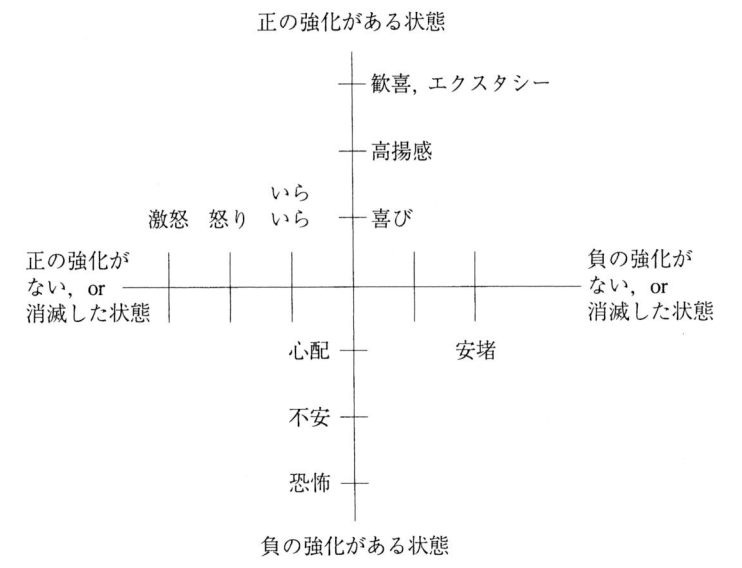

```
                    正の強化がある状態
                           │
                    ─ 歓喜, エクスタシー
                           │
                    ─ 高揚感
                           │
                いら
  激怒  怒り    いら   ─ 喜び
正の強化が  │   │   │   │           負の強化が
ない, or ──┼───┼───┼───┼──────── ない, or
消滅した状態 │   │   │   │           消滅した状態
                           │
                    ─ 心配    安堵
                           │
                    ─ 不安
                           │
                    ─ 恐怖
                           │
                    負の強化がある状態
```

図 4.48 動物で喜怒哀楽（情動）が発現するモデル
Rollsの行った報酬と罰学習における動物の反応を表示した．学習（ペダル操作等）により報酬が貰えるのが正の強化，罰が与えられるのが負の強化である．逆に，予想した報酬または罰が与えられない状況での動物の反応も含まれる．

ンを押すと餌が貰えるという報酬学習の場合に，動物が予期している報酬が与えられると満足し（喜び），逆に，期待した報酬が与えられない場合，動物はとまどい（葛藤状態）から怒りの情動までを示すことになる．逆に，動物がボタンを押すと罰（電気ショック等）が与えられる場合（これによって餌を得ることができる）には，不安から恐怖の表情を見せる．しかし，その罰が与えられないと安堵の情動を見ることもできる．このような基本的現象は，動物（家畜）も心をもっていることを示唆しており，動物とヒトとの間で共有できる現象である．

(5) 動機付け
　動物が特定の本能行動を発現する時には，動物側の内部環境での変化と，外部環境からの刺激とが密接に関わっている．前者を動機付け（motivation）

といい，後者は刺激と反応の関係である．動機付けは内部環境の変化に由来することが多く，各種のホルモンや代謝産物等の生理活性物質が関わっている．たとえば，摂食行動の促進と抑制に関わる食欲には血中の代謝産物（血糖や遊離脂肪酸）量の変動が関わり，性行動では性ホルモンの変動が関わっている．これらの変動は間脳の視床下部（後述）で感受され，関係する行動の発現が決定される．

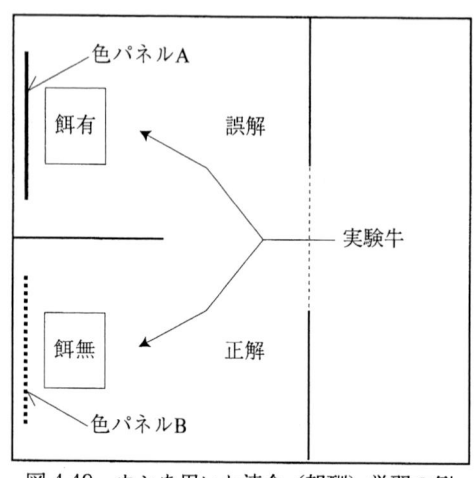

図4.49 ウシを用いた連合（報酬）学習の例

（6）学習・経験

実験的に動物の学習能力を理解するには，Pavlovの行った報酬学習（reward learning）が有効である．その過程は，動物が特定の行動を実行すると，その実行に対して報酬を与えるものである．肉を見せると唾液が出る過程は本能の無条件反射であるが，肉を見せるとともにベルを鳴らすこと（条件付け conditioning）を繰り返すと，ベルの音だけで唾液が出るようになる．これを条件学習（conditioned learning）という．

他方，ボタン押し等の特定の行動，または特定の色パネルの選択等を行えば報酬を得られるように設定しておくと，動物は試行錯誤（try and error）を繰り返し，特定の選択によって，報酬の獲得を容易に行えるようになる．逆

に，罰が与えられるよう設定しておくと，その行動を行わなくなる．これらを試行錯誤学習ともいう．この場合，ボタン押しなどの特定の（道具）操作を行わせて報酬を与える場合はオペラント条件付け（operant conditioning）ともいう．なお，この学習の時間帯だけに赤ランプの点灯を行うよう設定しておくと，赤ランプの点灯で動物をこの学習遂行の過程に入らせることができ，これを強化（reinforcement）という．

これらの学習の実現は動物のもつ能力や可能性について貴重な示唆を与えてくれる．また，家畜の生活を詳細に観察すると，彼らがこのような強化や学習経験をもとに生活していることも理解できる．

(7) **視力・色覚**（学習利用による動物能力の評価）

ウシの色覚能力を学習を利用して調査した萬田正治博士の成果を紹介する．実験室（図4.49）の奥を二つに区切り，それぞれの奥の壁に異なった色パネルを貼り，特定の色パネルの前には飼料が入った餌箱を，他方の色パネルの前には飼料が入っていない餌箱を置き，ウシにどちらかを選択させた．左右を入れ替えつつ数回の試行を行うと，ウシは確実に特定の色パネルと餌の存在とを関連付ける学習を行った．この結果から，ウシは色盲ではないこと，草と同じ緑色周辺の色度差に鋭敏である特性も明らかとなった．

同様な方法で家畜の視力が調査された．ヒトの視力検査に用いるランドルフ環の大きな図を準備し，環の切れ目の位置が異なるパネルを提示して，正解すれば報酬（餌）が貰えることを学習させ，次に，環のサイズを小さくしてゆき，正解率が低下して識別できていないと判定されたサイズで視力を推測した．その結果，ウシやブタは0.01程度の視力（近視）であることが確認された．彼らが目前の草や餌を的確に選んで採食していることを裏付けている．一方，遠くから近づいてくる人間に対してウシは凝視していることが多い．ブタについても同様である．

(8) **運動と感覚を制御する脳**

動物の感覚や行動発現も脳によって制御されている．ヒトを含めて各種の動物の脳の外貌を比べると（図4.50），間脳，中脳，延髄を合わせた脳幹部（brain stem）のサイズは動物間でよく類似しているのに対して，大脳半球

(hemisphere)の大きさは著しく異なっている.

前者の脳幹部は本能行動や呼吸・循環等の生命維持に関わる基本的機能を司っているので，その動物のサイズに合った脳幹部をもっており，動物差は小さいといえる．一方，大脳半球の大きさには種差が大きく，鳥類，ほ乳類では大きくなっている．

大脳半球表面の大脳皮質には各種の機能が分布しており，それらは，感覚野，運動野，および連合野（統合野ともいう）に分かれるが，感覚野はさらに嗅覚野，聴覚野，体性感覚（皮膚感覚）野，視覚野に分けられる（図4.51）．それらのうち，体性感覚野における体各部位（手，脚，顔，舌，等）と関連する脳部位のサイズは動物差が非常に大きいものである．すなわち，ヒトでは手と口に関わる部分が非常に広く，背・腹や足の部分は狭い（図4.52）のに対し，サルでは前肢と後肢の脳部位が非常に大きくなっており，ネズミでは口と前肢部位が広く，ネコでは口と舌の領域が広く，イヌでは口のみが広く，リスザルでは犬猫とサルの中間にある（図4.53）．この

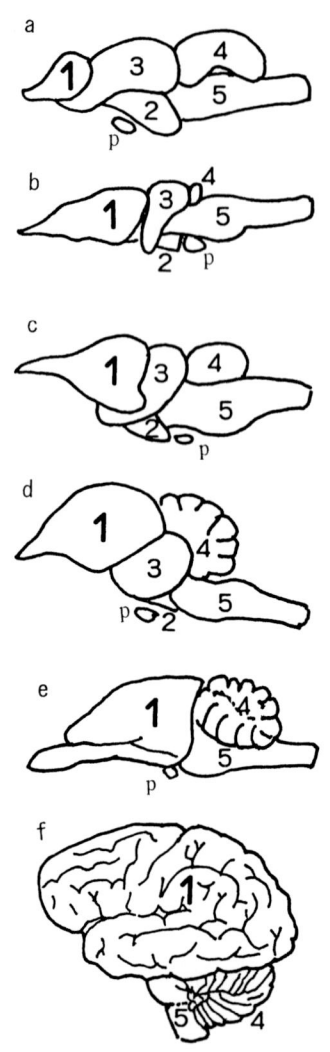

図4.50　各種動物の大脳半球と脳幹部の比較
a：サカナ，b：カエル，c：ヘビ，d：トリ．
e：ネズミ，f：ヒト，1：大脳半球（終脳），2：間脳，3：中脳，4：小脳，5：延髄，p：下垂体

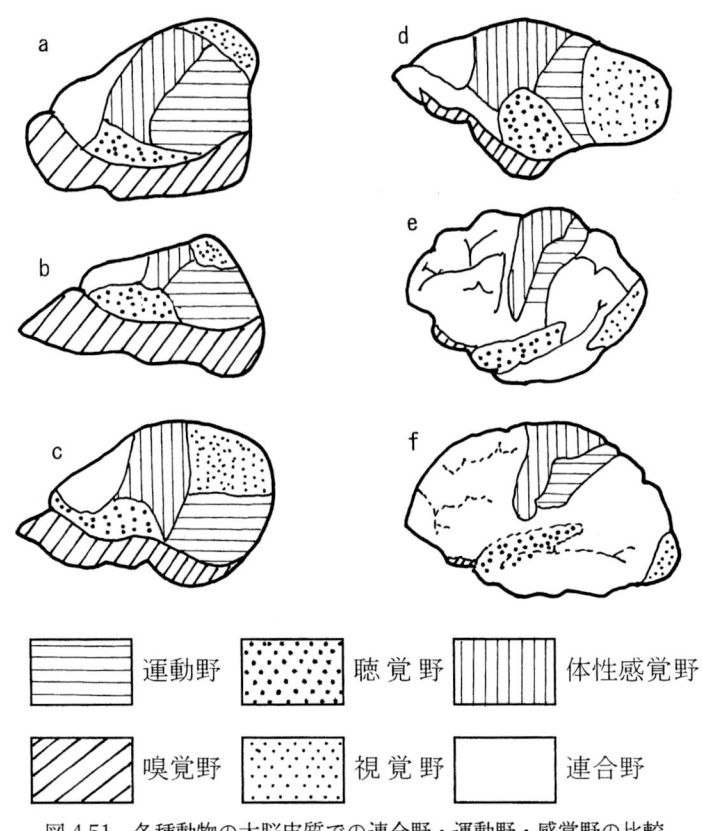

図 4.51　各種動物の大脳皮質での連合野・運動野・感覚野の比較
a：トガリネズミ　b：ネズミ　c：ネコ　d：イヌ　e：サル　f：ヒト

（凡例）運動野　聴覚野　体性感覚野　嗅覚野　視覚野　連合野

ような種差は主に各動物が摂食その他の生活場面で頻繁に用いる道具（tool）に関する脳部位の発達程度を反映している．ところで，図には示していないが，ウシでは舌，ブタでは鼻，ニワトリでは嘴が主要な道具であるので，それらの感覚と運動に関する神経機構は大脳皮質の広い範囲を占めているはずである．

　ところで，動物は自然界においては運動と感覚の器官を最大限に使いつつ，進化してきたのであるが，それに対して，拘束状況の家畜では一般に運

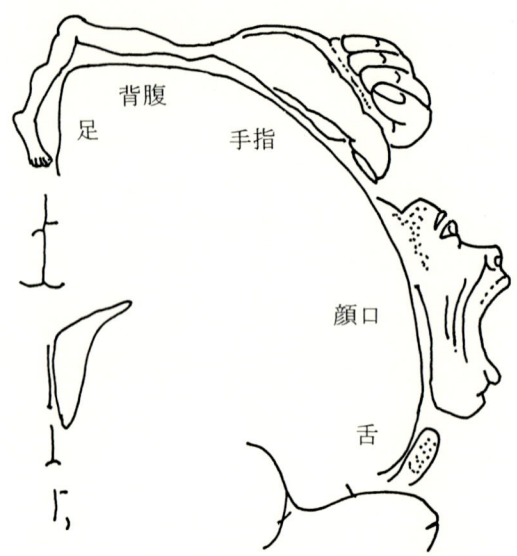

図4.52 ヒト大脳皮質感覚野における機構局在

動・感覚器を利用する機会が少ないため，それらの脳部位の機能は低下していると考えられる．これらの神経細胞や神経繊維は本来は豊富で活発な活動をしていたと考えられるが，使われないために退化しつつあるとも考えられる．このように，脳の中では活発であるはずの部位が利用されないことや，脳内の各部位の間で利用される程度に大きな差異があると，全体にアンバランスを生じ，その動物は欲求不満に陥ることになると推測される（後述）．

(9) **快脳の存在**（自己脳刺激）

ボタンを押すと自動給餌器から餌が得られることを学習した動物（図4.54）を準備し，その配線を切り替えて，ボタン押しで自分の脳の一部（間脳視床下部）が電気刺激されるようにすると，その動物はボタンを押して自己脳刺激（self-brain stimulation）を長時間行うことが見られる．この実験では学習によって報酬（reward）を得ているので，その脳部位を「報酬脳」といい，もしくは快感（comfort）を感じていると考えられるので「快脳」の存在が示唆されている．この現象はラットだけでなく，ニワトリ，その他の動物

図 4.53　各種動物の大脳皮質感覚野における体各部位に対応する領域の形状と
　　　　　サイズの特徴　　a：ネズミ　b：ネコ　c：イヌ　d：リスザル　e：サル

でも見られる．

(10) 学習・認識の脳

　学習（learning）の脳部位が海馬（hippocampus）にあることはよく知られている．記憶（memory）の脳は記憶する対象の違いによって大脳皮質または小脳に存在する．すなわち，視覚，聴覚，触覚，味覚などの感覚の記憶はそれぞれの大脳皮質に，運動や作業の記憶は小脳に存在している．一方，対象物に対する認識（好き嫌い，等）の座は扁桃体（amygdala）に位置している．この海馬と扁桃体は動物の快適な生活を支える基本的な神経構造といえるであろう．なお，この海馬と扁桃体は進化的には古い大脳皮質に属しているので，終脳の表面ではなく，その辺縁部に押し込まれるか，中に潜り込んでいる（図 4.55）．そこで，上記の古い皮質を大脳辺縁系（limbic system）という．

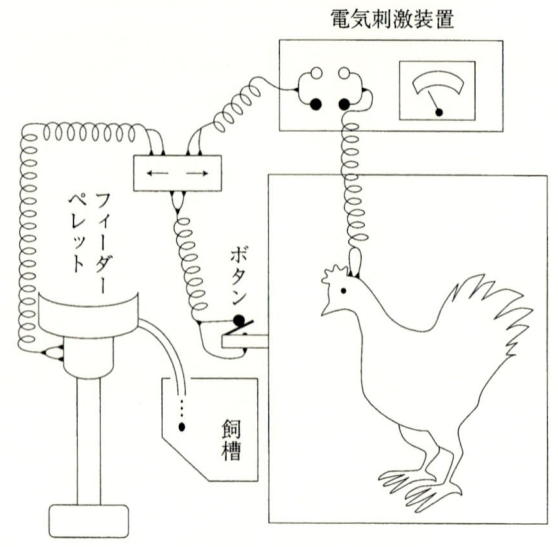

図 4.54　自己脳刺激
ニワトリにケージの前にあるボタンをつつくと，餌が自動的に出てくる，もしくは，自らの脳（間脳視床下部）が電気刺激される

(11) 意欲や情動を制御する脳

　脳の進化は前方優位であるといわれる．進化によって前方の脳が発達し，機能的にも高度な情報処理を行うようになった．ヒトの前頭葉は創造，意欲，情動などに関わっている．他の動物の前頭前野 (frontal area：図 4.56) はシルビウス溝 (Sp) の前方に位置するが，ヒトの前頭葉と同様な機能が存在しており，摂食や交尾などを積極的に行う場合や，意欲や情動が高まる場合には神経活動が高まっている．なお，イヌをはじめ，ニワトリ，ブタ，等の家畜化された動物では，この前頭前野が野生動物よりも退化していることが認められる（図 4.56）．

(12) 生産を制御する脳

　体温，代謝，摂食，消化，成長，性（繁殖），泌乳，等の動物の生活を支える各種の機能等の生理機能は，間脳の視床下部 (hypothalamus：図 4.57) で制御されている．脳の底面で，終脳のすぐ後ろで，脳幹部の最前端に位置し，

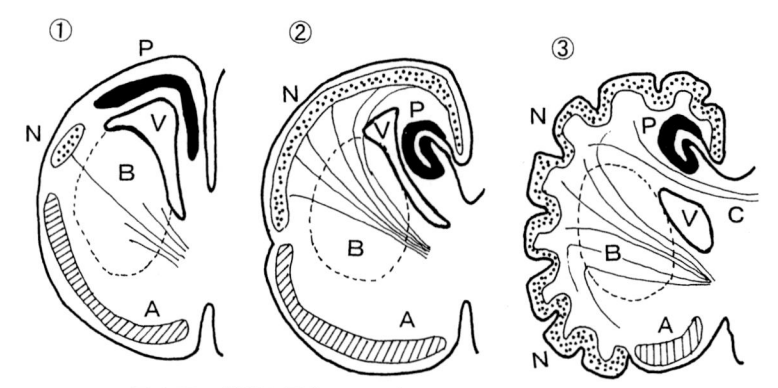

図4.55 学習と認識の脳（大脳辺縁系）ができた経過

学習の脳は旧外套由来の海馬に，認識の脳は古外套由来の扁桃体に存在する．それらを含む大脳皮質の進化を見ると，

①発達した爬虫類の段階で，背方に古外套，腹方に旧外套が位置し，その中間に新外套が出現する．この新外套には基底核を経由した神経連絡が発達してくる．

②原始的な哺乳類の段階で，基底核由来の神経連絡の発達とともに新外套が拡大し，古外套は正中部の内側に潜り込み，海馬となる．

③発達した哺乳類の段階で，新外套はさらに発達して襞（大脳皮質）をつくり，古外套は腹内側に押しつけられて扁桃体となる．

A：古外套，B：基底核（脳幹部と連絡），C：脳梁（左右脳の連絡），N：新外套，P：旧外套，V：側脳室

この下方には下垂体が付着している．この脳は家畜においては正に「家畜生産の脳」である．なお，その構造と機能はヒトと家畜の間で類似している．

この視床下部の腹内側部を局所破壊すると食欲が亢進し，肥満するが，外側部を局所破壊すると無食となる．同様な処理で体温調節の異常，性周期の抑制，各種ホルモンの分泌の異常，等の誘起もできる．

なお，基本的な情動（喜怒哀楽，別記）や，血管系や消化器系の活動を制御する自律神経系（交感神経および副交感神経系）の活動もこの視床下部で制御されている．

2）行動の種類と発現機構
(1) 個体行動 (individual behavior)

摂食行動，飲水行動，休息睡眠行動，身繕い行動，排泄行動等が含まれる．

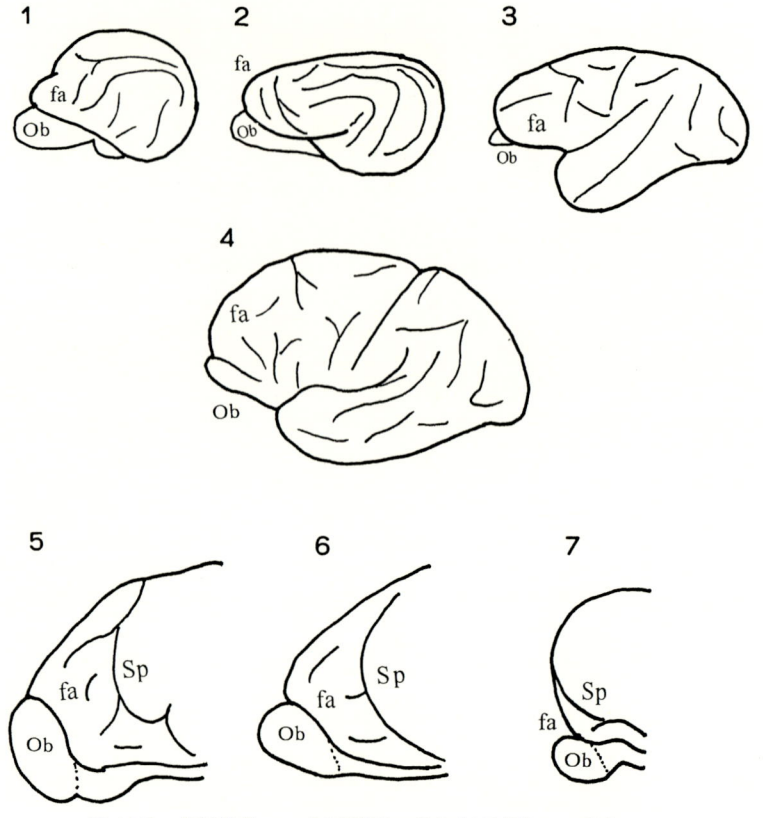

図4.56　各種動物での前頭前野の広さと家畜化での変化
1：ネコ，2：イヌ，3：サル，4：ヒト，5：オオカミ，6：イヌ（シェパード），7：イヌ（チン）
Sp：シルビウス溝　fa：前頭前野（frontal area）

a.摂食行動：食欲と摂食（feeding behavior and appetite : hunger or satiety）

摂食行動と飼料給与（feeding）：

　各家畜が進化の中で獲得してきた摂食行動の対象（餌），摂取の様式，摂取の量については動物差が大きく，各家畜が好む飼料の形状と質量も異なっている．したがって，飼槽の構造，給与方法，等も異なる．一方，同じ畜種であっても，生産目標や生産量の違いによってそれらは変るものである．

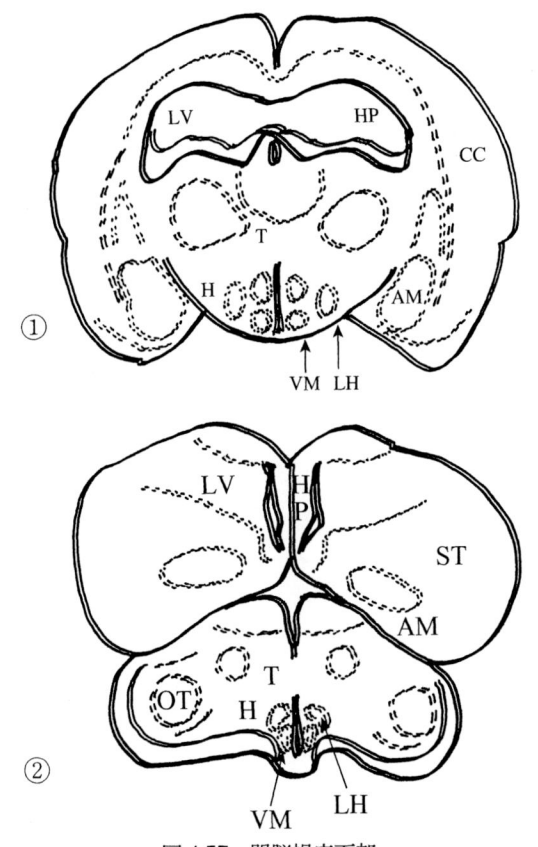

図 4.57　間脳視床下部
①ラットの脳断面　②ニワトリの脳断面
AM：扁桃体，CC：大脳皮質，H：視床下部，HP：海馬，LH：視床下部の外側視床下部核，LV：側脳室，OT：視蓋（視神経路），ST：線条体（鳥類での灰白質），TH：視床

食欲（appetite）：
　空腹感と満腹感を促進または抑制する生理的調節機構は，動物体内でのエネルギー源または各種栄養源の供給の過不足を反映しており，この考えをエネルギー定常説という．具体的には，単胃動物や家きんにおける主要なエネルギー源はブドウ糖であり，その血糖値（blood glucose）の上昇または血糖

利用率が亢進している時に，間脳視床下部の特定の神経細胞が血糖上昇を感受して満腹感を作り出している．逆に，血糖値が減少すると脂肪が分解されて血中遊離脂肪酸（free fatty acids：FFA）濃度が上昇し，この時には視床下部の別の神経細胞がFFA上昇を感受して空腹感を引き起こしている（図4.58）．これらは単胃動物における食欲調節の基本的な原理であり，食欲調節機構の血糖定常説（glucostatic regulation）および脂肪酸定常説（lipostatic regulation）といわれる．なお，一般に，血糖と共に血中インシュリン（insulin）も変動する．

反すう家畜においては酢酸などの揮発性脂肪酸（volatile fatty acids：VFA）が反すう胃（rumen）内でプロトゾアなどの微生物によって作られている．これらは血中に移行して全身でエネルギー源として利用される．したがって，ルーメン内や血液中のVFA量の変動が食欲と関連している．同時に，ルーメン内に粗飼料が充満して膨張した場合には満腹状態となっている．

なお，多くの動物で，胃の内容物が多くなると満腹感（satiety）が高まり，胃内が空になると空腹感（hunger）を感ずると考えられている．しかし，胃からの神経を切断しても空腹感を抑制できないことも知られている．

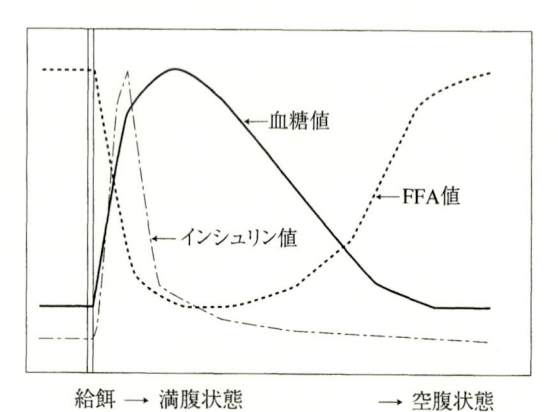

図4.58 摂食前後の血中代謝産物とインシュリンの変動

他方，蓄積脂肪量（fat deposit）等で示されるエネルギー蓄積量は基本的には一定に保たれる現象でもあるので，肥満や痩せに関わる長期的な調節に対しては蓄積エネルギー定常説が適応される．したがって，家畜を肥育する場合，肥満した動物をさらに肥満させることは生理的には困難なことである．

これら以外に，エネルギー源の供給に関わる代謝産物やホルモン等の生理活性物質の変動も脳や消化管に影響して食欲を左右しているので，食欲調節機構は複雑である．その他，食塩など特定の栄養素に対する欲求もあり，それらの過不足も食欲へ影響する．

さらに，食物の物理・化学的な特性に関わる嗜好性（preference）も存在する．この嗜好性は動物の生活に関わって進化してきた特性であるので，生産効率の向上よりも，動物の健全さを保証するものと位置付けられる．他方，特殊な物を食べて体調を壊した場合，その後，動物はその物を食べなくなる現象があり，これを味覚忌避（taste aversion）という．これも，生存に必要な能力の一つである．

渇感は体内の水分量または浸透圧を鋭敏に反映している．体内の水分保有量は生命の制限要因ともなるので厳密に制御されている．

摂食動作：

動物の摂食行動は，視覚と嗅覚を主体とした探索に始まり，唇，歯，舌を用いた採食，咀嚼，嚥下の過程をたどるが，動物差が大きい．ウシは舌で巻き込む，ブタは鼻で操作して口に入れる，ニワトリは嘴でくわえる（ついばむ），ネズミは前肢でもってかじる，ネコは前肢と口のみで，イヌは口で，等の特徴がある．しかしながら，集約的な方式では高栄養価の磨砕された粉末飼料を口にすることが多いため，各家畜の摂食動作は探索無しの単純化されたものとなっている．

摂食時間：

自然界の多くの動物の摂食は，夜明けと共に始まり，日暮れと共に終了するが，日中に数回の食事をとるもの（meal eater）が多い．しかし，畜舎においては飼料が十分に給与されているので，いつでも食べることができ，少しずつ長時間食べる型（nibbler）となっている．なお，新たな餌が給与される

とそれが刺激となって摂食を再開させる給餌刺激も見られる．また，数頭で飼育すると，皆が餌を競いあう社会的促進（social fascilitation）も見られる．しかし，餌の量が不足すると競合が起こり，摂食量の個体差が大きくなる．

飼槽：自然界での動物の採食動作は，地表から樹上までを対象にして多様であるが，種特異的な特徴をも持っている．飼育下では飼料を効率的に摂取させるため飼槽を用いる．その際，家畜が摂取しやすい飼槽の高さ，飼槽の深さ，附属設備の形状，等が常に配慮されねばならない．一方，家畜が無理な姿勢動作で摂取を試みる場合には脚が床で滑らないように配慮することも重要な課題となっている．

b. 休息睡眠（resting and sleep）

睡眠は心身の休息である．心の休息は大脳皮質の機能低下によるものであり，体の休息は脳幹網様体の機能低下による．末梢からの感覚情報が少ないと脳幹網様体の活動は低下し，これが大脳皮質全体の機能低下を招き，睡眠に入る．

「家畜は夜つくられる」という諺があるように，十分な休息睡眠は家畜の健康と生産に寄与するはずである．しかしながら，家畜の睡眠時間と深度は家畜種と飼育条件で異なっている．一般にウシの睡眠休息は短く，ブタで長い．通常の集約的飼養管理（拘束状況）下の動物では，外観では睡眠時間は長いけれども，浅い睡眠が主体となっており，エネルギー保持の効果は高くなく，家畜生産性の向上への寄与は高くないようである．一方，放牧の家畜では時間は短いが深い睡眠が多く，エネルギー保持となっている．見た目だけでは心身の休息を判断しにくいものである．

休息姿勢は，佇立（standing），伏臥（crouching），横臥（lying）および座位（犬座 sitting）に分けられる．ウシでは佇立姿勢での休息が多く，この場合は目が虚ろになり，まどろみ状態を伴っていることが多い．伏臥での休息も多いが，横臥は少ない．ブタの場合は横臥も伏臥も多い．ニワトリでは，頭を垂れる，頭を羽毛内に入れる，一本脚での佇立，等が見られるが，止まり木を利用した睡眠が最も有効である．

家畜でもヒトと同様な脳波（brain wave）形が認められる．ウシのまどろ

みやブタの浅い眠りではα波が多く，深い眠りに入るとδ波等が見られる．ニワトリについても同様である．なお，家畜でも深い眠りの時にいびきが聞かれる．

　ところで，家畜が座り込む時または起き上がる時の動作順番は決まっており，体重を前後に移動させ，その反動を同調させている．ウシやブタの横臥時の方式は，前肢を折り畳みつつ，重心を前に移動させ，次に，重心を後方に移しつつ，後肢を畳んで座り込むのである．起立時は，重心を前に移動させながら，後肢を延ばし，次いで重心を後ろに移動させつつ，前肢を延ばして立ち上がるのである．しかしながら，床の材質が滑りやすい時や，広さが不十分な場合には，本来の動作を発揮できず，異常な動作順番または姿勢を示すことになる．

c.身繕い（body care）

　動物は，激しい行動動作や緊張を経験した後には必ず身繕いを行う．その様式は，一般に口または舌を用い，ニワトリでは嘴を用いる．身繕いには，自分の体表の舐め（licking），毛繕い（preening），掻き（scratching），および身振い（body shaking），擦り付け（rubbing）等が含まれる．これらには，体表の汚れ，濡れ，乱れによる不快感を軽減し，体表の手入れをするという機能もある．一方，緊張，恐怖や不安，欲求不満等の精神的な圧迫や葛藤の状態でも身繕いを行うので，マッサージ効果が考えられる．したがって，身繕い行動には動物の気持ちの表現も含まれている．

　他方，他個体に対して身繕い（social licking）を行う，または身繕いを要求することがある．この行動は，行う側と受ける側とが親しい関係にある場合に多くなる（図4.59）．舐めを受ける側の方が安寧状態にあると推測されている．

　なお，動物が自分の舌や四肢で手入れができない部位については，柵や突起物に擦り付けて手入れしている．

d.排泄（eliminating feces or urine）

　家畜が，何時，どこで，どのような姿勢で排泄するかは家畜管理の上で重要な課題となる．排ふんが摂食後に多くなることは各家畜に共通しているの

図 4.59　他個体身繕い行動

で，飼槽から一定距離でのふん尿の多さが目立つ．また，休息から起立に移った直後にも頻度が高い．

　ところで，繋留されているウシの場合，そのふん尿は一定の位置に落下するわけだが，そこがウシのベッド内であると汚れて好ましくない．ウシの排泄時の姿勢を見ると，腰を湾曲させて通常の姿勢よりも臀部が前方へ移動するので，ふん尿はベッドの上に落ちることがある．そこで，この腰の湾曲を抑制するために腰の上部に高圧電流が流れる鉄板のカウトレーナー（cow trainer）を使用してふん尿落下の位置が後方になるよう訓練することもある．

　一方，ブタは巣穴での生活の歴史を残しているので，豚舎内でも乾いた寝所と湿った便所を明確に区別することができる．合わせて，近くに見える他の群に対して境界線上で尻を向けて排泄行動を行う．これらの習性を配慮して豚房をきれいに維持する工夫が必要である．

　他方，他の群と遭遇混在した際や，管理者が家畜を移動させる時など，家畜へ精神的圧迫を与えている場面で，家畜は頻繁に排泄行動を行う．

　ふん尿の性状と臭いは多様であるが，それらは家畜の心身の状況を反映しており，とくに下痢や異臭は家畜の健康状態が良くないことを反映している．

(2) 社会行動 (social behavior)

a. 社会構造と社会関係 (social structure and relationships)

多くの動物が集団となって生活しており，集団欲の存在が認められる．しかしながら，常に集団であるものと，年間の一時期を集団で行動するものに分けられ，家畜は集団で生活することが多い動物種である．

動物集団のサイズは，各個体が仲間として認識できる範囲と考えられるが，一方では，餌資源の量，敵からの防御能力，等で決まるものであろう．

集団内の個体間関係を見ると，相手の存在を認知して明瞭な関係が形成されていることも多く，このような場合は社会 (society) が形成されていると考えられる．すなわち，社会内での個体の位置付けや役割が決まっていることが多い．とくに，順位制 (hierarchy) の存在は家畜種に共通している．

家畜の祖先種というべき野生のウシ，ブタ，ニワトリ，ウマの社会をみると，野生ウシやイノシシは典型的な母系社会であり，またニワトリやウマは明瞭なハーレム (harem) を形成している．母系社会の種では，成熟した雄は繁殖季節には母子の群れに参加するが，他の季節には母子群を離れて山岳地帯などで単独または小群で生活するものが多い．他方，母子の群は草原などで生活するのである．

ハーレムを形成する種では，成雄が群を制御して生活しているが，若雄などはその群を離れて小群で放浪し，繁殖季節になるとハーレムに近づき，新たな群再編の機会を待つのである．

b. 家畜における順位制

家畜として管理されている群においては例外なく順位制 (social hierarchy or order) が見られる．すなわち，個体間において優劣関係 (dominant-subordinant) が存在し，餌や雌に対する競合 (competition) が見られる．個体間の優劣関係を観察すると，勝率によって順位 (social rank or order) を上位から下位まで明らかにすることができる（図 4.60）．しかし，種によって順位制の内容，とくに個体間の優劣関係の厳しさまたは順位の直線性 (linearity) の程度については違いが見られる．ウシやニワトリにおいては絶対的順位制 (absolute h.) が，子豚やヒツジにおいては相対的順位制 (rlative h.) が見ら

れ，前者では，優位個体が一方的に劣位個体を攻撃し，劣位個体が優位個体を攻撃することは通常では見られない．これに対して，後者の相対的順位制では，劣位動物が優位個体に反撃することも見られる．

このような順位制は，幼年期には存在しないが，遊技的闘争を経験する少年期を経て，青年期には相対的優劣関係を経験し，さらに激しい闘争を行って，優劣が明確な絶対的順位制の社会関係へと発展するのである．

ニワトリの例で見ると，同時に孵化した雛の群ではにらみ合い的な遊技闘争が出現するが明確な闘争は見られない．その後，8週齢頃になると群内では闘争が頻発するようになり，その過程で群内の優劣関係が決まってゆくが，順位が複雑に交叉するものから，上位から下位までが直線に並んだものに発展する（図4.60）．その後は闘争回数は減少し，優位から劣位に対する一方的な攻撃または劣位側の逃避だけが見られる．

ブタの場合も同年齢の個体群を形成するので，肥育過程の時期には相対的な優劣関係にある．しかし，成豚の社会になると優劣関係が明白である．

ウシの群でも同様な変遷をたどるが，子牛の多くは群の最下位から出発することになり，成牛群では絶対的な優劣関係にある．成牛群内には母娘等が混在しているが，明確な優劣関係が保持されている．

なお，優劣関係を決定する要因については，まず先住権があげられる．次いで体重と年齢が重要で，さらに闘争の熟練度も大事である．なお，群内で

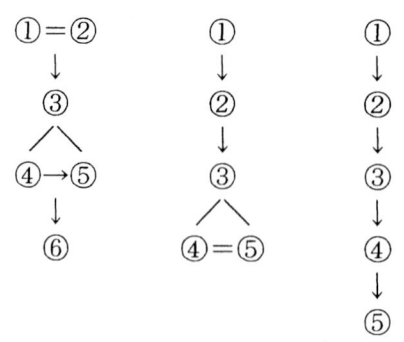

図4.60 ニワトリでの順位型の例

は頻繁に闘争を行う個体の存在が目立つが，その個体の順位が高いわけではない．上位個体による闘争は多くない．

なお，動物では相手を傷付けるような闘争は非常に少なく，闘争抑制機構を持つことも推測されている．

c.性行動：交尾行動＋繁殖行動（Sexual Behavior：copulation and reproduction）

(ⅰ)交尾行動

　交尾行動の様式は，種によって生得的に決まっており，雄からの臭い嗅ぎや物理的刺激に対して，雌は発情状態であると，静止して雄を許容し，雄が乗駕して，交尾に至るという雌雄間の刺激―反応連鎖（stimulus-response sequence）から成っている．この連鎖が最後まで完了できて初めて交配に至る仕組みとなっているので，雌が受精する最適時期に交尾でき，レイプ（rape）や他種との交配を避けることができる．

　ウシでの特徴は，後ろから陰部の臭いかぎ（フレーメンを伴う）と陰部刺激で雌が逃避しなければ，顎を雌の後駆に乗せ，その後に乗駕を試みることになる（図4.61）．雄が発情雌を捕捉してから交尾を完了するまでに数時間を要する．牧牛（雌群への雄の混飼）での繁殖成績は人工授精に比べて確実に良好であるが，これは雄が発情していない雌に対しても臭い嗅ぎや舐めで頻繁に刺激したことによって発情誘起が促進されたと考えられる．

　ブタでは，雄は雌の体側面を刺激して位置を決め，顎乗せし，雌が動かなくなると，乗駕を行い，交尾するが，多量の射精には数分を要する．なお，前立腺分泌物からなる膣栓が特徴である．

　一方，係留されている雌家畜の繁殖管理である人工授精を推進するには，雌の発情発見と交配適期を見極めることが最も重要で，雌家畜の雰囲気や陰部の変化，乗駕容認の存否等の行動変化を観察することが必要である．

　なお，雌牛と雌豚の発情判定は，一般に，陰部の肥厚状態と，臀部を押さえても逃走せずに静止していること（back test）で判定する．

(ⅱ)繁殖家畜集団での雌雄比

　種鶏場においては雌雄が混飼されているが，雄1羽当たりの雌鶏の適正羽数は，卵用種では11羽，肉用種では9羽であり，この条件で受精率が最も高

図 4.61　家畜の交尾行動

いとされている．
　雌牛群内に雄牛1頭を導入する牧牛方式では，雄牛1頭に雌牛50〜80頭程が適当と考えられている．
(iii)同性性行動について
　同性群，とくに雄のみの群ではどの動物でも同性性行動（uni-sexual b.）が出現する．その行動様式は，雌側の雄からの許容が無いので rape となるが，乗駕をはじめ通常の雄と同様な様式が見られる．時に，特定の個体が

頻繁に乗駕されて消耗する場合もあり，これは種鶏群で著しい．

　雌牛の群においても乗駕が認められる．発情牛がいると，その発情個体に対して乗駕を試みるものが多いので，群飼された雌牛群で頻繁に乗駕される個体の存在は発情発見の重要な手がかりとなっている．

d. 出産：子世話行動

ウシ

　放牧地における妊娠牛は出産が近づくと群を離れて藪内で出産する．その後すぐに，子牛の体表を嘗めて半時間足らずできれいに乾かす．また，胎盤など後産を食べる（placentaphagia）．この過程で母親は子牛の臭いを完全に記憶するのである．ヒツジでは5分以内の操作で完全に記憶できるといわれている．

　子牛は，母親の嘗めによる強い刺激を受けて立ち上がり，すぐに乳頭を探し始める．この過程には若干の時間を要するが，母親からの刺激と方向付け，および子牛の本能によって乳頭探索行動，乳房突き上げ行動（tapping）を行い，初乳を確保する．その後，母牛は子牛をその場に隠したまま（hiderという）群に戻る．母牛は日に1～2回の哺乳に訪れるが，数日で子牛を群に連れ戻し．子牛は一般に母親を認識する能力は低く，母からの世話を待たねばならない．

ブタ

　第1子の出産から最後の第11～14子の出産までに数時間を要する．新生豚は胎膜を破り，母豚の後駆の毛に沿って後肢側へ移動し，母の股間をくぐり抜けて，母の腹部を前方に進み，前方の乳頭に達し，吸乳を開始する．吸乳する乳頭に対する結び付きはすぐに強固なものとなり，子豚の吸い付き位置（順位 teat order）が確定する．母親は後産採食を行い，哺乳は1日20数回で，1回の吸い付き時間は数分であるが，哺乳時間は非常に短いものである．母豚は独特の発声で子を集めるとともに授乳する．なお，母豚による胎盤採食は新生子豚の発育を保証する．

ニワトリ

　在来種の雌鶏は産卵前にはワラ類を集めて巣を作る．ワラを嘴で後方へ放

り投げる動作を身体を回転させつつ数時間続けると，見事な円形の巣ができあがる．数日かけて数個の産卵を行った後に抱卵を開始する．ほぼ一日中巣に座り，体温42℃の給温を続ける．21日目に雛が孵化すると，羽毛の中に雛を入れて保温を続ける．2～3日後からは雛を連れ，餌を求めて外に出る．孵卵中から雛が独立するまでの時期は母親が巣周辺のテリトリーを守り，外敵を攻撃する姿勢は非常に厳しい．なお，この就巣性や世話行動は近年の改良種では消失している．

(3) 情動・異常行動

a. 情動行動 (emotional behavior)

　動物が持っている生得的な欲求が充たされた時，充たされない時の感情体験とその際の身体反応を総合して情動 (emotion) という．この情動は喜怒哀楽と関わっている．なお，行動面では，攻撃，防御，探索，満足，落胆，愛撫，等で表現される．

　動物の情動については報酬学習を用いて説明されている (Rolls, 図4.48)．まず，オペラント学習において正解して報酬が与えられる時は喜びの表情を示す．正解しても報酬が与えられない時の動物の反応は怒りを伴っている．次いで，罰が与えられる時には不安を示し，その罰が与えられなかった時は安堵の反応が明快である．これらの反応が動物の喜怒哀楽を表している．

　ところで，情動には，情動体験（恐怖，歓喜などの感じ方）と情動表出（同，表現法）は動物共通の特性で，動物間で相互理解が容易であることが重要な特徴である．なお，情動行動時には自律神経反応も起こっており，交感系と副交感系の神経機構が拮抗して働いている．

　さらに，情動状態は次の行動を引き出す動機付けとなり，その個体の行動の柔軟性を増し，身体の準備もできるので，個体の生存を保証するものである．他方，情動表出は集団内の他個体へ伝達されるので，集団の維持につながるものともいえる．

b. 異常行動 (abnormal behaviors)

　集約的な飼育管理の家畜群では本来見られないはずの行動が頻発しているので，これらを異常行動という．これらは，高度成長期における家畜生産方

式の近代化の結果として起こったもので，現在の集約的畜産形態が抱えている課題を象徴している．

(i) 異常行動の定義

　自由に生活している家畜では見られない行動で，行動の意味や行動対象が本来の行動とは違っている行動である．とくに，遺伝的に備えている行動習性が発揮できない飼養管理下で，主に飼料等の偏りや飼育環境の単純さと狭溢さにより誘起された行動と考えられる．したがって，心理的に異常な状態であり，生理的にも異常がある可能性を示唆している．

　したがって，どんな飼育環境下で異常行動は起こるか，その異常行動は何故出てくるか，異常行動を行う家畜では何が起こっているのか，異常行動出現の個体差は何を意味しているか等の課題がある．

(ii) 異常行動の分類（代表的なものに限る）

　異常行動は下記のように正常ではない心理的背景から分類される．

1) 葛藤行動：緊張，欲求不満等，心理的な軋轢下の葛藤の中から誘起される．

①転位行動：本来の意味とは異なる動作で心理的転換をもたらす効果が期待されるもの．

　（具体例）雄鶏が闘争にらみ合い中に突然摂食動作を示す．

　　　　　ケージ内の雌鶏が頻繁に毛繕いを行う．

②転嫁行動：本来の行動対象が無いため，対象を変えて発現する．

　（具体例）子牛の相互吸い合い・ブタの尾咬み・産卵鶏の遊びつつき．

　［対　策］子豚で尾が傷つくと消耗に繋がるので，通常，出生直後に尾を短く切断して尾咬みを避ける．したがって，現在の肉豚の尾は短い．

③真空行動：特定の行動欲求はあるが，行動対象が無い時に発現する．

　（具体例）偽咀嚼（口内に食物無し）・偽反すう（吐出物無）・空気吸い（ミルクを吸うような口動作のみ）等．

2) 異常行動

①鈍感症：ウマが壁に向かい頭を垂れ立ち尽くす（環境からの刺激無し）．

　　　　　ストール内で飼育されている繁殖（妊娠）豚はほとんど身動きし

ない・できない（蹴られても反応しない）.
②常同行動：stereotypy ともいう．刺激が無く，扱う対象もないため，特定の動作を長時間繰り返す．
　（具体例）　偽咀嚼（ブタの口内には何もない）・舌遊び（反すう類）・熊癖（ウマ：体を左右に揺する）・柵癖（ウマ：柵を咬み続ける）・ヒステリー（ケージ内の往復と鳴き声コーココー）・その他多い．
③異常動作：通常見られない動作：ウシやブタの横臥起立動作の異常，犬座り，他．
　（情動行動との関わり）生得的欲求を満たすことができず，欲求不満を強く表現するもので，上記の異常行動は全て情動異常が原因である．

(iii) 異常行動出現と生産や疾病との関係

　異常行動の出現は飼養管理の不適切さによる欲求不満が原因であるが，他方では行動欲求を対象や意味を変えて発散させるものでもある．したがって，直接に生産低下や疾病多発に直接結びつくものではないようである．しかしながら，精神的異常を示しており，疾病に繋がる可能性が高いので，飼養管理の改善が必要である．他方，家畜を虐待している（不適切な飼育管理）という意見もあり，集約的畜産のあり方が問われている．また，将来に大きな変動を起こす可能性もある．

3）動物福祉（家畜福祉）について

（1）集約的管理下での異常行動の頻発と家畜の心身の健康

　本課題は戦後の高度成長過程で出現したもので，「静かなる春」につづくアニマルマシーンの発刊など，動物飼育の実態に対する批判が強まり，動物愛護の市民運動が盛り上がり，畜産業の近代化がもたらした家畜における異常行動の出現等の具体的課題が明確に指摘され，イギリス政府の積極的対応，科学的な調査を引き出したのである．

（2）家畜福祉の公的な定義

　1964 年にイギリス議会は「ブランベル報告書」を採択し，動物福祉運動の発展を決定付けた．そこでは，「福祉とは，肉体的および精神的な健康をカバーする広義な言葉で，動物の形態，生理，行動から判断する心理的体験に

関する科学的事実をもとに考慮されねばならない」とした.

1978年にはECで農用家畜保護欧州協定が発効し,そこでは,「種の特殊性,および発育,適応,家畜化の程度を考慮しつつ,確立された経験と科学的知識に基づき,生理的,行動的欲求に合致した方法で,家畜を収容し,給与し,世話しなければならない」と規定した.

家畜飼育の歴史が豊富な西欧諸国では,この思想が生産者の抵抗はありながらも,受け入れられていった.そこでは,伴侶動物と農用家畜とを区別せず,同様に扱うことになっているが,細則では,ケージ養鶏の禁止など,家畜の問題が焦点となっている.

動物福祉(animal welfare)とは動物のどのような状態を指すかが運動の出発点であるが,多くは,動物が周辺環境と調和して行動し生活している状態,すなわち心理的安定状態と理解されている.

日本国政府も1973年に「動物の保護及び管理に関する法律」を制定し,動物の愛護の理念をうたったが,家畜の飼育に関する具体的な規制には触れていない.その後に具体的な規程を含めた施行令が整備され,1987年には,「産業動物の飼養および保管に関する基準」が制定され,農用家畜についても,生命尊重という倫理を基礎にしながら,効率的生産を求めた.

このような動物福祉思想は,大事に育てた家畜を,殺して,感謝しながら頂くという生活思想を持ち合わせない現代の日本人にはなじみにくいが,家畜生産の健全な発展のためには避けて通れない課題である.

他方,この家畜福祉に関して,動物も痛み,苦しむことのできる存在として配慮することが西欧では共通理解になりつつある.さらには,動物が痛み,苦しみを受けないで生きる権利(animal right)をもつという運動へと発展している部分もある.

4) 動物行動を利用した新たな農業の試み

家畜を健全に飼育しつつ,物質循環系を形成する家畜生産システムの開発が試みられている.その一部を紹介する.

(1) 合鴨水稲同時作

日本を含めたアジアモンスーン地帯は河川と水田が多く,人々はコメを主

食としている.そこでは,牛等の家畜の存在が稲作と結びついてきたが,近年の近代化の進行と共に,機械の導入で農業労力としての家畜の存在が否定され,また,化学肥料,農薬など多用で家畜排泄物への依存が低下していった.しかし,この変化は,河川の汚染などを広く促進しており,環境破壊が心配されている.

近代化以前には鴨雛を毎日水田に誘導して,水浴させながら除草を行う技術もあったが,現在ではほぼ消滅している.この伝統的な稲作技術を現代の先端技術として再生したのが合鴨水稲同時作(通称,アイガモ農法)である.これは日本だけでなく,アジア各地にも広まりつつある.

田植え後の水田をポールとネットで包囲し,そこに鴨雛を放飼すると,雛は水田内を遊泳するが,その脚掻きで除草を行い,中耕(土壌攪拌)も行ってくれる(図4.62).さらに,鴨雛達はイネに付く昆虫類を落として食べるためにイネの株元を(痛いほどに)つつくが,この株元つつき行動はイネの生長に影響し,分けつ(枝分かれ:穂数)を増加させるとともに,台風にも耐える強いイネを作り出したのである.このことは人為的にイネ株元を叩く処理を行うことによって,分けつ数が多く,ズングリのイネができたことで証明されている.

図4.62 水田内で遊泳する合鴨雛

この水田では鴨雛がいるため農薬等は使えないので環境汚染はなく，穂数の増加で収量は増加する．理想的な畜産と稲作の結合が実現できたといえる．

なお，使用される鴨雛は真鴨と家鴨の交雑種であるが，中型の家鴨も使用されており，水田内でイネを痛めずに徘徊する種類が好ましい．

（2）繁殖牛の山林放飼

日本国土の大部分が山林であり，その大部分はスギ等が植林されている．この植林地には樹齢が低い時期にはススキやツル等の雑草が繁茂して，幼樹の生長を抑制するので，下刈り作業が行われてきた．しかし，この山林に繁殖牛などを導入すると（図 4.63），彼らは急峻な傾斜地を自由に往来し，雑草を積極的に食べて除草し，さらに牛自身を成長させるのである．なお，植樹されているスギ等をウシが痛めることは見られない．

技術的には，放飼する区域を電牧で囲って家畜の逃亡を抑制すること，野草の消長に合わせてウシの放飼期間を調整することが要求されるだけである．

（3）発酵床養豚

豚房の床にオガクズを深く（50 cm 程度以上）敷き，肉豚を導入すると，ブタは得意の床掘りを行って床材を攪拌する．これによって，ふん尿も攪拌さ

図 4.63 幼樹山林へ放飼した繁殖牛

れ，発酵が進行してふん尿そのものが消失してゆくので，日常的なふん（ボロ）出し作業は不要となり，悪臭発生も無い．尿は発酵熱によって蒸発し，地下へ浸透することは少ない．標準的なコンクリート床上で飼育される肉豚に比べて，豚生来の行動を発揮できている故か，増体は良好で，疾病も激減する．さらに，その地域で有効な土着菌を利用すると発酵床の状態とブタの増体が改善される．

4.2.2 家畜の環境生理
  (Environmental physiology of livestocks)

　動物が発現する形質は遺伝的に決まっているが，外部環境の変化がそれを変動させるので，遺伝的能力を最高に発揮できる環境を日常的に追求することになる．したがって，外部環境からの影響で生体（内部環境）がどのように反応するかを，形態，生理，生態，生化学および生産量の各方面から把握すると共に，家畜に好適な環境を作出し，それを制御する技術を追求することが必要である．

　この場合の主な環境要因は，気温，気湿，気動，日照時間と照度等の光環境であり，さらに気圧と標高，騒音，ガスなどが含まれ，その他に，輸送の問題もある．したがって，家畜生産に関わる全ての要因が含まれる．

　なお，この方面の科学技術も，世界の先進国における畜産業の近代化・大規模化が進行し，多頭羽（大集団）飼育の導入，畜舎の大型化，主産地の変化，等による高生産性の追求と集約化によってもたらされたものである．

　他方，動物福祉（animal welfare）運動も，家畜へ好適な環境を与えることを要求し，家畜管理方式や畜舎環境の改善に影響を与えている．

1）環境要因の作用の仕方
（1）反応または効果の程度について

　環境要因が動物に影響を与える場合，単一の要因が強く作用する例は少なく，多くの場合は複数の要因が組み合わさって作用している．その多くは相乗効果といわれるが，相反効果もある．これらの場合に主効果と副効果を弁別できると対策立案に有効である．一方，時間経過で見ると，環境変化の影

響が時間の経過で軽減してゆく衝撃効果と，逆に増大してゆく累積効果に分けられる．

環境条件の程度を分類する場合には，その影響が見られない無関領域（indifferent zone），影響や反応が見られる代償領域（compensatory z.），障害が出てくる障害領域（disturbance z.），さらに危険領域（critical z.），致死領域（lethal z.）と分類することができる．しかしながら，動物の側の反応の不安定さもあり，明確に区別できるものではない．

一方，一般的な表現としては，快適環境（comfortable or favorable environment），最適環境（optimal e.），不適環境（infavorable or adverse e.）およびストレス（stress）という表現もある．なおストレスは後述したように，生理的な反応をもとに定義付けられる用語である．

(2) 適　応

適応（adaptation）という用語は，環境が変化すると，動物側の反応は新しいレベルに変化するが，環境変化の影響をより小さくして耐えてゆく状態に用いられ，この過程は順化（adjustment）ともいわれる．この適応は，その内容によって，遺伝的適応と生理的適応に分けられる．なお，類似の表現として，抵抗性（resistance），生存限界（survivability），適応能力（adaptability），気候順応（acclimatization），馴化（habituation）という表現も用いられる．

a. 遺伝的な適応の例

(i) 生態学での有名な法則

動物が進化してきた過程で，主に過酷な温熱環境に適応した現象を説明する法則である．

[ゴルジャー（Golger）の法則] 体表のメラニン色素沈着が環境条件によって異なり，暑くて湿度の高い地域では黒色が，同じく乾燥地域では褐色が，寒冷地域では白色の多いことが知られている．この現象には熱吸収と熱侵入が関わっており，前者は黒色で進行するが，後者は白色で促進される．

[バーグマン（Bergman）の法則] 同種類の動物であれば，暑い地域では小型になる．

[アレン（Allen）の法則] 寒冷地域であれば四肢などの体からとび出た部分

がより短くなって，放熱を抑制する．逆に，暑熱地域であれば，四肢などを細長くして，体表面積を相対的に拡大し，放熱を促進する．
［ウィルソン（Wilson）の法則］寒冷地域では体表の断熱層が厚い，等．
(ii) 家畜での例
・ウマ：湿地灌木地帯で生活していた小型・多趾のウマの祖先種は，地球の乾燥化によって乾燥した平原で生活するようになって，草を食べ，脚が伸びて，肢蹄が上がり，同時に単趾となったことはよく知られている．
(iii) 極端で過酷な環境における動物の形態的・生理的特徴
・砂漠でのラクダ：直射日光の下では発汗による水分放散を抑制するために体温を若干上げて耐え，コブ内に貯留された脂肪の分解で水分供給を行っている．
・カンガルーネズミ：冷たい鼻をもっており，これで熱気の体内への侵入を抑制し，また水分放出も抑制している．
・ゾウ：その大きな耳が放熱板になっている．
・極地の動物たちは，深い毛皮や厚い脂肪層で断熱している．
・その他，多くの生態・生理・形態学的特性が知られている．

b. 生理的な適応

外部環境は，動物の体表に影響して内部環境を変え，また，感覚器を刺激して脳に影響する．それに対して，体内ではその影響を最小限にするような代償機構が働くが，その場合は以下の機構が重要である．
(i) 恒常性維持（homeostasis）
外部環境は変化しても内部環境の変化を小さくする機構が存在することをベルナール（Bernard）が提唱し，さらにキャノン（Cannon）は，生体を一定に保つこの神経内分泌能力をホメオスタシス（homeostasis）と名づけ，熱平衡（産熱と放熱）と恒温性，血糖等の恒常性の重要性を指摘した．
(ii) ストレス（stress）
動物の生存や健康にとって不適な環境をストレッサー（stresser）といい，生体での変化をストレス（stress）という．暑熱や寒冷ストレス，絶食等の栄養ストレス，闘争や優劣関係などの社会ストレス，欲求不満などの心理スト

レス，毒素，毒物などの内部ストレス，輸送ストレス，などが知られる．

　これらのストレスには3型があり，急性なものについてはキャノン (Cannon) によって緊急反応 (emergency syndrome) と名付けられた．ほかに，特定の生理反応を引き起こす型 (specific action) と，刺激の型にかかわらず，体内では同じような反応を示す非特異的な汎適応症候群 (general adaptation syndrome : GAS) とに分けられる（セリエ Selye による）．一般に GAS をストレスという．

　Selye のストレス学説におけるストレスは以下の3相に分けられる．

警告（反応）期 (alarm reaction stage)

　ストレッサーの曝露で最初は抵抗力はやや低下するものの，すぐに上昇に転ずる時期で，急性ストレスの時期でもある．交感神経系の興奮と副腎髄質ホルモンのアドレナリン (adrenalin) 等の亢進が起こり，血管系では血圧上昇が顕著で，血糖値の上昇など代謝系にも大きな変動が起こり，全身へのエネルギー供給が図られる．しかしながら，ストレッサーが大きすぎると動物は消耗する．

抵抗期 (resistance stage)

　高い抵抗力を維持し，これ以上には進行せず，適応または回復する時期で，下垂体－副腎皮質系ホルモンのグルココルチコイドが中心に作用してエネルギーの供給を行い，新たな環境へ適応して行く時期である．

疲弊期 (exhaustion stage)

　ストレッサーが強いか，長期にわたる場合，抵抗力が低下してしまい，副腎皮質（球状層）からのミネラルコルチコイド (mineral-corticoids) 分泌が優先となると，体液中のミネラルの消耗と体液浸透圧の低下および抗体 (antibody) 産生能の低下を伴って，病的状態に入る．

　このような変化は，原則的にはストレッサーの種類とは関係なく，暑熱ストレス，情動ストレス，外傷ストレスでも同様な経過をたどるのである．

(iii) 生物リズム (biological rhythm)

　動物対では，一定間隔で生理的または行動的プロセスが繰り返され，その多くは，外界の24時間周期と同調した概日リズム (circadian rhythm) である

ので，生物時計をもっていると考える．代表的なものに，睡眠覚醒や摂食，その他の行動，代謝や内分泌などの生理現象，産卵等の繁殖現象などがある．

そのほかに，およそ1月を周期とした繁殖機構が見られ，この場合は28日周期の太陰暦に合うものが多い．

これらの現象は，動物の脳に体内時計となる神経機構があり，これが外界の周期的変化と同調することで，特定の周期で特別の行動や生理変化が発現するのである．

2）体温調節：産熱（熱産生）と放熱（熱放散）

各家畜の平均的な体温については表4.9に示したが，裸の人間が37℃程度であるのに対し，哺乳類の場合は39℃前後，鳥類の場合は41℃程度と高い．体温には日内変動があり，昼間は夜間より高く，また，食事，活動，休息・睡眠，発情，個体差等で±1℃程は違うものである．

体内組織では物質代謝により常に熱が生産され（産熱 heat production），血流などで運ばれ，体表または呼吸器から放出される（放熱 heat loss）．通常は産熱≒放熱であるため，体温は一定に保たれている（恒温性 homeo-thermia）．

しかし，低温下では熱の流出が多くなるので体温低下を防ぐため，産熱が亢進する．逆に，高温下では外界からの熱の侵入による体温上昇を防ぐために放熱が亢進し，結果として体温はほぼ一定に保たれるのである．

(1) 産熱と放熱

産熱は，少量の糖から急速な分解で供給される場合と，多量の蓄積脂肪の分解で供給される場合がある．これらの物質分解はホルモンや神経によって調節されている．

放熱の経路には，放射，対流，伝導，蒸散がある．放射は温度が高い物体から温度が低い大気中に出て行く場合で，裸の動物からは容易に熱が逃げて

表4.9　各家畜の標準的体温（℃）

ウマ	肉牛	乳牛	ヒツジ	ヤギ	ブタ	イヌ	ネコ	ウサギ	ニワトリ
37.7	38.3	38.6	39.1	39.1	39.2	38.9	38.6	39.5	41.7

行く．しかし，体表に被毛があるとそれは抑制される．対流としては風が重要で，体表から熱を奪ってゆく．なお，体表5cm程度は限界層ともいわれ，抵抗によって空気が動きにくいので，放熱も進みにくい．しかし，風はこの限界層を薄くして放熱を促進するのである．

　伝導では接している物体へ熱を移すことになるので，寒い時の濡れたコンクリート床は裸の子豚にとって致命的であり，逆に，暑い夏には濡れた床や水溜まり（泥浴）は好適なものとなる．動物が接する壁面や床の資材は熱伝導率が高いことが多く，伝導による放熱が進みすぎて，消耗する可能性もある．しかし，厚い皮や被毛があるとそれが断熱材となって抑制できる．

　蒸散は体表から水分や汗が蒸発する際に熱を奪ってゆく過程（感蒸散という）で，ヒトでは夏の放熱に最も貢献している．しかし，湿度が高いと期待できない．また，ブタ，ニワトリ，ヒツジ，ラクダ，等は実質的な汗腺をもたないので，他の放熱経路を促進しなければならない．

　呼吸はガス交換を行うだけでなく，気管支や肺胞からの蒸散で放熱を行っている．したがって，高温下では多くの動物が呼吸数を増やして蒸散による放熱を促進させているのである（不感蒸散という）．そのため，多くの動物で高温下では呼吸数の増加が見られ，その増加程度で暑さの影響が推測できる．

　なお，砂漠の動物は呼吸促進の放熱では水分を消耗するので，他の工夫を行っている．たとえば，砂漠のラクダは直射日光の下では自分の体温を上昇させて放熱をすすめ，蒸散による放熱は押さえることが知られている．前述のカンガルーネズミでは，肺に吸い込まれた空気は肺胞で水蒸気を含み，その後に吐き出されるのであるが，その際に冷たい鼻腔で水蒸気は水となって鼻腔に止まるので，水分が外へ出ることを抑制している．

（2）体温調節能の発達と保温

　多胎の家畜の新生児は未熟である場合が多く，それらは体温調節能を完備しているわけではない．とくに，裸であったり（ブタ），組織代謝が不十分で，行動能力も低いなど，産熱量が不足している場合が多く，低温下に放置すれば容易に死ぬのである．しかし，その臨界温度は体温調節能の発達とと

もに低下して、数週間内に親からの世話や保温が必要でなくなる．

新生豚は未熟な裸で生まれ，寒さに弱い．その体内には，脂肪は少ないが，グリコーゲンを保持しているので，それを消耗してしまう前に，母親の世話（哺乳）もしくは保温が必要である．彼らが自立するには数週間を要する．

初生雛は卵黄脂肪とグリコーゲンを保持しているが，2週間程度は母親の世話および保温が必要である．

新生子牛には白色脂肪は多く，体温調節能力も発達しているため，出生直後に母親からの世話があれば，その後に母親の世話が少なくても耐えられる．

子羊は，筋間や腎臓周辺に褐色脂肪を多量に持ち，この脂肪は分解して利用しやすいので体温低下を防ぐことができる．

(3) 熱的中性圏

体温が一定に保たれる恒温域の中で，動物側の熱生産が最低レベルで，無理なく体温調節ができる温度範囲があり，これを熱的中性圏（zone of thermal neutrality，図4.64のB－B'）といい，その境界の温度を臨界温度（critical temperature）という．この熱的中性圏よりも高い温度範囲では，放熱を促進するために結果として産熱も促進される．熱的中性圏よりも低い温度範囲では，産熱を促進して体温低下を抑制しており，ともに家畜生産には不適

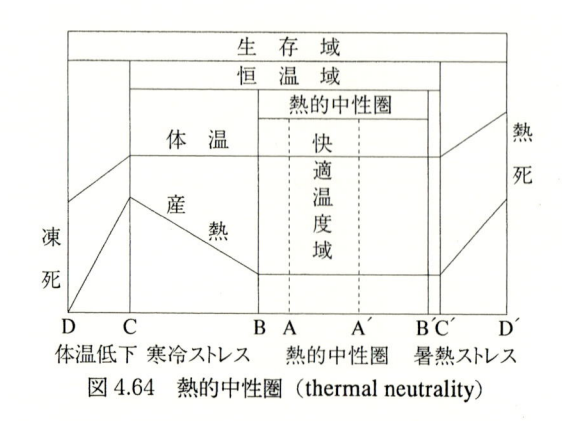

図4.64　熱的中性圏（thermal neutrality）

な温度域である．したがって，この熱的中性圏が家畜生産に適した温度域であり（高温側・低温側）生産限界温度ともいわれる．

なお，快適な感覚を感ずる快適温度域は熱的中性圏の低温側に位置しているが，家畜生産の適域はそれよりも高温側に位置するようである．

わが国での各家畜における適温域および生産限界温度の目安を表4.10に示した．これは目安であり，環境側と家畜側の条件で変動するものである．とくに，高温時と低温時の湿度と風速とは上記温度を左右する．

表4.10 各家畜の適温域と生産限界温度 （℃）

家畜	適温域	生産限界温度	
		低温側	高温側
搾乳牛（ホルスタイン種）	0〜20	−13	27
同（ジャージー種）	5〜24	−5	29
哺乳子牛	13〜25	5	30−32
育成牛	4〜20	−10	32
育成牛（黒毛和種去勢）	10〜20	−10	30
ヒツジ	−3〜23	−13	27
育成豚	15〜27	0	27−30
成豚	0〜20	−10〜0	27
産卵鶏（白色レグホーン種）	13〜28	1	30−32
同（肉用種）	15〜25	−5	30
ブロイラー	19〜23	8	28

（4）体感温度について

気温だけでなく，湿度，さらには風や直射日光等の条件が家畜の感じる体感温度に関わっている．一般に裸に近い動物では風や低温が体感温度を下げ，高温高湿は蒸し暑さを強める．しかし，湿度や風速の体温に対する影響は動物によって差異があるので，動物の特性を考慮した体感温度を表現することが試みられている．とくに湿度からの影響が大きいので，各動物で乾球温度（dry-bulb temperature：DBT）と湿球温度（wet-bulb temperature：WBT）のどちらが大きく作用するかを示すBiancaの式を紹介した．

乳牛　　0.1〜0.35DBT　　＋0.65〜0.9WBT

ヒツジ　　0.1DBT　　＋0.9WBT

ブタ　　0.6〜0.65DBT　　＋0.35〜0.4WBT

ニワトリ　0.7〜0.8DBT　　＋0.2〜0.3WBT

これらの式は各家畜の特徴を表しており，乳牛では牛乳生産に伴って代謝量が多く，高湿環境では体感温度が上がりやすいので，低温を好むのである．ヒツジの場合はその縮毛で放熱が抑制されているので，高湿条件下ではウシ以上に高温の影響を受けることになる．それに対して，ブタは裸であるので高温が直接に影響し，高湿の影響は少ない．ニワトリでは羽毛を被っているので，高温の影響を受けやすいものである．

上記の式が示すように，乳牛とヒツジでは湿度の影響が大きく，ブタとニワトリでは温度の影響の方が大きい．

(5) 湿度，風，輻射熱の影響について

これらの要因も体温調節と体感温度に大きく関与し，その程度によって利点となったり不利点となるので，どれほど影響しているかを把握することが重要となる．

a.湿度（humidity）の影響

湿度が70％以下では家畜の生産や健康にほとんど影響は見られない．しかし，高温時には湿度上昇による相乗効果が著しく，発汗等による熱放散も抑制されるので，熱射病に陥りやすくなる．逆に，低温高湿時には伝導により体熱を奪われ，生産低下を招きやすい．家畜毎に温度と湿度が作用する程度を示す温湿度指数（temperature−humidity index：THI，一般に不快指数（discomfort index）ともいう）が与えられる．ヒトの場合は，THI＝（DBT＋WBT）×0.72＋40.6で表わされる．

なお，低湿度の乾燥状態は体温調節には好都合であるが，水分消耗が多いことと，埃が立ちやすいため，呼吸器病を起こしやすいことが課題となる．

b.風（気動）の影響

被毛や体表の周囲数 cm は空気が動きにくい限界層なので，放熱は抑制されるが，風はこの限界槽を薄くし，断熱効果を弱めることになる．その結果，高温時の風には快適な効果を期待できる．しかし，風速が早ければ（ニワトリでは1 m/sec 以上，ウシでは5 m/sec 以上），奪われる熱量が多くなり，生産効率の低下や疲労感を招く．

c. 直射日光の影響

　太陽光はエネルギーを持つので低温時には体温調節に有効である．しかし，紫外線が吸収されやすく，可視光線も有色部から吸収（熱吸収 heat absorption）されるので，高温時には体温上昇と熱射病を引き起こしやすい．ところで，高温状態では大気中の熱線が皮膚内に熱侵入（heat penetration）するが，この場合は白色部分から入りやすいのである．

付　記：動物の進化過程で温熱環境により体表の色が決定されている（前述のゴルジャーの法則）．寒い地域では白い動物が多く，暑い地域では黒もしくは有色の動物が多いのは，熱吸収（heat absorption）よりも熱侵入（heat penetration）の方が体表体毛の色を決定していることを示唆している．ヒトが夏や暑い砂漠において日陰では黒い服を着ることに合理性がある．

3）各家畜の暑熱・寒冷下での生理・生態と生産について

　わが国では，一般に高温下での生産低下と生理変化が目立つが，低温下での変化は畜舎等の工夫で対応しやすいといえる．高温下での体温調節の特徴は呼吸と発汗の増加による蒸散による放熱促進が主体であり，同時に摂食量の減退による産熱抑制と合わせて生産量の減少を引き起こしやすい．逆に低温下では体温保持のため産熱が促進される．したがって，生理や生産を大きく変化させる気温の境界，すなわち臨界温度（critical temperature）を把握することが重要な課題となっている．

　なお，この臨界温度は，生理的には体温と呼吸数で，生産面は摂食量で評価されることが多く，生産限界温度でもある．

（1）ウシ

　ウシはルーメン（rumen）をもつ反すう動物としての特性をもっているが，その中でも乳牛は大量の牛乳を生産するので，その産熱量は高く，他の乾乳牛，育成牛や肉牛との間には体温調節に関して大きな差異がある．

a. 生理的側面

（ⅰ）体温調節の特徴

（ⅰ-1）産熱の特殊性

　ルーメン内温度は，発酵が起こっているため，直腸温より1℃程高く，そ

のため反すう動物は低温に強いともいえる．ルーメン内で生産されるVFAは酢酸・プロピオン酸・酪酸を主体としているが，酢酸は産熱に有利な物質である．したがって，寒冷下ではVFA，とくに酢酸の利用が増加して，牛乳生産を増加させる．

逆に，高温下ではVFA，とくに酢酸は減少し，産熱抑制に傾いている．このことは暑熱時に牛乳生産の低下が起こりやすいことを裏付けている．

(i － 2) 体感温度

ウシは湿度の影響を受けやすく，その程度を示す指数を下記に示す．

$$Biancaの体感温度 = 0.35DBT + 0.65WBT$$
$$温湿度指数 = DBT \times 0.55 + DP^{(注)} \times 0.2 + 17.5$$
$$Maustの体感温度 = 0.72(DBT + WBT) + 40.6$$

ウシに対する風の効果については，3.6 m/sec または 3〜5 m/sec の風速が気温1℃に相当することも知られている．

(ii) 体温調節の品種差

インド牛（*Bos indicus*）は管理（取り扱い・暑熱）面で改良されたのに対してヨーロッパ牛（*Bos taurus*）は生産面での改良が進められており，耐暑性には大差がある．

乳牛と肉牛の間では骨格は類似しているが体型は異なっている．すなわち，乳牛はエネルギー代謝が盛んであり，多量に産生された熱を放出しやすいように体表面積が広い骨張った体型となっている．他方，肉牛は丸みがあるため体表面積は狭くなり，低温に強いが，暑熱の影響を受けやすいものである．

(iii) 高温下での体温上昇

ホルスタイン（Holstein）種での高温下での体温上昇（臨界温度）をみると，搾乳牛では24，27℃に変曲点があり，24℃から幾分上昇し，27℃からは明らかに上昇するのに対して，乾乳牛では30℃から上昇する（図4.65）．

（注）DPとは 露点温度（dew-point temperature）の略で，空気中の水蒸気が低温の物体と接した場合に水分飽和状態となって結露する気温．

しかし，非常に多量な乳を生産するウシや北海道周辺のウシでは 21 ℃程から呼吸数増加が見られ，24 ℃では体温上昇が明確になる．

肉牛の場合，その産熱量は乳牛の 70 % 程度と考えられ，高温下での体温上昇は一般に遅く，29 ℃程度から上昇することが認められる．

(iv) 低温下での産熱増加

低温側の臨界温度以下で摂食量が増加するが，これは子牛や乾乳牛では 7 ℃程度から見られる．しかし，乳牛では牛乳生産による体熱増加により，低温の影響は見られない．なお，肉牛では零下になると 1 ℃の温度低下当たり 1.5～3.0 % の摂食量増加があるともいわれる．

(v) 高温下での行動変化

高温下の乳牛は日陰，庇陰 (shelter) や風通しの良い所を選ぶ．とくに 27 ℃以上になると庇陰林 (shelter) での休息が多くなり，30 ℃を越えると採草しなくなる．しかし，国内でも北海道では 24 ℃程で休息が多くなるのである．

他方，高温下での飼料摂取は抑制されるが，この場合，摂取する飼料の質によって異なっている．すなわち，乾草の場合 27 ℃以上で摂取量が減少し，サイレージでは 31 ℃以上で，濃厚飼料も 35 ℃以上では摂取しなくなる．これは乾草の場合に粗繊維の消化にエネルギーを要し，VFA が生産されて体温上昇が促進されるためである．したがって，夏に乳牛へ与える乾草は最良のものを与えてエネルギー消耗を抑制せねばならない．

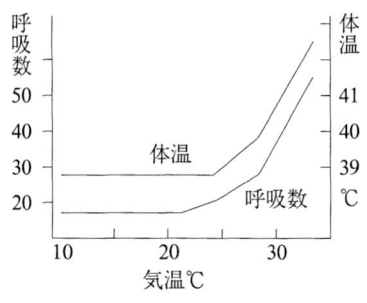

図 4.65　高温下でのウシの体温と呼吸数の変化

b.生産への影響

(i) 成長について

　子牛の成長の1日当たり増体量（daily gain）は乳牛で0.8～1.0 kg，肉牛では0.7～0.8 kg程度であるが，30℃以上になると減少しはじめ，32℃を越えると急落し，体型の矮小化が起こりやすい．

(ii) 牛乳生産量の季節変動

　前記のように，夏の暑熱下では乳量の減少が起こるので，季節別（月別）牛乳生産量には大きな変化が見られるが，地域差もある（図4.66）．すなわち，北海道を除く国内の平均乳量は夏の期間には激減し，秋には回復してきて，冬と春には増加する．一方，北海道では状況が異なり，飼料作物が繁茂する初夏から初秋に乳量が最も多い時期を迎える．なお，どの地域においても牛乳の価格は生産量が多い時期に低く押さえられることになる．

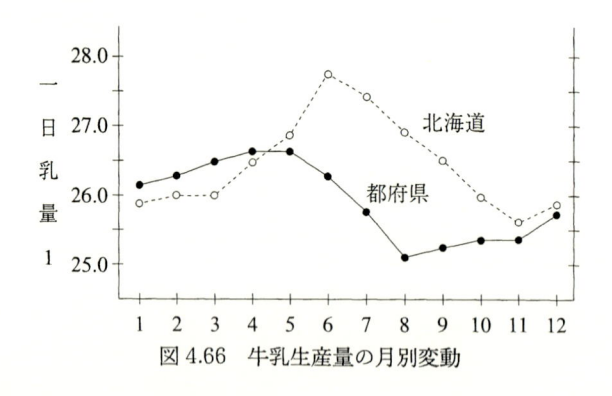

図4.66　牛乳生産量の月別変動

(iii) 泌乳期の違いによる乳量の差異

　1頭のウシの泌乳量の変化を見ると，分娩直後の泌乳開始から乳量は増加し，最盛期を迎え，その後徐々に低下して行く．この泌乳曲線を泌乳を開始する分娩季節毎に分けて比べると（図4.67），春から初夏の時期に分娩した春分娩牛では，その最盛期を夏に迎えるので乳量は著しく低下する．最盛期を過ぎた後に夏を迎える冬分娩牛などでは乳量の低下は少なくなる．したがって，1泌乳期の乳量曲線には分娩季節によって大きな違いが見られるので

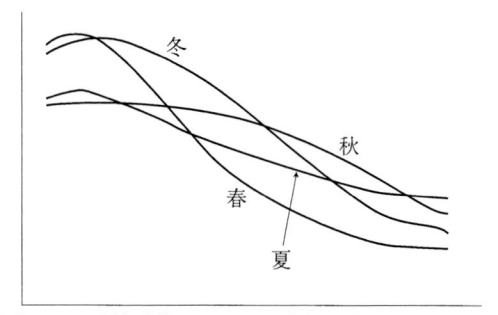

図 4.67 分娩季節にとる泌乳曲線の違い（宮崎大学）

ある．同時に，年間（300日）乳量も分娩季節による違いが認められる．

(iv) 乳質について

牛乳の乳質については，乳脂率（milk fat）3.5％以上，無脂乳固形分（substrate of non-fat：SNF）8％以上，および細菌数30万個/ml以下が主要な評価規準であるが，牛乳中のこれらの値は季節によって変化する．乳脂率は乳量と反比例する傾向があり，SNFは暑い時期に低下する傾向がある．乳価とも関係するので，粗飼料の質の改善で上記規準を達成する工夫がされている．

(v) 繁殖機能

家畜は雌雄とも暑熱下で繁殖能力の低下を招きやすく，これを夏季繁殖障害（夏季不妊症，summer sterility）という．

雄牛の造精機能は暑熱下では顕著に低下する．精巣を収納した陰嚢はその肉様膜の伸縮で放熱を調節し，造精機能に必要な低温状況を維持しているが，気温や体温が上昇すると造精機能の障害を起こすことになる．暑熱曝露で精細管内の精子形成に障害が起こると，2週間以降に，奇形（異常）精子や剥離した細胞群が多くなり，その後に無精子の精液となることもある．

雌牛の場合も，卵胞の成熟が抑制され，発情卵胞が少なくなる．さらに，排卵されても，卵管内の化学的環境が変化しているので，卵の成熟が進行せず，また，受精しても着床することが困難である．

(2) ブタ

[a. 生理的側面]

　肉豚はほぼ6カ月齢で110 kg程度に達し，と殺される．生まれたての新生児期には裸であって，体温調節能が不十分なので，出生直後から著しい体温低下が起こり，1週間程度で回復するが，その間に消耗することが多い．したがって世話や保温が必要で，子豚への暖房施設が1カ月程度使用される．なお，親豚は一般に拘束されており，哺乳以外に子豚の世話ができないので，胎膜除去や拭き上げ等の新生豚の世話はヒトが行っている．

　この時期の保温は30℃以上が必要で，2～4週間に順次30℃以下まで低下させる．なお，近年の離乳期は早められているが，子豚の成長が早まったわけではないので，保温，ミルク給与などの基本的な管理はさらに重要になっている．離乳後の育成期には室温を少しずつ下げるが，室温は20℃以上とする．肥育過程での環境温度については，増体量は20℃以上が良好であるが，飼料効率は20℃以下の方が良いようである．

　ブタの体表の被毛は剛毛で，体温保持の機能はない．高温下での体温調節の特徴は，機能的な汗腺をもっていないので，体表を濡らしたり（泥浴等），それを蒸散させることを好む．あわせて，呼吸数を増加させて放熱を促進している．

　また，風に対しても敏感で，鼻を風上に向けて休むことが多い．この場合，風速0.5 m程度の風が体感温度1℃に相当する．

[b. 生産的側面]

　暑熱時には増体の低下が起こるだけでなく，肉質にも大きな変化をもたらすことがある．とくに脂肪の融点が上昇して，固い脂肪が増えたり，肉色が薄くて肉汁がにじみ出るむれ肉 (pale, soft and exudative, PSE または watery pork) を生じやすい．これはと殺前の輸送や高温などの各種ストレスが引き金となることが多い．

　暑熱時の繁殖機能はウシと同様に低下しており，夏季不妊症 (summer sterility) が見られる．ブタの繁殖では雄の精液量が多いため，一般に自然交配（交尾）を基盤にしているので，夏季不妊症の出現は繁殖経営にとっては

厳しいことである．

(3) 産卵鶏

a. 生理的側面

ニワトリは体温が最も高い家畜であるが，孵化直後には体温調節能力が未熟なため保温を必要とする．初生雛では体内にもっている卵黄の脂肪成分がエネルギー源であり，これは48時間程度で大部分が消費されるので，この時期から餌を与える（餌付け）．産熱量は未だ十分ではないので保温が必要である．体温調節機構は1～2週間で整い，1カ月齢（幼雛という）までには完成するので，それまで保温が必要で，37℃程度から漸次20℃程度まで下げてゆく．

その後も20℃以下になることを避ける．成熟した産卵鶏では最高温度を30℃以下とし，15～24℃の最適温度で高い産卵率の維持ができる．

ニワトリは断熱性が優れた羽毛を持ち，汗腺が無いので，暑熱時の放熱には特徴がある．すなわち，開翼姿勢で，開口深呼吸方式のあえぎ呼吸 (panting) を行う．なお，哺乳動物では深呼吸を行って潮汐（ガス交換）量が増加すると，熱射病になりやすいが，鳥類の場合にはそうならない特殊な気管支構造をもっている．放熱のために呼吸数を増やす場合は，肺での吸気と呼気のルートを別にしてガス交換量を制御している．

他方，ニワトリは大きな鶏冠を持ち，脚とあわせて放熱器官となっている．風はその放熱を促進するので，風速に対する体温や呼吸数の変動から体感温度が与えられている．

$$体感温度 = DBT - 3 \times V^{1/2} \text{ または } V1m = 5℃$$

Vは風速 m/sec を示す．

b. 生産的側面

産卵鶏の飼料摂取量，飼料要求率，増体量への最適温度は17～20℃である．なお，産卵率の最適温度は21～23℃の中にあり，生産の適温域は20℃を中心に，5～10℃から30～35℃の範囲にある．その場合の最適の風速は0.5 m/sec 程度である．なお，風速には敏感で，1 m/sec の風は5℃の気温低下に相当する．

卵重は低温下で大きくなる．高温下では卵管内の酵素活性の変化で卵殻形成が抑制されるので，破卵や軟卵が多くなる．

(4) ブロイラー

育雛過程は産卵鶏と同じであるが，ブロイラーの生育期間は2カ月程度の中雛程度までである．その過程で育雛温度は35℃から4週齢の20℃まで徐々に下げ，その後は20℃程度で推移させると増体の最大値が得られる．一方，15℃程度で飼料効率の最良値が得られている．

4) 暑熱・寒冷対策

上記のように，わが国での家畜生産過程では夏季の暑熱による生産停滞が共通して認められる．この課題に対応する暑熱対策は，家畜の育種改良と，畜舎等の構造改善，とくに環境制御技術の導入等によって達成されつつある．

(1) 暑熱対策

a. 育種改良の例

(i) 熱帯および亜熱帯地域での乳牛の改良

ヨーロッパ系の乳牛を熱帯亜熱帯地域に導入した酪農の移入または在来牛の改良が種々試みられたが，多くは失敗に終わった．しかし，ゼブー (zebu) 系のブラーマン (Brahman) 種は放熱を促進する肉垂を発達させており，熱帯地域でも一定の乳量を確保することができるので，このブラーマン系統が暑い地域に広まっている．

(ii) アメリカ南部および乾燥地帯での肉牛の改良

アメリカの畜産地帯は五大湖周辺から南下をはじめ，近年では南部の乾燥地帯までも拡大された．この過程で，穀物を主に給与するグレインフェド肉牛から，飼料作物や雑草を主体に給与するグラスフェド肉牛へと転換したが，さらに，牛品種についてもヨーロッパ系のアンガス (Angus) 種やヘレフォード (Hereford) 種からブラーマン (Brahman) 種と交雑したブランガス種 (Brangus) 等の開発でこの地域に適する肉牛の開発を達成している．

(iii) アメリカ乳用牛群改良事業

アメリカの乳用牛群改良事業では，酪農地帯の南下を踏まえて，高温条件

下での乳牛の耐性を評価するため，直射日光下に 30 分間放置した場合の体温 (Tr, °F) 上昇を耐暑係数として選抜に用い，成果をあげている．

Rhode の耐暑係数（Rhode's heat torelance coefficient）
$= 100 - 10 \, (Tr - 101)$

(iv) アメリカでのブタおよびニワトリの耐暑性と耐病性の改良

ウシに続いて，ブタやニワトリ（ブロイラー）産業も南下拡大している．そこでは，生産性だけでなく，耐暑性を含めた育種改良，さらには抗病性を強める育種改良が展開された．その結果，アメリカ国内だけでなく，全世界へニワトリやブタの交雑種（ハイブリッド，hybrid）の供給が展開されている．

b. 家畜の内部環境の改善

(1) 若い時期に耐暑性または耐寒性を獲得させたり，生産地の移動も若い時期に実施することによって改善される．
(2) 暑熱または寒冷時の家畜生産を保証できる飼料の質の問題が解明され，ウシでは夏に繊維質やタンパク質の多い飼料給与は不利であること，ブタやニワトリでは高エネルギー飼料の方が効率の高いことが明らかにされている．
(3) 暑熱下での給水制限は致命的になりやすく，一方，冷水給与は生産性を改善することができる．

c. 畜舎構造や施設等の改善

(1) 各種シェルターの導入：畜舎周辺は衛生管理の目的で裸地にされることが多いが，樹木や芝等の植栽，よしず等が直射日光や輻射熱の遮断に有効である．
(2) 屋根の断熱効果の向上：二重構造にしたり，断熱材の利用で改善されている．また，天井を高くしたり，側壁を無くすことも広がっている．
(3) 畜舎の方角を東西棟にして西日の侵入を抑制することが重要である．また，海風，谷風，西風，等の常風を導入できるとさらに改善される．
(4) 換気扇，ストレートファン，ダクトファンの導入が拡大している．なお，ニワトリやブタへ 1m/sec 以上の風を直接当てると放熱が進みすぎる．

(5) 屋根や周辺への散水，舎内で水を噴霧して気化熱での冷却も有効である．なお，床材が濡れるとニワトリにはよくない．
(6) 夜間送風または夜間放牧で夜間の体温を十分に低下させることも非常に有効である．

d. 積極的な環境制御

(i) ウィンドウレス（無窓）畜舎の理論

　この方式では，壁と屋根を断熱材で被って熱侵入を抑制し［断熱］，舎内で動物から発生した熱や湿気を機械で排出する［機械換気］ことによって，舎内へ導入した新鮮空気を家畜にぶつけ，暖まって汚れた空気を排出し続ける．これによって，舎内空気を清浄にし，低温に保持し，飼育頭羽数を増やすことができる．詳細な内容は次頁以降に記載している．

(ii) 冷　房

　通常の冷房機はコスト高となるので，冷風ファン（pad and fan：気化熱で冷却する方式）が用いられることがある．これは，水を含んだフィルターにファンで通気し，水を気化させて，冷気を舎内に導入する方式で，ブタ等で成果があがっている．しかし，体感温度を下げることはできるが，総熱量（entropy＝気温＋気湿）は変わらず，気温が下がった分だけ湿度が上がっている．したがって，湿度の影響を受けやすいウシ等では著しい効果は認められないが，秋の回復が早い効果が見られる．

(2) 寒冷対策

a. 内部環境

　ニワトリやブタでは，若い時期に寒冷を経験させておくと，冬季の影響は少ないものである．また，熱エネルギーに転換しやすい炭水化物の多い飼料の給与も有効である．

b. 畜舎環境

　冷たい風の侵入を防ぐために側面を閉鎖する．その場合，隙間風を防ぐことが必要である．隙間風は侵入口と排出口の間で温度差が大きいため，風速が非常に早くなる．これが動物体に当たると，体温が低下するので，影響は大である．

床構造について：とくに冬季には乾燥していなければならない．湿っていると熱伝導によって動物体から熱が奪われてゆき，子豚やヒナでは下痢発生や成長抑制などの致命的な打撃を受ける．

ウィンドウレス畜舎では積極的な寒冷対策ができるので有効である．

5）積極的な環境制御（ウィンドウレス畜舎）の意義と理論

（1）畜舎での環境制御の歴史

家畜を拘束したまま，自然環境の風雨や暑熱寒冷に曝しておくと，著しく消耗してゆくものである．動物をヒトと同じような家屋に収納することは，西暦以前からの歴史をもっているが，兵器や輸送手段とする等の特殊な例であったと考えられる．家畜を積極的に家屋内で飼育する畜舎（barn）の登場は10世紀頃からで，畜舎を建設する場合の専門書も15～16世紀に出されている．

現代へ繋がる環境制御を加味した畜舎構造の理論は19世紀後半からで，キングやラザフォードにより自然換気を利用した優れた理論が提案され，それらによるマンサード型の畜舎は近年まで供用されてきた（図4.68）．これら

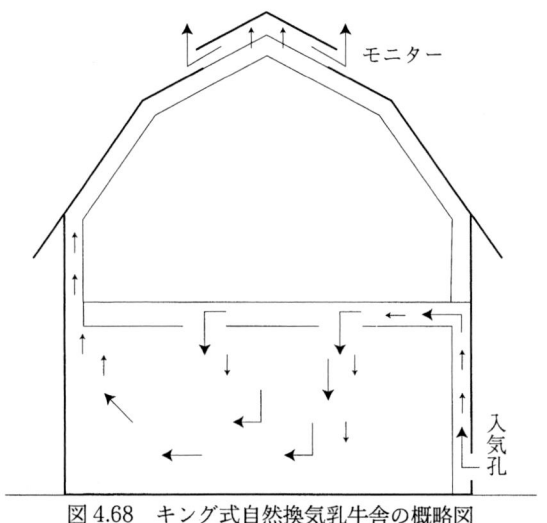

図4.68　キング式自然換気乳牛舎の概略図

の畜舎における環境制御の理論は，畜舎内で汚れ，暖まった空気を煙突効果で排気すると同時に，新鮮で冷たい外気を畜舎の壁内通気路で暖めて舎内に給気しており，現代でも寒冷地域の自然換気畜舎の基盤となっている．

(2) 現代の環境制御の必要性

第二次大戦後に復興した各国では，科学技術の進歩を背景にして，畜産技術の発展と経営の近代化（畜産の高度成長）を展開した．わが国でのその主要な展開は，土地離れの生産システムと集約化であった．すなわち，飼料を生産せずに，アメリカからの余剰農産物の供給を受けて，国内では家畜を飼育するだけで乳，肉，卵を生産するという加工型畜産を採用せざるをえなかったのである．

したがって，わが国では，「畜舎」が家畜を生産するための重要な生産基盤となってきた．とくに，集約化をはかりやすい養鶏や養豚を中心に大型の畜舎が開発されており，近年ではその多くが，飼育頭羽数を増大しつつ，集約化と省力化を追求するために，欧米で開発されたウィンドウレス（無窓）畜舎を採用している．

(3) 自然換気による畜舎環境の制御

開放型の畜舎では風が吹き抜けることを期待するが，動物体を含めて多くの障害物が気動を抑制するので，全ての動物に風を当てることは困難である．

一方，閉鎖型の畜舎内では多数の家畜や排泄物等の存在で温度が上昇するので，舎内の空気は上方へ移動し，排気されないと舎内温度は上昇するか，上層と下層で違ってくる．そこで，天井に排気口（モニター）を設置すると暖められた空気はそこから排出されるが，同時に出入り口，窓や隙間から冷たい外気が侵入してくる．天井の排気口が大きいと排気が推進されるので，大量の外気が侵入する（エントツ効果）．逆に，排気口を小さくすると，隙間風のような細い空気の流れ道ができるとともに，空気が動かない所もできることになる．したがって，この自然換気方式では，舎内の全ての個体へ風を当てる保証がない．

（4）無窓畜舎（ウィンドウレス畜舎）の構造と運用理論

無窓畜舎は米英で1950年前後にニワトリ用として開発されたもので，60年代に日本に導入されている．その後，すべての家畜に適応され，また改善されて，全ての地域へ広まっている．

無窓畜舎とは，全面を断熱材で密閉して外からの熱の侵入を防ぎ，他方では，畜舎の側壁に（または下方と天井に）吸気口と排気口を相対して設置し，家畜等から発生した熱や水蒸気を換気によって排出し，また，家畜に適度な風を当てて体温上昇を抑制するという考えを具現化したものである（図4.69）．この場合，計画した風を当てるために吸気または排気は機械換気を用いなければならない．

なお，暖地の夏には舎外の熱い空気を舎内に送り込む状況も起こりうるので，吸気口側に簡易な冷房（pad and fan）を設置することもある．

（5）無窓畜舎の利点と課題

① 無窓畜舎では開放畜舎に比べて気温を適温域・生産限界温度域内に保ちやすいことから，生産性向上が期待でき，さらに強制換気するので面積当たりの飼養頭羽数を倍増できる（ブロイラーの例：開放鶏舎30〜40羽/3.3 m^2 に対して無窓鶏舎60〜70羽/3.3 m^2）．

② 換気量の過不足はニワトリの体感温度を変化させて，生産量と健康に影響する．換気量などを適正に運転するためには，気温変化と家畜の状況を正確に観察せねばならない．

③ 建設と維持管理のコスト高はスケールメリットで解消されている．積極的に環境制御を行うので，多くの産卵鶏，ブロイラー，繁殖豚，肉豚をこの

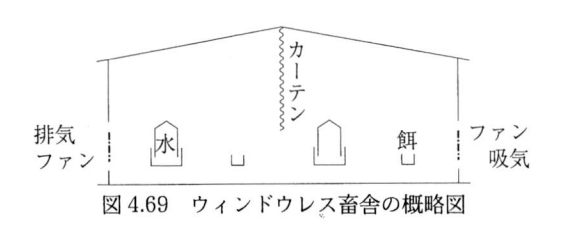

図4.69 ウィンドウレス畜舎の概略図

方式で生産することができ，その成績は一般に開放型畜舎よりも良好である．

6）光環境の家畜生産への影響

多くの動物が日照時間に同期化した生活を営んでいる．また，季節の変動に合わせた生理的変化を伴っている．とくに，繁殖季節の存在と生殖機能の周期性は，多くの野生動物で認められ，その多くは春を繁殖の時期としている．しかし，家畜の場合は育種改良の過程で，繁殖季節の存在は淘汰され，消失または希薄になっている．とくに生産性の向上が追求されているニワトリ，ブタ，ウシについては繁殖季節は認められず，年間を通して交配や出産が可能である．他方，ウマでは春が繁殖季節で，ヒツジ，ヤギは秋であるが，後者では長雨等による短日条件でも発情が誘起される．

(1) 鳥類の生殖腺への影響

鳥類の場合は光感受性が高いため，光線管理（照明）によって生産性が改善されている．

ウズラは長日処理で生殖腺の発育が促進される．しかし，短日処理であっても，暗の時間帯に照明時間を挿入するフラッシュ方式では生殖腺の発育を誘起することができる．たとえば，4L−20D（4時間照明，20時間暗黒を意味する），8L−16D，12L−12Dは短日処理なので生殖腺刺激効果はないが，3L−3D，4L−4D，6L−6Dであると照明時間の総計は短日処理に相当するけれども，長日処理と同様な効果が認められる．このような生殖腺刺激効果はニワトリでは見られないが，断続的な食餌刺激ともなるので，成長促進の効果は期待できる．

なお，産卵鶏雛の育成期に照明時間を長くすると，摂食時間の拡大から成長促進がみられるが，産卵開始時期が不揃いとなり，また，成熟後の産卵持続性が悪いことも知られている．逆に照明時間を短くすると産卵開始が遅れることになる．そこで，育成期前半は，長日処理から始めて，照明給餌時間を漸次制限して，1日数時間まで減少させ，4カ月齢頃から長日処理に切り替えると，全羽を一斉に産卵を開始させ，高い産卵率を維持することもでき，一般に採用されている．これを King 式漸減漸増方式という．

(2) 脱毛・換羽・緬毛の伸張

ウマなどの大家畜では短くしなやかな夏毛と長く固い冬毛との切り替わり（換毛）が認められ，毛長や毛色も異なる．ウマではこの換毛を抑制して夏毛を維持するためにコートを被せることもある．

ヒツジの緬毛は冬よりも夏に3倍ほどの早さで伸張する．これには日長と温度とが密接に関わっている．なお，脱毛は目立たない．

ニワトリでは，産卵開始後 10 カ月程になると産卵が減少し，卵のサイズもばらついてくるので，この段階で全羽の産卵を強制的に停止させる強制換羽（forced molting）が一般的に行われる．その方法は，給餌停止（絶食）のみの場合は1週間，絶食と絶水を組み合わせて数日間行うが，これによってほとんどのニワトリですぐに脱羽が始まる．その後に給餌と給水を再開すると，2週間程度で新たな羽毛が生えてき，1月後には産卵も再開し，その後 10 カ月間程は高い産卵率を持続させることができる．なお，近年では換羽を必要としない系統の開発が進められている．

7) その他の環境要因

(1) 騒音の影響：音の利用

音の測定は，1000 Hz の最小可聴音の強度（音圧）を基準に設定されたデシベル（decibell, dB）または正常聴覚者との相対値ホーン（phone）で示されるが，両基準は同一強度である．

動物毎に音の周波数に対する可聴範囲をもつが，その動物が発するコミュニケーションの音域と一致するようである．また，ヒトの聴覚では把握できない超音波を動物が発している例は多い．

なお，厳しい騒音に対してもある程度の慣れもしくは聴覚遮蔽効果（masking effect）が存在することも知られている．畜舎や搾乳室で家畜に音楽を聴かせる場合にもこの効果を期待しており，管理作業の騒音の影響を緩和して，家畜の安寧を保つのである．

騒音に対して家畜は共通した反応，たとえば食欲の一時不振，等を示す．また，驚きと恐怖が一時に襲ってくる突然の騒音の場合には緊急反応（emergency syndrome）を引き起こす．この場合，ウシでは早流産，泌乳停止など

を引き起こし，ブタやニワトリでもパニック状態による被害が起こりやすい．

一方，低周波の振動が道路，鉄道，橋梁，等で発生するが，神経筋肉系の緊張が促進され，自律神経失調をきたした例もある．

他方，音の律動性などは動物にも心地良さを感じさせることもあり，畜舎で音楽を利用している例も多い．これらは管理者への聴覚遮蔽効果だけでなく，家畜へ直接影響しているとも考えられる．

(2) 有害ガス

閉鎖されて，温度が高く，湿度も高い畜舎環境においては，CO_2，CH_3，NH_3等の有害ガスが多量に発生している．NH_3が発生する場合，5 ppm程度から数10 ppmになることもある．20 ppm以上ではヒトは生活できないといわれる．家畜でも子豚や雛が呼吸器や角膜の障害を受けており，さらに肺炎や気管支炎などの呼吸器系の疾病が多発する原因となっている．換気することと発生源を除去することが必要である．

CH_3は家畜に直接の影響を与えないが，これが多い状態では潜熱が高くなっており，高湿度と同様に生産性の低下を招きやすい．

(3) 標　高

標高が高い地域では酸素量が少なく，同時に傾斜地が多いため運動量が増加する．したがって，山岳飼育の和牛では，心肥大，代謝促進，呼吸数増加，増体率低下によって，小造り，被毛粗剛，体型小型，筋腱発達などの特徴をもつことが報告されている．しかし，これらを平地に戻した場合，この生理的特徴はしばらく残存するので，肥育すると良好な成績が得られる期待がある．

他方，スイスの山岳酪農では，標高によって産乳量が異なるので，乳牛個体の産乳量評価においては，標高と産次で補正されている．

ニワトリの孵化率や雛や子豚の成長は標高 2,000 m 以上では抑制されることもあるが，順応できると問題は無いようである．

8) 輸　送

子畜や肉畜，老廃畜は生産場から食肉センターや市場へ長距離輸送されることが多い．大陸では数日間のトラック輸送も行われている．トラックへの

積み込みに始まり，密集状態で長時間，不安定な振動で緊張の連続であり，心理的にも肉体的にも厳しいストレスに曝され続ける．エネルギー消耗も大きいため，肉豚・肉牛の場合，肉質の劣化と体重の減少が確実に起こっており，2時間程度の輸送でも5～10％の体重減少，24時間ものトラック輸送では10％以上も体重が減少している．また，暑熱の影響が重なると更に消耗が進行する．

輸送中の動物ではストレス指標が高くなることは認められており，近年では家畜のトラック輸送の制限も検討されている．

4.2.3 畜産環境

第二次大戦以前の国内での家畜生産方式は，小規模で，ウマ，ウシ，ブタ，ニワトリ等の家畜やヒトが排泄したふん尿を，伝統的な手法で敷き藁（わら）と共に堆肥にし，作物や家畜飼料の生産に利用して，各農家または地域などで物質循環系が成立していた．

しかし，昭和30年代後半以降，家畜生産の様相は一変した．近代的生産体系の導入により多頭羽飼育となり，その多くはアメリカから余剰農産物として輸入された購入飼料を家畜に給与したために，これまでにない状況に直面することになった．まず，多量のふん尿を処理する施設が不十分なため，堆積されたふん尿からの悪臭の発生，同時に，多量にできた堆肥を投入すべき田畑はもう一方の近代化である化学肥料の大量投入がなされて使えないために，家畜ふん尿が農地の外へあふれ出ることになった．これに都市の拡大も拍車をかけ，畜舎近辺に住宅が近づいて，悪臭その他の苦情が増えた．この悪臭問題は畜産公害苦情件数の大部分を占めることになり，畜産農家が家畜飼育を断念せざるをえない場面も生じるに至った．

一方，多くの農村では農業振興の選択的拡大を畜産に求め，多頭羽飼育が推進され，その結果，畜産環境に関する事態はさらに深刻な状況に陥っていった．そのような中で，新たな生産システムや，ふん尿処理施設などの技術改善も進行したが，深刻な状況は継続している．

他方，国民の環境問題に対する理解が一定程度進み，また，家畜ふん尿を

処理する技術や施設の改善は進行している．まだ，解決には程遠いが，わが国の家畜生産と環境保全にとって最も重要な課題となっている．なお，この分野は家畜管理学分野における重要で新たな研究教育分野として発展してきている．そこで，これらの分野を「畜産環境」と表現し，ここでは，家畜ふん尿の質量と，その処理利用の基本的方法，新たな技術開発，および今後の畜産農業のあり方等について考える．まず，ふん尿の性状および処理利用の基礎となる排水基準や法令等を紹介する．

1）環境保全の法体系と排水基準

（1）畜産公害に関わる環境関連の法律

わが国の環境保全を目指す法体系の中で畜産業が原因となる畜産公害の規制に関わる法律は以下のとおりである．まず，公害対策基本法で理念と目標を設定し，他の公害三法で具体的な目標と規制値を設定している．

・公害対策基本法

公害対策基本法は，各種の生産活動や生活の場から排出される環境汚染源の発生とその拡大を抑制するための理念と目標を宣言している．具体的な内容や方途については以下の公害三法で規定している．

・廃棄物の処理および清掃に関する法律

「家畜の死体や糞尿などの産業（畜産）廃棄物は自らの責任で処理を」と規程している．

・水質汚濁防止法

一定量以上の排水を公共用水路に排出する場合の水質を規制し，排水基準を定めている．排水基準は濃度規制と総量規制からなり，さらに環境汚染をかかえる地方によっては地方条例で上乗せ規準を定めているところが多い．

なお，本法の対象となる畜産農家の規模については，豚房では 50 m^2，牛房では 200 m^2，鶏舎では 500 m^2 以上が対象となっている．

・悪臭防止法

悪臭発生源がある敷地内の境界線上における悪臭物質の濃度の規制を規定している．

(2) 排水基準と検査項目について

水質汚濁防止法（水質法という）により，下記のように，施設から排出される排水中の汚濁物質濃度について最高値と日平均で排水基準が適応されている．

a. 生物化学的酸素要求量（biochemical oxygen demand, BOD）

水に溶けた有機物が微生物に分解される際に必要な O_2 消費量を濃度 ppm で表示している．この分析は 20 ℃で 5 日間反応させて測定するものである．また，BOD 濃度×排出量＝総量を環境に負荷を与える量＝負荷 BOD という．

① 水質法での排水基準によると，160 ppm（最高値）と 120 ppm（日平均）以下でなければならない．
② 多くの地方（水質汚染が生じやすい湖沼や河川に関わる道府県）では国より厳しい規準を採用している．

b. 化学的酸素要求量（chemical oxygen demand, COD）

有機物を酸化剤の過マンガン酸カリ（$KMnO_2$）と重クロム酸カリ（$KCrO_3$）で酸化する際の消費酸素量を ppm で表示する．

① 排水基準値は BOD と同じである．

c. 浮遊物質（suspended substance, SS）

これは活性汚泥の発生量と関与している．活性汚泥とは，ふんなどの有機物体に微生物が取り付き，有機物を分解している過程の汚泥である．

① 水質基準は，水質法で 200 ppm（最高値）と 150 ppm（日平均）
② 宮崎県等，多くの県ではともに 150 ppm 以下に厳しく設定している．

d. 大腸菌群数

ふん尿汚染の程度，病原体存在の可能性の指標となる．

① 水質基準は，水質法で（日平均）1000/ cm^3 日以下である．

e. 窒素含有量（total nitrogen, TN）

全窒素濃度は有機物の量を反映している．
水質基準は，水質法で最高値 120 ppm と最低値 60 ppm（日平均）以下．

f.リン含有量

水質法では 16 ppm と 8 ppm 以下．

g.酸度 pH

$5.8 < pH < 8.6$ の範囲内．

h.N 濃度について

窒素（N）という場合は，微生物，有機物だけでなく，アンモニア・硝酸態窒素全てを含む．なお，硝酸態窒素は亜硝酸となって，動物赤血球のヘモグロビン（Hb）の鉄（Fe）を還元（$Fe^{++} \rightarrow Fe^{+++}$）して，貧血と同じ病態（酸欠状態→死）を引き起こすので，重要な項目である．

2）ふん尿処理の基本的な考え方

① 家畜のふんは堆肥として利用し，尿は液肥として利用するか，完全な汚水処理を行って河川に放流することを目標に，処理法が採用されている．なお，この場合の「処理」という言葉は，究極的には有機物を微生物に分解させて無機物（無害，肥料成分）にすることが基本的な意味である．

② 畜舎内で発生した糞尿が混合した状態であるとその有機物の濃度が非常に濃いため，汚水処理は困難である．一般に，固体と液体とを分離することは困難ではあるが，その後の処理は容易であり，固液分離またはふん尿分離はふん尿処理の原則である．

③ ふん尿を処理したら，環境に影響しないという訳ではない．言い換えると，処理したから，環境汚染を起こしていないとはいえない事例が多い．たとえば，活性汚泥法（後記）による処理水の BOD は低下しているが，N（アンモニア・硝酸態窒素）は減っておらず，それが下流に流れて，そこで水質汚染の原因となるからである．この場合，N は微生物を通して有機物肥料とし，植物の生育に利用することが目標となる．

④ 農業を促進し，自然を守る観点でこのふん尿処理に対応することが現在と将来の課題である．繰り返すが，"処理する"論理だけでは解決せず，"利用する＝循環させる"ことが前提となることが求められている．

3）ふん尿の性状と排泄量
（1）家畜ふん尿の性状：家畜により異なる

代表的な家畜のふん尿の排泄量を表4.11に示した．
ふん尿の水分は各動物とも多いが，鶏ふんでは少な目である．ところでふん尿に含有される各成分は，処理後に肥料として利用する場合に大事な要因となる．なお，Nはニワトリで多く，飼料中のN，P，Kはふん尿中に90％が排泄されるので，鶏ふんは窒素肥料として重要であり，牛ふんとの混合で完全肥料に近づけることも考えられる．
尿中のSS，BOD，COD，N，P，Kも汚水処理の評価に際して大事な要因である．

表4.11　家畜ふん尿排泄量（1日・1年当たり：生重量）

区分	体重 kg	1日1頭羽当たり平均			1年1頭羽当たり平均		
		ふん量 kg	尿量 kg	ふん尿計 kg	ふん量 t	尿量 t	ふん尿計 t
搾乳牛	550	40.0	20.0	60.0	14.6	7.3	21.9
成牛	500	27.5	13.5	41.0	10.6	4.9	15.5
育成牛	250	15.0	7.5	22.5	5.5	2.2	8.2
子牛	150	5.0	3.5	8.5	1.8	1.3	3.1
肉豚（中）	60	2.3	3.5	5.8	0.8	1.3	2.1
繁殖豚	230	2.4	5.5	7.9	0.9	2.0	2.9
産卵鶏	1.6	0.15	−	0.15	55kg	−	55kg

（中央畜産会，1978：「家畜排泄物の処理・利用の手引き」より）

表4.12　家畜別ふん尿汚濁負荷量　（成畜1頭当たり）

家畜		排出量 kg/日	BOD		SS		COD		N		P	
			濃度： mg/l	負荷量 g/日	濃度： mg/l	負荷量 g/日	濃度： mg/l	負荷量 g/日	濃度： mg/l	負荷量 g/d日	濃度： mg/l	負荷量 g/日
ブタ	ふん	1.9	60,000	114	220,000	418	27,000	51	10,000	19	7,000	13.3
	尿	3.5	5,000	18	4,500	16	3,300	12	5,000	18	400	1.4
	混合	5.4	24,000	130	80,000	430	12,000	63	6,800	37	270	14.7
ウシ	ふん	30	24,000	720	120,000	3,600	12,000	360	4,300	129	1,700	51
	尿	20	4,000	80	5,000	100	3,000	60	8,000	160	150	3
	混合	50	16,000	800	74,000	3,700	8,400	420	5,800	290	1,100	54

（中央畜産会，1978：「家畜排泄物の処理・利用の手引き」より）

(2) 家畜のふん尿量：非常に多い

成畜の1日当たりのふん尿の質量を汚濁負荷量として表4.12に示した．排泄量は，その重量とともに，質（N，BODなど）で表現される部分も重要で，処理および肥料化のために必要である．排泄物の量は，季節，飼料，体重，その他で著しく変化するものであり，これらによって，処理・利用の方法および規模が違ってくるのである．

この1日排泄量を1年間排泄量に換算すると，搾乳牛では約22tに達する．その場合の窒素含有量はおおよそ106kgとなる．これを畑に投入して飼料作物を生産する場合，通常の10a（1反）当たり窒素投入量は15〜20kgであるから，ウシ1頭当たり50a以上の畑が必要である．繁殖雄豚で同様な計算をすると，総排泄量は2.9tで，その窒素含有量は10kgとなるから，およそ牛の1/10となる．なお，ニワトリのふん量は少ないが，窒素量は多いので，概算でブタの1/10となる．

その結果，ウシ1頭はブタ10頭に相当し，ブタ1頭はニワトリ10羽に相当するので，ふん尿質量から家畜単位を設定することも考えられる．なお，ヒトのふん尿総量はニワトリに近似している．

4) ふん尿からの悪臭発生

家畜ふん尿に由来する悪臭物質については表4.13に示したが，一般にタンパク質（窒素系有機物）が変性したもの，または脂肪酸由来のものが多い．また，嫌気的発酵（腐敗）の過程で出てくる物がほとんどである．これらの悪臭物質は，嫌気的条件下で，温度と湿度が高めで，材料があれば必ず悪臭として発生する．

表4.13 家畜ふん尿による悪臭物質とその規制基準

物質名	濃度範囲	物質名	濃度範囲
アンモニア	1〜5	アセトアルデヒド	0.05〜0.5
メチルメルカプタン	0.002〜0.01	スチレン	0.4〜2
硫化水素	0.02〜0.2	プロピオン酸	0.03〜0.2
硫化メチル	0.01〜0.2	ノルマル酪酸	0.001〜0.006
二硫化メチル	0.009〜0.1	ノルマル吉草酸	0.0009〜0.004
トリメチルアミン	0.005〜0.07	イソ吉草酸	0.001〜0.01

（敷地境界線　ppm）

悪臭を防止するには，原材料がないこと，除ふん（ボロ出し）と水洗，水分除去（乾燥，ふん尿分離，等），曝気，滅菌，吸着（吸着材使用），等で悪臭の発生を抑制できる．しかし，焼却は悪臭発生を招きやすい．

5）ふん尿処理法

ふん尿処理は畜舎等での排泄物の収集から始まり，処理を行って，保存利用，もしくは破棄する過程からなっているが，排泄物の状況に応じて異なり多様である．

(1) 集ふん尿あるいはふん尿搬出法（一次処理）

畜舎内で排泄されたものは，ふんと尿を混合して，または分離して搬出される（一次処理）が，この処理方法は次の過程の汚水処理法またはふん（尿）処理法と深く関連している．

① ふん尿混合：豚舎内がスノコ床で，その下がふん尿溝である場合，ふん尿は共にふん尿溝におち，徐々に押し流れて貯留槽へ落ち（自然流下式），ここで完全に混合される．この過程から先は③に同じか，または固液分離機（ローラープレス，スクリュープレス，等で絞る，篩う）で固形部分が取り出され，残る液体部分は貯留槽へ送られる．

② ふん尿分離：ふんは畜舎内では手作業・ショベルカーまたはバーンクリーナー・バーンスクレイパー等で集められるが，尿は側溝（尿溝）を流れて貯留槽へ貯められる．

③ 尿貯留槽（投入槽）：溜め池（ラグーン）に貯めると，嫌気的発酵が進行する．地下などのスラリー（タンク）にも貯められるが，この場合は後で好気的にも嫌気的にも処理できる．

(2) 汚水処理（二次処理）

汚水については，ここで完全な好気的処理を行えば，排水基準値以下にして放流でき，嫌気的処理を行なえば，有機物が残っているので放流はできないが，液肥として畑に散布できる．

① 活性汚泥法：汚水中の活性汚泥（スカム）とは，有機物塊に細菌，原虫等の微生物が取り付いている状態である．これらの微生物は好気的条件では溶けている酸素を利用して増殖し，有機物（すなわちBODに相当する）をCO_2

と H_2O に分解するのである.

機械により酸素（空気）を汚水中に送り込む曝気（通気）の方式は多様である．それらの多くは BOD, SS を 90〜95％処理できる．

活性汚泥法による汚水処理施設の基本的な構成（図 4.70）は，ふん尿（固液）分離→尿貯留槽→曝気槽→沈殿槽（余剰汚泥除去）→処理水放流となる．なお，曝気時間については従来の連続運転（連続式）に加えて，一定時間毎に運転を停止して静置沈殿する回分式が導入されている．

・連続式について：連続的に曝気しながら運転する型：最も一般的である．有機物を分解して，有機物量を 9 割以上減少させることができる．しかし，有機物を減らせても，無機物としての N（硝酸・アミノ酸・等）を減らすことは困難である．したがって，原則的には不十分な処理方法である．

・回分式について：同一タンクで曝気と静置沈殿とを時間を区切って行う新しい型で，曝気中には連続式と同様に有機物を分解し，静置中に，沈殿した汚泥（有機物，微生物）を取り除き（堆肥化に利用），同時に嫌気的発酵も期待できる．そのため，本方式では沈澱物の形で N を 50％程減少させることが可能で，今後に最も期待される汚水処理施設である．

② 散水濾床法：石，板の表面に活性汚泥を着け，上から汚水を散布すると，流れる過程で好気的な処理が進行する．ヒトの大型水洗便所等で用いられたが，処理能は高くなく，BOD の 80％処理が可能である．

③ 回転円盤法：水面で回転する円盤に生物膜（活性汚泥）を付着させておく．

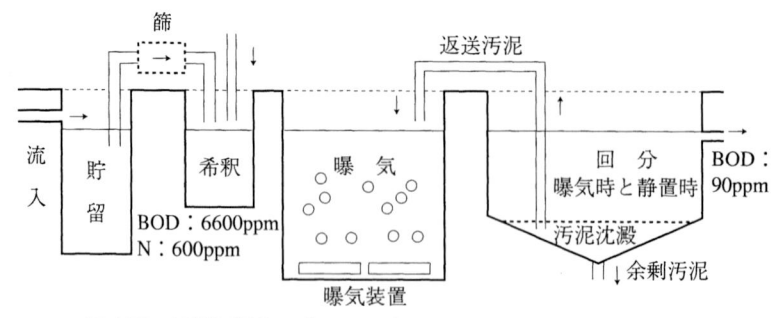

図 4.70　活性汚泥法の流れ（標準曝気式と回分式を組み合わせた）

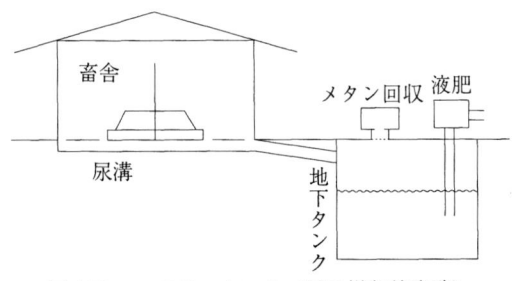

図 4.71　スラリータンク（尿の嫌気的発酵）

これにより，活性汚泥が汚水と酸素に触れて，分解が促進される．各種の池（ラグーンという）などで利用されている．
④ 接触酸化法：汚水を水路で曝気しつつ，生物膜の間を通過させるもので，河川浄化に期待される．
⑤ 酸化池法：広く浅いプールで，日光と酸素によりクロレラ等を増殖させて汚水を処理する．広い敷地があると低コストである．
⑥ 嫌気的消化法：メタン発酵法：一般に，畜舎内から自然流下式で貯留槽（スラリータンク）内に尿部分を誘導し，ここで貯留して嫌気的発酵で有機物の分解を進める．この場合のBOD分解能力は60％程度であり，完全な処理はできないので，液肥として畑地に散布される．悪臭もあるが時にひどい．有機物（BOD）の処理能力は60％程度であり，1日排泄量の数10倍のタンクが必要である．低コストが期待できるが，処理水（コンポストという）の河川への放流はできず，液肥として畑に散布される．なお，このスラリータンクでメタンが発生するので，その利用が可能である（図4.71）．

(3) ふん処理法：ふん利用法

　堆肥化とは，堆積された排泄物中において，微生物の働きにより有機物を発酵分解させ，それで生じる熱によって水分の蒸散をもはかるもので，好気性微生物が増殖する条件を必要とする．したがって，微生物への栄養源，水分，温度，酸素の供給が基本構成である．
　好気的発酵を進めるためには適度の撹拌（切り返し）または通気による

酸素供給を行うが，堆積物の構造が通気性の高い状態であることが必要である．そのための副資材としてはイネ科乾草が最適である．オガクズはリグニンが非常に多く，分解は困難であるので，処理には時間を要する．なお，微生物については市販のものを利用することもあるが，近在の腐葉土中の菌（一般に土着菌という）を利用することも有効である．

a.堆肥の基本的な作り方

集められた固形部分を堆積すると，好気的発酵が始まる（高温になる）．しかし，間もなく，酸欠で，発酵が停止し，温度が下がる．ここで，切り返して空気に曝すこと（曝気）によって再度好気的発酵が促進され，80℃以上の高温となる．これを数回繰り返してゆくと，好気的発酵が限界に近づき，温度上昇がみられなくなる（図4.72）．

次に，静置しておくと嫌気的発酵がゆるやかに進行するが，数カ月以上を必要とする．以上の単純な作業が微生物による有機物の分解を完成させ，完熟肥料にする基本的な過程である．

ところで，好気的発酵がすすんでいる間は悪臭はほとんどないものである．しかし，生ふんを単に堆積しているだけだと，嫌気的発酵が優勢となり，悪臭が発生する．

なお，好気的発酵を促進するには微生物の活動増殖をすすめる環境条件を整備せねばならない．まず，栄養分（ふん尿の有機物）は十分にあるので，酸素が必要で，これには前述の切り返し作業だけでなく，機械による攪拌または下からの通気で空気を送り込む曝気装置が有効である．次いで，適度な水分（70〜80％）も必要なので，乾燥がすすめば散水を適度に行う．

堆肥化過程での温度変化の例を図4.72に示した．温度計を深く刺して発酵の様相を日常的に点検するが，発酵が

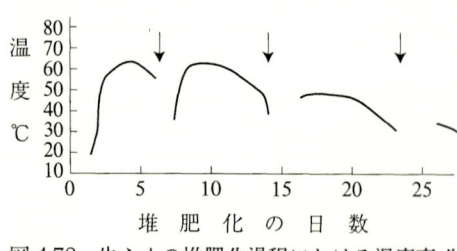

図4.72 牛ふんの堆肥化過程における温度変化

順調であると80℃程度に上がる．その後に温度が低下したら，発酵が抑制されているので，切り返しを行うと，再び好気的発酵が回復して，温度上昇が見られる．このように切り返しを繰り返してゆき，温度上昇が認められなくなったら，好気性菌による有機物の分解が完了したと判断できる．

　なお，発酵を進めるには，有機物と微生物，および水分と温度とが必要条件である．時に少し掘ってみて，しっとりと水分を含んでいることを確認することも必要である．

　なお，完熟堆肥にするためには，上記の好気的分解過程の後に静置しての嫌気的発酵の過程を行うが，これには通常数カ月以上を要する．

　近年では，下記のように，機械等を利用して積極的に好気的発酵を促進し，期間短縮できる施設設備が開発されている．

b. 積極的な堆肥の作り方

　基本原理は上記と同じである．まず，機械でもって攪拌を十分に行って酸素を送り込む．同時に，散水を繰り返して，常に発酵に適度な水分を供給し続ける．同時に加温できると有効である．この方法で初期過程の好気的発酵を短期間に終了できる．その後に密閉して高温で嫌気的発酵を促進させるのである．このような施設はさまざまな規模で建設できる．

① 通気堆積発酵処理：通気施設を備えた堆肥舎で，初期の好気的発酵が促進され，堆肥化が早い．

② 開放型攪拌発酵処理：機械による自動攪拌を行い，切り返しを省力化するが，より早く出来上がる．

③ 密閉型攪拌通気発酵処理：最も省力的で，通気と機械攪拌を行うので出来上がりは最も早いが，施設費は高い．

☆完熟堆肥を目指す場合は①，②，③とも長期の嫌気的な堆積期間が必要である．

c. その他の糞処理法

① 乾燥処理：通常，プラスチックハウスに，ふんを浅く堆積しておく．

② 火力乾燥：大量処理，省力化，品質安定化は可能だが，コストが高くなりやすい．悪臭が厳しいため脱臭装置が必要である．

4.3 家畜衛生

4.3.1 環境要因と家畜の適応 (Environmental factors and adaptation of animals)

家畜と外部環境とのかかわり方は双方向性で開放的なものであり,家畜は外部環境から影響を受ける一方で,家畜は外部環境に対して何らかの影響を与えている.家畜をとりまく環境要因には,気候的要因,地勢的要因,物理的要因,化学的要因,生物的要因および社会的要因がある(表4.14)[1].

家畜を含む生体は日常生活の中で,これらの環境要因からの刺激を絶えず受けている.哺乳動物や鳥類には,外界の条件が変化しても体内の環境(内部環境)を一定のレベルに保とうとする恒常性維持(ホメオスタシス)の機構が存在している.たとえば,血液の水素イオン濃度(pH),無機物,ブドウ

表4.14 家畜をとりまく環境要因

区分	構成要因
1. 気候的要因	気温,気湿,気圧,気流(風),放射線(日射,放射熱),降雨,降雪,降霜,季節変動など
2. 地勢的要因	緯度,標高,方位,傾斜度,地形,水利,地水,排水,水質,土壌の性状,植生,樹林の状態など
3. 物理的要因	温度,湿度,風(風速,風量),光(波長,照度,明暗のリズム),音(大きさ,高低,音色),圧力,重力,慣性,色彩,畜舎の構造,腫瘍など生体内の物理的現象など
4. 化学的要因	空気組成(酸素,炭酸ガスなど),飲料水,飼料,飼料添加物,ふん尿,臭気物質,塵埃,有害化学物質(水銀,カドミウム,PCBなど),肥料,農薬など
5. 生物的要因	野生動・植物,有害動・植物,内・外寄生虫,原虫,病原微生物,土壌微生物など
6. 社会的要因	同種間,異種間,個体間,個体群間,親子間,雄雌間の関係,管理者(ヒト)とのかかわりなど

文献1)より引用

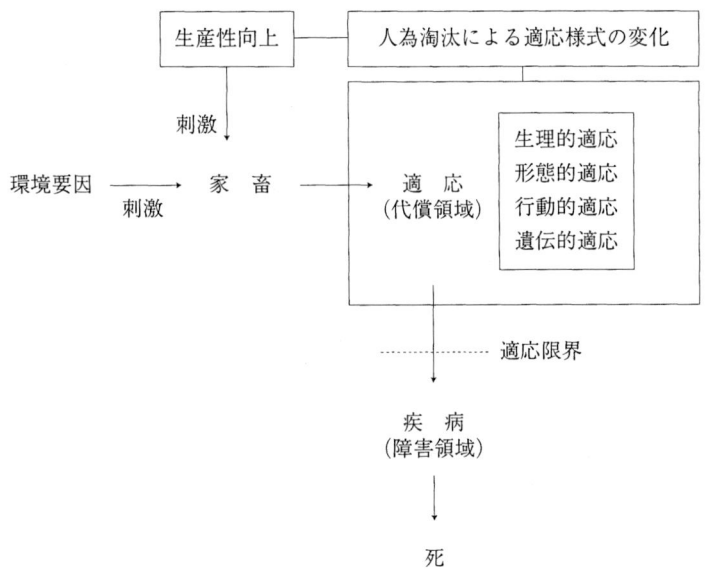

図 4.73　環境要因と適応および生産性の関係

糖，タンパク質，脂質，浸透圧，酸素分圧，炭酸ガス分圧のレベルや体温などは狭い範囲内の変動に維持されている．これらの条件は，細胞の正常な機能を維持する上で重要な性質である．

家畜は環境の変化に対して適応（adaptation）することによって恒常性維持を行い生命を全うすることができる．この際，生体内では外部環境からの刺激，すなわちストレッサー（stressor）の作用を緩和し，克服するために何らかの代償作用がもたらされる（図 4.73）．以下に代償作用による適応の具体例を述べる．

1）適応の方法

適応はその方法によっていくつかの種類に区別される．温度環境に対する生体内部の変化などは生理的適応とよばれるものであるが，このほかに，行動的適応，形態的適応，遺伝的適応などがある．行動的適応は，家畜が直射日光を避けるために木陰に移動したり，暑いときに水浴や泥浴を行ったり，地面に寝そべったり，また寒いときに個体同士が寄り添うなど，家畜の行動

習性によってもたらされるものである．形態的適応は，同じ品種の家畜でも生後の飼育環境が異なっている場合，それぞれ異なった身体的特徴をもつようになることがその典型例である．たとえば，高地の低酸素，低温環境下で飼育された動物は平地で育った動物にくらべて，皮下脂肪の発達，長毛化，筋肉の毛細血管，ミオグロビンおよびミトコンドリアの増加，肺胞表面積の増大，初期の赤血球数の増加，心肥大などを示す傾向が現われる．遺伝的適応は，適応の仕方がその動物の先天的な性質として固定されているものであり，熱帯地域に棲息する動物と寒帯地域に棲息する動物とで四肢，耳，尾，被毛などの大きさや形が異なっている例などがあげられる．一般に暑い地域では体表面積/体重の比率が大きくなる傾向がみられる．これは体表からの熱放散を盛んにするためである．遺伝的適応は自然淘汰ないし人為淘汰の結果，種あるいは品種として固有の形態的特徴や生理機能を生まれながらにして保有しているものである．しかしながら，遺伝的に同じ動物種であっても棲息環境の相違によって，それぞれ異なった適応様式をもつようになる．

2) 代償機能の破綻－疾病

環境要因の変化に対する生体反応は，すべて代償機能として現れるものであり，生体の内部環境を一定範囲に保つための巧妙な仕組といえる．しかしながら，ストレッサーの作用が強すぎたり長期間に及ぶ場合には，生体がもっている代償機能では克服できなくなり疾病や死に陥ることになる．すなわちホメオスタシスの破綻である．ホメオスタシスの破綻は生体反応における代償領域（compensatory zone）と障害領域（disturbance zone）との間で起こるが，障害領域に至ると臓器や組織に形態上の変化たとえば胃潰瘍が生じるなど何らかの後遺症が認められるようになる[2]．

適応は生体の内部環境を維持するために，ストレッサーに対する感受性や反応の大きさを変化させることでなされるが，これは究極的には細胞の活動やある一定の機能システムが作動する際の設定点（セットポイント）が変化することを伴っている．たとえば，寒冷環境に馴化している家畜と温暖な環境に馴化している家畜とでは，体内の熱産生量に変化が生じる臨界温度（critical temperature）の上限と下限が異なっている．すなわち熱的中性圏

(zone of thermoneutrality)の範囲が両者で相違するが，これはそれぞれの温度環境下で体温調節のための設定点が異なっていることを意味している．以下に暑熱および寒冷ストレスならびに輸送ストレスを例にとって，生体の反応や適応の破綻から生じる疾病例を述べる．

(1) 体温調節機能と暑熱および寒冷ストレス

　高温環境下では皮膚循環が活発になり，発汗や伝導，対流，放射などによる体表面からの熱放散を促す一方で，パンティング（panting）あるいは熱性多呼吸（thermal polypnea）とよばれる呼吸様式を示すことによって呼吸気道粘膜からの気化熱を増し，これらが一体となって体温の上昇を防いでいる（図4.74）．また，寒冷環境下では，交感神経の活動亢進による皮膚血管の収縮が生じることで，皮膚循環量の減少，体表面から外界への熱放散の抑制がもたらされる．また交感神経の興奮によって皮膚の立毛筋の収縮が起こり，皮膚表面の空気層の厚さが増すことで対流による熱放散を抑制する．さらに，交感神経末端からのノルアドレナリン分泌や副腎髄質からのアドレナリ

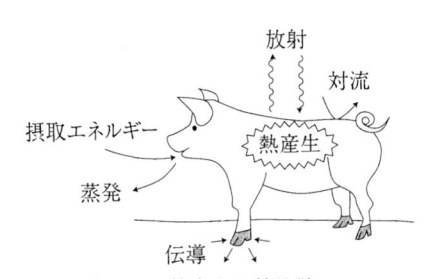

図4.74　熱産生と熱放散

熱産生量は蒸発，伝導，放射，対流による熱放散量との間でバランスが保たれている．実際的には生体はいつも何らかの仕事を行っているので仕事（W）による熱の出入りが影響する．また熱放散を上回る熱産生があると体内に熱が蓄積して蓄熱量（S）は＋になり，その反対の場合は－になる．C.K.R.Wは熱放散のみならず熱を獲得する手段にもなることから，＋と－の両方の符合がつく．（文献3）より引用，一部変更）

熱放散（放熱，heat loss）の要素
・蒸発　evaporation（E）・伝導　conduction（C）・放射　radiation（R）
・対流　convection（K）

体熱平衡式
$M = E \pm C \pm K \pm R \pm W \pm S$　（M：熱産生，W：仕事，S：蓄熱量）

ン分泌が亢進することでグリコーゲン分解の促進（血糖値の上昇）や脂肪分解の促進（遊離脂肪酸の動員）が生じ，エネルギー供給の増大とその利用効率が上昇するために，結果的には熱産生（産熱，heat production）量が増大する．

　寒冷ストレスは脳下垂体－副腎皮質系の機能を活発にし，副腎皮質ホルモンであるグルココルチコイド（glucocorticoid）やミネラルコルチコイド（mineralcorticoid）の分泌を促進する．前者は血糖値を維持するとともに，循環機能（血圧や心筋収縮）を正常に保つように働く．後者は無機物代謝ホルモンであるアルドステロンにより，腎臓や汗腺におけるナトリウムの再吸収を活発にすることで，体内の水分量の保持を行う．これらの働きは結果的には体温の低下を防ぐ方向に作用する．このように，体温維持は熱産生と熱放散（heat loss）との間のバランスの上に成り立っている[3]．

　低温および高温環境は生体にとってストレッサーとなりうるが，影響の強さや現れ方は，家畜の種類，品種，成長段階によって大きく異なる．

a. ブタ

　出生直後の新生子豚にとって，通常の気温たとえば25℃は寒冷ストレスとして受けとめられる．反面，成豚にとっては暑熱ストレスである31〜35℃の温度条件は新生子豚ではむしろ熱的中性圏の範囲である．新生子豚を25℃の環境下に置くと，全身に激しいふるえが生じるが，48時間後においても直腸温は熱的中性圏のときに比べて約1℃しか低下しない．これはふるえ産熱（shivering thermogenesis）によるもので，筋肉のチトクローム酸化酵素活性の上昇，筋肉内のグリコーゲン消費および脂質消費の増大，血中乳酸量の減少が生じるなど，筋肉における酸化過程が促進されているためである．ふるえ産熱は骨格筋でなされるため，骨格筋への血流量が増加するとともに，ふるえ産熱には関与しない消化管などの臓器の血流量は反対に減少する．また，血中のノルアドレナリン量が著明に増加する．新生子豚では，産熱エネルギーの約75％が初乳に依存することからわかるように，初乳は産熱のエネルギー源として重要な役割を担っている．このことから初乳の摂取不足は体温低下による弊死を招く危険性が高まる．また初乳中には母体から

の免疫グロブリン（γ-グロブリン）が豊富に存在し，新生子豚は哺乳によってこれを摂取することで免疫抵抗性を保持している．新生子豚は出生直後の一定時間，この免疫グロブリンを小腸で取り込むことができるが，出生直後数時間程度の寒冷ストレスの負荷によっても，小腸での吸収が抑制され，結果的には免疫グロブリンの血清レベルがその後数日間にわたって低下したままになる．このような条件下で飼育されたブタは各種の感染症に罹りやすい．

肥育過程にあるブタ（体重約 90 kg）では低温環境，高温環境のいずれにおいても増体率の低下が生じる．1日の温度幅が $-5\sim8$ ℃の低温環境下で 21 日間飼育されたブタの増体率は熱的中性圏（20 ℃）で飼育されたブタに比べて 27.2 %も低い．しかし摂食量は逆に 5.7 %増加していることから，摂食によるエネルギーの利用効率が著しく低下していることになる．これは，寒冷ストレスのために，摂食エネルギーの多くが体温維持に利用されるためである．一方，1日の温度幅が 22.5〜35 ℃の高温環境下で 21 日間飼育されたブタの増体率は熱的中性圏（20 ℃）で飼育されたブタに比べて 16.3 %低い．これは，食欲の低下による摂食量の減少が生じていることが原因である．

b. ウシ

放牧中のウシは後述するように，厳しい自然環境のもとに置かれており，梅雨明け直後の夏期に熱射病や日射病で倒れたり，また寒い地域では早春の放牧直後に凍死する個体も見受けられる．このような極端な例のほかに，一般的に暑熱および寒冷ストレスは乳生産の低下や肥育効率の低下などの点で問題視される．

成長期のホルスタイン種牛（5カ月齢）を高温環境（32.5〜34 ℃）に5週間暴露した場合，摂食量に対する体重増加の割合が減少する．このような変化は暑熱ストレスによる甲状腺ホルモン（チロキシン，トリヨードチロニン）合成の抑制とも明瞭に関連している．甲状腺ホルモンはタンパク質の生合成を促進することで身体の成長と発達を促し，また全身のエネルギー代謝を刺激して熱産生を高める作用があるが，暑熱ストレスはこれらの働きを抑制する．暑熱ストレスは乳牛の乳量を減少させるが，この原因としては食欲の

減退による摂取エネルギーの低下が最大の要因である．摂食量が減少するとルーメン内での揮発性脂肪酸（VFA）の産生量が減少する．このため血糖値や蓄積脂肪量の減少を招き，結果的に乳汁分泌量が著しく低下する．乳牛の生産適温域は10～18℃とされ，気温が24℃を越すと乳量の低下が明瞭になる．比較的泌乳量の多い乳牛では，気温が25℃で食欲の低下傾向が現れ，30℃では明瞭な摂食量の低下，40℃では摂食停止が起こるといわれる[3]．摂食量の減少に加えて，暑熱ストレスは生体内におけるさまざまな生理的変化が乳汁分泌機能に対して抑制的に働くことが知られている．たとえば，高温環境下では膵臓からのインシュリン分泌の上昇が起こり，グルカゴンの血糖上昇作用を抑制するために，結果的に血糖値が低下する．このことは引いては乳腺における乳汁産生機能を低下させる誘因となる．粗線維の多い乾草はルーメンでの発酵熱が増すので，夏期には消化の良い良質の乾草を給餌することが望ましい．

（2）家畜の輸送ストレスと疾患

ウシやブタ，ウマなどの家畜を輸送した直後に発熱や呼吸器症状を伴う疾患に陥ることがあり，一般に輸送熱（shipping fever, transport fever）とよばれる．輸送を初めて経験する若齢家畜に発生しやすい．とくにウシでは，離乳期に輸送を行うと，飼料の変更，飼育環境の変化などの外部要因も作用して，免疫機能が低下し，呼吸器感染にかかりやすくなる．輸送ストレスは車両輸送の場合，エンジン音や車体の振動，換気不良な車内環境，長時間の絶食などが要因となる．また狭い車両内に多くの個体が収容されていることもストレス要因となる．輸送熱の発症機序についてはまだ不明な部分も多いが，ウシやウマでは上部気道に常在しているパラツレラ属の菌などが増殖して下部気道や肺にまで侵入する結果，気管支炎や肺炎をもたらすというケースが多いと考えられている．この際，ウイルス感染が同時に起こることも少なくない．関与するウイルスとしてはパラインフルエンザ3型（parainfluenza-3），牛ヘルペスウイルス1型（bovine herpes virus-1），牛伝染性鼻気管炎ウイルス（infectious bovine rhinotracheitis virus）などが挙げられる．

車両輸送においては，過呼吸による気道粘膜の乾燥，排泄物に由来する

アンモニアガスなどの化学的刺激および車両内の浮遊粒子が呼吸器に作用して，気道粘膜の障害が起こりやすくなるとともに，副腎皮質からのコルチゾールの分泌亢進によって末梢気道における細胞性免疫能が抑制される．

ブタでは高温環境下で輸送ストレスが負荷されることにより，輸送中もしくは輸送直後から高体温，末梢血管収縮，筋肉の振戦，全身虚脱などの急性症状が現れ，急性死する例もみられる．またストレスを受けたブタでは筋肉内の乳酸量の増加，早期死後硬直，筋肉の部分的壊死，浮腫などが現れるために，肉質の劣化が進み，いわゆる「むれ肉」の原因になる．

4.3.2 畜舎衛生（Hygene of barn feeding）

1）畜舎（barn, livestock house）と衛生

畜舎は家畜を収容するための壁ないし柵と屋根をもつ建造物であり，自然界がもっている風雨，直射日光，暑熱，寒冷，害虫などの刺激から家畜を保護するとともに，家畜の成長や生産に必要な栄養を管理し，また家畜の疾病予防，疾病の早期発見と治療など，家畜を人間の管理下に置く上で有益な施設である．

また，畜舎は搾乳室や採卵・出荷のための設備，あるいは畜舎廃棄物の処理施設と密接に関連するので，動線や衛生面を考慮して設計されている場合が多い．土地面積が狭く，人工飼料への依存率が高いわが国では，畜舎内で家畜を飼育するいわゆる舎飼い（barn housing）による畜産形態が主流を占めている．とくに畜産物としての回転率が高い肥育豚，ブロイラー，採卵鶏は生涯にわたって人間の完全管理下に置かれた「施設畜産」の形態をとる例が多い．舎飼いは放牧に比べて，生産効率が高い点で優れているが，一箇所に多くの家畜が集中する多頭羽飼育となる傾向があり，そのために各種の生産病が発生したり，家畜排泄物の処理にかかる負担増，周辺環境への水質汚染，悪臭など畜産による環境負荷が問題となる．一方，家畜の生理，行動，習性を十分に考慮した畜舎および関連施設を構築し，衛生的で無駄のない飼養システムをもつことが最終的には高品質の畜産物を産み出すことにつながる．

一般に家畜とくに成畜は低温環境には強いが高温環境には弱い傾向がある．とくにルーメン発酵を行うウシは，暑さに弱いため夏期の食欲減退，乳量の減少，抗病性低下の原因になる．またブロイラーも暑さに弱い．採卵鶏も生理的には暑さに弱いが，産卵への影響は寒い方で生じやすい．これは低温環境下では摂食によるエネルギーの多くが体温維持のために使われることが原因として考えられる．採卵鶏では生産性からみた場合の適正な温度域がかなり狭い．また，種豚や種牛では暑熱環境下で造精能や受胎率の低下による繁殖障害を生じやすくなる．密閉式あるいは半密閉式の畜舎では家畜自身の体温と呼吸による水蒸気の上昇によって舎内温度および湿度が上昇しがちなため，夏期には舎内の換気や通風に十分留意する必要がある．とくに密閉式の舎内に飼われているブロイラー飼育では，盛夏期に舎内の換気や温湿度調節に支障が生じると多数の個体が死廃して大きな損害をもたらすことがある．

畜舎に関連する主な衛生上の問題は，① ふん尿による家畜，作業場および畜舎周辺環境の汚染，② 畜舎内の粉塵，アンモニア濃度の上昇，③ 畜舎環境に由来する乳房炎，子牛の下痢症，呼吸器疾患，④ 暑熱による食欲減退とそれに起因する乳量や増体量の減少，⑤ 高密度飼育による家畜のストレスと感染症への罹患，などである．

① では舎内の飼槽周辺および床をとくに清潔に保つようにする．そのためにはふん尿の除去，回収が容易なスクレーパー（ふん尿溝の自動清掃機）やカウトレーナー（ウシの背に電気ショックを与える装置）（図4.75）が用いられる．カウトレーナーはウシが排尿の際に背を持ち上げ丸める動作を利用してウシの肩甲部近くの空中に電牧線（接触線）を配置することで，排尿の場所を一定にする方法である．この場合，電牧線を正しい位置に設置しなければ効果が現れなかったり，ウシにストレスが加わり神経質になるので注意する[4]．また，清掃のために水をある程度使うことは避けられないが，あまり大量の水を使うことは，汚水浄化の負担が増大することになるので，なるべく少ない水の使用量で牛舎や牛体が清潔に保てるようなシステムを取り入れる．

② では，舎内の粉塵量が増加したり，ふん尿によるアンモニア濃度が上昇

4.3 家畜衛生 (265)

すると呼吸器感染に陥りやすくなる．また作業者の労働条件も悪化する．日頃より舎内を清潔に保つとともに，舎内の換気を適正にして空気の清浄化に努める．

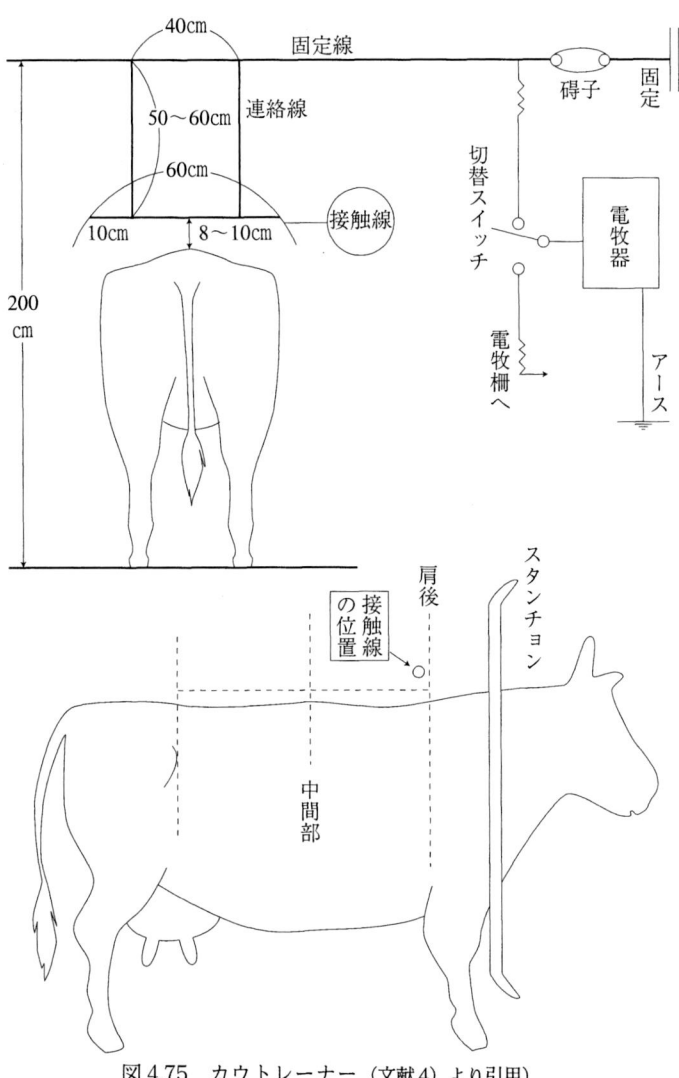

図 4.75 カウトレーナー（文献 4）より引用）

③泌乳期の乳牛における乳房炎の罹患率は15～20％に及ぶといわれ，酪農経営の上で損害の大きい重要な疾患である．完全密閉式の無窓式（ウインドウレス）畜舎は，採卵鶏，ブロイラー肥育，SPF豚の飼育などで用いられる．感染症の発生が少なく，家畜の生育に適した環境条件を与えることができるため生産効率が高く，また悪臭や害虫の発生など外部環境への汚染負荷も少ないため理想的といえるが，換気，照明，温度調節，給餌がコンピューターで一括管理されるケースが今後増えることが予想されるため，電気系統も含めこのようなシステムの管理，運営上の知識が必要である．ウインドウレス畜舎では，全ての家畜を一度にまとめて搬入，搬出するオールイン・オールアウト方式をとることが家畜管理上合理的である．この場合，搬出後の畜舎内の消毒や，搬入前後のワクチン接種など，予防衛生上の処置を適切に行うことによって，畜舎の利用効率が向上する．

　畜舎による飼育方式は家畜種によって異なる．牛舎では，繋留式（つなぎ飼い式），解放式（放し飼い式），牛房式があり，豚舎では豚房式，ケージ式，放し飼い式が，鶏舎では平面飼育式，立体飼育式などがある．また，成長段階によって，哺育舎，育成舎，肥育舎などが区別される．

a. 牛舎と衛生

　繋留式牛舎（tie stall barn）：通常，泌乳牛に適用される畜舎で，ウシの1頭ごとに割り当てられたスタンチョンストールと呼ばれるスペースにウシを収容する．ウシは一定間隔で並んだスタンチョン（頸部を金属製の枠で緩く固定する装置）に繋留されるが，隣接するスタンチョンの間には特別な仕切りを設けない場合が多い．ウシはスタンチョンに繋がれていても，頭部を自由に動かすことができるが，全身を大きく前進ないし後退することは制限されている．ウシは餌槽内の飼料を与えられた量だけ食べることができる．この方式は個体毎の飼養管理が容易な点に長所があり，また排泄物もカウトレーナー等を用いればふん尿溝に落下させることができるので，牛床の衛生管理や排泄物の回収が比較的楽である．短所としては運動不足になりがちなことである．このため，1日のうち決められた時間は運動場に解放させることも必要である．朝夕の搾乳後に自由運動を行わせることも良い．ウシは繋

留中や運動場での休息中に寝そべることが多いので,乳房炎などの感染症の発生を予防する上でも,そのような場所での衛生管理に留意する.牛床の基盤材料としてコンクリートが使われることが多いが,コンクリートは保温性や柔軟性に乏しいために,硬質のゴムマットをコンクリートの上に敷くこともある.また,わらやオガクズなどの敷料を敷く場合もある.近年は牛床の基盤材料としてコンクリートに替わる新しい素材のものも応用されつつある.

 フリーストール（free stall）:家畜の健康維持には一定量の運動が必要であることから,畜舎に隣接して自由行動が可能な空間を設けることが望ましい.ウシ1頭が入ることのできる幅の狭いフェンス（体重650〜700 kg で幅120 cm)[5]を運動場に隣接して設けており,ウシはフリーストール内に自由に出入りすることができるものである.フリーストールの床にはわらなどの敷料を敷くことでウシは横になり休息をとることができる.休息中のウシの排泄物は決められた場所（ふん尿溝）に落下させ回収を容易に行えるよう工夫されている.この方法の利点は,休息場がウシで混み合うことなく清潔に保たれるほか,ウシ間の社会的順位の違いによる攻撃からの回避,集合型の休息場にくらべて敷料が少なくて済むなどである.

 牛房式牛舎（pen barn）:乾乳牛,育成牛,肥育牛では柵で囲まれた一定の空間内に複数の個体を収容する牛房式（図 4.76）で飼養することが多い.通常は成長段階や月齢によって牛群を区別して異なる牛房に収容して,それぞれの段階に応じた飼養管理を行う.床はオガクズを厚さ 20 cm 程度に敷き詰め,ウシからのふん尿はウシの踏み込みによって自然にオガクズと混ざり合い,吸収,分解される.この方法では牛体の汚れも少なく,畜舎の臭気も弱く衛生的である.牛房の面積に関しては,複数の個体を同時に飼育する群飼で1群の頭数が15頭以下,肥育最終段階での体重が 660 kg 程度とした場合,肥育牛1頭当たりの必要床面積は $5.0〜6.5\,m^2$ がよいといわれている[5].

 育成期のウシでは,自由に運動することのできる余裕のある面積内に群飼させることが個体の発育成長に不可欠である.一般に動物は単飼よりも群飼のほうが学習効果が優れ活動的であるが,群飼の場合,飼養密度を高くする

図 4.76 牛房式牛舎

図 4.77 カーフハッチ

とストレスが大きくなり抗病性低下の原因ともなる．また，特殊な設備として，哺乳期の子牛を下痢症などの消化器疾患や肺炎などの呼吸器疾患の他個体からの感染から保護するために，子牛を1頭だけ収容できるカーフハッチ（幅 1.2 × 高さ 1.2 × 奥ゆき 1.8 m 程度）（図 4.77）を設ける方法も普及している．これは出生直後，初乳を飲ませた後の子牛を約2カ月齢になるまで個別管理するものである．

b. 豚舎と衛生

飼育対象によって種雄豚舎，繁殖豚舎，分娩豚舎および肥育豚舎に大きく

分けられる．繁殖豚舎には交配豚房，妊娠豚房（ストール），雄豚房などが，分娩豚舎には分娩柵や新生子の保温設備が設けられる．種雄豚舎では，通風の良い構造とし，種雄豚が自由に運動できるように1頭当たり20 m^2 以上の運動場（放飼施設）を設けることが良いとされる．繁殖豚舎では繁殖雄豚および雌豚がそれぞれ5頭程度の群飼とすることが多いので，個体間の闘争や採食量のアンバランスを防ぐよう工夫が必要である．分娩豚舎では新生子の母親による圧死事故が起こりやすいが，分娩柵と保温設備（赤外線ランプ，保温床など）との組み合わせによって，哺乳時にのみ母親と子豚が同居することで，犠牲となる個体数を大幅に減らすことができる．分娩哺乳時の子豚は病原体の感染を受けやすいので，外部からの汚染がないよう細心の注意が払われる．

　肥育豚舎では，ケージ式（デンマーク式）を用いる場合と7 m×20 m程度の面積をもった半開放式の大型豚舎に多数頭を群飼する場合とがある．後者の場合，ふん尿の処理方法が問題となるが，最近ではオガクズなどの発酵床（好気的分解）を利用することでうまくいっている例が少なくない．この方式では，ケージ飼いにくらべてブタの運動量が多く，他個体との行動的な交わりも多いため，ブタにとってはストレスが少なく，泣き声による騒音や臭気も比較的小さく，設備費も廉価で済むなどメリットが多い．密飼いはストレスを蓄積させ，胃潰瘍，下痢症などの消化器症状，慢性呼吸器疾患，発育不良をもたらし生産効率を低下させるので，肥育豚1頭当たりの面積も3 m^2 程度はもつことが理想的である．上記の大型豚舎の問題点としてはオガクズの入手が困難なこと，堆肥化された敷料の受入先が乏しい場合があること，発酵床が寄生虫や虫卵の温床になりうることなどである．

　ブタは成長，肥育のサイクルが短く，また産子数が多く，人工授精によりほとんど同じ性状をもった個体を大量に生産することが可能なため，採卵鶏とならんでもっとも工業化，集約化しやすい家畜種である．とくにブタの場合は，無菌的に飼育された母親から帝王切開によって胎子を無菌的に摘出することによって，少なくとも特定の病原菌をもたない清浄なブタ，すなわちSPF (specific pathogen free)豚を作出することが可能である．実際的には第

一世代の SPF 豚の交配で産出された第二次 SPF 豚以降が市場に供せられる．ブタは豚マイコプラズマ性肺炎，豚萎縮性鼻炎，豚胸膜肺炎などの呼吸器疾患や豚伝染性胃腸炎，大腸菌症，豚赤痢などの消化器疾患，あるいはオーエスキー病のような神経疾患にかかりやすく大きな経済的損失を蒙ることが少なくない．SPF 豚はこのような病原体を保持しないため，安全性や増体率が高く肉質も良い．第一次 SPF 豚舎はいうまでもなく無菌的な設備を有しているとともに，豚舎への人の出入および資材の搬入に際しては厳重な衛生管理が必要である．

c. 鶏舎と衛生

鶏舎はニワトリの収容の仕方によって，立体飼育鶏舎と平面飼育鶏舎とに分けられる．また壁構造の違いから開放型鶏舎と閉鎖型鶏舎とに分けられ，後者のうちとくに窓がなく出入口も通常は閉ざされているものを無窓（ウインドウレス windowless）鶏舎 と呼んでいる．

ブロイラーでは育雛期以降の生産適温は 18〜21 ℃ と比較的低い温度範囲内にあり，また産卵鶏では体格が小格化されたことと，飼料技術の進歩によって，24〜25 ℃ が生産適温である暑さに強いニワトリが多く用いられるようになってきた（図 4.78）[6]．いずれにしてもニワトリは熱的中性圏ないし

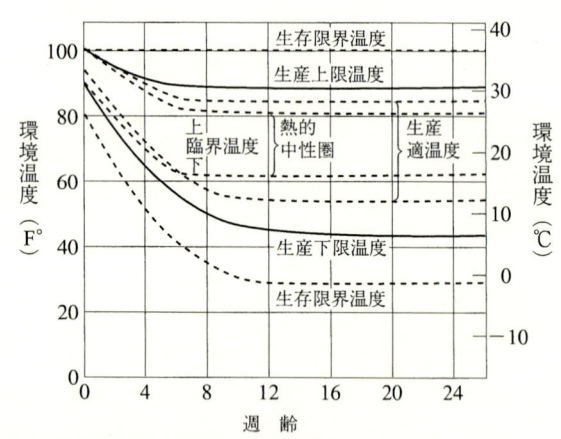

図 4.78 産卵鶏の週齢と熱的中性圏，生産適温域，生産上・下限温度および生存限界温度の関係（Esmey. M. L）． 文献 6）より引用

生産適温域が他の家畜に比べて狭いため，鶏舎内の温度管理には細心の注意が必要である．換気量や温度が自動管理されている無窓鶏舎ではそれほど問題はないが，そうでない鶏舎では，鶏舎の通気性や立地条件に配慮するとともに，送風機による通風や鶏舎への散水などの冷却措置が必要な場合がある．育雛期のヒナは，寒さにきわめて弱い．孵化後の1週間は32〜30℃の温度条件が必要で，その後は温度を徐々に下げる．ブロイラーは生後60日位で肥育目的が達成されすぐに出荷されるが，採卵鶏の場合は120日齢位で成鶏となり，その後の1〜2年間にわたって採卵に供せられる．したがって，採卵鶏ではブロイラーにくらべて成長段階に応じた給餌管理や飼育環境管理に関してより細かな配慮が必要となる．鶏舎内の照明ないし採光は成長や産卵活動に大きな影響をもたらす．日照時間の漸増は産卵を促進することが知られている．産卵期の人工照明は開放型鶏舎では10 lx（ルックス）程度の照度で，1日の明期時間は自然採光の時間と合わせて14時間から17時間の間を4ヵ月間程度かけて漸増させ，その後は一定にする方法などがとられている．また，無窓鶏舎では，生後20週齢位まで1日6時間の照明を行い，その後52週齢まで徐々に照明時間を延長して，最終的には14時間で一定にする方法などが採用されている[6]．

　ケージ式鶏舎では，鶏舎の床面にふん尿が堆積する．ニワトリのふん尿は総排泄腔から，ふんと尿が一緒に混ざり合って排泄されるため，排泄物の大部分は水分（約65%）である．成鶏1羽は1日におよそ200gという大量の排泄物を出すが，水分が蒸発するために堆積物は時間経過の割には多くは積もらない．排泄物の除去作業や肥料への二次処理を容易にし，また蝿などの衛生動物の発生を防ぎ悪臭を防止する上からも，排泄物はなるべく乾燥させる工夫が必要である．このために鶏舎床の風通しを良くしたり，送風機で積極的に通気することなどが行われている．また，無窓鶏舎では，ふんからの水蒸気と鶏自身の呼気に含まれる水蒸気によって，舎内の湿度が上昇しやすくなるので，梅雨期や夏期には換気条件の管理に十分留意しなければならない．

2）舎飼に関連して発生する代表的な疾病
（1）代謝性疾患
（i）乳熱（milk fever）および産後起立不能症（postparturient paraplegia, ダウナー症候群）

　乳熱は，とくに5～6産次の高泌乳牛において分娩後3日以内に低カルシウム血症が原因で生じる典型的な代謝性疾患である．罹患牛は，一過性の興奮症状ののち，横臥（S字状横臥姿勢），起立不能となり，体温低下，昏睡に陥り死に至る．カルシウムは本来，細胞にとっては毒性が強いために血液中にごく微量（ウシで約8g）にしか存在しない．飼料に含まれるカルシウム量の約半分（25g程度）が消化管から吸収されるが，吸収されたカルシウムは甲状腺から分泌されるカルシトニンの働きで骨に蓄積される一方，血中のカルシウム濃度が減少するときは上皮小体ホルモン（パラソルモン）の作用によりカルシウムが骨から血液側へと移行し，バランスが保たれている．しかしながら，分娩後にはカルシウムが乳汁中に大量（1日当たり20～35g）に分泌されるため，血中のカルシウム濃度が著しく減少（5mg/dl以下）して乳熱を発症する．分娩前後の消化管運動の抑制や分娩前のカルシウムの蓄積不足，あるいはパラソルモンの機能不全なども誘因として考えられている．

　産後起立不能症は分娩後4日以内に起立不能に陥るもので，乳熱の後遺症（筋，神経の損傷）として発症する場合もあるが，乳熱と異なる点は，体温，食欲，意識はほぼ正常に維持されていることである．分娩時の股関節，仙腸関節の異常，神経圧迫などが原因となって，後躯麻痺をもたらすとの見方もある．低リン血症も認められるので，筋弛緩も同時に生じているようである．

（ii）ケトージス（ketosis）

　高泌乳牛の泌乳初期に発生する代謝病の一種で，体内にアセト酢酸，アセトン，β-ヒドロキシ酪酸といったケトン体が過剰に増え（ケトン血症），食欲減退，消化障害，体重の減少，乳量低下などの症状を表す．分娩後3週間以内の発症が多い．尿，乳汁，呼気が特有のアセトン臭を示す．消化器型のケトージスでは反すうや胃腸運動の抑制が現れ，便が硬化する．神経型で

は，興奮，筋肉の痙攣，麻痺が発現したり，乳熱型では起立不能症を起こす例もある．またいずれも低血糖を示す．分娩後の泌乳開始時にはエネルギー源であるグルコースやミネラルの供給が追いつかず負の栄養バランスとなるが，とくに泌乳量が最高となる3週目頃に向かって本症が発生しやすくなる．ウシはルーメン内で産生された揮発性脂肪酸（VFA）のうちプロピオン酸からグルコースを，酪酸や酢酸の一部から脂肪を産生するが，乳汁産生のために急激に多量のグルコースを消費するために，体内のグルコース量だけではエネルギー源が不足となる．そこで体内に蓄積されている脂肪からエネルギー源を得ようとするが，その際，脂肪酸の代謝の結果，アセチル CoA と呼ばれる物質が過剰に生成されるようになる．このアセチル CoA からケトン体が生成される．治療には 40％ブドウ糖溶液の静脈内投与，プロピレングリコールの経口投与，副腎皮質ホルモン（プレドニゾロンなど）を投与して，血糖値を高めるようにする．

(iii) 鼓腸症（bloat），ルーメンパラケラトーシス（rumen parakeratosis），第4胃変位（displacement of abomasum）

　これらの疾患は発酵飼料である穀類や濃厚飼料の多給によって生じるウシの消化器障害であり，畜舎において発生しやすい代表的な生産病である．

　鼓腸症は第一胃や第二胃にガスが異常に多く蓄積され，曖気（あいき）によるガスの排泄も抑制されるために，腹部が膨満，苦悶する．呼吸速迫や心悸亢進がみられ，胃内に大量の泡沫が発生する．細粉された穀類や濃厚飼料の多給で，胃内の pH が低下するなどの原因で発酵微生物の相が変化し，また消化管運動が抑制されることが原因になる．また，子牛の鼓腸症は人工乳の変質や多飲が誘因になる．マメ科植物の多給も植物中の成分が微生物の働きに影響して鼓腸症をもたらすことがある．対処としては，胃カテーテルを用いて胃内のガスや泡沫を含む胃内容物を除去し，人工飼料の給餌を避けるようにすることなどが挙げられる．

　ルーメンパラケラトーシスは濃厚飼料の多給によって胃運動が抑制される結果，胃粘膜の絨毛同士が互いに癒着，硬化し，そのために正常な消化吸収機能に支障をきたすものである．澱粉質が飼料の 50％を超えないよう注意

し，粗飼料を適正に与えるようにする．

　第4胃変位は，穀類や細粉サイレージの多給によってルーメン発酵が本来よりも短時間で行われるために，第一胃内容物が速やかに第四胃にまで移行することで生じる．第四胃は発酵ガスを含んで異常に拡張するために，本来の臓器の位置から大きくはみ出して斜め背方にせりあがり第一胃と腹壁との間に変位するようになる．食欲が減退し，乳牛では泌乳量が著明に減少する．

(4) 中　毒（poisoning）

a. 硝酸塩中毒（nitrate poisoning）

　放牧と舎飼のいずれにおいても　発生頻度が高い中毒である．原因としては硝酸塩の多い飼料を多給することによる．春先の青刈りのエンバク，イタリアンライグラス，トウモロコシなどの穀物やダイコン，カブ，ビート，ハクサイなどの根菜類には硝酸塩が多く含まれる．硝酸塩が胃内で細菌作用によって亜硝酸塩に還元され，吸収された亜硝酸塩は血中でメトヘモグロビン（$Hb + NO_2^- \rightarrow met\text{-}Hb$）を形成する．メトヘモグロビンはヘモグロビンの酸素運搬能を阻害するために，全身に酸欠状態を引き起こし，組織の呼吸困難によって死亡する．

b. カビ毒（マイコトキシン）による中毒

　飼料中の穀類には糖分が多くカビが発生しやすいが，真菌が飼料中で繁殖するとマイコトキシン（低分子の物質だが毒性が強い）とよばれる毒素を産生する．マイコトキシンを食した家畜はマイコトキシコーシス（真菌中毒症）を起こす．マイコトキシンは耐熱性が強いので食品衛生上も問題になっている．本中毒の発生を防ぐためには，基本的には常に新鮮な飼料を与えるようにすることであり，長期間保存されていた飼料を避け，また高温高湿の季節における給餌には注意を要する．マイコトキシンによる中毒の例を表4.15に示す．

3）感染症

(1) 乳房炎（mastitis）

　牛舎に関連して発生しやすい疾病に乳房炎がある（表4.16）[7]．乳房炎は，

表 4.15　マイコトキシンによる中毒

【麹菌病】コメ，ムギ，トウモロコシ，ラッカセイ，マイロに発生する
- アフラトキシン
    - 原因菌　*Aspergillus flavus*，*Aspergillus paraciticus*
    - 毒　性　肝臓毒（肝癌，肝小葉周辺壊死）発癌性高い
    - 発　生　外国でシチメンチョウ，ニワトリに多く発生　埼玉県でブタに肝硬変が多発（1973）
- ステリグマトシスチン
    - 原因菌　*Aspergillus versicolor*
    - 毒　性　腎臓・肝臓毒
    - 発　生　飼料中に容易に発見される
- オクラトキシン
    - 原因菌　*Aspergillus ochraceus*，*Penicillium viridicatum*
    - 毒　性　腎臓・肝臓に壊死や脂肪変性　発癌性あり
    - 発　生　ウマ，ブタに発生
- パツリン
    - 原因菌　*Penicillium urticae*
    - 毒　性　神経毒＝中枢神経系作用（麻痺，知覚過敏，痙攣）
    - 発　生　麦芽根に原因菌が寄生　わが国乳牛に発生（一度に120頭も死亡した例）

【赤カビ病】麦類　穂の出る時期に降雨が続くと発生　1953年，1963年に全国的に大発生　1972年には大分県で140頭のウシに被害
- トリコテセン
    - 原因菌　*Trichothecium roseum*
    - 毒　性　消化器，造血組織に出血　急性毒性
- フザレノン
    - 原因菌　*Fusarium nivale*
    - 毒　性　消化器炎症，臓器出血
- ゼアラレノン
    - 原因菌　*Gibberella zeae*
    - 毒　性　ホルモン様活性（発情発現，着床障害，流産）

【黒斑病】腐敗した甘藷に発生　1～3月頃腐敗甘藷を給餌することで発生
　　　　　ほとんどの家畜に生じる　サツマイモの産地に発生しやすい
- イポメアマロン
    - 原因菌　*Endoconidisphora fimbriata*（糸状菌の一種）
    - 毒　性　反すう停止，鼻汁，高熱，呼吸困難

【スウィートクローバー病】
- ジクマリン
    - 原因菌　カビ
    - 毒　性　抗ビタミンK作用による血液凝固阻止　貧血　衰弱
    - 発　生　変敗したスウィートクローバーの乾燥やサイレージを給餌することで発生
    　　　　　ジクマリンは血液凝固防止薬であるクマリン誘導体の一種

【麦角中毒】
- エルゴトキシン，エルゴタミン
    - 原因菌　*Claviceps purpura*
    - 毒　性　皮膚や胃腸粘膜のにおける強い血管収縮　痙攣型（エルゴタミン），壊死型（エルゴトキシン）
    - 発　生　輸入小麦（主にライ麦）

表 4.16 ウシの乳房炎の類型（文献 7）より引用，一部変更）

類別	常在細菌	環境汚染源	特殊移行菌	体内移行菌
由来	牛体皮膚，乳房内	動物の消化管	上部気道，保菌牛の乳房内	罹患牛体内病巣
直接感染源	乳頭皮膚・粘膜，ミルカー，手指，手拭いなど	牛舎床，土壌，水，器具類	ミルカー，乳頭カップ	体内病巣
侵入門戸	乳頭孔，またはなし	乳頭孔	乳頭孔	血行性，リンパ流性
発症誘因	要	要	不要	不要
主な微生物	ブドウ球菌，連鎖球菌 *Actinomyces pyogenes*	大腸菌，*Klebsiella* 属，腸球菌，カンジダ	マイコプラズマ，*Nocardia* 属	結核菌，ブルセラ菌，レプトスピラ
予防の要点	発症誘因の除去	飼育環境の浄化 発症誘因の除去	保菌牛の隔離治療 牛舎内の浄化消毒	当該感染病の予防，保菌牛の淘汰

乳量の減少，乳汁成分の変化（白血球など細胞成分の著明な増加，塩素イオンの増加，pH の 6.8 以上の上昇，乳糖の減少など）をもたらす．乳房炎には外観上診断がつきやすい臨床型と，外観からは判断しにくいが乳汁中に細胞成分が増加することによって乳房炎であることがわかる潜在型とがあり，近年は潜在型乳房炎の罹患率が増えてきている．

臨床型乳房炎では乳頭の腫脹，紅潮や痛みが認められる．乳房炎では通常，乳汁中に多数の原因菌を見出すことができる．感染源としてもともとウシの皮膚や粘膜に常在しているブドウ球菌，連鎖球菌，*Actinomyces pyogenes* などが，牛同士の接触やミルカーなど搾乳過程を経て他個体に感染するタイプと，ウシなどの消化管に常在する大腸菌，*Klebsiella* 属菌，腸球菌，カンジダなどがふん便とともに畜舎環境を汚染することによって生じるタイプがもっとも多い．これらは，高温高湿環境や移動，騒音など生体にストレスがかかる条件下で発症しやすくなる傾向がある．

一方，これらとは別にマイコプラズマによる乳房炎は本来正常なウシの乳

房からは見出されない微生物であるが，これがミルカーなどを介して感染すると，数日の潜伏期を置いた後，突然泌乳の停止が起こり，泌乳の回復が困難なほど重症になる．また，結核菌，ブルセラ菌，レピトスピラなど，本来別の病気を起こしているものが体内移行によって乳房に達し炎症を起こすものがある．これらの2型は環境変化のような誘因がなくても独自に生じうるものである．

(2) 下痢症 (diarrhoea)

育成期のウシやブタは，さまざまな原因で下痢症を発生しやすく，生後発達が悪くなるために肥育効率の低下を招き損害が大きい．ウイルスや細菌，原虫の感染に，輸送や給餌内容の急激な変更などのストレスが加わって発症する．ウシおよびブタの下痢症について，表4.17および表4.18にまとめて示す．

表4.17 ウシの下痢症の主要病原体と特徴

区分	病原体	多発する生育期	わが国の発生状況	下痢便の性状
ウイルス	牛ロタウイルス (bovine rotavirus)	新生子～育成牛	多発	水様ないし泥状便
	牛コロナウイルス (bovine corona virus)	新生子～成牛	多発	帯黄色水様便
	牛ウイルス性下痢－粘膜病ウイルス (BVD-MD virus*)	哺乳牛～育成牛	普通	水様便，粘液便，血便
細菌	大腸菌 (Escherichia coli)	初生子	最も多発	白痢，赤痢†
	サルモネラ (Salmonella spp.)	哺乳牛～育成牛	多発	水様便，粘液便，血便
	ウェルシュ菌 (Clostridium perfringens)	哺乳牛～育成牛	少発	血便
原虫	コクシジウム (Eimeria spp.)	哺乳牛	感染率大，発病は少ない	鮮血便ないし粘液便

注) * : Boviine viral diarrhoea-Mucosal disease virus, † : 赤痢はわが国での発生例なし．
文献8) より引用

4.3.3 放牧衛生 (Hygene of grazing)

わが国は国土の約70％が近く山林で占められていることから，放牧地の

表4.18 ブタの感染性下痢症

疾病類別	病名	下痢等消化器症状	多発豚			我が国での発生	損耗率
			幼豚	肥育豚	種豚		
ウイルス病	豚コレラ（法）	◎	○	○	○	稀	大
	アフリカ豚コレラ（法）	◎	○	○	○	－	大
	豚伝染性胃腸炎（届）	◎	◎	○		多	大
	豚流行性下痢	◎	○	○	○	不明	大
	豚ロタウィルス病	◎	◎	○		多	中
細菌病	アクチノバチルス病	◎	○	○	○	多	大
	豚赤痢（届）	◎	○	△		中	大
	大腸菌症	◎	◎			多	大
	サルモネラ病（ヒト）	◎	○	◎	△	中	大
原虫病	豚コクシジウム病	○	◎			少	小
	クリプトスポロジウム病（ヒト）	○	◎			少	大
寄生虫病	豚回虫症	○	△	◎	△	多	大
	豚鞭虫症（ヒト）	○	◎	△		少	中
	豚肺虫症	△	○	○		少	中
	トリヒナ症（ヒト）	○	○	○	○	－	大

（法）法定伝染病　（届）届出伝染病　（人）人獣共通伝染病
（文献9より引用，一部変更）

地勢的特徴として平地放牧よりも標高が数百 m の中山間地放牧が多い点があげられる．以前から，わが国では各農家で飼育されている乳牛や肉牛を1年のうちの一定期間，農協や農事組合法人が所有ないし管理する牧場に預託することが行われてきた．このような牧場のことを公共牧場と称しており，現在，活動中の公共牧場は草地面積にして全国に約11万 ha 存在する．その面積は全国の草地面積の約17％を占めるが，牧場数（平成7年）は全国で1,053カ所，そのうち305カ所が北海道，残りの748カ所が都府県に存在する．100 ha 以上の広い面積をもつ公共牧場は176カ所で，そのうち48％が北海道に存在する．このような共同牧場におけるウシの飼養頭数は昭和40年代から増加傾向を辿ってきたが，平成4年以降は牛肉輸入自由化の影響を受けて減少に転じている．公共牧場における夏期の飼養頭数（平成7年）は

乳牛で12万頭，肉牛で7万2千頭である．わが国では夏山冬里方式といわれるように，夏期にウシを放牧し，冬期は農家で飼育する季節放牧の形態をとる場合が多い．放牧は低コスト生産，農家労働の軽減，農家の飼料基盤の補完，強健な育成牛の生産などメリットが多い．一方，ウマの生産，育成には放牧地を持つことが必須である．現在，全国のウマの飼養頭数(平成11年)は 105,445 頭であるが，軽種馬の 95.5％，農用馬の 86.6％は北海道で生産されており，北海道は国内最大の馬産地である．多くは太平洋側の平地や丘陵地帯で放牧が行われている．

放牧環境は舎飼とは対照的に，家畜に対して自然界のもつ環境要因が直接的に大きく作用することになる．管理面では舎飼の個体管理とは異なって群管理となり，栄養条件では人工飼料から牧草や野草となり，また個体間の社会的順位がそのままの形で家畜の心理，行動に反映される．放牧管理と舎飼管理における環境要因の相違を表4.19[10]に示す．放牧は家畜飼養形態の本来の形態であり，また上述したように多くのメリットがあるが，家畜管理とくに衛生面からとらえた場合には，多くの問題点があり，種々の対策が必要なことも事実である．

表4.19　舎飼いと放牧のおもな相違点

条件	舎飼	放牧
1. 気象環境		
気温の変化	小さい	大きい
日射の影響	少ない・間接的	多い・直接的
風の影響	少ない・間接的	多い・直接的
雨の影響	少ない	直接的
夜露の影響	少ない	直接的
2. 地勢的影響		
方位の影響	少ない	あり・間接的
傾斜の影響	少ない	大きい
土壌の影響	少ない	大きいことあり
水質の影響	少ない	大きいことあり
3. 飼料環境		
飼料の形態	おもに加工飼料	牧草と野草
季節性	少ない	あり
選択採食	困難	可能
採食行動	ほとんど不要	長時間必要
4. 生物環境		
病原感染の機会	少ない	多い
	少ない	多い
衛生害虫	ない	ときにあり
害獣・害鳥	ない	ときにあり
5. 社会環境		
飼養形態	個別または少頭数	大頭数
順位形成	少ない	あり

文献10) より引用

1）放牧地の環境要因

放牧は自然環境を利用して行われるため，環境要因としては気象的要因，地勢的要因，生物的要因が家畜に総合的に作用することや牧草地や林間地の管理状況が家畜の健康に及ぼす影響が大きいことを念頭におかねばならない．

(1) 気象的要因

わが国は北海道北部の亜寒帯地帯から沖縄の亜熱帯地帯まで，南北に細長く伸び，しかも周囲が海で囲まれている特異な国土を有している．そのため気象条件の地域差が大きく，さらに四季の季節変化が明瞭で春夏秋冬で気象条件が大きく変化する．放牧が行われる中山間地では，季節変動に加えて温度，湿度，風向，風速，日照時間の日内変動が激しく，また霧や雷雨，降雪，降霜がしばしば発生する．

(2) 地勢的要因

放牧地の地勢的要因として，標高，方位，傾斜（起伏），土壌といった基本的条件のほかに牧草地周辺の自然環境（林地，河川など）や人為的環境（道路，柵，家屋など）があげられる．標高は数百m程度のところが多いが，岩手県，福島県，大分県，熊本県では700m～1,000mと比較的標高が高い放牧地も存在する．また，放牧地内では家畜の食草行動や水飲み場への移動によって生じる地形的な変化も生じる．起伏の多い放牧地では，家畜の運動量が増して心肺機能が高まるとともに，筋腱骨が太く強靱で肘，膝，繋などの関節が発達し，また斜尻，中躯短縮，体幅増加，被毛粗剛などの体型的変化が生じる．

(3) 生物的要因

上記の気象的要因と地勢的要因は，放牧地の植物相や動物相の構成に大きく影響する．植物相としては，牧草中の窒素成分や無機物の含有量が土壌成分，温湿度，日照時間などの影響を受けてその生育状態が変わるとともに，その牧草を摂取する家畜の栄養状態にも変化が生じる．また，牧野には，野草，潅木，林間地における笹などの下草が混在する．これらの一部は家畜の食中毒の原因になることがある．さらに，放牧地には，ダニ，ハエ，アブ，カ

などの衛生昆虫や糞虫類（コガネムシの仲間）などの昆虫が生息し，シカ，キツネ，タヌキ，クマ，ノウサギなどの哺乳類が出没したり，タカ，ワシ，カラスなどの鳥類が飛来する．これらの動物も家畜の健康や生産性に直接的ないしは間接的に影響を及ぼす．

2）放牧地の衛生と放牧病

　放牧地では家畜は舎飼いとは異なる厳しい自然の環境条件にさらされること，人間の目が届きにくくなることなどから，健康への影響が現れやすい．したがって，放牧前には一定の健康診断を行い，予防接種や駆虫などの処置を行う必要がある．また飼料や生息環境が大きく変化するので，放牧前の1カ月間は徐々に牧草に馴れさせたり，舎飼いと放牧をしばらくの間反復するなど放牧馴致が必要な場合が多い．また放牧中は群として行動することになるので，とくに子牛では群生活にある程度馴れさせておく．

　放牧地において発生しがちな家畜の疾病と衛生上の問題点を以下に概述する．

(1) 外傷，骨折

　中山間地での放牧地は斜面を利用している場所が多いために，転落事故や木の切り株，岩に足を取られて転倒するなどして，骨折や捻挫，腱断裂，皮膚の損傷を受けることがある．これらの外傷は個体間の社会的順位からくる闘争によってもたらされることもある．このような損傷を受けると，食草行動を妨げられることで成長が遅れたり，あるいは感染症にかかりやすくなったり，まき牛による繁殖の場合には繁殖障害の原因にもなる．その他特殊な事例として，家畜がクマの被害に遭遇することや，落雷や強風で倒れた電線による感電死などが知られている．放牧地にはサシバエやアブなどの吸血昆虫が多く生息するため，体表面に出血や瘢痕形成などの外傷が認められることが少なくない．

(2) 放牧時におこりやすい中毒

　舎飼の場合は前述したように，飼料給与の際に腐敗した不良飼料が混入したり有害な植物や添加物が混入して食中毒を起こすことがあるが，放牧地では自生する有害植物による食中毒や牧草成分の季節的変化によって食中毒が

生じる．また放牧地の土壌の性状が牧草成分に影響を与え，欠乏症や過剰症などの代謝病をもたらすことがある．これらは地方病ともいわれる．

<u>a. 有害植物による中毒</u>

自生もしくは植樹した植物の葉や茎，根に含まれる毒素（toxin）を家畜が多食すると，中毒に陥り弊死することも少なくない．また，硝酸塩中毒のように本来有害ではない牧草や穀物に春先に多く含まれる硝酸塩を大量に摂取することによって発生する中毒も存在する．有害植物による中毒例を表4.20に示す．

<u>b. 放牧に起因する代謝病</u>

(i) マグネシウム欠乏症（magnesium deficiency）（グラステタニー，grass tetany）

ウシやヒツジが季節放牧の開始直後などにマグネシウム（Mg）含量の低い草を食べることで発生する．東北地方を中心に発生がみられる．また，草地に窒素やカリウムを多量に施肥すると，牧草中のマグネシウム含量が減少することがわかっている．また窒素，カリウム，カルシウムは腸管におけるマグネシウムの吸収を阻害する．罹患畜は食欲廃絶，興奮症状（神経過敏），歩様不安定，四肢強直，痙攣，転倒，起立不能などの神経症状を示す．放置すると1時間以内に急性死することが多いので，20％マグネシウム剤を皮下投与するなどすみやかな処置が必要である．また，予防としては，草地にマグネシウム塩類を散布したり，マメ科植物を混播したり，窒素やカリウムの施肥を抑えるなどの措置をとる．

(ii) コバルト欠乏症（cobalt deficiency）

兵庫，島根，鳥取，岡山，香川，滋賀などの西日本では，土壌中にコバルトが不足しているために，俗に「くわず病」とよばれる食欲不振，削痩，成長遅滞と貧血を主徴とする疾患がウシで発生していた．コバルトはビタミンB_{12}の構成成分である．ビタミンB_{12}は赤血球の生成に必要なほか，ルーメン内でプロピオン酸からグルコースを生成する代謝経路で補酵素として働いているために，コバルトの欠乏は重篤な栄養獲得障害を招く．なおウシは単胃動物とは異なりルーメン内で微生物の力を借りてビタミンB_{12}を合成して

表 4.20 有害植物による毒素，症状，発生状況

- ツツジ科の樹木（アセビ，ネジキ，レンゲツツジ，ハナヒリノキ，シャクナゲ）
  - 毒　素　アンドロメドトキシン（グラヤノトキシン）
  - 症　状　嘔吐，流涎，歩行異常，呼吸困難
　　　　　（呼吸中枢抑制，迷走神経興奮，運動神経終末遮断）
  - 発　生　緑草の少ない冬季にこれらの樹木を食べることで発生
- ドクゼリ
  - 毒　素　シクトキシン
  - 症　状　間代性・強直性痙攣，呼吸困難，数時間内に死亡（延髄作用）
  - 発　生　東北，北海道に多い
- トリカブト（キンポウゲ科の多年生草本）
  - 毒　素　アコニチン
  - 症　状　呼吸循環障害（頻脈，チアノーゼ，呼吸数増加），意識低下，痙攣，
　　　　　暗黒色血液の吐出
  - 発　生　根や実に毒性強い　ウマが好食
- キョウチクトウ（キョウチクトウ科）
  - 毒　素　ネリオドレイン・ネリオドリン
  - 症　状　強心配糖体様作用（ジギタリスに似る）＝心臓障害（強心拍→頻脈→不整脈，血滞）
  - 発　生　樹皮や葉に毒素多い　西日本に多発（ウシ）
- ジギタリス（ゴマノハグサ科）
  - 毒　素　ジギタリス（$Digitalis\ purpurea$ に含まれる強心配糖体の総称　ジギトキシン，
　　　　　ジゴキシンなどを含む）
  - 症　状　強心作用（心筋収縮力増強，冠血管拡張），徐脈（房室伝導障害）
　　　　　Na-K ATPase阻害作用
  - 発　生　ジギタリスの葉に含まれる　薬用植物として栽培されたものが飼料に混入
- タバコ（$Nicotiana\ Tabacum$　ナス科）の葉
  - 毒　素　ニコチン
  - 症　状　自律神経節・神経筋接合部・中枢神経作用　少量で興奮，大量で遮断作用　嘔吐，
　　　　　流涎，疝痛，鼓腸，瞳孔散大，間代性痙攣
  - 発　生　タバコ栽培農家　殺虫剤散布
- ワラビ
  - 毒　素　アノイリナーゼ
  - 症　状　ウマではビタミンB_1の破壊作用による末梢神経炎，運動障害　梁川病（岩手県）
　　　　　腰ふら病（北海道）
　　　　　ウシでは原因毒素が不明　急性中毒：造血機能低下・再生不良性貧血（汎骨髄癆）
　　　　　慢性中毒：膀胱腫瘍
  - 発　生　わらび中毒として知られ，植物中毒のなかでは最も発生率が高い
- ニセアカシア
  - 毒　素　ロビン
  - 症　状　発汗，流涎，心悸亢進
  - 発　生　ウマが樹皮を食べて生じる　葉には毒性少ない
- ユズリハ
  - 毒　素　マグノクラリン（樹皮：アルカロイド），アスペルロサイド（葉：配糖体）
  - 症　状　肛門開裂，膣弛緩，強直，起立不能
  - 発　生　庭木の混入
- オトギリソウ（花），ソバ（葉，茎，種）
  - 毒　素　ヒペリシン（蛍光物質）
  - 症　状　皮膚炎　眼，耳，頸部に潰瘍
  - 発　生　乳牛の光線過敏症

表4.20つづき

- イヌサフラン，キンコウカ
    - 毒　素　コルヒチン
    - 症　状　皮膚知覚麻痺，呼吸麻痺，下痢　若齢牛では腹水，腎ネフローゼ
    - 発　生　イヌサフランの球根や葉が飼料に混入　チューリップ畑に誤ってイヌサフランの球根が混入（富山県）　ウシ，ヤギ，ウマ，ブタ
- イヌスギナ
    - 毒　素　エキセチン（アルカロイド）
    - 症　状　中枢神経毒
    - 発　生　河川敷の牧草に混入　ウシ
- チョウセンアサガオ
    - 毒　素　ヒヨスチアミン，スコポラミン，アトロピン（アルカロイド）
    - 症　状　呼吸数・心拍数増加，瞳孔散大，皮膚・口腔粘膜乾燥，下痢，不安，昏睡（副交感神経遮断作用）
    - 発　生　牧草地に多い植物

いる．

(iii) フッ素中毒（fluorine poisoning）

　火山灰にはフッ素が多く含まれている．阿蘇山麓では水にフッ素が多く含まれており，ウシやウマがフッ素中毒の症状を示すことが知られている．歯をはじめ全身の骨がチョーク様に白濁化，多孔質となり，もろくなる症状が現れるほか，靭帯，腱，軟骨の石灰化や骨端部，蹄の異常による歩行異常，前肢を折り曲げた前屈姿勢，性周期の異常などがみられる．歯には紋状歯とよばれる線状ないし斑状の模様が出現する．子牛など成長段階で骨の異常が起こるので全身の発育障害をもたらす．

（3）日射病（sun stroke）**および熱射病**（heat stroke）

　盛夏期や梅雨明け直後の放牧中にウシが日射病や熱射病に陥ることがある．前者は直射日光を強く受けることで，また後者は湿度が高く，風通しも悪い環境条件下で生じる．いずれも体温が上昇して，衰弱，意識喪失がおこり，弊死することも稀ではなく，また一度に多数の個体が被害を蒙るので損害が大きい．このような事故を防ぐためには，牧野の適当な場所にウシが涼むための庇陰林（樹）や庇陰舎（屋根が付いているだけの簡単な施設）を設けるとともに，それらの近くに水飲み場を備える．また盛夏期の日中にウシを無理に移動させることは避けるべきである．

(4) 感染症

　放牧中のウシは，表4.21のようにさまざまなウイルス，細菌，原虫，寄生虫の感染を受ける．ウイルス感染では，牛パラインフルエンザ，牛伝染性鼻気管炎など，細菌感染では，牛伝染性角結膜炎，未経産牛乳房炎，趾間腐爛などが，原虫病では小型ピロプラズマ病ともよばれるウシのタイレリア病など，寄生虫病では牛肺虫症や，牛バエ幼虫症などが発生しやすい．とくに，フタトゲチマダニ（*Haemaphysalis longicornis*）が媒介する小型ピロプラズマ病は全国的に発生がみられ，致命率も比較的高いのでわが国では代表的で重要な放牧病の一つである．

　小型ピロプラズマはピロプラズマ類に属す小型の原虫で，ウシではタイレリア・セルゲンティ（*Theileria sergenti*）が原因となる．この小型ピロプラズマは宿主のリンパ球，組織球，赤芽球などで増殖したのちに赤血球内に侵入するため，貧血や発熱（40℃）を主徴とする症状を示す．フタトゲチマダニの卵には小型ピロプラズマが含まれていないが，若ダニと成ダニはウシの体表面に寄生，吸血する際に感染し，他のウシに伝搬する．小型ピロプラズマ病の予防には草地および牛体に対する計画的なダニ駆除を行う．

(5) 放牧管理

　放牧管理で重要な事項は，① 餌となる草地の状態の監視，② 家畜の健康状態の監視，③ 発情牛の発見，③ 施設のチェックなどである．① では牧草地の面積と放牧する家畜数のバランス，牧草の生育度，密度の監視があげられる．牧草の減り具合によって家畜の群を移動させる．また，食中毒の原因となる有害植物の繁茂がないか監視する．牧草のほかに人工飼料を補助飼料として与えることも行われる．衛生害虫の駆除を媒介動物の生活環を考慮しながら計画的に行う．② では，元気のない個体，歩様異常を示す個体を見極めるほか，結膜や鼻口部，外陰など粘膜部の状態，乳房の状態（発赤や腫脹の有無），反すうや呼吸の状態，咳の有無，関節や蹄の状態等をチェックする．異常が発見された個体は避難舎に導くなどして健康状態を入念に観察し，獣医師の診断を受ける．1カ月おき位に血液検査やふん便検査を含めた定期健康診断を行うことが望ましい．これによって，ピロプラズマ病や内寄生虫の

表4.21 放牧牛の主な病気

種類	病名（別名）	主な原因	媒介動物 （　）内は定説 とはいえない	発生しやすい条件	発生時期
ウイルス病	牛流行熱（流行性感冒） イバラキ病 牛のパラインフルエンザ 牛のアテノウイルス感染症 牛の伝染性鼻気管炎（IBR） 牛のウイルス性下痢症ウイルス感染症（BVD）	ウイルス ウイルス ウイルス	（吸血昆虫）	輸送中およびその直後	8～11月 季節に関係ない 〃
細菌病など	牛伝染性角結膜炎（ピンクアイ）（IBK）	細菌 （原因菌）	（吸血昆虫）	栄養不良，日射，風塵	夏から秋に多発，常在すれば年間
	未経産牛乳房炎（夏季乳房炎）	細菌 （原因菌）	（吸血昆虫）		夏から秋に多発
	趾間腐爛（腐蹄病）	細菌 （原因菌）		蹄を損傷しやすい地面	夏に最も多い
	皮膚糸状菌症	カビ			いつでも発生するが，秋に多い
	アナプラズマ病	リケッチア （アナプラズマ・マージナーレ アナプラズマ・セントラーレ）	ダニ 吸血昆虫	免疫をもたない成牛	初夏および秋
原虫病	ウシのタイレリア病 （小型ピロプラズマ病）	原虫 （タイレリア・セルジェンティ）	フタトゲチマダニの若，成ダニ	ウシが衰弱する要因が多い草地	入牧初期，輸送中，分娩直後
	ピロプラズマ病　大型ピロプラズマ病	原虫 （大型ピロプラズマ）	フタトゲチマダニの幼ダニ		入牧初期および秋
	ピロプラズマ病　パベシア・ビゲミナによるダニ熱	原虫 （パベシア・ビゲミナ）	オオシマダニ		沖縄以外からの導入牛
	ピロプラズマ病　パベシア・アルゼンチナによるパベシエラ病（アルゼンチナ病）	原虫 （パベシア・アルゼンチナ）			

発生地域	発生状況	致命率	予防法 ワクチン	予防法 その他	備考
関東以西	急速に伝播し，急性経過をとる	1～10%	ある		法定伝染病
全国的	牛群（地域）に急速に伝播し，子牛に多い	低い	ある ない ある ある		放牧初期に多い
〃	〃	〃			
全国的	子牛＞成牛 ホルスタイン＞アンガス ヘレフォード＞黒毛和種	きわめて低い	ない	早期発見，隔離，治療，昆虫防除	放置すれば失明
〃	おもに数か月齢から24か月齢のもの	廃用率80%以上	〃	〃	
〃	牛群中に多発	きわめて低い	〃	確実なものはない	
〃	牛群に急速に伝播	〃	〃	早期発見，隔離，治療	
マージナーレは沖縄のみ，他は全国的	常在地の幼牛は慢性，軽症 導入牛は急性かつ重症	セントラーレは低い マージナーレは高い	〃	ダニおよび吸血昆虫防除	マージナーレのみ法定伝染病
全国的	急性または慢性経過	1～10%	〃	ダニの防除，休牧，感染免疫	
〃	導入牛以外は慢性，軽症	きわめて低い	〃	〃	
沖縄とくに八重山列島	常在地の幼牛は軽症，導入牛は急性かつ重症	導入牛では高い	〃	〃	法定伝染病

(表4.21 続き)

種類	病名（別名）	主な原因	発生しやすい条件	発生時期
寄生虫病	牛肺虫症	内寄生虫	高温，高湿，多雨	入牧後2〜3カ月
	寄生性胃腸炎（消化管内線虫感染症）	内寄生虫，多種あり	気温，雨量などが関係する	季節放牧では8月がピーク
	牛バエ幼虫症	外寄生虫	輸入牛が放牧された草地	腫瘤は2〜5月

文献11）より，一部変更

感染の有無を把握することができる．③ では，人工授精を行うために発情雌牛を発見，捕獲しなければならない．ホルモン剤を用いて発情周期を揃える方法もとられている．まき牛の場合は，種雄牛の健康管理に注意する．④ 放牧施設としては，牧柵，庇陰舎，避難舎，餌場，飲水場，薬浴場，牛衡器，追い込み場，カーフハッチ，誘導路などがあり，それぞれが完全な状態かどうかを監視する．

参考文献

1) 山本禎紀：VII. 環境と施設. 新編 畜産大事典. 田先威和夫（監修）. 養賢堂（東京）. 330 – 366頁.1996.
2) 澤崎 坦：VIII. 環境とその制御. 畜産大辞典. 内藤元男（監修）. 697 – 770頁. 1978.
3) 黒島晨汎：環境生理学. 理工学社（東京）.1989.
4) 市川忠雄：牛舎と付属施設および機器. V.牛舎と付属施設および機器. 家畜の管理. 野附 巌・山本禎紀（編）, 正田陽一・川島良治（監修）. 家畜の科学6. 文永堂出版（東京）. 182 – 198頁. 1991.
5) 森 純一：各論 I. ウシ. 新編 畜産大事典. 田先威和夫（監修）. 養賢堂（東京）.525 – 793頁.1996.
6) 奥村純一：各論V.ニワトリ. 新編 畜産大事典. 田先威和夫（監修）. 養賢堂（東京）. 1039 – 1172頁.1996. 文永堂（東京）.63 – 74頁. 1994.
7) 清水高正：細菌病. 第2章疾病予防. 新版 家畜衛生学概論. 文永堂（東京）.1994.

発生地域	発生状況	致命率	予防法	備考
全国的	入牧後3〜4カ月頃集団発生	非発生地域では高い	駆虫薬の適期応用	他との合併症による病害が問題
〃	ほとんどのものが病害性が低い	きわめて低い	〃	
〃	散発的	0%	幼虫の摘出, 幼虫・成虫の防除	

8) 清水高正：牛．X.主要疾病と衛生管理．家畜の衛生．勝野正則・東　量三・清水高正（編），正田陽一・川島良治（監修）．家畜の科学7．文永堂（東京）．167 - 187頁．1992．
9) 清水高正：牛．X.主要疾病と衛生管理．家畜の衛生．勝野正則・東　量三・清水高正編，正田陽一・川島良治（監修）．家畜の科学7．文永堂（東京）．167 - 187頁．1992．
10) 大久保忠旦：VI．飼料作物と草地．新編　畜産大事典．田先威和夫（監修）．養賢堂（東京）．230 - 329頁．1996．
11) 菅野　茂：放牧衛生．新版 家畜衛生学概論．文永堂（東京）．183 - 205頁．1994．

第5章　家畜の繁殖

繁殖（reproduction）とは一般的には子を次世代に残す行為であるが，家畜を繁殖させる場合には，より経済価値の高い家畜がその対象となる．このため，家畜の改良（animal breeding）を常に意識して繁殖させる必要がある．この点に関する記述はすでに第3章でされているので，ここでは繁殖に関わるさまざまな事象について解説するとともに，効率的な家畜改良に不可欠となる繁殖の人為的制御技術について述べる．

5.1　生殖細胞と生殖器官

Germ cell and reproductive organ

5.1.1　生殖細胞（germ cell）

個体の形成は受精卵が出発点となる．これには，精子（sperm）と卵子（egg）の二種類の細胞が関与する．これらの細胞は減数分裂（meiosis）の結果，体細胞の半分量（半数体）の染色体しか有していない．しかし，受精によって，両者の染色体が合体し，体細胞と同数の染色体（二倍体）をもつ受精卵ができる（図5.1）．受精卵は発生にともなって分化（differentiation）してゆ

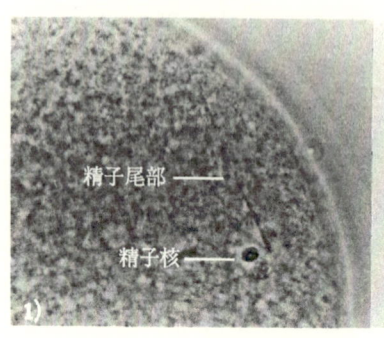

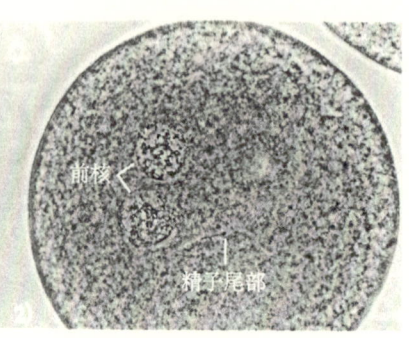

1）精子侵入直後　　　2）形核の形成
図5.1　牛の受精卵

くが，結果として構築される組織あるいは臓器の中には，次世代の子孫を残すことを運命づけられた生殖細胞が存在していなければならない．これらの細胞は繁殖するために特殊化された細胞であり，最終的には精子や卵子に分化する（図 5.2）．

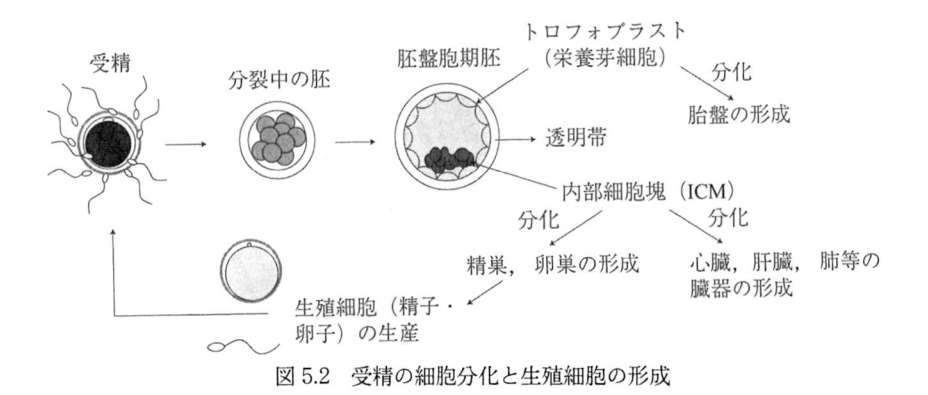

図 5.2 受精の細胞分化と生殖細胞の形成

5.2.2 受精卵の発生（embryonic development）

　生殖細胞が受精に必要な条件を満たすまで成熟すると，卵子は卵巣から排卵（ovulation）され卵管内に放出される．一方，子宮内に射出された直後の精子は受精能力を持たない．子宮から受精部位である卵管へと移動する過程で，精子の膜表面を覆っているタンパク質が除去されるとともに，精子先端部に形態的変化が起こる．受精にさきだって起こるこれらの変化をとくに精子の受精能獲得（sperm capacitation），精子先端部の形態的変化（先体膜の胞状化）を先体反応（acrosome reaction）とよんでいる（図 5.3）．

　受精は卵管の上部，卵巣に近い部分で起こる．受精部位への精子の移動は自立的な鞭毛運動よりも，おもに子宮の蠕動運動と卵管上皮の繊毛運動に依存している．受精部位にまで到達する精子の数はせいぜい 100 匹程度といわれている．しかし，卵子に侵入する精子は 1 匹に限定されており，それ以上の精子が侵入した場合（多精子侵入；polyspermy）にはその後の胚発生は停止する．受精が成立すれば，ほぼ 1 日に 1 回の割合で分裂を続け，最初の

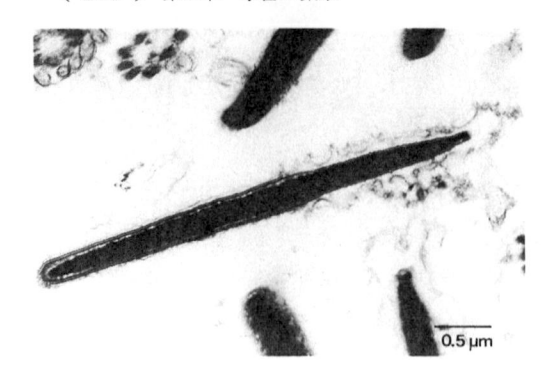

図 5.3 精子の先体反応
（ブタ）

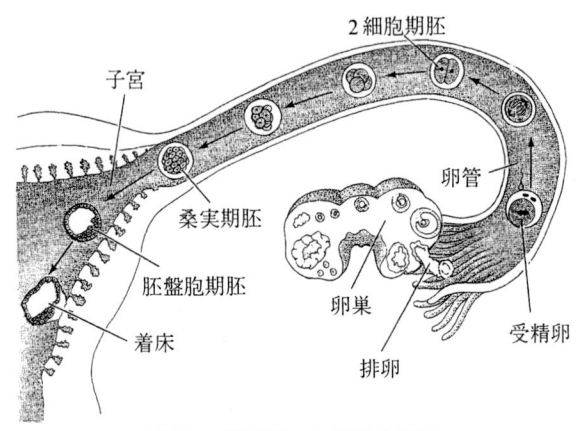

図 5.4 家畜胚の初期発生過程

形態的に識別できる細胞分化の特徴を示す胚盤胞期に発生する（図 5.4）．つまり，それまで均等に分裂して球状となった細胞塊の内部に腔が形成される．外側の細胞群は栄養芽細胞（trohpoblast cell），内側の細胞塊は内部細胞塊細胞（inner cell mass cell, ICM）と呼ばれる．前者はさらに分化して主として胎盤を形成し，後者は各種の組織・臓器に分化しながら，胎児の身体を形成してゆく（図 5.2）．

5.1.3 生殖器官 (reproductive organ)

1) 雌の生殖器官

　雌の主な生殖器官は，卵巣 (ovary), 卵管 (oviduct), 子宮 (uterus), 膣 (vagina) および外陰部 (external genital organ) である (図 5.5). 卵子の生産部位として重要な器官が卵巣である. 腹腔内で靱帯によりぶら下げられ，腎臓の後方に左右1対ある. 一般的にその形状は楕円形あるいは球形で，ウシでは親指大，ブタ，ヒツジ，ヤギでは空豆大の大きさをしている.

　卵巣の組織は，外部皮質 (cortical substance) と内部髄質 (medullary substance) とからなり, 皮質の最外層を胚上皮 (germinal epithelium) と呼ばれる上皮細胞が覆っている (図 5.6). 皮質と胚上皮との間には繊維性結合組織である白膜 (white capsule) が見られる. 皮質は卵子形成の主要部であり，種々の発育過程にある卵子が含まれる. 一方，髄質の中は多くの弾力繊維,

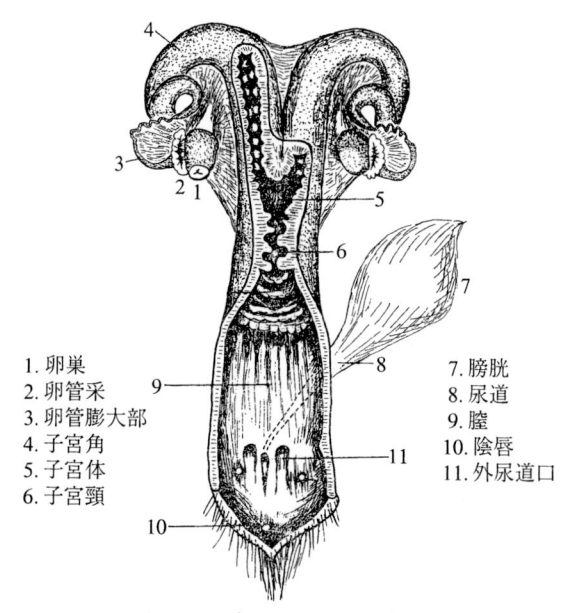

1. 卵巣
2. 卵管采
3. 卵管膨大部
4. 子宮角
5. 子宮体
6. 子宮頸
7. 膀胱
8. 尿道
9. 膣
10. 陰唇
11. 外尿道口

図 5.5　雌畜（ウシ）の生殖器官

図 5.6　卵巣の構造

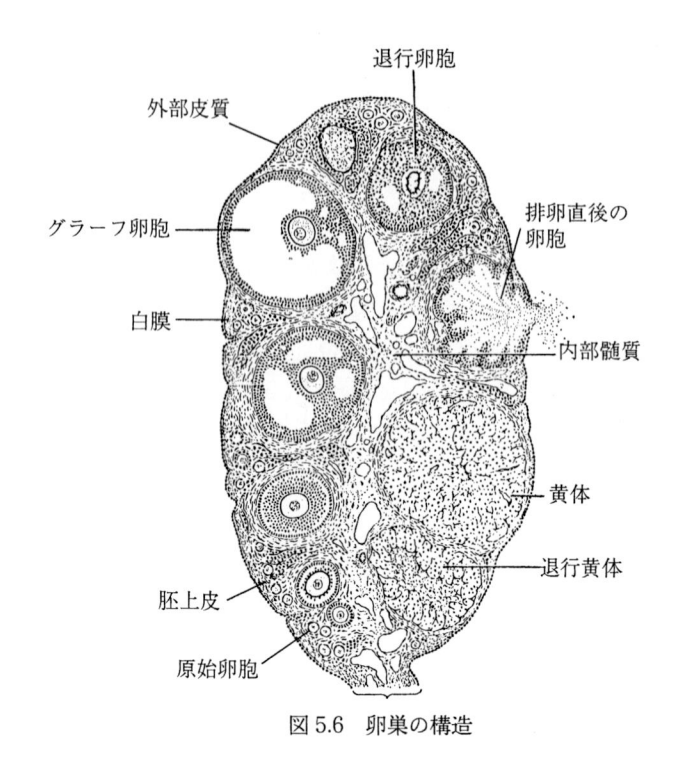

血管および神経が分布している．

　卵管は卵巣から子宮につながる細長い管で，排卵後の卵子を子宮に運ぶ通り道となっている．卵巣側は排卵された卵子を受け取るためにロート状の形状をしており，卵管采とよばれる．卵管の内面は繊毛粘膜で覆われ，卵子を子宮に運ぶのに役立っている．卵管の長さは，ウシ・ウマで20〜30 cm，ブタで15〜20 cmである．

　子宮は卵管内である程度発生した胚（embryo）が着床し，分娩に至るまでの発育を維持する部位である（図5.5）．筋壁を有した中空の構造となっており，腹腔内に靱帯でぶら下げられている．子宮は，子宮角（uterine horn），子宮体（uterine body）および子宮頸（uterine cervix）の3部分に分けられる．子宮頸は子宮と膣の境界部で厚い輪筋層を形成し，とくに子宮頸管と呼んで

いる．この部分は発情の最盛期などに弛緩する以外は，通常堅く外界から閉ざされている．

2）雄の生殖器官

　雄の生殖器官は，精巣（あるいは睾丸，testis），精巣上体（epididymis），精管（vas deferens）および陰茎（penis）からなり，付属器官として精のう腺（seminal vesicle），前立腺（prostate gland），尿道球腺（bulbourethral gland）がある（図5.7）．

　精子形成に最も重要な器官が精巣である．精巣の最外部は莢膜に覆われ，内部に白膜がある．白膜は精巣実質の周囲を包むと同時に分枝して精巣を多くの小葉に分けている．精巣の実質は，精細管（seminiferous tuble）を間質組織（interstitial tissue）が埋める形態をとっており，精細管は，輸出管，精巣上体，精管と連なって外界と連絡している（図5.8）．

　射精時には，精のう腺，尿道球腺などの付属腺由来の分泌物と精子が一緒になり，精液（semen）として排出される．これらの分泌物は精子のエネル

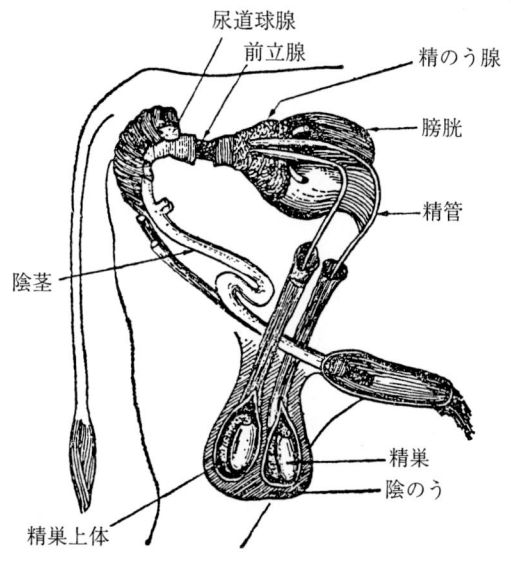

図5.7　雄畜（ウシ）の生殖器官

図5.8 精巣の構造

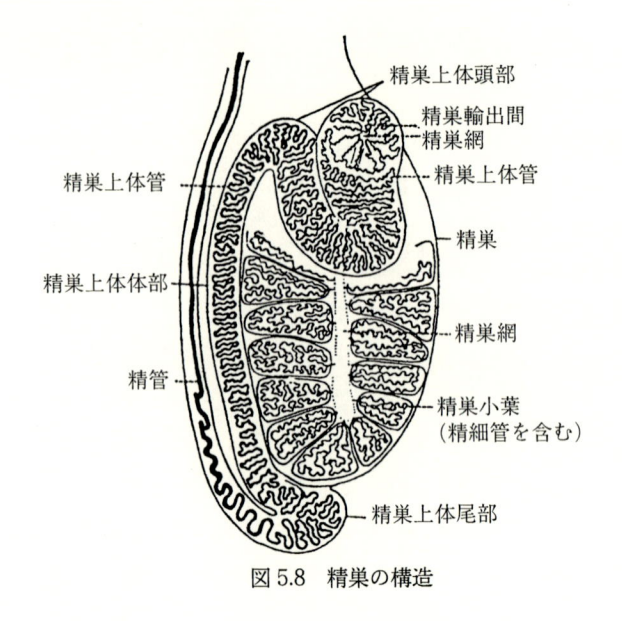

ギー源となる糖類を含み，子宮内での運動性を支持するとともに，受精直前まで精子の受精能力を消失しないようにしている．

5.2 発情・排卵・黄体

Estrus, ovulation and corpus luteum

卵巣内の卵胞（follicle）が成熟し，グラーフ卵胞（Graffian follicle）まで発育すると，卵巣内に占める卵胞の位置は中心部から卵巣表面に移行し，ついで卵胞は卵巣表面に突出するようになる．このような卵巣は盛んにホルモンを分泌し，その刺激によって雌は雄の交尾を許容するようになる．この現象を発情とよぶ．発情を誘起するホルモンを発情ホルモン（estrogen）という．交尾の直前には黄体形成ホルモン（lutenizing hormone；LH）の急激な上昇（LHサージ）が刺激となって卵巣から卵子が排卵され，その部位には黄体が形成される（図5.6）．

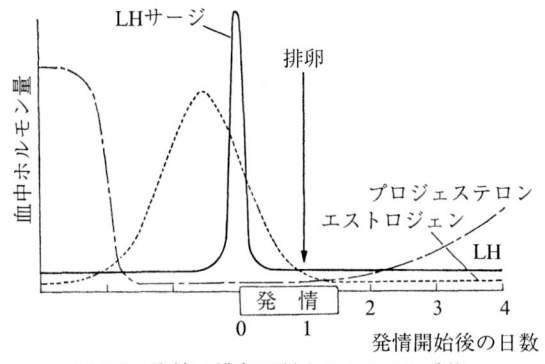

図 5.9 発情と排卵に関するホルモン分泌

表 5.1 各種家畜における発情周期と発情持続時間

		ウシ	ウマ	ブタ	ヒツジ	ヤギ
繁殖季節		周年	春夏	周年	秋冬	秋冬*
発情周期の型		多発情	多発情	多発情	多発情	多発情
発情周期	範囲	15〜59日	16〜30日	16〜30日	14〜20日	18〜23日
	頻度の高い範囲	18〜25日	18〜25日	19〜23日	16〜18日	20〜21日
	平均	20〜21日	22〜23日	20.5日	17日	20.4日
発情持続	範囲	6〜46時間	3〜11日	1〜4日	15〜60時間	20〜60時間
	頻度の高い範囲	10〜27時間	4〜8日	2〜3日	24〜48時間	30〜48時間
	平均	15〜21時間	7日	2.5日	32時間前後	40時間前後

註) *在来種は周年発情が多い

　妊娠が継続しない場合には，黄体は萎縮・退行し，一定期間をおいて卵巣内には新たな卵胞が形成され，上記と同様の過程を経て発情が繰り返される．この周期を発情周期（estrus cycle）または性周期と呼ぶ．妊娠が成立すると，黄体が発育して，妊娠を維持するための黄体ホルモン（progesterone）が分泌されるため，発情周期は子畜を分娩するまでは回帰しない（図5.9）．
　表5.1に示したように，個々の家畜によって発情の周期やその長さは異なっている．また，発情周期を周年繰り返す周年性繁殖動物（continuous breed-

er）と一定の季節（通常春や秋）に限って発情が認められる季節繁殖動物（seasonal breeder）がある．ウシやブタは前者であり，ウマ，ヒツジ，ヤギは後者に分類される．発情周期はさらに細かく分類され，発情前期，発情期，発情後期と分類されることもあるが，これらを正確に判別することは困難であることが多い．発情期が比較的明確に区別できるウシ，ブタ，ヤギでは①挙動に落ち着きがなくなる，②外陰部が赤くはれる，③膣からの粘液の分泌量が増す，④食欲の減退，⑤他の雌への交尾行動などの兆候を示す．

5.3 性成熟と交配

Puberty and mating

5.3.1 性成熟（puberty）

家畜が次世代の子孫を残すために繁殖が可能となる時期を性成熟と呼ぶ．雌では，卵巣中の卵胞が成熟し，グラーフ卵胞まで発育し，発情と排卵が誘発される時期である．雄では，精巣の精管内で精子形成が完了し，連続的に精子が生産される時期をさす．

家畜は，生後ある一定期間は主として体が成長し，それがある水準に達すると，生殖器官が急速に発達して種々の繁殖現象をしめす．このような体成熟と性成熟との時間的なずれは，下垂体前葉から分泌されるホルモンの種類に依存している．体成長期には成長ホルモンが主に分泌され，その分泌の低下とともに，性腺の発育を促進するホルモンの分泌が促進される．

表5.2 家畜の性成熟期と交配に供する月齢

	ウシ	ウマ	ブタ	ヒツジ	ヤギ
雄 性成熟 交配供用	8〜10カ月 12	25〜28カ月 3〜4歳	7カ月 10	6〜7カ月 9〜12	6〜7カ月 9〜12
雌 性成熟 性成熟期の生体重 交配供用	6〜18カ月 200〜270kg 14〜22カ月	15〜18カ月 品種により異なる 36〜48カ月	6〜11カ月 52〜120kg 9〜10カ月	6〜7カ月 30〜40kg 9〜18カ月	6〜7カ月 25〜30kg 12〜18カ月

性成熟期を判定する一般的な基準は，雌における発情期の出現である．雄も雌とほぼ同じ時期に性成熟期に達する．たとえば，雌和牛の最初の発情は生後12カ月齢であり，雄の性成熟期は14カ月齢である．性成熟は体成熟に大きく依存しているので，同じ種の動物間でも，また品種によっても異なっている（表5.2）．

一般に，家畜が性成熟に達しても，ただちに交配（繁殖）に用いることはしない．動物が妊娠や分娩に耐えうるほどの体成熟に達していないことによる．各家畜の性成熟に達する月齢と交配に供する月齢を表5.2に示した．

5.3.2 交　配（mating）

家畜を確実に妊娠させるためには，交配に適した時期を見極める必要がある．つまり，雌が雄を許容する発情期を的確にとらえ，排卵時間を想定して交配することが重要となる．精子は，膣内に射出され，子宮，卵管をへて，受精が起こる卵管膨大部に到達する．したがって，精子の受精部位への移動時間と排卵後の卵子の寿命を考慮する必要もある．精子の運動速度は毎分3〜4mmといわれているが，実際に卵管内に精子が確認されるのは，ヒツジで4〜7時間，ウサギで3〜4時間，ウシで7〜8時間といわれる．

排卵はおよそ発情の末期に起こる．精子の子宮内での生存時間が48〜60時間といわれているので，交配の適期は発情末期の排卵10〜15時間前におこなうのが適当である．しかし，排卵と発情が持続する期間との関係は個体差が大きく，確実に家畜を妊娠させるためには，発情期に複数回交配させることが望ましい．

5.4　妊娠・分娩

Pregnancy and parturition

5.4.1 妊　娠（pregnancy）

受精が成立すると，受精卵は卵管を分裂しながら下降し，胚盤胞期を過ぎてから子宮に着床する．これによって，妊娠が成立する．受精から妊娠が

表5.3 各種家畜胚の子宮への着床時期

	ウシ	ウマ	ブタ	ヒツジ	ヤギ	ウサギ
卵子の染色体数（半数体）	30	32	19	27	30	33
卵子の大きさ（直径μ）（透明帯を除く）	138〜143	105〜140	120〜140	147	145	120〜130
1 細胞期	〜27時間	〜24時間	〜21時間	〜36時間	〜24時間	〜22時間
2 細胞期	27〜42	24	21〜51	38〜39	24〜48	22〜26
4 細胞期	44〜65	30〜36	51〜66	42	48〜60	26〜32
8 細胞期	46〜96	50〜60	66〜72	48	72	32〜40
16 細胞期	96〜120	72	90〜110	65〜77	72〜96	40〜48
桑実期	120〜144	98〜106	110〜114	96	96〜120	50〜68
胚盤胞期	8〜9日	6〜7日	5日	5日	6日	68〜76
子宮に移行時期	4〜5日	6日	3日	4日	4日	3日
移行時の発育程度	8〜16細胞期	桑実期	4細胞期	16細胞期	8〜16細胞期	胚盤胞
着床時期	30〜35日	7〜8週	12〜24日	17〜18日	13〜18日	7日

表5.4 妊娠過程における臓器の形成時期

発達項目	ウシ（日数）	ヒツジ（日数）	ブタ（日数）
桑実胚	4〜7日	3〜4日	3〜4日
胚盤胞	7〜12	4〜10	5〜7
胎盤の形成	16	13〜14	9
体節の形成	20	17	14
心鼓動の出現	21〜22	20	16
前肢芽の形成	25	28〜35	17〜18
後肢芽の形成	27〜28	28〜35	17〜19
指の形成	30〜45	35〜42	28以後
前鼻孔と眼の分化	30〜45	32〜49	21〜28
毛胞の出現	90	42〜49	28
歯の形成	110	98〜105	(160m大の胎子)
眼・鼻の周囲に発毛	150	98〜105	
体全面に発毛	230	119〜126	
分娩	280前後	150前後	112前後

成立するまでの期間は動物種によってかなり変異があり，ウシでは10〜12日，ヒツジやヤギでは9〜10日，ウサギでは7日である（表5.3）．

表5.4には，ウシ，ウサギ，ブタの妊娠過程における各器官の形成時期を示

している．妊娠初期の器官形成時は，その後妊娠が継続するかどうかの重要な分かれ道となる．細胞の染色体に異常があれば，胚発生は停止し，流産（abortion）する．このような現象を早期胚死滅（early embryonic loss）とよんでいる．後述するように（5.6），体外受精，核移植，受精卵への遺伝子導入など，受精卵または胚に人為的な操作を加えたときに早期胚死滅は起こりやすい．

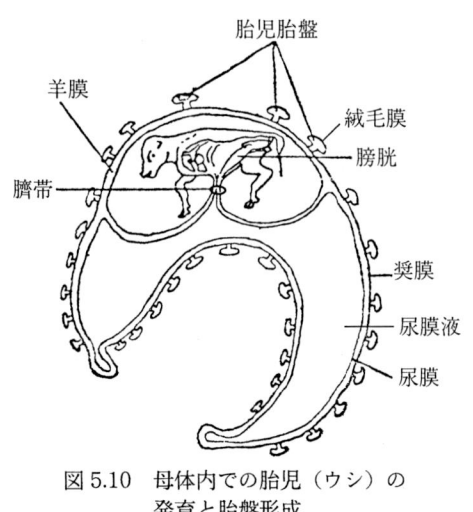

図 5.10 母体内での胎児（ウシ）の発育と胎盤形成

　胚（embryo）が子宮に着床し，胎児（fetus）になると，母体からの栄養摂取は初期には子宮から直接的に，次いで血管を介しておこなわれる．胎児の発育にともない，胎児の被膜は袋状に胎児を覆うようになり，胎膜（fetal membrane）を形成する．胎膜は，羊膜（amnion），尿膜（allantois）および漿膜（serous membrane）から構成されている（図 5.10）．羊膜内は羊水（amniotic fluid）とよばれる液で満たされ，胎児はこの中に浮遊した状態で発育する．羊水は母体外部の衝撃から胎児を保護するとともに，周囲の組織との接着を防いでいる．羊膜の外側に形成されるのが漿膜であり，母体の子宮側に多くの突起を形成する．この突起は子宮と密接に接している部分で絨毛膜（脈絡膜：chorion）となり，子宮壁との間で栄養物と老廃物の交換をおこなう．尿膜は羊膜と漿膜との間に袋状に発達し，胎児膀胱から出される尿膜液が蓄積される．さらに，尿膜には臍帯を通じ血管が発達し，胎児と子宮との主要な連絡器官となる．漿膜との接触部位では絨毛膜が発達し，子宮壁もとくに肥大して，血管，リンパ管が形成され，胎児との栄養物，老廃物の交換がおこなわれやすくなっている．この部分を胎盤（placenta）と呼び，胎児側

をとくに胎児胎盤（fetal placenta），母体側を母体胎盤（maternal placenta）という．このように，母体胎盤と胎児胎盤との間は，ごく薄い細胞膜を介して両者の血流が相接しており，血液そのものの直接的なつながりはないが，この薄膜を通してガス交換，栄養物・老廃物の授受交換がおこなわれている．

5.4.2 妊娠の維持

　排卵後の卵巣は妊娠の維持に重要な役割を果たしている．卵巣には出血痕が残され，その卵胞壁内面からは黄体細胞が分化・増殖してくる．この細胞は黄色色素を有するため，これら一群の細胞塊を黄体（corpus luteum）とよぶ．

　黄体のその後の動態は，妊娠成立の有無によって大きく異なる．妊娠が成立しなかった場合には，黄体は排卵後2〜3週間以降大きさを減じ，黄体細胞が変成退行するとともに，血液の供給が絶たれるために白色化した白体（white body）となって吸収される．妊娠が成立した場合には，黄体は発達して妊娠期間中卵巣表面に残存し，妊娠の継続に必要な黄体ホルモン（progesterone）を分泌する．このホルモンの作用によって，発情周期は停止し，妊娠を維持すると同時に，生まれた子畜の栄養の供給源としての乳腺の発育に不可欠なホルモンの分泌を刺激する．妊娠期間が終了し，胎児が分娩されれば，黄体は変成退行し，再び発情周期が回帰する．

　黄体ホルモンは黄体以外の組織でも分泌される．とくに，妊娠中期以降は胎盤（placenta）も黄体ホルモンを分泌する．ホルモン分泌組織の移行がうまくいかないと流産の原因となる．外部からの黄体ホルモンの投与は流産防止に有効であるが，家畜においては流産の兆候を見つけることは必ずしも容易ではない．また，胎盤は黄体ホルモンのみならず発情ホルモンも分泌し，脳下垂体前葉から分泌される他のホルモンと複雑に関係しながら，発情，妊娠，分娩といった繁殖現象に関与している．

5.4.3 妊娠期間と妊娠診断

　家畜の妊娠期間は種によりほぼ一定している（表5.5）．一般に，家畜が大

表5.5　家畜の妊娠期間

種類	妊娠期間		産子数	生時体重	離乳時期	分娩後の繁殖供用
ウシ	ホルスタイン種	280日	1	18～45kg	3～205日	45～90日
	黒毛和種	285				
ウマ	サラブレッド種	338	1	9～40	4～6月	25～30日
	アラブ種	337				
ヒツジ	コリデール種	149	1～2	4～5	30～180日	初回発情
	メリノ種	150				
ヤギ	ザーネン種	151	1～3	3～5	8～10週	初回発情
	日本在来種	146				
ブタ	ランドレース種	114	6～12	1～1.5	14～56週	初回発情
	バークシャー種	115				

型になれば妊娠期間は長くなり，小型になれば短くなる傾向にある．しかし，種々の要因によって妊娠期間は多少のズレを生じる．たとえば，乳牛は肉牛に比べて妊娠期間はやや短く，早熟種は晩熟種より短い．胎児が雌の場合は，雄よりもやや短く，双子の場合も一般的に妊娠期間が短い．妊娠期間の正常範囲を特定することは難しいが，平均値を基準として，ウシ，ウマの場合は前後2週間，ヒツジやヤギの場合は1週間を正常範囲と考えてよい．この範囲を超えるものは，長期在胎（prolonged gestation）とよぶ．

　妊娠の成否は家畜の効率的な生産に大きな影響を及ぼす．妊娠が成立すれば分娩を待つ以外にないが，もし妊娠が成立しなかった場合には次の繁殖計画を立てないと，生産が数カ月遅れることになる．そこで，妊娠の成否をなるべく早く知ることが重要であり，そのための手法を妊娠診断（pregnancy diagnosis）と呼ぶ．以下に，代表的な方法をあげる．

1）ノンリターン法

　家畜が妊娠すると卵巣には黄体が形成される．黄体から分泌されるホルモンによって発情は停止する．したがって，妊娠が成立すれば，定期的に回帰する発情は来ないことになる．たとえば，ウシの場合21日周期で発情が来るが，妊娠した場合には21日後の発情は見られないことになる．この方法は，簡便で，しかも早期に妊娠を判定しうるが，正確度は85％程度である．というのは，ウシによっては，妊娠していないにも関わらず卵巣に黄体が

存在することがあり，この場合も発情は認められないからである．そこで，複数回の発情周期（2〜4カ月間）を観察し，正確度を高める方法がノンリターン（non-return）法である．交配後3〜4カ月を経過しても発情が回帰しない場合の判定の正確度は97％にまで高まる．この方法は，簡便ではあるが，判定までに時間を要する欠点がある．

2）直腸検査法（rectal palpation）

　主として，ウシ，ウマに適用される方法で，現在最も普及している妊娠診断法である．直腸から手を入れ，腸管壁を介して間接的に子宮角を触診することにより妊娠の有無を判定する．妊娠していれば，緊張した，膨れ上がった感がある．

　ウシでは6週，ウマでは1〜2カ月から判定が可能であるが，初期の診断には熟練を要する．この方法は，妊娠期間の全般にわたって適用できる簡便な手法である．しかし，直腸に手を入れることができる動物種に限られ，ブタ，ヤギ，ヒツジなどにこの方法は応用できない．

3）超音波診断法（ultrasonography）

　ドップラー現象を応用して，胎児に超音波を当て，モニターに映し出された画像によって，胎児の動き，大きさ，動脈の拍動などの情報を得ることができる．直腸内にプローブ（端子）を挿入し，動物の体表面に超音波発信器をあてて診断する．妊娠1カ月程度の早期からの妊娠診断が可能で，診断の正確度も高く，ほとんど全ての家畜に適用できる．複数の胎児による妊娠も判定することができる．しかし，妊娠後期には胎児が大きくなりすぎるために超音波像から得られる情報はかえって少なくなる．

4）発情ホルモンの注射による方法

　妊娠黄体から分泌される黄体ホルモンと発情ホルモンとの拮抗作用を利用したものである．非妊娠を想定した場合，次の発情予定日の2〜3日前に発情ホルモンを投与する．妊娠していない場合には，黄体機能の低下により発情ホルモンに反応して発情が誘起されるが，妊娠している場合には発情は見られない．ウシ，ウマ，ヒツジ，ヤギなどに応用できる．

5.4.4 分娩（parturition）

　妊娠が順調に進み，胎児が完全に発育して母体から産み出される過程を分娩という．通常，分娩予定日の10～20日前には，妊畜を広い産室に移し，清潔な敷きわらを入れる．分娩時には，神経質になるので，産室にあらかじめ慣らすためである．運動不足は難産につながるので，適度な運動が必要である．この時期には，とくに便秘しやすい．飼料に注意し，青草や埋草のようなものを十分に与え，水分を取らせる必要がある．

　分娩が近づくと，腹部が膨れ，下垂し，乳房が張ってくる．1～2日前には乳も出てくる．この成分は，分娩直後に分泌される初乳とよく似ている．外観的には，骨盤部の靱帯がゆるみ，尾根部の両側が落ち込む．分娩直前には，敷きわらの多い場所を求めて室内を歩き回ったり，立ったり座ったりを繰り返す．

　分娩直前には陣痛がくる．子宮が著しく緊張する結果，筋肉が不随意的に収縮することによる痛みである．この子宮収縮には下垂体後葉から分泌されるホルモン（オキシトシン）が関係しており，難産が想定される場合にはこのホルモンを注射することにより，人工的に陣痛を誘起することができる．

5.5　泌　乳
lactation

　泌乳は，哺乳動物に特徴的な生理現象であり，妊娠と分娩に続いて起こり，乳腺（mammary gland）からの乳汁分泌をともなう．母畜は乳汁（milk）によって子畜を一定期間保育する．この期間を泌乳期（lactation period）とよぶ．

5.5.1　乳腺の基本構造

　乳腺は両性に存在するが，機能をもつのは雌に限られる．雄の乳腺は未発達であるが，ホルモン処理などによって乳汁分泌を促すことができる．

　乳腺の数や位置は動物種によって異なるが，一般的に腹側の正中線の両側

に左右対をなして存在する．それぞれの乳腺には乳頭（teat）がある（図5.11）．

ウシ，ヤギ，ヒツジ，ウマなどの乳腺はとくに乳房（udder）とよばれる構造を作る．ウシの乳房は四つの分房からなり，一つの分房にはそれぞれ独立した乳腺が存在する．乳汁はそれぞれの乳頭を介して外部に分泌される．

乳房は骨盤と鼠蹊部の腹壁に付着する靱帯によって吊り下げられている．ウシやヤギの乳頭の先端には，長さ2～8 mmの乳頭管が1本あり，乳頭口で外部に開口している．この部位は括約筋が存在し，泌乳量の調節，乳汁の自然排出，細菌の感染に対して保護する役割がある．

乳腺の基本単位は乳腺胞（mammary alveolus）である（図5.11）．その内側に，一層の乳腺上皮細胞がならんでいる．乳腺胞が集まって乳腺小葉腺胞系を形成し，乳管（mammary duct）に接続する．乳管は次第に太くなり，ウシやヤギでは最終的に乳槽に開口する．乳腺胞や乳管では筋上皮細胞が存在し，オキシトシンに特異的に反応して乳汁の輸送に関与している．

乳腺の乳汁分泌細胞は，腺構造をもつ立方上皮細胞である．乳汁を盛んに分泌している乳腺細胞では腺胞腔に面した側に微絨毛が発達する．核は大きく，中央より基底膜側に位置する．核上部にはゴルジ装置があり，その周辺

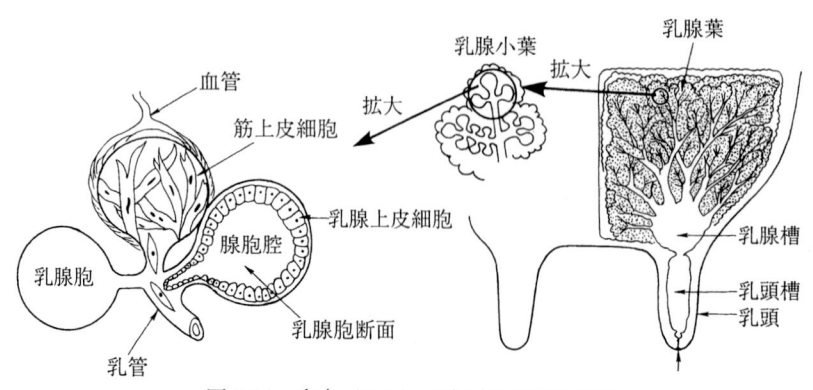

図5.11　家畜（ウシ）の乳房と乳腺の構造

に多数の分泌小胞が認められる．小胞は腺胞腔側の細胞膜と融合し，内部の分泌顆粒を腺胞中に放出する．

5.5.2 乳腺の発育

乳腺原基は表皮の肥厚として腹壁正中線の両側に現れる．やがて，この部位の上皮細胞は分裂増殖して球状の塊となり，下層の間充織中に侵入して乳腺芽 (mammary bud) を形成する．その後，乳腺芽の遊離端から第一次乳索 (primary cord) が間充織に伸長し，しだいに枝分かれして，出生時には乳頭基部に乳管系が形成される．乳腺原基からの形態形成には，原基の下層あるいは周囲の間充織が重要な役割を演じる．たとえば，乳腺原基を唾液腺の間充織と培養すると唾液腺に分化する．

性成熟後卵巣が機能するようになると，乳腺の急速な発育が始まる．卵巣を除去するとこのような発育は見られないことから，卵巣から分泌されるホルモンが重要な働きをしており，卵巣の機能を調節している脳下垂体もこれと関係する．しかし，この時期の乳腺の発育は乳管の伸長にとどまり，乳腺胞はまだ形成されていない．乳腺胞の形成は妊娠中期から急速に起こり，反すう家畜では乳汁分泌も始まる．しかし，本格的な乳汁分泌は分娩と時期を合わせるように起こる．

乳量のピークを過ぎると乳腺の機能は低下し，大きさも減じる．乳腺細胞は空胞化し，細胞核の凝縮が起きる．最終的には，妊娠前の乳管系のみからなる構造にもどる．

5.5.3 乳汁分泌に関連するホルモン

乳腺の発育に重要なホルモンとして，発情ホルモン，黄体ホルモン，副腎皮質ホルモン，成長ホルモン，プロラクチンをあげることができる．これらは，脳下垂体，卵巣，副腎から分泌されるホルモンである．動物種によって，乳腺の発育に必要なホルモンの種類はやや異なっているが，プロラクチンは多くの動物種で必須のホルモンと考えられている．しかし，プロラクチンによる乳腺胞の発育度はせいぜい妊娠中期の乳腺に相当するもので，妊娠末期

のような顕著な発育にはほど遠い．また，プロラクチンの血中濃度も妊娠中期にはまだ低く，中期以降に起こる乳腺の急速な発育には胎盤からの胎盤性ラクトジェンの分泌が重要となる．妊娠末期にはプロラクチンの血中濃度が上昇するとともに，黄体ホルモンの低下が起こり，分娩時における乳汁分泌の引き金がひかれる．

5.6 繁殖の人為的制御技術

Techniques for artificial control of reproduction

家畜を飼育するうえで子畜の生産性を高めることはきわめて重要である．家畜の繁殖を自然の排卵と交尾にゆだねていれば，生涯当たりの生産性は限られてくる．たとえば，1頭の雌牛の生涯生産頭数は10頭程度にすぎない．ところが，雌牛の卵巣内には平均して50,000～75,000個の原始卵胞が存在する．これらが成熟して排卵すれば，それぞれから1頭の子畜が生産できる可能性があるが，自然界ではこれらの原始卵胞の内の数万分の1しか子畜となっていないことになる．自然の繁殖現象をそのままの形で受け入れるのではなく，そのメカニズムを理解しながら，人為的に制御可能な技術を開発してゆくことが，効率的な家畜生産には重要となる．ここでは，20世紀になって，急速に発展した生殖現象の人為的制御技術について述べる．

5.6.1 人工授精（artificial insemination, AI）

自然交配によらず，人工的に雄から精液を採取し，これを雌の生殖器（子宮，膣など）内に注入して受精させる技術を人工授精という．人工授精は，1780年イタリアの生物学者であるSpallanzaniがイヌで試み，子犬を生ませたことに始まる．人類が，動物の繁殖を人為的にコントロールした初めての例である．家畜の改良増殖の手段として人工授精を利用したのは，1903年ソ連の生理学者Iwanoffであった．現在では，採取した精液の保存技術が飛躍的に向上し，ウシ，ヒツジ，ヤギ，ニワトリ，ミツバチなどで汎用技術となっている．しかし，ブタなどのように，現在でも精液保存が難しいために

技術の普及が進んでいない動物種もある．

　日本における人工授精の歴史は古く，前述の Iwanoff に師事し，1912 年に帰国した京都大学の（故）石川日出鶴丸博士がウマで試み，広く医学・獣医学者に伝えたことに始まった．その後，京都大学の（故）西川義正博士によって，ウシの人工授精技術の確立に力が注がれ，1941 年以降急速に農家に普及し始めた．その後，農林水産省の家畜改良計画の中心的技術として発展し，現在では乳・肉牛のほとんどすべてが人工授精によって交配されている．初期の人工授精は新鮮な射出精液か精液を低温下で保存したものを使っていたが，1952 年にイギリスの Polge 博士によって液体窒素（$-196\,^\circ\mathrm{C}$）下で凍結し，保存する凍結保存技術が開発され，半永久的な精子の保存と遠隔地への輸送が可能になった．

　自然交配では一回の射精で，1 頭の雌を受胎させるにすぎないが，人工授精では精液を希釈することにより，数十倍の数の雌を受胎させることが可能である．したがって，多くの雄を必要とせず，優秀な雄の精液だけを人工授精用精液として使用できるため，広い範囲で急速に雄側からの改良が可能となった．ウシの場合を例にすれば，自然交配では 1 頭の雄から年間 100〜150 頭の種付けが精一杯であったが，人工授精の普及によって 10,000 頭の種付けも不可能ではない．また，雄を交配によって消耗させることなく，発情適期に複数回の人工授精をおこなうことによって，確実に受胎させることもできる．

　雄の頭数が少なくてすむことから，飼料費，管理費も節約できる．また交配のために動物を遠路輸送する必要がなく，凍結精液をドライアイスなどにより空輸することにより，国内はおろか海外への運搬も可能となった．

5.6.2　人工授精の実際

　人工授精に際しては，まず精液を採取し，精子の運動性や形態などの精液性状を検査した後，精液を希釈して $4\,^\circ\mathrm{C}$ で保存あるいは $-196\,^\circ\mathrm{C}$ で凍結保存する．$-196\,^\circ\mathrm{C}$ で凍結保存させた精子は，半永久的に保存できる利点があることから現在の凍結保存はほとんどこの手法によっておこなわれている．

1）精液の採取
（1）人工膣法

もっとも汎用されている方法である．人工膣の本体は（図5.12），金属あるいはプラスチックの外筒とゴム製の内筒からなり，両者の隙間に雌の体温に近い温水を封入し，空気を吹き込んで膣圧に相当する圧力を加える．さらに，末端に精液採取管を取り付けたゴム製の内筒を挿入する．

雄からの精液の採取法は，発情した雌畜を用いる横取り法と擬牝台を用いる2種類の方法がある．横取り法は，雄が雌の膣内に陰茎を入れようとするところを横から術者が人工膣を出して，陰茎をそれに導き内部に射精させる方法である．擬牝台は発情中の雌の代用をする装置で，台の表面に雌の尿などでにおい付けする場合もある．雄は擬牝台を雌と誤認して上駕し，陰茎を出すので横取り法と同様にして精液を採取する．

（2）マッサージ法

ウシでは，肛門より手を入れ，直腸から精管膨大部をマッサージして射精させることができるが，前者の人工膣法が簡便であるためにあまり用いられない．また，精液に尿やゴミが入る難点がある．

ブタでは，陰茎の先端部を手で握るように圧力をかけることで精液を採取することができる．ブタの場合，1回の射精量が多いことから，温湯につけた大容量の採取用ビーカーを用い，ゴミを除去するために精液をガーゼでろ過しながら採取する．

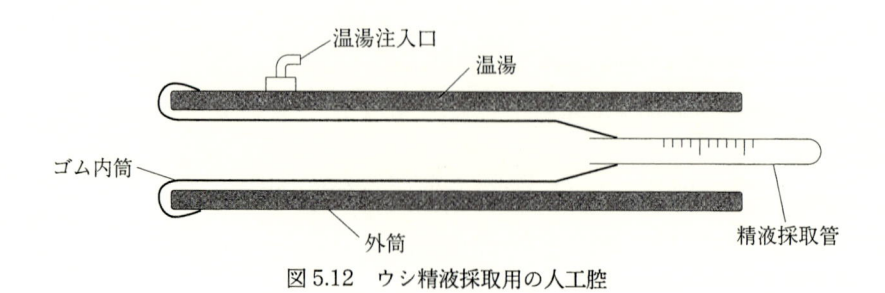

図5.12 ウシ精液採取用の人工腔

（3）電気刺激法

腰椎と肛門間に電気を通じて刺激し，射精を促す方法である．刺激が強すぎるために精液に尿などが混入する場合があり，動物が四肢を痛めていたり，上記の方法が採用できないとき，たとえば野生動物などの精液採取などの場合にのみ利用される方法である．

2）精液の検査

採取した精液が正常であるのか，その後の使用に耐えうるものであるのかを検査する必要がある．まず，肉眼的に精液の量，色，濃度，粘調度，pH，臭いなどを確認する．精液の外観は，動物種によって，また個体によっても差があるが，乳白色の不透明な，濃厚な粘調液である．色と粘調度から，経験的にその中に含まれている精子数を判断することができる．一般的に，ウシ，ヒツジ，ヤギの精液量は少量で，濃厚である．ウマやブタの精液量は多く，それにともない1 ml中の精子数は少ない（表5.6）．精液のpH値も動物種により変異があり，前三種では6.2～6.8を示すのに対し，後二種では6.8～7.8とやや高い．一般的に，中性あるいは弱アルカリ性の方が精子の生存性がよく維持される．

ついで，より詳細に精液の性状を検査するために，顕微鏡を用いて，精子の活力，生存率，精子数（濃度），形態的な正常性について検査する．精子活力は，顕微鏡下での精子の運動状態により判断する．運動には，前進運動，回転運動，振り子運動などが観察されるが，正常な精子は直線的で活発な前進運動を示す．精子の数や濃度は，血球計算盤（トーマ式）を用い，単位容積

表5.6 家畜精液の一般性状

	ウシ	ヒツジ	ウマ	ブタ
精液量（ml）	3～10	0.5～2.0	50～200	200～300
精子濃度（$\times 10^8$/ml）	10～15	20～30	1～3	1～3
全精子数（$\times 10^8$）	80～120	20～30	100～300	150～450
精液のpH	6.5～6.8	6.4～6.8	7.0～7.2	7.0～7.4
〃　粘稠度	2.0～6.0	45～50	1.5～3.5	2.0～3.0
〃　比重	1.034	1.039	1.014	1.016

(1 mm^3) 当たりの精子数で表す．形態異常精子には，矮小，巨大，両頭，尾部消失，未熟などいろいろあるが，これらの出現頻度が高い精子は人工授精への利用を避ける．

3）精液の希釈および保存

　精液の希釈は，1回の射出精液からなるべく多くの雌を受胎させることを目的としている．さらに，希釈精液を長期間保存することができれば，時期をずらして雌を受胎させうる．このための希釈液としては，クエン酸液に卵黄を加えた卵黄緩衝液（卵ク液）が汎用されている．希釈濃度は精液中の精子数によって異なるが，おおよそウシでは数十倍，ヒツジ，ヤギでは数倍から数十倍，ウマ，ブタでは数倍とされている．精子は常温にさらされると，鞭毛運動によってエネルギーを消耗し，死滅する．これを防ぐためにも，低温保存は有効である．しかし，急速な温度の変化は精子の生存性に悪影響を及ぼす．希釈精液を水槽内に置き，氷を投入しながら目的とする温度までゆっくり低下させる．この精液を2～4℃に保存すれば，3～4日は人工授精に用いることができる．

　しかし，精子の低温保存による保存期間は数日であり，この期間中にも精子のエネルギー消耗は続き受精能力も低下してゆく．雄由来の遺伝的能力をより多くの子畜に伝達してゆくためには，長期間の精子の保存が有効である．そこで，考え出された方法が精子の凍結保存（frozen semen）である．その方法は，精液採取後，卵黄緩衝液で希釈し，いったん4℃に冷却して半日保存し，最終濃度が7～10％となるように徐々にグリセリンを加え，ガラスアンプルあるいはストローに分注して半日4℃に保存する．ついで，アルコールの入った恒温槽内にドライアイスを徐々に添加し，精液の入った容器を－15℃まで温度をゆっくり降下させた後に急速にドライアイス－アルコール中（－79℃）で凍結する．さらに，－196℃の液体窒素中に投入して保存する．いずれにしても，凍結保存に際して，グリセリンを用いたことがこの技術を成功させた鍵となっており，このような物質を凍害保護物質（cryoprotectant）とよぶ．凍結保存後の精子の受精能力は－79℃よりも－196℃に保存した方が，よく維持されることが知られている．しかし，凍

結保存に対する抵抗性は各種動物で異なっており，ウシ，ヤギ，ヒツジなどでは技術的にすでに確立されているが，豚精子の耐凍能は低く，個体差も大きい．

　精子の凍結保存技術が確立されたことによって，精子は半永久的に保存が可能となり，ある特定のウシの精液を世界各国に運搬し，人工授精することが可能になっている．先進諸国では，優良な遺伝的能力をもつ種雄の凍結精液を集中管理して，農家に供給している．

4) 精液の注入

　精子の融解に際しては，凍結精子の入ったストローを 38 ℃の恒温槽に投げ込み，急速に融解することが重要である．緩慢な速度での融解は精子の生存性を著しく低下させる．融解精子は運動性を再獲得するが，人工授精にさきだって精子の生存性や形態などを検査しておく必要がある．

　精子を注入する部位は動物種によって異なる．ウシでは，子宮頸管深部に注入するために，膣側から鉗子を挿入し子宮頸管を引き寄せ，さらに精液の入ったストローを装着した注入器を頸管内に挿入して，精子を押し出す（図 5.13）．ブタでは，子宮内に注入器を直接挿入して授精させる．人工授精 1 回当たりの注入量はウシで 0.5～2.0 ml，ヤギ，ヒツジで 0.1～0.2 ml，ブタでは 50～100 ml である．注入の時期は，交配適期と同一と考えてよく，

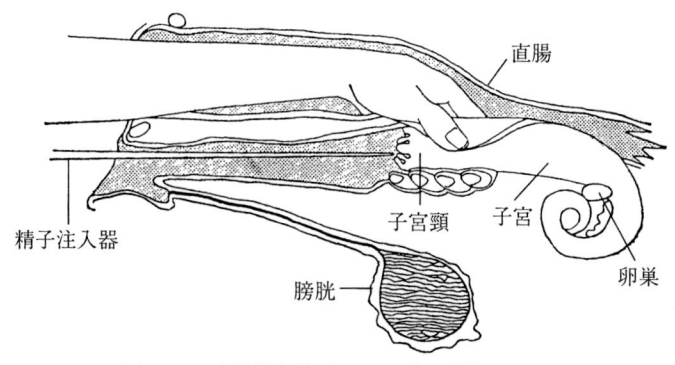

図 5.13　凍結保存精子による人工授精（ウシ）

雌畜の発情後期が適しているが，確実を期すために複数回の人工授精も適時おこなう．

5.6.3 受精卵移植

1) 発情周期の同期化 (estrus synchronization)

複数の個体の発情を一斉に誘起する手法を発情の同期化とよぶ．この方法は，単に発情の時期が予測できるばかりでなく，後述する人工授精の適期や分娩時期を予測することを可能にする．さらに，受精卵（胚）を仮親に移植することによって人工的に妊娠させる受精卵（胚）移植技術 (embryo transfer) において，受精卵を供給する供胚動物（ドナー）と仮親（受胚動物，レシピエント）の発情周期を制御することによって，より確実に妊娠させることができる．

発情の同期化には基本的に次の三つの方法がある．① 一定期間発情と排卵を抑制しておき，その後呼び戻し的に排卵を起こさせる方法，② 黄体を強制的に退行させることによって，発情と排卵を誘起する方法，③ 強制的に排卵だけを誘起する方法である．

前述したように，発情周期の中で黄体ホルモンが減少すると発情ホルモンが高まり，その刺激によってLHサージが起こって排卵が誘起される（図5.9）．しかし，黄体ホルモンの血中濃度を高レベルで維持すれば，発情ホルモンの分泌もLHサージも誘導されない．①の方法はこの原理を利用している．具体的には，合成黄体ホルモン製剤を経口的に投与するか，スポンジあるいはチューブに製剤を含ませ，それぞれ膣あるいは皮下に埋め込んで動物を強制的にホルモン感作する．一定期間の感作後，ホルモン投与をやめれば，数日後に発情が誘起される．

②の手法は，発情や排卵を抑制している黄体ホルモンを人為的に低下させる方法である．黄体ホルモンの産生部位は卵巣の黄体であるので，黄体退行作用のあるプロスタグランディン$F_{2\alpha}$を筋肉または皮下に投与する．投与後2～3日で発情が回帰する．この手法は黄体退行を主眼としているので，卵巣が黄体期にあることが条件となる．

③の方法は，卵胞の発育を刺激するホルモンと排卵を誘起するホルモンを併用することによって，卵巣内で発育した卵胞を強制的に排卵させる手法である．まず，卵胞の発育を刺激する卵胞刺激ホルモン（FSH）あるいは妊馬血清性性腺刺激ホルモン（PMSG）を投与し，次いで黄体形成ホルモン（LH）あるいは胎盤性性腺刺激ホルモン（hCG）を投与して排卵を誘起する．PMSGは体内での持続時間が長いので，単一投与で有効であるが，FSHの場合は持続効力が短いので複数回投与する必要がある．

しかし，上記①や②の手法は，発情同期化のために単独で用いられることはほとんどない．むしろ，③の手法を組み合わせて，発情を同期化すると同時に，黄体の退行した卵巣に多くの卵胞を成熟させて，LHやhCG投与により一度に多数の卵子を排卵させる過剰排卵処置（superovulation）としての価値がある．このことにより，通常一個しか排卵されないウシで平均10個程度の卵子を回収することが可能で，生涯の子畜生産性は10倍以上にまで高めることができるようになった．しかし，上述したような発情同期化や過剰排卵処理の方法は，一般的な原理として示したにすぎず，動物種によってその方法は多種多様である．

2）受精卵（胚）の回収 (embryo recovery)

家畜からの受精卵の回収方法には次の3通りがある．①雌畜をと殺して卵管や子宮を摘出し，灌流液により卵子を洗い流して回収する方法，②雌畜から外科的手術によって卵子を灌流する方法，③回収器具を用いて非外科的に雌畜から回収する方法である．目的や条件によって上記の方法を使い分けるが，①の手法は，回収率は高いが雌畜を再利用できない．②の方法は，ブタ，ヤギ，ヒツジなどの中家畜ではよく利用されるが，ウシなどの大家畜では外科的手術に手間がかかる．③の方法は，生体を傷つけることがないので複数回の受精卵の回収が可能であるが，回収部位は子宮に移動してきた卵子に限られる．

ここでは，ウシで主として用いられている③の回収方法について概説する．この手法は，非外科的に膣から子宮に向かってバルーンカテーテルを挿入し，灌流液を流し込むと同時にオーバーフローしてくる灌流液を回収する

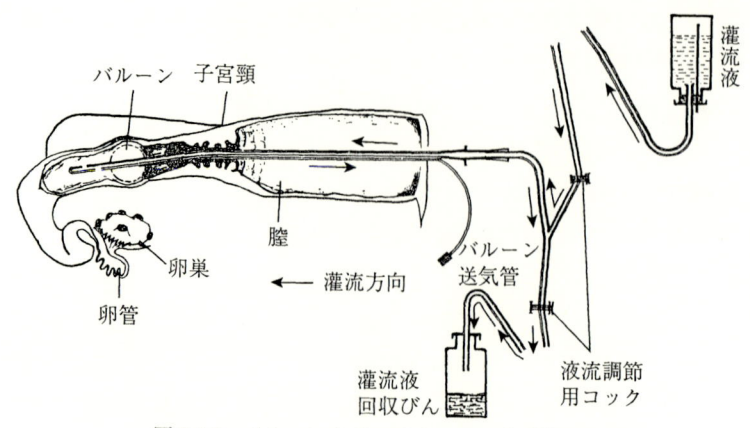

図5.14 バルーンカテーテルによる牛受精卵の回収

方法である（図5.14）．卵管と子宮の境界部は構造上非常に狭くなっているので，卵管内にある卵子を回収することはこの手法では困難である．ウシでは，卵子は排卵後3日目から子宮に移行し始めるが，ほとんどすべての卵子が子宮に移行し終わるのは5日目以降である．したがって，排卵後5～6日目がこの手法を用いる最適時期となる．回収される卵子の発生ステージは桑実期あるいは胚盤胞期胚である．回収は非外科的におこなわれるために，回収率は60％程度であるが，雌畜に過剰排卵処理をおこなうことによって平均10個程度の卵子を，繰り返し回収することができる．

3）受精卵（胚）移植（embryo transfer）

　卵子を回収できたとしても，母体外で子畜にまで発育させる技術は現在のところない．したがって，ドナーから回収した卵子は同じ種の家畜レシピエントの子宮内に戻して胎児に発育させる受精卵移植技術が必要である．

　受精後の卵子の発生は連続的かつ非可逆的であるために，卵子の発生ステージとレシピエントの妊娠時期は一致している必要がある．もし，両者のステージが一致していないと妊娠の継続は難しい．具体的には，ウシの場合，ドナーとレシピエントの排卵時期を同期化することが必要で，1日以上のずれが生じると受胎率は急速に低下する．排卵時期を同期化する手法は，

前述した発情同期化法に準じておこなう.

　受精卵の移植方法には，外科的手法と非外科的手法の二通りがある．受精卵の回収の場合と同様に，前者は中型家畜で後者はウシなどの大型家畜で用いられている．外科的移植法では，手術により子宮，卵管，卵巣を露出させる．卵管の場合は卵巣側の卵管采から，子宮への移植は子宮角内に，いずれもガラス製のピペットで少量の培養液とともに卵子を注入することによっておこなう．この手法の利点は，受精卵から胚盤胞期のいずれの時期の胚でも移植が可能であることである．

　非外科的移植法は，移植する卵子を含む培養液を注入器を用いて膣側から挿入し子宮内に注入する方法である（図5.15）．基本的な手法は，妊娠診断の時に用いる直腸検査と同様に直腸から手を入れ，注入器を子宮にうまく挿入できるようにガイドする．ウシのように体が大きく手術が難しい動物種ではとくに有効な方法である．この手法は農林水産省畜産試験場の杉江佶博士によってわが国独自に開発された手法であり，現在世界各国で多用されている．

4）受精卵の保存

　前述したように，受精卵移植では移植する胚の発生ステージとレシピエントの雌畜の妊娠日齢がそろっていることが重要である．もし，ドナーから

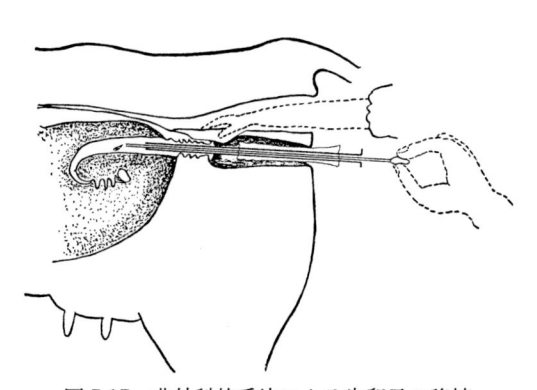

図5.15　非外科的手法による牛卵子の移植

回収した卵子を一定期間保存することができれば，レシピエントの妊娠日齢のみを注意しておればよいことになるし，多数の卵子が回収されたときには別の機会に受精卵移植ができるので無駄が省ける．さらに，優良な卵子を遠距離運送し，その遺伝資源を伝達できることで家畜育種上の効果は大きい．

実験動物では，0～10℃程度の低温下で卵子を保存する技術の開発が1950年代に始められている．しかし，精子の場合と同様に低温下で保存可能な期間はせいぜい数日間であり，現在においても実用可能なレベルにない．しかし，精子の保存が液体窒素中で可能になり，卵子の凍結保存技術も急速に発展した．1972年Whittinghamはマウス卵子の液体窒素（－196℃）下での凍結保存法を開発し，ついでWilmutとRowson両博士によって1973年には凍結保存したウシの卵子を融解後，レシピエントに移植して産子を生産することに成功している．

受精卵凍結保存（embryo freezing）の過程は大きく三段階に分けられる．① 耐凍剤の添加と平衡処理，② 室温から植氷温度までの冷却と液体窒素への保存，③ 凍結卵子の融解である．凍結保存に耐凍剤の存在は不可欠である．精子の凍結保存と同様に，耐凍剤は細胞膜浸透性を有し，凍結によって生じる細胞傷害を低減させる．常用される耐凍剤としては，DMSO（ジメチルスルフォオキサイド），グリセリン，プロピレングリコール，エチレングリコールなどがあげられる．卵子をリン酸緩衝液などに浮遊させ，1～1.5 M濃度で耐凍剤を加え，耐凍剤が細胞内によく浸透するまで平衡させ，凍結容器であるプラスチックストローやガラスアンプルに卵子を移す．ついで，5～7℃/分の速度で，室温から植氷温である－5℃まで温度を下げてゆく．植氷（seeding）は急激な温度低下（過冷却：supercooling）のために細胞内に氷の結晶が形成されるのを防ぐためにおこない，卵子で凍結保存技術が成功した主要因と考えられている．植氷は，液体窒素中に冷却しておいたピンセットで凍結容器に軽く触れることによっておこなう．植氷後0.3～0.8℃/minの速度で－30℃まで冷却した後，液体窒素中に投入する．凍結した卵子を融解する場合には，20～38℃の温水中に保存容器ごと投入して急速に融解する．この時の融解速度は200℃/minにもなる．

凍結による細胞への害作用は細胞中に形成される氷晶によってもたらされる．したがって，理論的には氷晶が形成される0〜-30℃の温度域を100〜200℃/secで低下させ，水分子の移動がほとんどない超低温に到達させれば，細胞内の氷晶は微細な（50 nm以下）非晶形水（amorphous state）あるいはガラス化（vitrous state）状態となり，細胞の生存性は飛躍的に高まると考えられている．しかし，現在の技術では上記のような急速冷却の実現は難しく，数種の高濃度の耐凍剤により氷晶を形成せず，ガラス化状態を保持する方法が考案され，ガラス化保存法（vitrification）として実用化されつつある．たとえば，マウスでは20.5％ DMSO，15.5％アセトアマイド，10％プロピレングリコール，6％ポリエチレングリコールが，ウシでは25％グリセリンと25％プロピレングリコールの混液が耐凍剤として用いられている．この方法は，高濃度の耐凍剤による細胞への浸透圧衝撃と細胞毒性の回避が今後の重要な課題となっている．

　上述のように，耐凍剤は凍結による細胞傷害を防ぐが，同時に細胞毒性を有する．したがって，融解直後には耐凍剤を除去する必要がある．耐凍剤存在下では卵子は高浸透圧下にある．そこで，等張のPBS（phosphate buffered saline）のような生理的塩溶液を5〜10分間隔で少量ずつ添加するか，耐凍剤濃度を段階的に低下させた耐凍剤溶液中で卵子を洗浄することによって，最終的に等張液中に浮遊させる．最近では，0.25〜1 Mのショ糖溶液を用いて耐凍剤を除去する簡便な方法が採用されている．ショ糖は細胞膜不透過性の物質であり，多量のショ糖液を用いれば浸透圧を維持しながら1回の操作で耐凍剤を細胞外に排出することができる．

　現在の凍結保存技術の完成度はまだ十分とはいえず，凍結保存後に生存している卵子はおよそ半数にすぎない．また，動物種や個体差がみられ，とくにブタの凍結保存技術はいまだに困難とされている．

5.7 家畜繁殖に関連する先端技術
Advanced reproductive biotechnology

　20世紀半ばにDNA（deoxyribonucleic acid）が遺伝情報伝達物質として機能することが発見されて以来，DNAを本体とする遺伝子（gene）によって生物の多くの生命現象を説明することができるようになった．さらに，遺伝子に人為的な改変を加えてその機能を明らかにし，遺伝子を産業的に利用しようとする種々の遺伝子工学技術が発展した．これと歩調を合わせるように，1970年以降哺乳動物の発生を人為的に制御し，従来の細胞レベルから個体レベルで生命現象を解明しようとする生殖工学技術（reproductive biotechnology）が急速に発展した．これにともない，家畜の改良と増産をめざす畜産技術に大きな変化が起こりつつある．その過程で，より優秀な家畜を生産するためのいくつかの技術革新がなされ，現在もより良い技術としての改良が続けられている．ここでは，家畜におけるバイオテクノロジーのこれまでの進展について概説する．

5.7.1　体外受精（in vitro fertilization）

　生命の誕生は精子と卵子が融合することによって始まる．通常この現象は雌性生殖器官の一部である卵管内でおこる．これを体外で再現する方法を体外受精と呼んでいる．この手法は，不妊に悩む人の治療法として医学領域ではすでに定着しているし，畜産領域では家畜の効率的な増殖手段として実用可能なレベルにある．

　体外受精は1960年代からマウス，ラット，ウサギなどで試みられ，ヒトでは1970年代後半，ウシでは1980年代前半に技術的な確立を見た．この手法を端的に述べれば，精子と卵子を体外の培養液中で混合し，受精させることになるが，受精を正常に成立させるためには精子と卵子のそれぞれに必要な条件がある．射出された直後の精子には受精能力はなく，培養液中で一定期間培養することによって，精子表面に膜変化が起こり受精能力を獲得する

ようになる．この現象を精子の受精能獲得（sperm capacitation）とよんでいる．受精能獲得に必要な条件は動物種によって異なり，マウスやヒトの精子では培養液中で数時間培養するだけで容易に受精能を獲得するが，家畜の場合には培養にさきだちヘパリンやカフェインによる前処理を必要とする．

　一方，卵子に求められる条件は，細胞核と細胞質が排卵卵子と同程度に成熟していることである．排卵前の卵子は，卵巣の卵胞内で成長と成熟が促され，十分に成熟した卵子だけがホルモンの刺激により排卵される．家畜では，排卵卵子の採取には大がかりな手術と経費がかかるために，と畜場でと殺された雌家畜の卵巣から未成熟の卵子を取り出し，体外の培養液中で培養し，排卵卵子と同様に成熟させた卵子を体外受精に用いている．

　ウシの体外受精とその後の受精卵の発生過程を図 5.16 に示した．受精は，プラスチックシャーレ上に滴下した培養液中でおこなう．受精のための条件が整った精子と卵子を混合した後，体内と似た温度，湿度，気相に設定した孵卵器（インキュベーター）内に入れる．両者の受精能力が充分備わってい

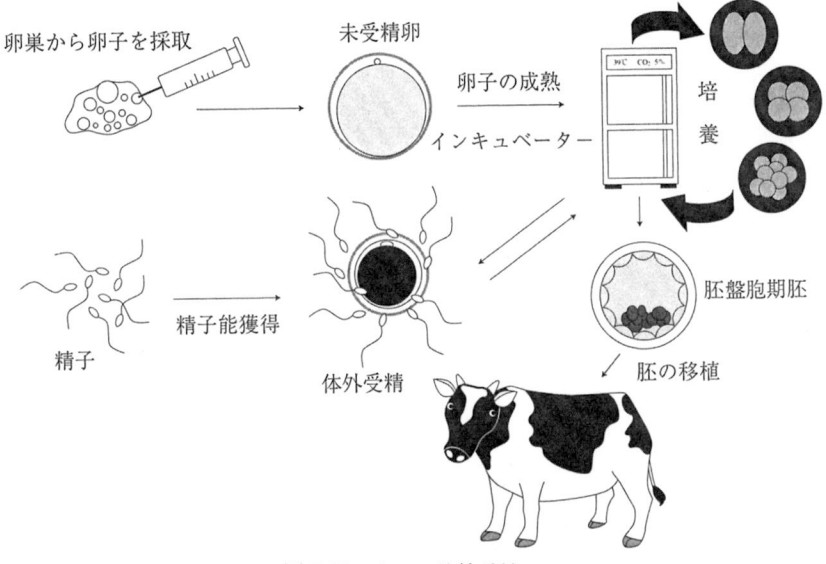

図 5.16　ウシの体外受精

れば，混入後1時間程度で受精が起こり，約18時間後には最初の卵分割が起こる．

　受精後，インキュベーターで培養された卵子は，ほぼ1日に1回の割合で分裂し，ウシでは7日後には胚盤胞期と呼ばれる発生時期に達する．この時期の牛胚は，母体内では卵管から順次下降し子宮に達した時期であり，非外科的手法により子宮内に移植ができる．また，移植する前に胚を液体窒素中に凍結保存することにより，適切な時期に数多くの家畜への体外受精卵の移植が可能になった．

5.7.2 性判別（sexing）

　体外受精とその後の胚発生を体外で再現できることは，胚を体外で人為的に操作することを可能にする．これにともない，いくつかの応用技術が発展していった．生まれてくる子畜の性をあらかじめ予知する性判別技術もその一つである．乳牛ではミルクが取れることが重要であり，雌牛の方が経済価値がある．一方，肉牛では雄の方が産肉性が高いので，雄を望む声が強い．そこで，胚を移植する前に性を予知した上で移植すれば効率の良い子牛生産ができるし，その経済価値は高い．

　哺乳動物の性は，精子がもつ性染色体の種類によって決定される．X染色体を持つ精子によって受精が起これば雌の産子が，Y染色体の精子からは雄の産子が生まれる．そこで，受精後，胚発生の過程で分裂した胚の細胞の一

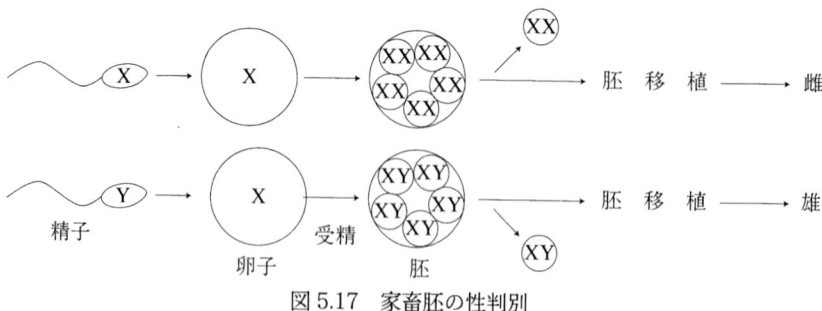

図5.17 家畜胚の性判別

部を取り出して,雄に特異的な Y 染色体上の遺伝子の存在の有無を調べる(図 5.17). 性判別後の胚は,レシピエントに移植することにより生後の性が予知された子畜を得ることができる. この検出法の正確度は現在ではほぼ 100% となっている.

以上は,胚の性別を診断して生み分けをおこなう手法であるが,精子を利用した生み分けも試みられている. 精子に含まれる DNA を蛍光色素により染色し,X および Y 染色体に含まれる DNA の量の差を蛍光強度により識別し,細胞分別機(セルソーター)とよばれる特殊な機械によって,両者の精子を分別しようとするものである. 分別された精子は体外受精あるいは人工授精によって受精させることができる. しかし,分別の精度や分別後の精子の運動性の低下などに問題を残している. これらの問題点を解決すれば,この手法は特別な技術を要しないために応用技術としては大きな可能性を秘めている.

5.7.3 核移植(nuclear transfer)

1 個のウシの受精卵からは,1 頭のウシしかできない. しかし,体外で胚を操作することが可能になると,胚盤胞期胚を金属ナイフで二つに分断し,そのそれぞれからウシを作出することができるようになった. しかし,この場合でも生産されるウシは 2 頭が限界である. 卵子は受精後,不可逆的な分化の過程をたどるが,ある程度分裂した胚の細胞を受精の段階まで戻すことができれば,1 個の受精卵から複数のウシが生産できる. たとえば,50 個の細胞に分裂したそれぞれの細胞を未受精卵に移植してその後の発生を進めることができれば,理論上は 50 頭のウシが一挙に生産できることになる. このようにある細胞を未受精卵に移植する技術を核移植あるいはクローン技術とよぶ.

この技術の歴史は新しく,1986 年にイギリスの Willadsen がヒツジを使っておこなったのが最初である. 図 5.18 に核移植技術の概略を示した. 未受精卵への核移植に先立ち,未受精卵の細胞核はあらかじめ除去する(除核). 未受精卵の大きさは家畜では約 120 μm であるので,一連の核移植操

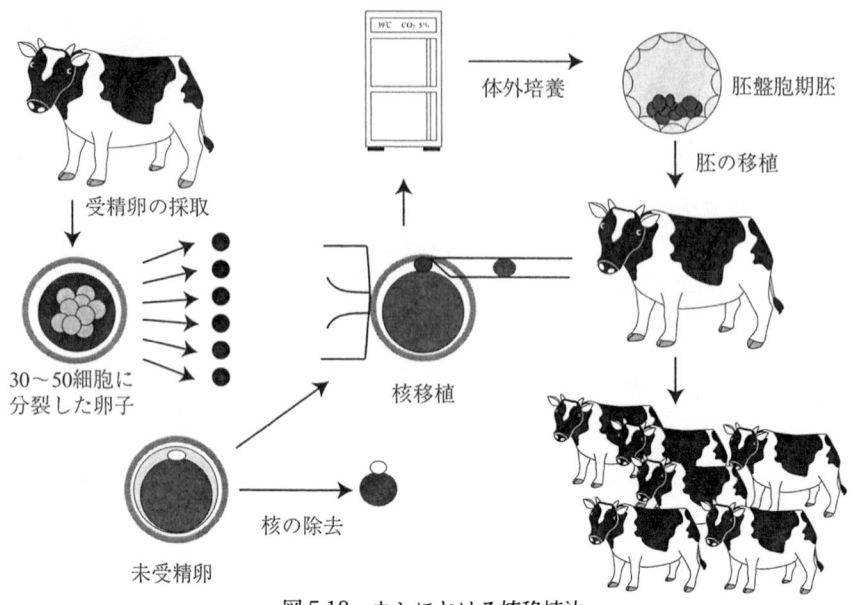

図5.18 ウシにおける核移植法

作は，顕微鏡下でマイクロマニピュレーター（図5.19）とよばれる一種のマジックハンドを用いておこなわれる．マイクロマニピュレーターの両端には，形状の異なるガラス製のピペットが取り付けてあり，一方で卵子を保定し，もう一方は細胞を移植するときに使う．未受精卵に移植後の細胞は未受精卵の細胞質と接しているだけで，細胞質内には入っていない（図5.20）．そこで，細胞の接着面に対して100 V/mm程度の直流電流を通電することによって，両者の膜を融合させると同時に，未受精卵内に核が導入される．核移植の過程には，精子による受精がともなわない．通常の受精では，精子の侵入によって受精卵に発生を開始するシグナルが与えられる．したがって，核移植では精子に代わるシグナルを正確に与えることが重要である．直流電流は膜融合のためだけではなく，このシグナルを付与する役割もはたしている．

核移植の最終的な目的は，優良な経済形質を示す家畜を複製し，増産する

図 5.19　核移植に用いる装置

倒立顕微鏡
マイクロマニピュレーター

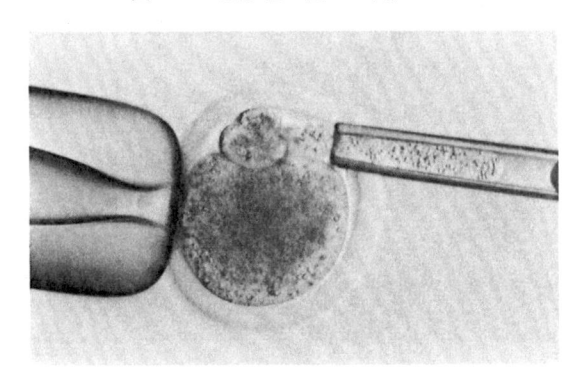

図 5.20　胚由来の細胞の除核未受精卵への核移植

ことにある.しかし,上述の受精卵由来の細胞を核移植に用いた場合には,あらかじめ家畜の能力を知ることは不可能である.しかし,1997年イギリスの Wilmut 博士らはヒツジの乳腺に由来する体細胞からクローン個体の作出に成功し,翌年には日本で卵管上皮細胞,皮膚,筋肉などの体細胞からクローンウシの作出に成功した.このことによって,優良な家畜からクローン動物を生産する基本的な技術が確立された.現在の技術レベルは成功率がきわめて低く,改良の余地が残されているが,家畜の質的・量的生産において今後重要な基盤技術となろう.

5.7.4 トランスジェニック動物（transgenic animal）

トランスジェニック動物（遺伝子導入動物）とは，動物が本来もっている遺伝情報に加えて，人為的に新たな遺伝子を付加された動物をさす．新たに導入された遺伝子が動物個体で機能（発現）することによって，目に見える表現型としてその影響が現れる．その例として，1982年に作出されたジャイアントマウスが挙げられる．受精卵の核内にラットの成長ホルモン遺伝子を注入することによってできたものである．このマウスの生後の成長は著しく，同時期のマウスに比べて約2倍の大きさになった．

単に遺伝子を導入しただけでは通常なにも起こらない．導入遺伝子にはそれを機能させるための調節領域（regulatory region）が必要である（図5.21）．ジャイアントマウスの場合にはメタロチオネインと呼ばれる遺伝子の調節領域を成長ホルモン遺伝子に接続しているので，メタロチオネインの制御下で導入遺伝子の発現が起こる．メタロチオネインは重金属（亜鉛，カドミウムなど）の存在下で発現が誘導されるので，ジャイアントマウスに亜鉛を含む飲料水を飲ませることによって遺伝子の発現が誘導され，成長ホルモンの分泌によって成長が促されたわけである．同様の手法は家畜にも応用されたが，家畜では増体の促進は認められていない．しかし，外部から有用な遺伝子を導入する基本的な考え方は，家畜の改良を短期間で達成するには不可欠となる．

トランスジェニック動物は一般的にはマイクロインジェクション（microinjection）とよばれる手法によって作られる（図5.22）．受精直後の卵子には精子と卵子に由来する2つの核（前核；pronucleus）が存在する．マイクロ

遺伝子調節領域　　　発現させようとする遺伝子
図5.21　導入遺伝子の基本構造

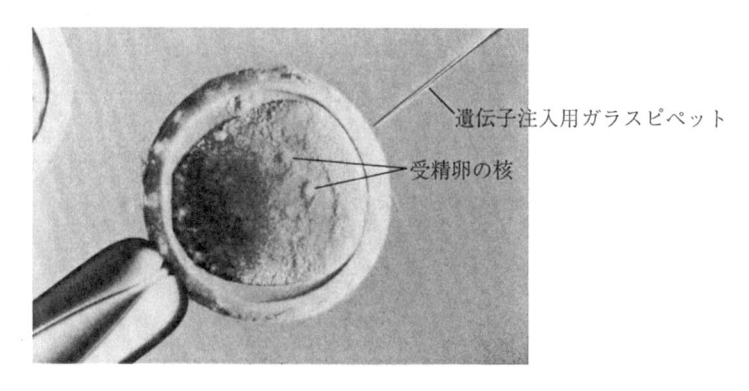

5.7 家畜繁殖に関連する先端技術

図 5.22 マイクロインジェクション法による豚受精卵への遺伝子導入

マニピュレーターを用いて，このうちのどちらか一方の前核内に先端の細いガラスピペットを用いて目的とする遺伝子の溶液を注入する．家畜の卵子は細胞質に脂肪顆粒が蓄積しているために，核が明瞭に確認できない．この場合には，卵子を遠心分離して脂肪顆粒を細胞質の片側に偏在させると，核が確認できるようになる．遺伝子注入後の受精卵は，胚盤胞期まで体外で培養後，子宮に移植する．遺伝子導入操作そのものが胚の生存性を低下させたり，染色体への挿入位置によっては胚発生にも影響が及ぶ．家畜でトランスジェニック動物が生まれる効率は，遺伝子を導入した卵子のうちの1％程度にすぎない．

　現時点では，トランスジェニック技術は畜産領域で必ずしも定着した技術ではないが，すでに実用化レベルに達している応用例もある．たとえば，家畜の乳汁中にヒトの医薬品となるような有用タンパク質を分泌させることができる．ウシの場合，1頭当たり年間 7,000 kg もの乳を生産する．このうちの約3％を乳タンパク質がしめる．乳タンパク質にはカゼインをはじめとするいくつかのタンパク質が知られているが，これらは主として乳腺細胞で生産され，細胞外に分泌される．したがって，乳タンパク質に対する遺伝子は，乳腺細胞で特異的に遺伝子を発現させるような調節領域をもっている．そこで，この調節領域に乳タンパク質とは別のタンパク質，たとえば医療医薬品

として多量に必要でありながら，人工的に作り出すことが難しいために高価なアンチトリプシン，血液凝固因子，プラスミノーゲンアクティベーターなどの遺伝子を接続して家畜の乳汁中に産生させることができる．すでに，いくつかの医薬用タンパク質をヒツジやヤギの乳汁中に分泌させることに成功しており，乳汁中での発現量は30 g/kgに達するものがある．

　畜産領域でのトランスジェニック動物は効率的な改良手段として注目されている．改良の対象となる肉質，産肉性，乳量，飼料効率，多産性などは，単一の遺伝子の作用というより，複数の遺伝子の相互作用と考えた方がよい．これらの形質と密接に関連する遺伝子あるいは遺伝子群が見いだされれば，トランスジェニック技術への応用は将来可能となる．

　外部からの遺伝子導入によって作出されたトランスジェニック動物はこの世に存在しない動物の出現を意味する．したがって，実施に当たってはガイドラインが設定され，その内容や目的は第3者によって審査を受ける．導入する遺伝子が毒性をもつ場合やガンを発症する可能性のあるもの，またウイルス由来のものなどについてはその危険度に応じた制限が加えられる．

5.7.5　ES細胞（embryonic stem cell）

　受精卵は体を構成するすべての組織を形成するうえで出発点となる細胞であることをすでに述べた．受精卵が分裂し発生してゆく過程で，分裂した細胞は徐々に自らの役割が振り分けられ，やがて組織を形成して独自の機能をもつようになる．受精卵のように，単一の細胞から個体を形成できる能力を全能性（totipotency）とよんでいる．自然界では，受精卵が唯一全能性を持つ細胞である．一方，単一細胞では個体を作ることはできないが，他の細胞との共存下で多くの組織に分化しうる能力を多能性（pluripotency）とよぶ．このような細胞を多能性細胞あるいは未分化細胞とよぶ．発生初期の胚細胞の多くが多能性を有しており，正常な胚の中に注入すると，その中で共存し，組織の一部を形成する．とくに，胚盤胞期胚内の内部細胞塊（ICM）は将来胎児本体を形成する細胞群であり，ICMを体外の培養液中で培養すると，多能性を維持しながら，無限に増殖を続ける細胞株が得られる（図5.23）．こ

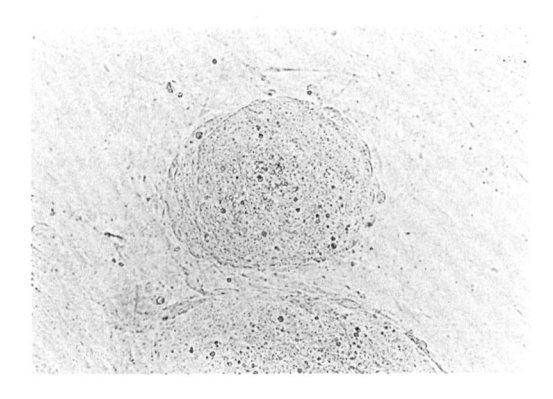

図 5.23 樹立されたマウス ES 細胞株のコロニー

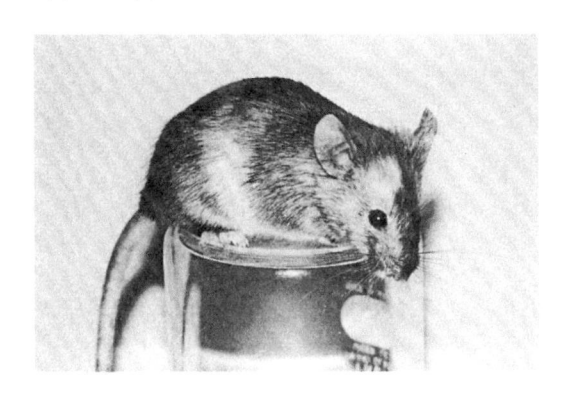

図 5.24 キメラ動物

のような細胞を胚性幹細胞あるいは ES 細胞とよんでいる．前述した胚細胞と同様に，ES 細胞も正常な胚に注入することによって，個体形成に寄与するばかりでなく，精子や卵子といった生殖細胞にも分化しうる能力をもつ．この胚からできた個体は，胚由来の細胞と ES 細胞が体組織の中に混在したキメラ動物となる．毛色に関連する遺伝子が胚と ES 細胞で異なれば，キメラでは斑状の毛色となるので外見上容易に区別ができる（図 5.24）．

　ES 細胞が畜産領域への応用上注目される点は，マイクロインジェクション法とは異なった方法でトランスジェニック動物の作出を可能にすることに

ある．ES細胞は体外での培養が可能なことから，マイクロインジェクション法に比べて遺伝子の導入が容易にできる．さらに，マイクロインジェクション法では不可能であった遺伝子の導入部位を制御できる．つまり，ES細胞内のある特定の染色体領域に，相同組換え現象（homologous recombination）を利用して遺伝子を導入できる．これらの遺伝子導入 ES 細胞を用いてキメラ動物を作れば，ES 細胞の遺伝情報はトランスジェニック動物として次世代に伝達される．

上記のような目的に使用できる ES 細胞は現在のところマウスでのみ成功しているにすぎない．しかし，家畜で ES 細胞株が作出されれば，多くの経済形質をより正確に遺伝的に改変してゆくことが可能になる．

参考資料

1) 杉江 佶（編）：家畜胚の移植，養賢堂，東京，1989.
2) 入江 明・杉江 佶・田中克英・中原達夫・正木淳二・横山 昭（編）：最新家畜家禽繁殖学，養賢堂，東京，1987.
3) 高橋迪雄（監修）：哺乳類の生殖生物学，学窓社，東京，1998.

第6章　畜産物とその利用

　農畜産物は，食料，衣料などの原料として重要なものである．その中でも，畜産食品は良質タンパク質の供給源として欠くことができない．

　一般に食品の品質とは，収穫や製造，運搬，貯蔵の過程を経て最終的に消費者が口にするときに，いかにおいしく，栄養価が高くかつ安全であるかということである．食品としての畜産物利用の科学は，この三要因の追求にほかならない．

　食品のおいしさは，味覚と嗅覚に対する食品中の化学物質の刺激ばかりではなく，米飯の粘り具合，煎餅の歯ごたえ，ビールの冷たさ等のように，数多くの物理的な要因が関係しており，しかもその要因は食品ごとに異なる．牛乳の場合は，特有の香りと，ほのかな甘みと旨味が，おいしさをもたらすといえようか．異味・異臭がないことはもちろんである．

　アミノ酸はタンパク質の信号刺激であるといわれる．タンパク質は重要な栄養素でありながら一般的に無味無臭であるが，タンパク質食品に含まれる少量の遊離アミノ酸は旨味を有し，それを食べるものの食欲をそそるというわけである．甘みは，乳児がとくに好む味であり，それはエネルギー摂取の必要性と関連付けて説明される．しかし，ヒトは，発育と健康維持に必要なものをおいしいと感じるばかりではないようで，そのことは，嗜好品と呼ばれるものをいくつか思い浮かべれば容易に理解できるであろう．

　従来，"衛生"という語には，微生物汚染によって食中毒や伝染病等の危害をもたらさないことばかりでなく，健康増進の意味も込められていた．食品の製造技術の進展に伴い，さまざまな効果を期待して多種多様な食品添加物が用いられるようになり，これの健康への影響が心配され，また，あってはならないことであるが，有害化学物質の食品への混入などにも配慮して"安全性"という言葉が今では広く用いられるようになった．安全性は，食品の品質の基本的な要因の一つである．ことに畜産物はタンパク質を豊富に含むので，その腐敗や食中毒の危害を防止し，また家畜由来の病原体や寄生虫等

をもち込まないことが大切である．

　衣料その他の工業原料としての畜産物はというと，羊毛その他動物の被毛や羽毛は保温性に優れ，また皮革は衣料や靴，カバンの原料として他のものに代え難い品質を有している．

6.1　乳および乳製品

Milk and milk products

6.1.1　畜産物としての乳

　発育と身体機能維持のためにヒトは食物を食べることによって栄養素の補給をする．乳（milk）は，哺乳動物の子が出生直後から一定期間の栄養源をこれのみに頼るという意味で，栄養学上他に例を見ないもので，興味あるものである．人間の新生児のためには母乳に優るものはないが，人類は家畜の乳を新生児のために利用する道を拓き，さらにはおとなの食料としても利用する．牛乳はその中の代表的なものであるが，それ以外にも，スイギュウ，ヤギ，ヒツジ，ラクダ，ウマなどの乳が利用される．

　牛乳は，新生子牛の唯一の栄養源として，子牛の発育に必要なすべての栄養素を含む完全栄養食品であるといわれる．しかし，必要な栄養素でありな

図6.1　子馬でたらしてウマの搾乳をする．（モンゴルにて）

6.1 乳および乳製品

がら牛乳中に少ししか含まれないもの（たとえば灰分中の鉄や銅）は，新生子牛が体内に貯蔵養分としてもっている．このような自然の摂理を忘れてはならないのであって，どんな食品も単独ではバランスの取れた栄養素の供給源とはなり得ない．多種類の食品を組み合わせて摂取することが必要である．

ウシその他の動物の乳の成分組成を表6.1に示した．ただし，表の数値は一例であって，世界各地の諸条件によりばらつきの幅は大きい．表に見るとおり，乳の成分の80〜90％が水分である．灰分（なかでもカルシウムとリン）とタンパク質は，初生子畜の骨格と筋肉を作るのに必要なものである．出生直後に発育の速い動物種の乳ではこれらの含有率の高いことが指摘されている．人間の母乳に比べて，牛乳はタンパク質と灰分の含有率が高いので，これを人間の新生児にそのまま飲ませることはできない．現今のように調製粉乳が容易に手に入らない時代には，新生児のために牛乳を1.5倍に希釈し，糖質（砂糖や穀粉）を7％加えて母乳の代用にしたことがある．

糖質と脂肪はエネルギー源として重要である．中でも糖質は，大脳の唯一のエネルギー源として重要なものであるが，ヒトの母乳で糖質の含有率が高いことは，ヒトの乳児が大脳の発育のために多量の糖を必要とすることを考えると，たいそう合理的である．

表6.1　各種家畜の乳の生産量と成分組成

	世界の生産量 (1,000t)		含有率 (%)				
			水分	脂肪	無脂固形分		
	1990	1999			タンパク質	糖質	灰分
牛乳	479,102	480,659	88.6	3.3	2.9	4.5	0.7
水牛乳	44,089	60,334	82.8	7.4	3.6	5.5	0.8
山羊乳	9,962	12,161	87.0	4.3	3.5	4.3	0.9
羊乳	8,001	8,026	80.7	7.9	5.2	4.8	0.9
ラクダ乳	1,336	1,286	87.6	5.4	3.0	3.3	0.7
馬乳	–	–	89.0	1.6	2.7	6.1	0.5
人乳	–	–	88.0	3.5	1.1	7.2	0.2

B. H. Webb, A. H. Johnson & J. A. Alford (1974) および科学技術庁資源調査会 (1982) から，生産量はFAO資料から．

牛乳は良質のタンパク質に富み，全固形分の四分の一をタンパク質が占める食品である．チーズやヨーグルトなど，乳製品の多くは，牛乳タンパク質に手を加えたものである．また乳脂肪は，クリームとしてあるいはバターとして，料理やケーキ原料に用いられる．乳脂肪の風味があまりにも優れたものであるために，欧米人は自分たちのエネルギー摂取過剰を気にして，乳脂肪の摂取量抑制に多大の努力をしている．

表6.1には，各種家畜による乳の生産量をも示した．人間は別にして，ウシのように繁殖に季節性をなくした家畜もいるが，多くの家畜は季節繁殖をする動物であり，その乳は利用上の制約が大きい．それでも世界各地の，場合によっては厳しい自然環境の中で，それぞれの地に適した家畜を選んで利用しているわけである．馬乳は統計に上がっていないが，その生産はアジアに多い．

市販の牛乳の成分組成に関しては，微生物学的品質ともあわせて，厚生省の乳等省令（乳および乳製品の成分規格等に関する省令）によって規制される．これによって牛乳は無脂乳固形分8.0％以上，乳脂肪分3.0％以上を含むものでなければ"牛乳"の名を冠して売ることができない．また，製造に際して他物（クリームや脱脂乳さえも）を加えることは許されない．純正食品といわれるわけである．日常われわれは"ウシの乳"をすべて"牛乳"と呼んでいるが，乳等省令にいう"牛乳"はこれとまぎらわしいので注意を要する．"加工乳"にはクリーム，無塩バター，脱脂乳など牛乳から得たものと水とを加えることができる．乳脂肪の摂取を嫌う消費者は，"部分脱脂乳"（無脂乳固形分8.0％以上，乳脂肪分0.5％以上3.0％未満）や"脱脂乳"（無脂乳固形分8.0％以上，乳脂肪分0.5％未満）などを利用することができる．

6.1.2 牛乳の化学成分

牛乳中タンパク質の主要部分はカゼインである．カゼインは数多くの分子が集合してミセルを形成し，これが牛乳中に分散してコロイド溶液を形成している．また脂肪は，タンパク質の皮膜に包まれた微細な脂肪球として牛乳中に分散し，エマルジョンを形成している．これらの微細粒子が光を乱反射

```
                    ┌─トリグリセリド
                    ├─その他のグリセリド
            ┌─脂肪─┼─リン脂質
            │      ├─ステリン
            │      └─その他の微量成分
   ┌─全固形分┤                    ┌─カゼイン           ┌─ラクトアルブミン
   │        │        ┌─たんぱく質─┤                    ├─ラクトグロブリン
牛乳┤        │        │            └─ホエイタンパク質─┼─プロテオース・ペプトン
   │        └─無脂固形分┼─糖質──乳糖
   │                  ├─灰分
   └─水               └─非タンパク態チッ素化合物
```

図 6.2 牛乳の化学成分

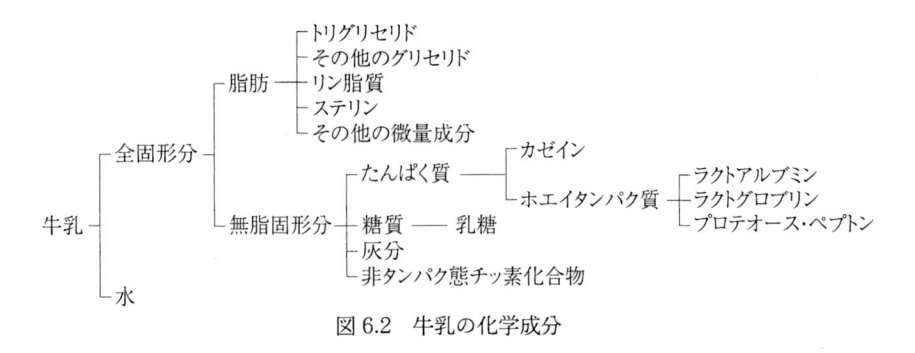

するために，牛乳は白濁している．

　牛乳中にどんな化学成分が含まれるか，整理して図 6.2 に示した．牛乳中タンパク質の中で，カゼインはおよそ 80 ％を占める．ヒトの母乳のカゼインは，全タンパク質中 30～40 ％である．牛乳は，ヒトの母乳に比べてタンパク質含有率が高いばかりではなく，その中のカゼインの占める比率も高いわけである．カゼインは，20 ℃の牛乳に酸を加えて pH を 4.6 にしたとき凝固する．牛乳中カゼインが酸によって凝固するとき，共存する脂肪球も一緒にからめ取られる．凝固物を除去して得た液をホエイ（whey）と呼ぶ．透明な液で，リボフラビンのために薄緑色をしている．この中には，カゼイン以外のタンパク質が含まれ，ホエイタンパク質と呼ばれる．それは，ラクトアルブミン，ラクトグロブリン，プロテオース・ペプトンなどである．乳糖や無機物の大部分は水溶性であるので，ホエイ中に含まれる．

　乳脂肪の約 98 ％を脂肪酸のトリグリセリドが占める．残りはその他のグリセリド，リン脂質，ステリン，カロチノイド，脂溶性ビタミンや遊離脂肪酸などである．植物油と比べて乳脂肪の脂肪酸は，不飽和脂肪酸の含有率が低いこと，脂肪酸の分子量が小さいこと，脂肪酸の中に酪酸を含むことなどの特徴がある．リン脂質はタンパク質と結合し，リポタンパク質として，脂肪球皮膜の中に含まれている．

　牛乳中の糖質は，ほとんど全部が乳糖である．乳糖はグルコースとガラクトースからなる二糖類で，牛乳に甘みを与える．牛乳を放置したとき乳酸菌

の働きでこれが乳酸に変わり酸度を高める．ヨーグルトをはじめ乳製品製造のときにも，乳酸発酵の基質の役割を担う．

　牛乳中の灰分で最も重要なものはカルシウムである．日常欠乏しがちであり，牛乳は優れた供給源である．カルシウムは，リン酸カルシウムや炭酸カルシウムとして，カゼインが集合して形成するカゼインミセルの中に取り込まれており，一部はカルシウムイオンとして水溶液中に存在する．

6.1.3　牛乳の新鮮度試験

1）アルコール試験

　牛乳に等量の70％アルコールを加えてかく拌すると，酸度がある程度高くなった牛乳ではカゼインが凝固して細かい沈殿を生じる．このようなアルコール試験陽性の原料牛乳は，日本農林規格（JAS）で二等乳に格付けされる．乳房炎乳等の異常乳は酸度が低いにもかかわらずアルコール試験で陽性を示すので，低酸度二等乳と呼ばれる．

2）煮沸試験

　牛乳を試験管に少量入れてバーナーで沸騰するまで加熱すると，酸度がある程度高くなった牛乳ではカゼインが凝固して細かい沈殿を生じる．市乳は加熱殺菌の工程を経るので，このような牛乳は原料として用いられない．

3）酸度検定

　フェノールフタレインを指示薬として，牛乳を1/10規定水酸化ナトリウムで滴定する．水酸化ナトリウムによって中和された牛乳中の酸をすべて乳酸と見なして滴定値から乳酸重量を求め，牛乳中の乳酸含有率（％）で表し，これを酸度と呼ぶ．タンパク質は両性電解質であるので，新鮮な牛乳もある程度の酸度を示す．これを自然酸度と呼び，ホルスタイン種の場合通常0.16くらいである．酸度が上昇するとpHが低下するが，牛乳にはpH緩衝作用があるので，酸度とpHとには直線的な関係が見られない．

6.1.4　牛乳の殺菌

　健康なウシの乳でも搾乳前から乳酸菌に感染している．さらに搾乳・貯蔵・

運搬の過程で雑菌による汚染を受け，ときには牛体からあるいは搾乳後外界から病原菌の混入もないとはいえない．牛乳の殺菌が必要なわけである．また，牛乳は微生物にとって好適な培地であるので，増殖を阻止するため殺菌するまでの温度管理に細心の注意を払い，また二次汚染の防止に努めなければならない．殺菌法には次のようなものがある．

1) 低温殺菌法

牛乳を二重釜に入れ，二重壁の間に蒸気あるいは熱水を通して加熱する保持殺菌法である．牛乳の温度が63℃になってから30分間加熱する．これによって，病原菌の中で最も耐熱性の大きい結核菌が殺菌される．パスツールの名にちなんでパスツリゼーション（pasteurization）と呼ばれる．保持法であるために生産効率が良くないので忘れられていたが，牛乳の風味をそこなわない殺菌法であるので近年見直されている．

2) 高温短時間殺菌法

殺菌の温度を上げれば，時間を短縮しても同じ殺菌効果をあげることができる．高温短時間殺菌法は，プレート式熱交換器によって72〜75℃で15秒間殺菌する連続式殺菌法である．これはHTST (high-temperature short-time) 殺菌法とも呼ばれる．

3) 超高温殺菌法

牛乳を120〜130℃の高温で2〜5秒加熱する方法である．UHT (ultra-high temperature) 殺菌法と呼ばれる．高温に加熱すると，加熱臭と呼ばれる乳臭いにおいが着く．現在わが国の市乳は大部分がこの殺菌法によって殺菌されているが，日本人は欧米人ほどこのにおいを気にしないようである．この方法では細菌芽胞も死滅するので，無菌的に包装すればLL牛乳 (long-life milk) が得られる．

6.1.5 各種の乳製品

1) クリーム

生乳を静置したとき浮上する乳脂肪に富む層をクリームと呼ぶ．しかし，市乳は通常均質化（homogenize）してあるのでクリームが浮上しない．工業

的にはクリーム分離器で連続的に牛乳を遠心分離してクリームを取り出す．その時，副産物として脱脂乳が得られる．クリームはバターとともに，他のものに代え難い風味を有するので，料理や製菓に好んで用いられる．

2）アイスクリーム

クリームに砂糖で甘味を着け，泡立てのためかく拌しながら凍結して製造する．原料として同時に卵黄を加えることが，昔から行われてきた．それは単なる風味付けばかりでなく，卵黄中のホスファチジルコリンその他のリン脂質が天然の乳化剤として役立つためである．工業的生産ではバターや脱脂粉乳をも原料とし，各種の乳化剤と安定剤が添加される．乳化剤と安定剤は，脂肪の乳化とクリームの泡立ちの促進，氷結晶の粗大化阻止などによってアイスクリームの品質を良くするために用いられる．

乳等省令にいうアイスクリーム類にはそのほかにアイスミルクやラクトアイスがあり，それぞれ乳脂肪や乳固形分の含有率の基準が異なる．アイスクリームの歴史は，冷凍機の歴史より古い．それは，食塩や塩化カルシウムなどの塩類を氷と混合することによって氷の融点を下げ，融解熱によって低温を得ることができるからである．このような目的で用いる塩類を寒剤と呼ぶ．

3）発酵乳

発酵乳は乳の歴史と同じだけ古いと考えられる．乳から腐敗や発酵は切り放せないからである．発酵乳は，わが国ではヨーグルトの名で親しまれている．遊牧民は今でも山羊乳や馬乳を革袋に蓄えて，自然発酵させている．モンゴルの馬乳酒アイラクは，乳酸発酵の上

図6.3　農家で発酵乳を生産する．
（モンゴルにて）

に酵母によるアルコール発酵を伴う．工業的には，牛乳に脱脂粉乳を加え，また砂糖や安定剤を加えるなどして固形分含有率を調整し，これに乳酸菌または酵母を接種して培養し，凝固させて作る．

4）バター

クリームから乳脂肪を取り出し，練り合わせて水分を均等に分散させたものがバターである．クリームをチャーン（churn）に入れてかく拌すると，乳脂肪が集合して米粒大〜大豆粒大のバター粒ができる．この操作をチャーニング（churning）と称する．これを取り出し，練り合わせて型にはめるとバターができる．これに食塩を加えた加塩バターと食塩を加えない無塩バターとがある．また，チャーニングのまえにクリームを乳酸発酵させて香気を与えた発酵バターがある．これに対して発酵させない普通のバターを非発酵バターあるいは甘性バターと呼ぶ．表面の水分が蒸散すると，脂肪が酸化したときと同じく黄色を帯び半透明になるので，水分の透過しないパラフィン紙やアルミ箔で包装する．小売のバターは従来半ポンドすなわち 225 g 包装であったが，今では切りの良い 200 g になった．

5）チーズ

チーズを大別すると，ナチュラルチーズとプロセスチーズがある．わが国にはプロセスチーズが先に普及した．

（1）プロセスチーズ

ナチュラルチーズのうち比較的風味にくせのないゴーダやエダムを砕き，加熱溶融し，乳化剤を混合して包装したもので，長期の保存に耐える．乳等省令の成分規格で乳固形分 40.0 % 以上と定められている．

（2）ナチュラルチーズ

多種多様のものがあり，一口に定義をするのが困難である．原料乳の乳脂肪含有率（脱脂乳からクリームまで），カードの水分含有率，発酵に用いる微生物の種類，発酵の温度・湿度と期間などによって，異なった製品ができる．ナチュラルチーズは乳等省令にも成分規格がない．一般的な製造法を一口にいうと次のとおりである．原料乳に乳酸菌を接種して乳酸発酵させる．これに凝乳酵素剤レンネットを加えて凝固させる．豆腐状に凝固したものをカー

図 6.4 カードナイフロボットでカードを切断する．（アメリカのチーズ工場にて）

ド (curd) と呼ぶ．これをサイコロ状に切り，緩やかに加熱して収縮させ，分離したホエイを綿布で搾って除去する．得られたカードを発酵させるとチーズができる．

　乳脂肪と水分の両方をたっぷり含んだカードを手のひらに乗るくらいの大きさの円盤状にして，表面に白かびを噴霧し熟成させたものがカマンベール (Camembert) である．チーズの女王といわれる．

6) 粉　乳

　牛乳を乾燥して粉末状にしたものである．牛乳の 90％近くを占める水分を除去することで貯蔵，輸送に便利なものとなる．全脂粉乳と脱脂粉乳の別がある．全脂粉乳は脂肪が酸化しやすいのでとくに注意が必要である．また，調製粉乳は，人乳と牛乳との成分組成の違いに配慮して，母乳に代わる役割を担うように作られたものである．母乳哺育がもとより望ましいが，母乳の得られない乳児になくてはならないものである．

6.2　食肉および食肉製品

Meat and meat products

6.2.1　肉食の習慣

　現代日本人は，牛肉，豚肉，鶏肉を好んで食べる．馬肉や山羊肉を食べる

6.2 食肉および食肉製品

習慣はあまり普及していない．何を食べ，何を食べないかは，「それが食文化である」と一口に説明されるが，その背景には風土や宗教や哲学がある．ヒンズー教はウシを食べることを禁じ，イスラム教はブタを食べることを禁じる．また，菜食主義が生命尊重の思想に基づくことはいうまでもない．わが国では，殺生を戒める仏教思想によって，明治維新まで1200年の長きにわたって公然とは肉を食べない時代があった．最初の殺生禁断令は，西暦676年，天武天皇の詔勅による．このとき食べることを禁じられた動物は，ウマ，ウシ，イヌ，サル，ニワトリであると，日本書紀に記録されている．このうちニワトリは平安時代に禁を解かれたので，早くから日本の家庭料理になじんでいる．また，イヌやサルを食べることを禁じたということから，当時はそれらを食べていたことが伺える．

わが国では従来から豚肉＞鶏肉＞牛肉の順で消費量が多いが，近年はその差が小さくなってきた．各食肉の過去数十年の国内生産量と輸入量は表6.2に見るとおりである．いずれの食肉も1990年代後半に入って消費量が伸びず，ほとんど飽食状態といえる．国内生産量・輸入量とも頭打ち状態になっているのはその反映である．

日本は狭い島国であるが，何を好んで食べるかについては地域性がある．関西は牛肉の1人当たり消費量が他府県より多い牛肉消費地域である．関東では豚肉の消費量が多い．中部地方では豚肉と並んで鶏肉が好んで消費される．九州地方では鶏肉

図6.5 生きたニワトリの計り売り．冷蔵庫が要らない．（インドネシアにて）

表6.2 日本における食肉の生産量ならびに輸入量の推移 (t)

食肉		1960	1970	1980	1990	1992	1994	1996	1998
牛肉	生産	142,334	278,010	418,009	549,479	591,683	602,341	554,509	529,349
	輸入	5,778	33,181	177,075	529,171	527,090	695,036	742,741	774,309
	合計	148,112	311,191	595,084	1,078,650	1,118,773	1,297,377	1,297,250	1,303,658
豚肉	生産	147,318	734,294	1,475,684	1,555,226	1,434,148	1,390,288	1,266,445	1,285,875
	輸入	5,897	24,499	154,554	489,670	479,693	493,873	653,170	504,835
	合計	153,215	758,793	1,630,238	2,044,896	1,913,841	1,884,161	1,919,615	1,790,710
馬肉	生産	23,662	10,697	3,726	4,737	5,310	7,597	7,397	7,830
	輸入	8,279	65,060	79,104	51,003	27,881	19,015	16,949	12,931
	合計	31,941	75,757	82,830	55,740	33,191	26,612	24,346	20,761
羊肉	生産	4,078	969	117	395	460	458	299	276
	輸入	18,107	221,716	157,289	105,120	66,821	47,056	41,235	35,211
	合計	22,185	222,685	157,406	105,515	67,281	47,514	41,534	35,487
鶏肉	生産	74,596	490,075	1,128,037	1,391,220	1,365,495	1,302,141	1,249,001	1,185,300
	輸入	5	10,686	72,172	301,356	393,811	442,183	546,572	497,247
	合計	74,601	500,761	1,200,209	1,692,576	1,759,306	1,744,324	1,795,573	1,682,547
計	生産	391,988	1,514,045	3,025,573	3,501,057	3,397,096	3,302,825	3,077,651	3,008,630
	輸入	38,066	355,142	640,194	1,476,320	1,495,296	1,697,163	2,000,667	1,824,533
	合計	430,054	1,869,187	3,665,767	4,977,377	4,892,392	4,999,988	5,078,318	4,833,163

農林水産省統計情報部「畜産物流通統計」およぴ大蔵省関税局「日本貿易月表」から

の他に，北部で牛肉が，南部で豚肉が消費される．そのほか，長野県と熊本県で馬肉が消費され，沖縄県で山羊肉が消費される．また，沖縄県で豚肉の1人当たり消費量の多いことは特筆に価する．目を国外に転じると，子羊肉

(ラム)がオセアニアやヨーロッパで高級肉として供される．欧米のキリスト教圏では一般に馬肉を食べないが，フランス，ベルギー，オランダなどではこれを食べる．

　食肉消費量の増加は，半世紀におよぶ国民経済の発展と同時に進行してきた．日本の贈答文化が盆暮れの加工品の売り上げを支えており，また近年は外食産業が目覚しい発展を遂げている．牛肉の外食用と，鶏肉および豚肉の加工用が構成割合で大きく増加している（表6.3）．牛肉のリッチな風味がファストフードで好まれる一方，牛肉を加工しても豚肉製品ほど生肉と比べておいしいものができない，脂肪の融点が高くて冷たいまま食べるのに向かない，などが牛肉加工品の伸びない原因であろう．

表6.3　日本における食肉の用途別消費仕向割合（%）

	牛肉				豚肉				鶏肉			
	家計消費	外食等	加工用	合計	家計消費	外食等	加工用	合計	家計消費	外食等	加工用	合計
1980	62	24	14	100 (3.5)	52	23	25	100 (9.6)	46	50	4	100 (7.7)
1990	48	43	9	100 (6.1)	40	30	30	100 (11.5)	32	60	8	100 (10.2)
1995	43	49	8	100 (8.3)	40	29	31	100 (11.4)	30	59	11	100 (10.9)

（　）内は1人1年当たり精肉消費量（kg）　平成10年度農業白書

6.2.2　食肉の品質

　食肉（meat）は，固形分中のタンパク質含有率が高く，しかも必須アミノ酸をバランス良く含んだ良質のタンパク質食品である．無機物やビタミン類の良い供給源でもある．また脂肪に富む．脂肪は食肉のおいしさに関係する大切な要素である．しかし，これはエネルギー含有率が高く，飽食の時代といわれる現代ではエネルギーの摂取過剰が肥満の原因になるというので嫌われる．また，動物性脂肪が心臓血管系の疾病の原因になるといわれている．これは動物性脂肪に多量に含まれる飽和脂肪酸やコレステロールが高コレステ

ロール血症の引き金になるとする説である．しかし，これには数々の反証もあり，動物性脂肪が健康によくないとする確たる証拠はまだない．

食肉は栄養価が高いだけに，微生物に汚染した場合には腐敗や食中毒の危険を伴うので細心の注意が必要である．また，人畜共通の伝染病や寄生虫についても注意が必要である．

おいしさに関連する食肉の諸特性については，とくに牛肉において，個体間の変異が大きい上にそれが直に単価に影響するだけに，強い関心がもたれている．食肉の官能的特性は，家畜の種類ごとに異なるのはもちろんであるが，そのほか性別，年齢，肥育度，給与飼料，運動量，枝肉中の部位，熟成の程度，調理法などの影響を受ける．軟らかさ（tenderness），液汁性（juiciness），および風味（flavour）の三つが食肉のおいしさを決める主な要因である．

食肉の原料は動物の骨格筋であり，その軟らかさは，筋収縮にかかわる筋原繊維の状態と，結合組織中の硬タンパク質コラーゲンの量と質の二つに支配される．後に述べる筋肉の死後硬直中のように，収縮状態にある筋肉は硬い．運動によって太くなった筋肉も硬い．筋膜や腱はコラーゲンによる硬さを有し，動物の加齢によってコラーゲンは質的変化をきたしていっそう硬くなる．これらのことから，家畜の性別，年齢，体内の部位，肉の切り方，調理の仕方などが硬さに影響することがわかる．

液汁性は，多汁性ともいわれる．液汁性の高い肉は，噛んだときに肉汁が豊富で，これが味覚を刺激するとともに口中の潤滑剤の働きをする．保水性が高く，またある程度まで脂肪含有率が高い肉ほど官能テスト（panel test）による液汁性が高い．脂肪には唾液の分泌を促進する効果がある．肉を加熱すると保水性は低下する．ステーキの焼き加減は好みによるが，ウェルダン（well-done）よりもミディアム（medium）やレア（rare）を好む人が大勢いるのは液汁性の高さを期待してのことである．焼き加減は赤色色素ミオグロビンやヘモグロビンの変色によって肉が灰褐色に変化するので確認できる．ただしどの程度赤いのをミディアムと呼ぶかについて基準があるわけではない．

風味とは，味覚と嗅覚で感じるもの，すなわち味とにおいのことである．味は食肉中の水溶性物質が，匂いは揮発性物質がもたらす．生肉には味も匂いも乏しいが，加熱調理することによってさまざまな風味物質が生成する．風味物質の種類は，水溶性の部分では動物種が異なっても質的にあまり違わない．動物種ごとに独特の匂いをもたらす物質は脂肪の中に含まれる．食肉が変質しはじめたとき異臭を感じさせる物質も，脂肪の酸化をはじめとして，主に脂肪がもたらす．

6.2.3 枝肉の生産

と殺したウシ，ブタは正中線に沿って開腹して内臓を取り出し，剥皮し，頭部と四肢と尾を切り離す．こうして得た枝肉（carcass）を鋸で縦に二分割した枝肉半丸の形で冷蔵する．ブタは剥皮しないで脱毛する場合もある．

と殺・放血によって血流を遮断された家畜の筋肉組織は，酸素を消耗したのち嫌気的解糖によってグリコーゲンを消耗して死後硬直に至る．このとき乳酸の生成によってpHは5.6付近まで下がる．そこまでに至るのに要する時間はウシやブタでと殺後1～2日，ニワトリで3～4時間である．硬直前の肉は風味に乏しく，硬直中の肉は硬くて保水性が低い．これを冷蔵庫に置く間に再び軟らかくなる．これを解硬と称する．解硬の後，肉は保水性を回復し，旨味も出て来る．この過程を熟成（aging）と呼ぶ．熟成が完了するまでの期間は，2～4℃で冷蔵した場合，牛肉で約10日，豚肉で3～5日，鶏肉で1～2日である．

6.2.4 各種の食肉

1）牛　肉

和牛から生産される牛肉はすき焼き・しゃぶしゃぶ用として評判が高い．その中でもとくに黒毛和種から高級牛肉が生産される．和牛はわが国在来の役用家畜として古くから大切にされたが，農業が機械化されるにつれ，1960年代始めごろから肉専用種として増体を重視した改良が行われ，その後改良の重点が肉質に移されて現在に至っている．一方，乳牛の雄子牛の肥育は

1960年代後半に牛肉の需要が急増したときに始まった．酪農の副産物である乳用雄子牛は，去勢され，肥育されて，約24カ月齢600 kgで出荷される．出荷体重はしだいにこれより大きくなりつつある．わが国の牛肉生産高は，1972年に乳用種ホルスタイン種からのものが肉用種である和牛を上回り，その後1990年代中ごろまで乳用種の伸びは著しかった．しかし，その後は価格の安い輸入牛肉に押されて乳用種牛肉の生産量は減退している．

雄は，肉が硬いこと，牡臭が着くことなどが嫌われるので，ウシもブタも日本では雄は去勢してから肥育する．しかし，雄の肥育はヨーロッパでは広く行われている方法であり，発育が早く飼料効率の良い利点がある上に赤肉生産に向いているので，今後見直される可能性がある．

輸入牛肉が出回りはじめたころは，輸入牛肉の肉質が良くない上に冷凍・解凍の技術水準の低さから，評判は良くなかった．放牧などによって草で育てたウシの肉（grass-fed beef）と穀物を給与して肥育したウシの肉（grain-fed beef）との違いもあったのだが，チルドビーフの出現で輸入牛肉の品質は飛躍的に良くなった．これは，二酸化炭素を封入して包装した牛肉を，凍結する寸前の0～-1℃に保ったものである．輸送中に徐々に熟成が進むこと，凍結と解凍による品質の劣化が避けられることなどの利点がある．チルドビーフ，冷凍牛肉ともにアメリカ，オーストラリア，ニュージーランド，カナダなどから輸入される．

牛枝肉取引規格の肉質等級は，ロース芯断面その他の脂肪交雑の程度や肉色，脂肪色等で「5」から「1」までの5段階で評価される．また，歩留等級は，第6-7肋骨間を切開した枝肉の胸最長筋（ロース芯）断面積の大きさ，皮下脂肪の厚さ，ばらの厚さ，枝肉重量等から「A」「B」「C」の3段階で評価される．歩留等級は，枝肉の単位重量からどれだけの正肉が得られるかの目安になる．

2) 豚　肉

わが国で消費される食肉の中で最も量の多いのが豚肉である．国内生産のほか，台湾，アメリカ，デンマーク，カナダなどから輸入される．国内で生産されるものは輸入飼料を給与するので，結局飼料を輸入するか豚肉を輸入

するかということになる．

　わが国では，ブタの品種は中ヨークシャー種が中心に飼われていた．バークシャー種も少しながら飼われていた．これらは明治時代にイギリスから導入した中型豚である．しかし，食肉消費量の増加にともなって，消費者が食肉に付随する脂肪を嫌う傾向が出てきた．

　そのような状況で1960年にランドレース種がアメリカから輸入されると，発育の早いこと，飼料効率の高いこと，赤肉が多く脂肪が少ないことなどが注目され主流となった．その後，大ヨークシャー種，ハンプシャー種，デュロック種などが順次ヨーロッパやアメリカから輸入され，交雑種豚の時代の到来となった．現在では，肥育豚は，これら4品種のうち二つの一代雑種を母親とし，純粋種または一代雑種を父親とする三元あるいは四元雑種が主流である．

　豚肉の生産量は，表6.2に見るとおり1990年ごろから頭打ちであるが，そんな中でバークシャー種が近年黒豚と呼ばれて高値で取引きされている．産子数や肉量では大型豚にかなわないが，味にこくがあること，肉のきめが細かいこと，脂肪が白いことなどが評価されている．量的な生産効率を追い求めてきたことに，消費者が反省を迫っているといえるのではないか．

　大型豚は生後180日間飼育されて体重が110 kgになると殺される．その間の飼料要求率は3.1，1日当たり増体量は700 gというのが標準的な数値である．雄は通常生後数週間で去勢される．

　ブタの半丸枝肉は，「かた」「ロース」「ばら」「もも」の4部位に分ける（図6.6）．それにはまず第4－5肋骨間で切断して「かた」と「とも」に分ける．「とも」からは，最後腰椎と第1仙椎の間を切断して「もも」を切り離す．残りの「ロース・ばら」からまず「ヒレ」を分離したのち除骨し，あとは背線とほぼ並行に切断して背側の「ロース」と腹側の「ばら」に分ける．わが国ではヒレとロースに需要が集中している．台湾からの豚肉輸入量が多い事実の背景には，台湾では日本と異なり「ばら」が最も好まれるという事情もある．

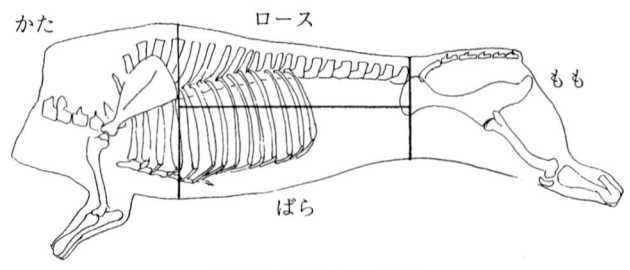

図 6.6　豚枝肉の分割

3）鶏　肉

　ブロイラー（broiler）はもともとあぶり焼き（broil）用の若鶏を意味したが，日本では肉用鶏を一括してブロイラーと呼んでいる．飼料効率，発育，肉質，産卵性などの点でそれぞれ優れた近交系を造成し，それら近交系を組合わせた多元交雑によってブロイラーは生産され，雑種強勢の利点が生かされる．ブロイラーは 6〜8 週齢，体重 1.8〜2.8 kg で出荷される．飼育期間が長いほうが肉の脂肪含有率が高くおいしさを増すが，雌ではしだいに体脂肪の蓄積が顕著になり，飼料効率が低下する．飼料要求率は 7 週齢までの飼育で 2.0 くらいである．

　飼料効率を追求するあまり，飼育期間が短くなり，肉が水っぽくなったとの批判がある．この批判に応えたのが銘柄鶏（ブランド鶏とも呼ばれる）である．銘柄鶏は全国で約百銘柄ある．それらは必ずしもすべて品種が異なるわけではなく，飼料や飼育期間等に工夫を加えて産地ごとにおいしい鶏肉を作る努力をしている．もっとおいしい鶏肉を食べたいという消費者の要求から，地鶏の生産も盛んになっている．地鶏は，両親または片親が，食肉専用種ではなく，軍鶏（シャモ）や名古屋コーチンなど各地に伝わる在来鶏の純系で，育雛後 80 日以上平飼いしたものが特定 JAS 規格によって認証される．軍鶏は家きんの中でも最高の肉質を有するといわれている．また比内鶏は国の天然記念物であるので食べるわけにはいかないが，これと肉専用種とを交配して特定 JAS でいう地鶏を作る試みがなされている．

6.2.5 各種の食肉製品

　最も一般的な食肉製品はハム，ベーコン，ソーセージなどの豚肉加工品である．それぞれに形状は異なるが，製造法に共通するのは原料肉を塩漬（えんせき）し，乾燥，燻煙および加熱することである．品質の高いものを作るにはとくに塩漬工程が念入りに行われる．

1）原料肉の塩漬

　塩漬とは，食塩，砂糖，発色剤（亜硝酸ナトリウムなど），香辛料（胡椒をはじめ多種多様のもの）の混合物からなる塩漬剤を原料肉の表面に塗り付け（乾塩法）あるいは混合物の水溶液に原料肉を漬け込む（湿塩法）ことである．ソーセージの場合は，塩漬済みの肉塊をひき肉にする代わりに，挽肉に塩漬剤を混合してもよい．塩漬が重要なのは，製品に次のような特質を与えるからである．これらによって，塩漬は食塩のみによる単なる塩づけと区別される．

（1）保水性と結着性を高める

　食塩の作用で筋肉タンパク質が溶解し，後の工程で加熱したときこれがゲルを形成して結着性と保水性を発揮する．保水性が高いことは，おいしさに寄与するばかりか，製品歩留を高めるという経済効果も無視できない．ハムやソーセージを薄切りしたときに薄い円盤状を保ってバラバラにならないのは筋肉タンパク質の結着性による．

（2）水分活性を低下させる

　食塩をはじめとする溶質の肉塊の中への浸透と，製品によっては乾燥によるそれの濃縮との結果である．これによって微生物の増殖が抑制され，保存性が向上する．非加熱食肉製品では，水分活性が一定水準以下であることが食品衛生法によって義務づけられている．

（3）塩漬色を与える

　発色剤として亜硝酸塩や硝酸塩が用いられる．これらが還元されて生じる一酸化窒素が食肉中の赤色色素ミオグロビンと結合してニトロソミオグロビンを形成する．加熱の工程でミオグロビン中のタンパク質グロビンは熱変性

し，変性グロビンニトロソヘモクロムという安定した赤色色素になる．このとき，色素中の二価の鉄イオンは酸化しない．しかし，発色剤を用いないときは，一酸化窒素と結合しないミオグロビンは，加熱するとタンパク質部分が熱変性するとともに二価の鉄イオンは酸化して三価となり，肉は加熱肉の色に変色する．近年は，硝酸塩よりも亜硝酸塩が好んで用いられる．硝酸イオンは還元されて亜硝酸イオンを経て発色に有効な成分となるのであり，亜硝酸塩のほうが効率的で，しかも発色に必要な添加量を的確に把握することができるからである．

(4) 塩漬風味を与える

これは重要なことがらであるが，その特質を数字で示すことはむつかしい．食肉と食塩と発色剤だけではなく，これに時間の要素が加わって独特の風味を生じる．日本農林規格でいう熟成ハムは，7日間以上塩漬すると定められた高級品である．発色剤を使わないで熟成風味を醸し出す研究が行われているが，いまだに成功していない．また，発色剤にはボツリヌス菌の増殖と毒素産生を抑制する効果も認められている．

2) 燻　煙

木材の煙で塩漬肉をいぶす．煙の成分によって肉に匂いと色を着ける．匂いは，食欲をそそる好ましい匂いを着けるばかりではなく，生臭いいやなにおいを覆う効果も期待できる．燻煙によって製品は表面が防腐性のある皮膜で覆われる．燻材としては，サクラ，カシ，ナラなど堅木の広葉樹が好んで用いられる．針葉樹は一般に刺激臭とススが多い．草や木の葉もにおいが良くない．

3) 加　熱

加熱によってソーセージは硬さと弾力性を得る．また，塩漬肉の赤色が固定され，微生物や寄生虫卵が死滅する．加熱食肉製品は，63℃で30分，またはこれと同等以上の効力を有する方法で加熱することが，食品衛生法で定められている．加熱は通常湯煮（ゆでること）あるいは蒸煮（むすこと）によって行われる．そのほかに，加熱の条件を制限した特定加熱食肉製品や，非加熱食肉製品があり，衛生に細心の注意を払って製造される．加熱しないも

のには独特の物理性と風味があって好まれる．加熱食肉製品でも，加熱が過ぎると保水性が低下してまずくなる．中心部を $63\,°C$ で30分間加熱する殺菌条件が満たされれば，それ以上加熱することは無益である．

4) ハ ム

　ブタのもも肉を骨付きのまま塩漬・燻煙したものを，本来のハムという意味でレギュラーハムと呼ぶ．この種のハムはわが国ではごくわずかしか製造されていない．広く親しまれているハムは，もも肉を適当な大きさに分割してケーシングに充填したもので，除骨してあるのでボンレスハムと呼ばれる．またロースから作ったものはロースハムと呼ばれる．塩漬工程は欠かせないが，燻煙や加熱は種類によってしない場合もある．

5) ベーコン

　ブタのばら肉を除骨し，塩漬・燻煙したものである．ばら肉は脂肪の豊富な部分で，これに食塩と煙臭とを利かして，強い風味をもつものに仕上げる．近年は脂肪も食塩も，そうして強い煙臭も消費者から嫌われ，ベーコンとは呼びづらいものが出回っている．豚枝肉半丸に塩漬剤をまぶしてデンマークで船積みし，塩漬が完了するころイギリスへ陸揚げして半丸ごと燻煙したものがウィルトシャーベーコン (Wiltshire bacon) と呼ばれる古典的なベーコンである．これはしかし，今では食塩と発色剤との水溶液中で低温で塩漬して作られる．

6) ソーセージ

　塩漬した豚肉をひき肉にし，場合によっては牛肉その他の肉を加え，調味料や香辛料を混ぜて羊腸や豚腸に充填して作る．新鮮な（塩漬しない）ひき肉に食塩その他を混合して，効率的に塩漬することもできる．塩漬や燻煙の工程の有無によってさまざまな種類のものができる．日本農林規格では，ウィンナー，フランクフルト，ボローニャの各ソーセージは太さの違いで分けているにすぎない．すなわち，三者はそれぞれ羊腸，豚腸，牛腸に詰めるかあるいはそれに相当する太さの合成ケーシングに詰めたものである．

6.3 鶏　卵

Eggs

6.3.1　卵の構造と化学成分

1）卵　殻

　天然の包装ともいえる卵殻は，炭酸カルシウムが主成分で，これが卵殻重量の98％以上を占める．残りは炭酸マグネシウム，リン酸カルシウムなどである．卵殻厚は飼料の質やニワトリの健康状態の影響を受け，また月齢が進むとだんだん薄くなる．

　厚さは強度に影響するので重要な経済形質である．紙の厚さ等の計測に用いられるダイヤルキャリパーで測定することができる．産卵直後の，まだ気室が形成される前の卵は，食塩水に漬けて比重を調べることによって卵殻の厚さを，ひいては卵殻強度を推定することができる．

2）卵殻膜

　タンパク質からなる二層の膜で，卵殻の内側にある．産卵後温度の低下と

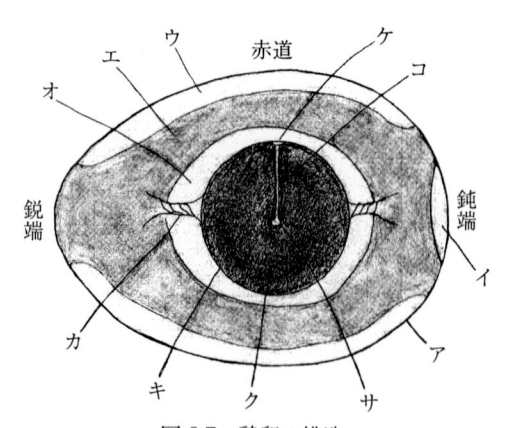

図6.7　鶏卵の構造
ア．卵殻，内側に2層の卵殻膜，イ．気室，ウ．外水様卵白，エ．濃厚卵白，オ．内水様卵白，カ．カラザ，キ．卵黄膜，ク．卵黄，ケ．胚盤，コ．ラテブラの首，サ．ラテブラ

水分の蒸散等によって卵の内容積が小さくなると，卵の鈍端で二層の膜の中間に空気が入り，気室を形成する．気室の大きさは鮮度の目安になる．

3) 卵　白

卵殻の中で，二層の水様卵白とその中間にある一層の濃厚卵白とが，まるで卵黄を保護するかのように包み込んでいる．卵白のタンパク質は糖タンパク質が主体で，そのため粘性を示す．また溶菌酵素リゾチームを多量に含み，細菌の侵入に対抗することができる．産卵後時間の経過とともに，濃厚卵白は不溶性タンパク質の構造が破壊されてしだいに水様化する．そのとき卵黄は，卵白を容易に押しのけて浮上し，卵殻に接近する．電灯光で透視（candling）したとき卵黄の影が見えるのはこのような卵である．蛋白（タンパク）質の「蛋」の字は卵を意味し，卵白はタンパク質の語源となった．

4) 卵　黄

鳥類の卵子の大きいことは，他の動物に例を見ない．それは大量の卵黄が蓄積した結果である．卵黄は，表6.4に見るように固形分の60％以上が脂質であり，ホスファチジルコリン（レシチン），ホスファチジルエタノールアミン（ケファリン）等のリン脂質の高い乳化能によってこれがエマルジョンの状態に保たれている．卵黄タンパク質は脂質と結合してリポタンパク質を形成している．卵黄表面にある胚盤は，受精卵で分割が起こる箇所であるが，受精卵と無精卵とを問わず胚盤は存在する．

表6.4　鶏卵の成分組成（可食部100g当たり）

		全卵(生)	卵黄(生)	卵白(生)
エネルギー	kcal	162	363	48
水分	g	74.7	51.0	88.0
タンパク質	g	12.3	15.3	10.4
脂質	g	11.2	31.2	0
糖質	g	0.9	0.8	0.9
灰分	g	0.9	1.7	0.7
カルシウム	mg	55	140	9
リン	mg	200	520	11
鉄	mg	1.8	4.6	0.1
ナトリウム	mg	130	40	180
カリウム	mg	120	95	140
ビタミンA				
レチノール	μg	190	520	0
カロチン	μg	15	42	0
A効力	IU	640	1,800	0
ビタミンB_1	mg	0.08	0.23	0.01
ビタミンB_2	mg	0.48	0.47	0.48
ナイアシン	mg	0.1	0	0.1
ビタミンC	mg	0	0	0

四訂日本食品標準成分表

6.3.2 鶏卵の品質

1）食品としての栄養的特性

　鶏卵は，消化がよい上にわれわれが必要とする栄養素のほとんどすべてを含む．そのため乳幼児，老人，病人等の食品としても適している．また和食，洋食，ケーキ等，利用のしかたも幅広い．

　タンパク質のアミノ酸組成は好適であり，植物性タンパク質には欠乏しがちなリジンやメチオニンをも含んでいる．一般に動物性脂肪は不飽和脂肪酸含有率が低いので健康上好ましくないとされているが，鶏卵の場合は飼料成分の影響を受けやすいので，飼料を工夫することによって一部の不飽和脂肪酸含有率を増加させることも試みられている．

　ビタミンとミネラルのうち，われわれに日常欠乏しがちなのはカルシウム，鉄，ビタミンAおよびCである．鶏卵に含まれるのはこの中で前の三つであり，ビタミンCを含まない．孵卵中のヒナはビタミンCを体内で生合成するのである．また，鶏卵はカルシウムを含むとはいいながら，われわれにとってとくに優れたカルシウムの供給源とはいえないが，孵卵中のヒナは卵殻のカルシウムをも利用するのである．ここにも一般に「完全栄養食品」と信じられているものの不完全さがある．

　鶏卵はコレステロール含有率が高い．食品中コレステロールの健康への影響が論議を呼んでおり，これの含有率の低い鶏卵の生産は興味ある研究対象である．

2）殻付き卵のサイズ

　鶏卵の取引規格によって鶏卵のサイズは表6.5のように分けられている．

表6.5　鶏卵のサイズ

70g ≦	LL	< 76g
64g ≦	L	< 70g
58g ≦	M	< 64g
52g ≦	MS	< 58g
46g ≦	S	< 52g
40g ≦	SS	< 46g

76g以上と40g未満は規格外．鶏卵の取引規格（農林水産省）

3）卵の新鮮度

　卵を貯蔵しておくと，時間の経過とともに水分が蒸散して気室の容積が大きくなる．また二酸化炭素が逸散するため卵白のpHが上昇する．これによって濃厚

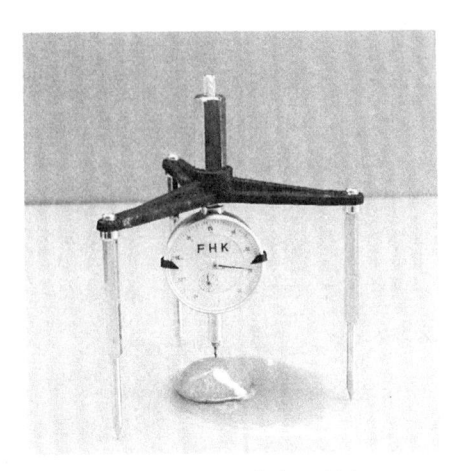

図 6.8 卵質計で卵黄高を計測する

卵白は水様化し，卵黄は卵殻内で容易に卵白を押しのけて上の方へ移動する．卵黄は微生物にとって格好の培地であるので，卵黄が卵殻に接触するようになると，微生物が侵入し繁殖する可能性が大きくなる．卵をパック詰めするとき鈍端を上にするのは，見栄えがする上に，気室により浮上した卵黄がじかに卵殻に触れるのを防ぐためでもある．濃厚卵白水様化の程度は卵白係数で表す．すなわち，割卵を平板上に置き，濃厚卵白の厚さと広がりを測定してその比をとる．濃厚卵白の厚さは卵質計（図 6.8）で測る．また，貯蔵卵を立てたままの姿でゆでた後，縦断面での卵黄の位置を観察することによっても，濃厚卵白の水様化の程度を知ることができる．

卵白 pH の上昇と濃厚卵白の水様化に伴って，卵黄膜の強度が弱くなる．その結果，割卵を平板上に置いたときに，鮮度の良くない卵の卵黄は薄く広がり，卵黄係数（卵黄の厚さと直径の比）は小さくなる．卵黄係数も卵の新鮮度の判定に用いられる．新鮮卵では 0.44～0.36 である．

4）卵の微生物汚染

近年わが国ではサルモネラ菌による食中毒が増加しており，今や細菌性食中毒事件の中で患者数が最も多い．1980 年代にヨーロッパ，アメリカで増加し，1980 年代末にわが国に及んだものである．そうして，サルモネラ食中毒の原因食品は，事件の半数以上で卵が関与していると指摘されている．とくにわが国では生卵を食べる習慣があるので，これを前提とした衛生対策が必要である．また，破卵を生食に回さないなど，消費者の注意も必要である．

5）卵黄色

卵黄は色がある程度濃い方が美しく，おいしそうに見える．しかし，卵黄色は飼料中キサントフィルの添加量によって自由に調節できるものであり，卵の新鮮度や栄養価とは無関係である．配合飼料中の黄色トウモロコシやアルファルファミールが卵黄色を濃くするのに役立っているほか，卵黄色を調節する目的で，パプリカやベニバナ花弁などが飼料に添加される．多くの消費者に好まれるのは，黄色よりもやや橙色がかった色である．消費者の好むこの色は，山野を駆け巡り，草や虫をついばんで健康に育ったニワトリが生産する卵の卵黄色そのものである．長年ケージ養鶏の生産物ばかりを食べて来た都会の消費者が，どのようにしてその色を記憶しているのか不思議なことである．

一方，黄白色の卵黄が好まれる例もある．カナダのある地方では，放し飼いのニワトリがある種の雑草の種子をついばみ，異臭のある卵を生むので，卵黄の濃い黄色は放し飼いを連想させ，人々に嫌われるのである．

6）卵殻色

わが国では，鶏卵はほとんどが白色レグホーン種系産卵鶏が生産する白色卵（白玉）である．一方，ヨーロッパでは褐色卵（赤玉）が普及している．卵殻の色は，卵殻の最上層の硬タンパク質クチクラが含有する色素による．この色素の色は，遺伝的に決まるものであって，卵の栄養価とは何ら関係がない．しかしながら，赤玉は放し飼いされた健康な地鶏を連想させるのか，おいしそうに見えるので，高値で取引きされる．赤玉鶏種の産卵性に関して育種改良が進められており，やがては褐色卵の生産コストが白色卵と変わらなくなるであろう．しかし，褐色卵の栄養価がとくに優れたものでないということを消費者が正しく理解することも必要である．

7）異常卵

次のような異常卵があり，GP（grading and packing）センターでの透視検査等で検出される．

血斑：排卵時に卵黄に血液が付着したもの
肉斑：粘膜組織様のものが卵白に混入したもの

二黄卵：卵黄が2個入ったもの
無黄卵：卵黄が入っていないもの
軟卵：卵殻形成の不十分なもの

6.3.3 鶏卵の加工

　卵黄，卵白とも熱を加えると凝固する．また，卵黄には乳化能があり，卵白には起泡性がある．これらの性質が，多様な食品の製造や調理に役立っている．中でも卵の熱凝固性を利用して結着材料として用いた食品は枚挙にいとまがない．ゆで卵や卵焼きなど単純な調理品から，和洋菓子，ソーセージや魚肉練り製品その他数多くある．

　マヨネーズは，卵黄の乳化能を利用し，食酢中にサラダオイルを乳化して水中油滴型のエマルジョンを作り，香辛料や調味料を加えたものである．アイスクリームも卵黄の乳化能を利用している．

　卵白の起泡性を利用したものには，卵白を主体にしたメレンゲをはじめ，小麦粉の中に卵を混ぜたスポンジケーキやカステラその他がある．

　液卵は，殻付き卵を割って殻を除去したものである．業務用に割卵の手間を省く目的で製造される．液全卵，液卵黄，液卵白の別がある．凍結卵はこれを凍結したものである．いずれも製造原料として用いられる．ただし，卵黄が凍結するとゴム状になって元に戻らない．これを防ぐため，凍結前に食塩や砂糖を混合するなどの工夫がなされる．

　乾燥卵には，乾燥全卵，乾燥卵黄，乾燥卵白の別がある．輸送や貯蔵の便利さのために製造される．卵白中のグルコースが，タンパク質と反応して乾燥卵白の褐変や異臭の原因になるので，乾燥前に脱糖される．

6.4　羊毛と皮革

Wool and leather

6.4.1　羊毛

　植物性繊維の木綿に対して，羊毛は動物性繊維の代表格である．ヒツジは

世界各地に分布し，毛はヒツジからの生産が圧倒的に多いが，そのほかにヤギからモヘヤやカシミヤなどという高級な毛が生産される．ラクダ，アルパカなどの毛も利用される．鳥類の羽毛も防寒衣類や寝具に利用される．

ヒツジは乳と毛と子畜を年々生産し，最後に肉と毛皮を生産することになる．オーストラリアやニュージーランドでは毛の生産がヒツジ飼養の主目的である．そのほか，ロシア，アルゼンチン，南アフリカなどが世界の羊毛主産地である．

羊毛は，太さが太いほど，また長さが長いほど生産量が多くなることはいうまでもない．しかし，細い方が上質である．最も細いのはメリノー種で，毛の直径が16～25 μm である．オーストラリアはメリノー種からの上質の毛を輸出する．一方，ニュージーランドは交雑種を用いて 25 μm より太いカーペット向きの毛を産する．

1）剪毛

野生のヒツジは春先に自然脱毛するのに対して，家畜のヒツジは，品種にもよるがほとんどが脱毛しない．剪毛は通常年1回春先に行う．2回刈りもある．剪毛の方法は，四肢を縛って横臥させるなどして，二人掛かりで数十分もかけてはさみで手刈りする方法が発展途上国では普通であるが，羊毛主産地では片腕でヒツジを保定して電気バリカンで刈る．ニュージーランドやオーストラリアの毛刈り職人は1人で1日に100～200頭の毛を刈るという．化学物質を経口投与して毛の繊維を切れやすくし，腕力ではぎ取る「生物化学的剪毛」も研究されている．

ヒツジ1頭当たりの羊毛（フリース，fleece）の生産量には5.2 kg（オセアニア平均）から 1.1 kg（アジア平均）まで大きなばらつきがある．刈り取った羊毛は，国によって梱包の仕方が異なるが，100 kg あるいは 50 kg 単位で布袋に堅く詰めて市場に送られる．通常は原毛のまま取引される．原毛を洗って脂質（ほとんどがラノリン）や植物性の異物（枯れ草や種子）等を除去すると歩留は 65 % くらいである．

2）羊毛の品質

歩留は生産量を左右するものであるから，紡績用・カーペット用を問わず

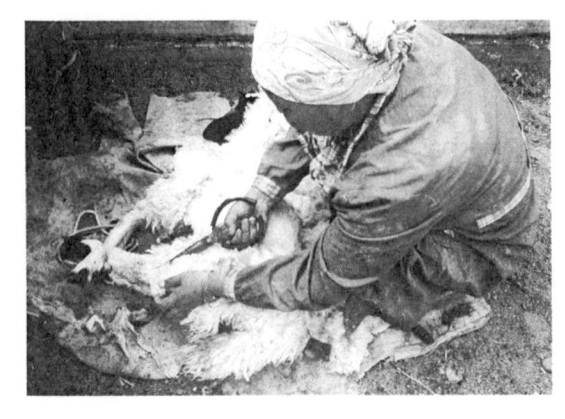

図6.9 ヒツジの剪毛をする.（モンゴルにて）

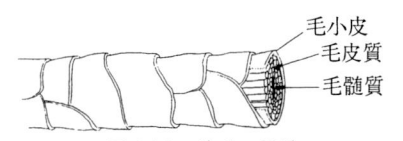

図6.10 羊毛の構造
　毛小皮
　毛皮質
　毛髄質

品質の重要な要因である．植物性異物の含有率は，歩留に影響するばかりでなく紡績やカーペット製造に際して障害となるので重視される．繊維の細さは，紡績用の羊毛では重要な品質要因である．細い方がより高速の紡績が可能で，しかも細く均質な太さで，丈夫でしなやかな糸ができる．紡績用羊毛では毛の引っ張り強度と切れる部位が重要な意味をもつ．すなわち，毛の中程で切れると短くなり，端で切れると短い方は紡績に使えないので生産量が減る．

　1本の毛は，表面に近い方から，毛小皮，毛皮質および毛髄質からなる（図6.10）．毛小皮は鱗片状である．個々の鱗片の端が突出しているために，毛をより合わせたとき互いに引っかかり，1本の糸に紡ぐことができる．

　毛皮質は繊維状タンパク質からなる．毛皮質の主成分はタンパク質ケラチンで，含硫アミノ酸であるシスチンやシステインを多量に含む．毛を焼いたときの独特の臭気はこのイオウによる．ケラチンは難消化性で腐敗もしにくいが，害虫には冒されやすい．メリノー種やカシミヤ山羊の毛のように細い毛はほとんど毛髄質を欠く．もっと太い毛を産する品種では，毛髄質を有する毛の割合が高くなるが，毛髄質には空隙が多く，これが断熱性をもたらす．

　細く長い毛を平行にそろえてよりを掛け，梳毛糸（そもうし，worsted）を

紡ぐ．梳毛糸を織ったものは，けばが少なく織りが密である．高級服地になる．また高級ニットウエアにもなる．比較的短い毛をそろえないでよった糸は紡毛糸（woollen）と呼ばれる．これを織ったものは厚手でけばがあって柔らかく，ジャケツやコートやスカート地になる．ツイードもこれに当たる．

　薄く広げた羊毛を水でぬらし，熱やアルカリや物理的衝撃を加えて毛の繊維を互いに絡ませるとフェルトができる．一種の不織布である．これは帽子や衣服の原料となるほか用途が広い．

6.4.2 羽　毛

　鳥類の羽毛は断熱性と吸湿性に優れているので，衣類や寝具の詰め物として用いられる．枕やクッションにも用いられる．軽さが生命で，原材料は洗った後風力で吹き飛ばして軽さによって選別される．ガチョウ，カモ，アヒルなどの水きんから高品質のものが得られる．ニワトリやシチメンチョウからのものは品質がそれほど良くない．

　ダウン（down）は水きんの正羽（羽根，feather）の下に生える綿羽（わたばね）であるが，正羽よりも一段と軽くて断熱性が高い上に柔らかな感触を有するので珍重される．ダウンは羽軸が短く軟らかく，羽軸から放射状に羽枝が生え，タンポポの綿毛のように立体的である（図6.11）．高品質のダウンは，詰め物として用いたとき，互いにからまったり団子になったりしないで弾力性を保ち，いつまでもふんわりと大きな体積を占める．洗った後も，振り混ぜるだけで元のかさ高い状態に戻る．若い鳥より成長した鳥から得たダウンがこの特質をもっている．一方，正羽は形状が平面的であり，中央にしっかりした羽軸があるので，断熱性，軟らかさ，軽さのいずれにおいてもダウンにかなわない．ダウンと正羽は混合して用いられる．その混合比率は製品の品質を左右する要因の一つである．ふとん業界では，混合比率によって，ダウンの多い「羽毛ふとん」と正羽の多い「羽根ふとん」とに区別している．色は白色が好まれるが，実用上の品質とダウンの色とは関係がない．

　羽毛の主な生産国は，中国本土，フランス，カナダ，台湾などである．北欧に生息するアイダーダックが産するアイダーダウン（eiderdown）は世界の

図6.11 ガチョウの羽毛

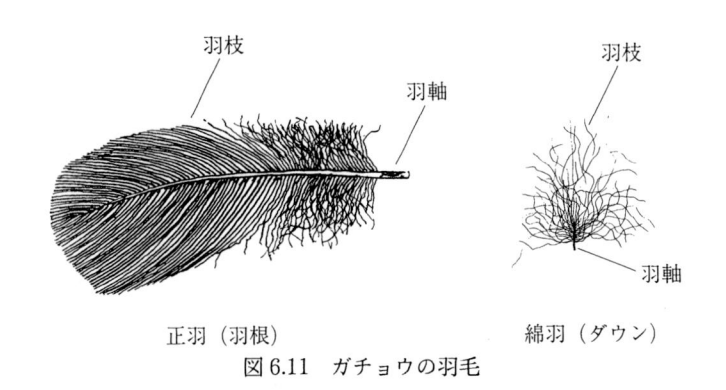

最高級品の定評がある．わが国では羽毛使用の歴史はごく浅いが，近年これの良さが認められて消費量は増加しつつあり，主に中国本土や台湾から輸入される．

6.4.3 皮 革

皮革（あるいは革）は動物の皮をなめしたものである．原料の皮を原皮という．これは動物の皮膚である．生皮はそのままでは腐敗するし，乾燥すると硬化する．なめすことによって皮は保存性と柔軟性を兼ね備えたものとなり，同時に耐水性（親水性が弱まり水に漬けたとき膨潤しにくい），耐熱性（熱を加えたときコラーゲンが収縮しにくい），強靱性をも得る．これは，なめし剤が皮の中に浸透し，コラーゲン繊維と結合してコラーゲンの高次構造が安定化すること，なめし剤が繊維間げきに沈着することなどによる．

1) 原皮の種類と品質

原皮はサイズによってハイド（hide）とスキン（skin）の二つに大別される．ハイドはウシやウマのような大きい動物の原皮，スキンはヒツジ，ヤギ，子牛などの小さい動物の原皮である．いずれも食肉生産の副産物の側面をもっている．生皮は天日で乾燥する，塩蔵するなどの方法で，なめすときまでの貯蔵に耐えるように処理する．

生皮の表皮のケラチン層は薄い．これは製革の過程で失われる．革になるのはその下層の真皮層で，その主成分はコラーゲンである．コラーゲンは，皮膚のほか腱や筋周膜，血管，骨などに含まれる硬タンパク質である．ウシの皮はコラーゲンが充実して厚いので，皮革の原料として最上級のものである．雄牛や去勢牛の方が雌牛より厚くてよい．体の部位によって皮の厚さが異なるが，なるべく厚さが均一なのがよい．革の外側を銀面，内側を肉面という．厚さを均一にするため，なめしたあとで，ときにはなめす前に，肉面を削る．銀面の美しさが重視される一方，削り取った肉面の革はスエードの原料となる．外部寄生虫やけがによる外傷の跡は製品の銀面に現れる．ウシの首筋にあるようなしわも同様である．

2）皮革の製造工程

原皮は，乾燥したものは水に漬けて戻し，塩蔵のものは塩抜きをし，血液などの汚れを取り除く．アルカリ液に漬けた後，脱毛する．肉面から脂肪や肉片を取り除く．アルカリを中和し，なめし液に漬ける．なめしが完了したらなめし液を絞り，最終的に厚さを調整し，染色する．プレスして水を除くと同時にしわを伸ばす．乾燥して仕上げる．

なめし剤としては植物タンニンが古くから利用されている．19世紀中頃になってなめし剤としてのクロム塩の役割が見出され，これが20世紀初頭から今日に至るまで工業的な皮なめしに主として用いられてきた．近年になってクロムの環境汚染が指摘され，廃液からのクロムの回収に力が注がれると同時に，植物タンニンが見直されている．

6.5 医薬品等の原料

Animal products used for medical purposes

6.5.1 動物臓器

家畜の内分泌器官が分泌するホルモンは，生体の代謝制御機構に関与している．そのほか体内のあらゆる組織が，生体の恒常性維持のために各種の生理活性物質を産生しているといっても過言でないであろう．つまり，動物体

内の器官や組織の一つ一つが生きた化学工場の働きをしている．それらの産生する物質のうち，とくに生理活性が強い，収量が多いなどで利用価値の高いものが，医薬品として抽出される．たとえば，胎盤からは胎盤性性腺刺激ホルモンが抽出され，医薬品として用いられるが，胎盤が医療用に用いられた歴史は，近代科学発祥以前の古代ギリシャや古代中国にまでさかのぼる．その当時はこれが不老長寿薬として用いられたという．新しい生命をはぐくむ上で重要な役割を担う胎盤が不老長寿の薬というのは，いかにも効能がありそうに思われたのであろう．現代医学では，そのほかに内分泌腺から抽出されるものとしてインシュリン，卵胞ホルモン，甲状腺ホルモン，下垂体からの成長ホルモンその他がある．また，内分泌腺ではなく血中ヘモグロビンからタンパク質グロビンを除去してヘマチンが得られる．これは細胞の働きを活発にする．ニワトリの鶏冠から得られるL-ヒアルロン酸や，羊毛から得られるラノリンは，生理活性の有無とは別に，保水性，保湿性その他の性状のゆえに化粧品や軟膏などの基材として用いられる．

　動物体内から抽出するこれらの物質は，これまで医療に大きな貢献をしてきたのであるが，家畜から得たホルモンはタンパク質部分のアミノ酸配列が人間のものと微妙に違う．また，抽出の過程で病原体その他の不純物を持ち込む可能性がある．これらのことから，分子構造が明らかになり化学合成の可能なものは，化学合成品に置き換えられている．

6.5.2　遺伝子工学を利用した医薬品の製造

　治療薬としての効果のある特定のタンパク質を作らせるため，ヒトの遺伝子をヒツジあるいはブタの胚に導入して代理母の胎内で育てる．これが成長して泌乳を開始したとき，その乳中からそのタンパク質を回収する．このような処置を施された動物を遺伝子導入動物（transgenic animal）と呼ぶ．ヒツジ，ヤギ，ウシ，ブタなどが用いられる．従来から行われている大腸菌や哺乳動物細胞などの細胞培養による方法では大規模な装置が必要であり，設備にも運転にもコストがかかる．その点，遺伝子導入動物を用いた方が低コストの生産ができる．

1991年にイギリスで，α-1-アンチトリプシンを産生するヒツジが作り出された．Tracyという名前をつけられたこのヒツジは，いわゆる動物工場の第1号として記念すべきものである．これに引き続いて，各種の物質を動物に産生させる試みがなされており，安全性と薬効を確認したうえで治療薬として実用化される運びである．プロテインCをブタの乳腺で作らせることに成功したアメリカの研究者たちは，このタンパク質がヒトの血液を凝固させるという期待どおりの機能をもっていることを確認した．このような役割を担った動物においては，導入した遺伝子が，何世代にもわたる繁殖の過程で安定的に受け継がれることが重要であるが，この問題は，体細胞からのクローン動物作出技術の確立によって一挙に解決されることになった．

6.5.3 移植用臓器

遺伝子導入動物に期待されるもう一つの大きな役割は，移植用の臓器を作ることで，これが成功すれば治療薬の製造と比べても格段に大きな新しい役割を家畜に担わせることになる．臓器移植は，腎臓，肝臓，心臓などで行われているが，ヒトの臓器はドナーの数が不足している．一方動物の臓器をヒトに移植することは，異種臓器を排除する超急性拒絶反応に阻まれて不可能である．この反応は，異種臓器の抗原に対する自然抗体と補体の働きによるのであるが，ドナーとなる動物にヒトの補体遺伝子を導入して超急性拒絶反応を回避する方法が研究されている．また，自然抗体を作る遺伝子を破壊した動物を作り出す試みもある．ドナーとなる動物として，臓器の大きさ，安全性（病原体をもっていないことの確からしさ），コストなどからブタが有望視されている．

6.6 食料問題と畜産物

Animal products in relation to food problems

6.6.1 畜産食品の価値

乳，肉，卵という代表的な畜産食品は，いずれもタンパク質を豊富に含み，

しかもそれは消化がよく，アミノ酸組成の好ましい良質のタンパク質である．とくにリジン，メチオニン，トリプトファンなど植物性タンパク質に不足しがちなアミノ酸を豊富に含む点ですぐれている．また脂肪の含有率も高く，エネルギーに富む．何かごちそうを食べようというとき，これらは（その加工品も含めて）必ず登場するものであり，また日常の食事でも，日本人が重視する夕食においては，畜産物か，さもなくば魚か，いずれかの動物性食品をおいては食事が成り立たないといえる．このように畜産物をはじめ動物性タンパク質が大事にされることは全世界に共通のことで，ほとんど例外がない．

　タンパク質食品が大切にされるのは，おいしさのためばかりではない．ヒトが生存する上で，発育と健康維持のためになくてはならないものである．しかも，その重要性は，必須アミノ酸を含有することのみにあるのではない．種々のタンパク質が，免疫系や神経系に働きかけてさまざまの生理活性を示すことが見出されている．たとえば，乳中のα-ラクトアルブミンは，乳糖を合成する酵素の構成成分である．また，同じく乳中に含まれるラクトフェリンは，抗体産生を担う細胞を増殖させることによって抗体の産生を促進することが明らかにされている．生理活性を持たないタンパク質でも，消化分解によって生じたペプチドが活性を示す場合もある．生理活性物質は糖質や脂質の中にも見いだされており，それぞれが多岐にわたる生体調節機能の一つ一つを担っている．おいしさと栄養価に次ぐ食品の第三の機能として近年注目されているところである．

　このように大切な畜産物であるが，生産する場合には，生産物の何倍もの穀物を家畜の飼料として使用しなければならない．したがって，これは経済力に恵まれたもののみが食べることができるもので，食料消費水準が高度化するにつれて消費量の増えるぜいたく品である．日本人も経済力をつけるにつれて畜産物の消費量を増やし，1987年に，植物性と動物性タンパク質の供給量の比率が逆転し，動物性が多くなった．世界各国の1人当たりGDPと食肉消費量の関係（1996）は図6.12に見るとおりである．

6.6.2 食料問題とこれからの食生活

人類の死亡原因の中で最大のものは，極貧による健康障害である（WHO "World Health Report 1995"）．地球的視野で見ると，人類に必要なだけの食料はある．問題は，それが公平に分配されないことである（FAO "World Declaration on Nutrition 1992"）．

FAO の推計によると，世界中で 8 億人が空腹と栄養不良に苦しんでいるという．しかも，摂取エネルギー不足がもたらす空腹は，タンパク質不足を伴うのが常である．それはタンパク質食品が比較的高価だからである．

ひるがえって，日本は食料輸入超大国である．飼料用穀物の大半を輸入に頼っている．自由主義市場経済がその立場を可能にしている．わが国の飼料用も含めた穀物自給率が，欧米の工業先進国と比較して著しく低いことは，表 6.6 に見るとおりである．

日本人の 1 人 1 年当たり供給純食料の推移を見ると（図 6.13），畜産物は，食肉，牛乳・乳製品，鶏卵のいずれも 1990 年代に入って数量がきわめて安定している．GDP 漸増のなかで畜産物消費量が伸びないということは，ほぼ飽食状態に達したわけである．食肉に関していえば，図 6.12 に見るとおり，

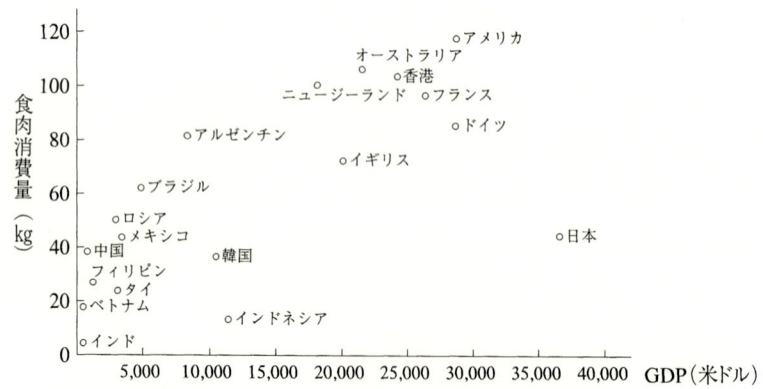

図 6.12 世界各国の 1 人当たり GDP と食肉供給量（枝肉ベース，1996）
食肉供給量は FAO 資料，GDP は Asiaweek Magazine, June1996 による．

表 6.6 主要先進国の穀物自給率の推移 (%)

	1980	1985	1990	1995	1996
フランス	178	204	210	181	198
ドイツ	91	95	114	113	118
イギリス	96	114	116	114	130
アメリカ	157	173	142	129	138
カナダ	181	202	223	172	185
日本	33	31	30	30	28

平成10年度農業白書

アメリカ人のおよそ三分の一程度の量で満足しているということになる．PFC熱量比率（タンパク質，脂質および糖質からのエネルギー摂取の割合）を国民栄養調査（厚生省）で見ると，近年はタンパク質が16％，脂質が27％で，糖質が57％を占める．アメリカ人のように畜産物の摂取量が多くなると，脂質の比重が大きくなり，35％にもなる．アメリカ人から「健康のため日本食を見習おう」という声すら聞かれる．わが国の米食の伝統と第2次世界大戦後の繁栄に裏付けられた肉食の普及とが調和した結果，このような好ましい食生活の型ができたといえるだろう．

　一方，発展途上国の国民が，今後経済発展を遂げたとき，畜産物のおいしさに目覚めて，毎日の食料摂取量のなかで畜産物の比重を高めていくのをだれも阻むことはできない．でんぷん質の主食を食べている民族が経済発展を遂げた後にいったい食料消費量のどの程度を畜産物に振り向けるか．でんぷん質の食事をどこまで維持するか．それは，ある程度までは，ぜいたくなどではなく，栄養状態の改善のために是非とも必要なことである．

　今，世界各地で砂漠化地域が拡大しており，それは自然現象というより人間の経済活動の影響が大きい．発展途上国が，人口増加と地域開発の圧力によって，農地を広げ家畜頭数を増やすことを，砂漠化の原因になるからといって，われわれが阻止できるものではない．どうすればこの問題をうまく解決できるかを，畜産の技術者や研究者は，他の分野の専門家たちとともに考えなければならない．

6.6.3 家畜の生産効率向上と飼料資源の有効利用

　人間が穀物を食べれば，穀物中のタンパク質は100％摂取されることになるが，穀物の間接消費といって，ウシに穀物を給与して牛肉を生産しようとすると，ウシを通して人間が摂取するタンパク質はおおよそ12％に減って

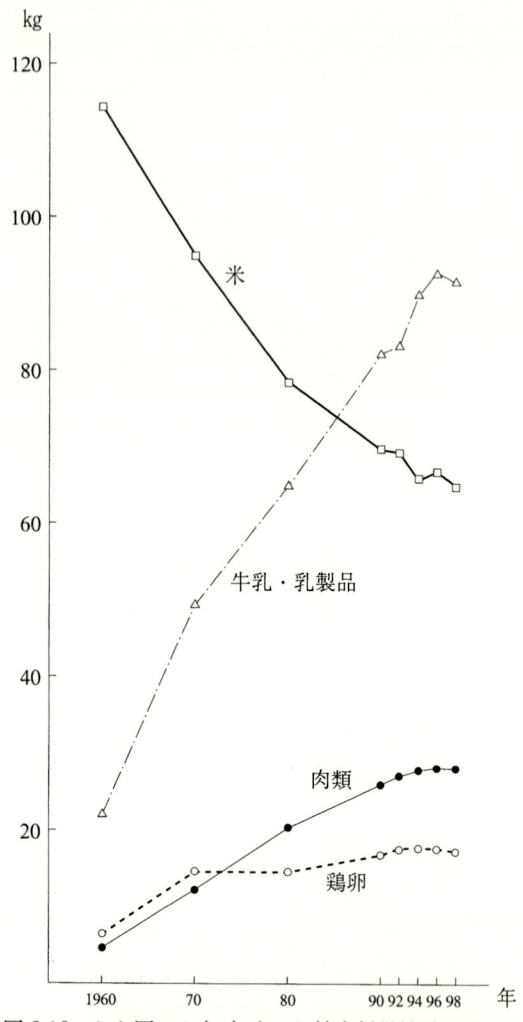

図 6.13 わが国の1人1年当たり純食料供給量の推移
農林水産省「食料需給表」から作図

しまう．同様に，ブタを通すと23％，ブロイラーは26％に過ぎない．いま，ブタを例に取って一つの試算を示すと，

　　1 kg 増体に要する飼料中可消化タンパク質の量は次のとおりである．

ブタの飼料要求率（1 kg 増体に要する飼料の量 kg）は 3.1,

飼料中の可消化タンパク質含有率は 12 %,

したがって，1 kg 増体に要する飼料中可消化タンパク質は 0.37 kg.

ブタ（生体）1 kg 中の可食タンパク質の量は次のとおり.

枝肉歩留は 70 %,

精肉歩留は枝肉に対して 68 %,

精肉中タンパク質は 18 %,

したがって，ブタ（生体）1 kg 中の可食タンパク質は 0.086 kg.

以上のことから，飼料中可消化タンパク質がブタを通して人間の可食タンパク質に変換される効率は，

$$0.086/0.37 \times 100 = 23 \, (\%)$$

穀物中タンパク質の四分の三以上はブタのふん尿として捨てられてしまうわけである．エネルギーに関しても同様のことが成り立つ．

　家畜の生産効率をいっそう向上するために，畜産技術の一段の進歩が待たれる．育種や飼育技術によって飼料効率や枝肉歩留をさらに向上することである．さらにまた，別の観点から次のような取り組みもある．それは，内臓，血液，皮革などを，タンパク質食品として有効に利用することである．日本人は世界各地の多様な食文化に接する機会が多くなって，家畜の肝臓（レバー）や腎臓ばかりでなく，消化管などを食べることにも以前ほど抵抗を感じなくなった．血液や皮革も食肉製品の原料の一部として利用されている．血液や皮革は，食べることに抵抗を感じないとはまだいえないが，抵抗なく食べられる加工品を大いに工夫するとよい．全国のより多くのと殺場で家畜血液を衛生的に採取することにも，つとめなければならない.

　一方，ウシ，ウマ，ヒツジ，ヤギ，ラクダなど草食動物の放牧や遊牧による昔ながらの畜産では，穀物を飼料にすることなしに家畜を飼うことができる．そればかりか，地形や気象条件のために耕作に適さない土地まで利用でき，ふん尿公害の心配もない．日本国内でも，里山や耕作放棄地で，草地を利用する畜産の試みが見られる．草食動物は，人間には消化できない植物体のセルロースをはじめとする粗繊維を消化する能力をもっている．反すう動

物ではそれに加えて，反すう胃内微生物の力を借りて，非タンパク態窒素化合物を良質タンパク質に変換することができる．畜産物の生産に当たって，草食動物のこのような能力を充分に活用することが，これからの厳しい食料問題を解決するために必要である．

コメを収穫するときには，もみ殻や稲わらなど不可食部分が副産物として大量に生産される．コメ以外の穀物，野菜，果実などの生産でも同様である．またこれらの収穫物を原料とする食品製造の過程でも，大量の廃棄物が出る．これらは，廃棄物として処理するにも経費が掛かるが，直ちに家畜の飼料として利用できないものが多い．それは，輸送や貯蔵に経費が掛かること，家畜が好んで食べるものばかりでないことなどのためである．このように，有効に利用できれば資源となりうるものを，反すう動物をはじめとする草食動物の飼料として利用する技術を開発することは，畜産物の増産と土地乱開発の防止を両立させるために重要な課題である．

参考図書

山内邦男・横山健吉（編）：ミルク総合事典，朝倉書店，東京，1992．
津郷友吉・山内邦男：牛乳の化学，地球社，東京，1975．
善林明治　ビーフプロダクション－牛肉生産の科学－，養賢堂，東京，1994．
田先威和夫（監修）：新編畜産大事典，養賢堂，東京，1996．
浅野悠輔・石原良三（編著）：卵－その化学と加工技術－，光琳，東京，1985．
佐藤　泰：食卵の科学と利用，地球社，東京，1980．
加藤嘉太郎：家畜比較解剖図説，養賢堂，東京，1971．
伊藤敞敏・渡邊乾二・伊藤良（編）：動物資源利用学，文永堂，東京，1998．
細野明義・鈴木敦士：畜産加工，朝倉書店，東京，1989．
上野川修一（編）：機能性食品タンパク質工学ハンドブック，サイエンスフォーラム，東京，1991．

第7章 世界の畜産業

7.1 家畜と畜産

Livestock and animal husbandry

　野生動物を家畜化した人類は，それを利用して，さまざまな有用生産物を入手できるようになった．乳，肉，卵，毛，皮革，羽毛をはじめ，運搬，移動，耕作の効率を高める役力，肥料や燃料となるふん尿が家畜から得られた．そのほか，警番，鑑賞，愛玩，遊戯，娯楽さらに近年，アニマルセラピーなどにも家畜は役立ち，人類の生活に潤いが与えられた．家畜化の実現によって，人類は，直接利用しにくかったさまざまな資源を飼料として利用し，安定的な生活，豊かな生活への道を歩みはじめた．温帯に位置する国々のなかには，家畜が，生産能力を食料などに特定して飼養されるところが多いが，世界的にみると，人類が野生動物を家畜化したのちに享受し得た，さまざまな用途を多面的に利用し続けることが多い．

　伝統的な社会において，家畜は社会システムの必須条件となっており，宗教的な意味をもつ例が多く知られている．たとえば，古代オリエント世界では，ウシは農耕儀礼で生贄として使用されたし，神話の中では神のシンボルに伴って登場している．また，ヒンズー教の世界で古くからウシを神聖視することも周知の事実である．

　家畜が家族や親族の財産を表すことも多い．欧米諸国では，cattle（ウシ）という言葉がラテン語で property（財産）の意味をもち，capital（資本）と同語源であることからもわかるように，家畜とそれから得られる畜産物は，衣食住の中で重要な意味を持ち続けてきた．とくに，有蹄類家畜は資産を増殖する資本としての価値が大きく，これに対する個人の所有意識も特別に強いため，所有権主張のための個体マークづけが通常行われる．家畜は livestock と呼ばれるが，生きた蓄えという言葉であり，多頭数の家畜を所有できる

人々は社会的に高い評価を受ける．

今日，欧米諸国では，生産能力が優れた家畜を多く所有することに関心が寄せられがちであるが，別の地域では特定の生産能力はとくに評価の対象にはならず，むしろ所有家畜頭数が重要で，多くの頭数をもつことが高い身分の証となることが多い．たとえば，アフリカのある地方では結婚の儀式において，花婿の家族から花嫁の家族への贈り物（婚資あるいは花嫁代償）としてウシを用いる．贈与されるウシは頭数が多いほど花嫁の評価が高いことを意味する．これは伝統的な社会で続けられた生活の知恵であり，結婚が失敗した場合の一種の保険となる．花嫁側の責任で結婚がうまくいかないときには，ウシが利子つきで返還される．結婚を希望しても花婿側で所有するウシが少なければ，いつまでたっても希望が叶えられることはない．またスーダンのヌエルでは，ウシが婚資だけでなく，口論や暴力沙汰の代償として支払われたし，それ以外の部族では賠償手段として家畜が用いられることもあった．

生業として行われる家畜飼養にもさまざまな段階がある．厳しい自然的環境の下では，家畜なしに生活が不可能となるところもあるが，そこでは遊牧が行われる．定住生活を営むところでも，家畜飼養を自給自足的に行うところや，生業として販売可能な商品を生産するものまで，いろいろな形態がある．日本でも和牛が肉専用種と位置づけられる前には，有畜農業の一つの柱として，1戸に1頭のウシを飼うことが奨励されていた．和牛を飼養すれば，厩肥が得られ，地力の維持増進と金肥の節約，それに畜力利用が可能となる．また老幼婦女子の労力活用による労働配分の合理化ができる．草などの自給飼料と農場および庖厨の残滓物の飼料的利用によって，農業経営全体を改善できるのであった．

家畜の生産能力が特化されない時代や地域では，このように多くの目的で家畜を利用することが一般的である．そこではふつう，ウシやスイギュウは役利用したのち，ウマ，ロ，ラは役利用したのちある程度年をとってから，肉や皮として利用される．しかし，スイギュウやロが老齢まで使役される場合，肉の品質は食用にできないほどに低下する．ウシ，スイギュウ，ヤギの

成雌は，子畜をとって乳利用したのち，同様に肉や皮として利用される．これらの家畜のうち，とくにウシ，スイギュウのふん尿は耕種農業における重要な肥料となる．また，ところによっては，大家畜のふんを乾燥して燃料とする地域もある．標高の高い地域では，ウシにかわってヤクが飼養され，乳や肉が利用されるし，乾燥地域では，ラクダが役のみでなく，乳・肉用に利用される．ヒツジの乳利用も地域によって盛んであるし，その毛，肉も大切な生産物である．モンゴルではウマの乳利用が盛んであり，馬乳酒は生活に欠かすことができない．家きん類は卵，肉，羽毛の生産が主であるが，それ以外にも利用される．たとえば，アヒルは，来訪者をみると大声をあげるので番犬代わりに利用されることがある．遊牧生活を営むマサイは，乾季に食料が著しく不足して一族の栄養状態が悪化すると，ウシやラクダのような大型家畜の頸静脈から，矢に特別の加工を施した鋭利な道具で血液を採取し，これを鉢に受けて生のまま飲むことにより栄養の補給を行う．

7.2 多様な畜産

家畜飼養による畜産物の生産は，飼料を介して土地と強く結びついている．そのため磯辺秀俊は世界の畜産をつぎの4類型に区別した[1]．草地畜産，耕地畜産，土地生産物高級化畜産そして加工業的畜産である．もっとも，この類型の中間的な畜産も多く，複雑な自然的，社会的，経済的な環境の下に，世界には多様な畜産業が営まれている．

7.2.1 草地畜産

草地畜産には定住せずに家族が家畜を伴って，水と草を求めて移動をくり返し，原則として農業を行わない遊牧，定住するものの1年のうちある時期に家族の一部が家畜を連れて移動する半農半牧の移牧，さらに定住して家畜を草地で飼養する放牧主体の畜産を営むものがある．このいずれにおいても，飼養される主な家畜は草食性の反すう動物である．降雨量が少なく草量が乏しい地域ではヒツジ，ヤギ，降雨量が多くなり，草量が豊かになるとウシなどの大型家畜が多くなる．

草地畜産においては，ブタやニワトリを大頭羽数で飼養することは不可能である．それは，これらの動物のセルロース消化能力が反すう動物と比べ低位であること，また，草地では，ブタやニワトリに効率よく消化される穀物やいも類が生産されないからである．加えて，遊牧や移牧では，ブタやニワトリを連れて移動することが困難である点も，その地域にそれらの動物が少ない理由となっている．もっとも，ブタは早い成長を期待しなければ，草地に放牧して飼養することは不可能ではないが，草地畜産に適した動物とは言い難い．

遊牧はサハラ砂漠の大西洋沿岸から，モンゴルのステップに至る旧世界の乾燥地帯で広く行われてきた．半農半牧の移牧は，遊牧が行われる地域の周辺や山岳地帯でみられる．また放牧主体の草地畜産はオーストラリア，アルゼンチンなど南米，あるいはアメリカの西部の広大な自然草地で行われてきたし，日本でも九州，中国，東北の山間部や北海道の原野で古くから行われてきた．

1）遊 牧

遊牧について，西アフリカのフラニや東アフリカのマサイを例にとれば，古典的遊牧民である彼らは，ウシ，ラクダ，ヒツジ，ヤギの大小さまざまな群れを飼養している．ウシ，ラクダなど大型の反すう家畜の世話は男性が主として担当し，ヒツジ，ヤギなど小型の反すう家畜の世話はもっぱら女性が担当する．ただし，搾乳作業では女性が積極的にこれに当たる．

遊牧が行われるのは，家畜に与える草と水が一カ所に十分に存在しないため，家畜を移動させなければならないからである．その移動方式は気候，降雨量の変化によって異なるが，基本的には毎年かなり決まったコースを辿っている．乾燥地域では，人間が直接食料として利用できる植物資源が少ない．そこで遊牧や移牧をする人々はこの乏しい植物を家畜の口で拾わせ，また雨水を人と家畜の飲料水として利用する．家畜はそれらの養分を体に蓄えながら発育し，分娩し，畜産物を生産し続ける．その間たえず長い距離を自らの足で移動する．

遊牧民の重要な食料は乳である．肉を食用に利用する場合は家畜頭数の減

少により財産が減るが，乳を利用する限り子畜を同時に得るので，家畜の補充となり合理的である．老廃家畜と雄子畜は肉として利用されるが，若い雌はほとんどすべて繁殖させる．このように，家畜は苛酷な生活を乗りきる場合の最も頼り甲斐のある仲間として，遊牧民に認識されている．遊牧が行われるその他の理由には，家畜の病気の発生が減ることや，ツェツェバエのような害虫から逃れることがあげられる．疾病に対する防疫体制が十分に行えない熱帯で家畜を病気から守るには，他に適当な方途は見当たらない．また，特定の生産能力は低いが，遺伝的に疾病に対する耐性の高い在来種を彼らが重宝しているのは，長年の経験によってそれ以外によい解決策がないことを知っているからである．近年，家畜の頭数をもとに，税金が徴収される制度が導入された地域では，一定の場所に長くいては税金をとられるので，税金逃れを目的に遊牧を行うことも増加している．

モンゴルの遊牧民は，五畜すなわち，ウシ，ヒツジ，ヤギ，ウマ，ラクダ

図7.1 遊牧につれられる家畜（モンゴル）

図7.2 馬乳酒をつくるための搾乳（モンゴル）

を飼養し，それらの乳を保存性の良いチーズや馬乳酒などに加工して消費する（図7.1, 2）．そのほか，畜産物を販売した金で，穀物などを購入して食生活に利用する．その生活はおおむね自給自足的である．彼らは家畜に与える水と草を求めて，年間4〜10回，家族ぐるみで移動するため，年間を通して，ゲルというテントで生活を続ける（図7.3）．家畜は草の多い時期に肥るが，冬を前にして必要最小限の頭数を残して，それらをと殺して食用とする．越冬用飼料を準備する習慣をもたないこの生活では，たとえば越冬するヒツジは夏に尾や臀部に脂肪を貯えておいて，冬にそれを消費している．その間，体重が30パーセントも減少することは一般的である．それでも春になって草生が良くなると代償性発育によって，多くの家畜は前年よりも体重が大きくなる．

シリアの遊牧民はヒツジやヤギを連れて移動生活を行っている．冬から春にかけてステップで放牧し，夏から秋にかけては農耕民が生活する地域に移動し，オオムギ，コムギの刈り跡に放牧する（図7.4）．これは夏から秋にか

図7.3　遊牧生活に使われるゲル（モンゴル）

図7.4　刈り跡放牧中の家畜（シリア）

けて，ステップに降雨が全くなく，草量が極端に減るからである．彼らはその時期，家族ぐるみでテントを利用し，短距離の移動をくり返す．その間，家畜の乳を加工したチーズ，ヨーグルトなどを食するとともに，穀物を購入して消費する．ここの遊牧民は経済的に恵まれるので，飼料不足時に乾草やオオムギを補助飼料として利用し，家畜の栄養状態はかなり良好である．

2) 移　牧

　アフリカの古典的遊牧民の中には，立地条件によって移牧をするものもある．季節移牧が行われるのは雨期に草が多い放牧地である．雨期の放牧地が一カ所にある場合には，そこに短期定住用の家を建てて村落生活をする．そこでは滞在中に交易が行われ，かなりの量の乳や生活用品が広範に売買される．一方，乾期に入ると，彼らは農耕地帯へと移動し，ミレットやソルガムのような作物の刈り跡へ家畜を放牧する．家畜の放牧が適切に行われる限り，農家の側がそれを歓迎するのは，ふん尿が肥料となることや，刈り株が減ると耕起しやすくなるためである．これらの移牧生活者たちは，その国の社会的あるいは政治的な生活に組み込まれており，税金を支払い，選挙にも参加する．

　ルーマニアのトランシルバニア地方の半農半牧の民は，定住生活をする一方で，5月から9月にかけてヒツジを高原に放牧するため，家族の一部，ふつうは働き盛りの男が，家を離れて生活する．数戸分のヒツジがまとめられ，共同放牧をするが，男たちも共同生活に入る（図7.5）．彼らは夜間，ヒツジ

図7.5　高原で放牧される家畜（ルーマニア）

の群れの中で、野外で就寝する。早朝、ヒツジから搾乳し、その後放牧に出て、午後になると、チーズ小舎がある本拠地に戻って、再び搾乳する。その後、夕方に三度び放牧に出て、夜9時頃に戻って、3回目の搾乳が行われる。この乳は毎日チーズに加工され、時折、交代のため下山する人々がそれを村に運んで販売する（図7.6）。山の中でチーズをとった後の副産物ホエーが、人と、ヒツジの番をするイヌの重要な食料となる。

　一方、その頃、村では残りの家族が農業に従事したり、乾草をつくる。村では各農家に少頭羽数のウシ、スイギュウ、ブタ、ニワトリが飼養され、牛乳をはじめ食肉、卵が生産される（図7.7）。ウシは耕作や荷物運搬などにも重要な家畜である。やがて、秋に山を降りたヒツジは、コムギの刈り跡に放牧され、そこで交配される。やがて冬が近くなると、ヒツジは村から離れた山間部の越冬小舎に移動し、早春にそこで分娩するが、その間は家族単位で男が世話をする。この移牧では、草を刈り取って利用しにくい立地条件なの

図7.6　夏営地でのチーズつくり
　　　　（ルーマニア）

図7.7　農家の庭先
　　　　（ルーマニア）

で，ヒツジを草のあるところへ連れていく方式であるため，家族の一部が半年以上も家をあけることになる．

3）放　牧

　ヨーロッパ，オーストラリア，アメリカにおける放牧では，定住しながら，家畜を草地に放牧する．ヨーロッパでは，住居に続いて草地をもつことが多い（図7.8）．アメリカでは，住居から離れた草地が多く，車を利用して家畜を見にいくことも多い．放牧に利用される草地は国ごとに囲い方が違い，イギリスでは石を組んだヘッジ，アメリカでは有刺鉄線が多く用いられる．草地は生産力の違いによって，いろいろな放牧方式で利用される．そのうち，もっとも粗放的な肉用牛の放牧は，アメリカの南西部や南東部にみられる．そこには，冬季にも草地にある程度多くの草があるので，年間わずか2回しかウシを集めない周年放牧が行われている．そこで飼われるウシは肉用牛の繁殖雌牛である．春子生産を行うところでは，2月頃に子牛が生まれる．春になって草の生育が盛んになる時に，母牛が多くの良質の草を食べて，子牛に十分な乳を飲ませるわけである．そういうところでの1回目のウシ集めは晩春である．放牧中の子牛をつれた母牛が，放牧場を走る道路際につくられた小さな追込み場に，カウボーイ姿の2人連れのあやつるウマによって集められる．そこで成雌牛はワクチンを予防接種される．一方，子牛には烙印を押して所有権を明確にする．それとともに除角も行い，雄子牛では去勢を行う．さらにワクチンも接種される．また放牧地帯に多いノサシバエが寄りつ

図7.8　農家の裏の草地に放牧される家畜（イギリス）

かないように，特別の薬品をしみ込ませたイヤータッグを耳につける．

5月になれば，この群れの中に交配用の種雄牛を放牧する．秋になって，すべての子牛が離乳できる頃を見計って，2回目のウシ集めが春と同じ要領で行われる．そのとき，子牛の委託販売人が運搬用のトレーラーを追込み場にもってきている．集められたウシは，自家更新用に残す発育のすぐれた雌子牛を除いて，雄子牛と残りの雌子牛は肥育用に出荷される．この雌子牛の一部は，別の繁殖経営に更新用に送られることもある．

専業的放牧畜産でさらに大規模なものが，フィリピンの一部，オーストラリア北部モンスーン地帯，南米などにあり，商業ベースでウシを飼養している．ブラジルでは大規模な肉用牛経営が多い．典型的なものは20,000 ha 程度の土地を利用して，ウシを1年中放牧している（図7.9）．ウシの頭数は，草生の良否によって異なるが，繁殖雌牛が2,000～3,000頭飼養されている．大抵の牧場は繁殖肥育一貫経営である．繁殖と肥育が離れた牧場で行われることもあるし，同じ牧場の敷地内で行われることもある．繁殖牛と育成牛は，通常荒れた土地でも生育可能な牧草が生える痩せた草地に放牧され，その放牧密度は1 ha 当たり成雌牛4頭程度である．一方，肥育牛は養分の多い草が生える草地に放牧する．商業的に成立する経営では，草地の90％近くを改良草地としており，残りは保護原野などにする．経営者はふつう都市部に住んでいて，自家用飛行機でときどき牧場を見に行く．牧場には30～50人の牧童がいて，ウシの繁殖，肥育，施設の整備などにあたる．

なお，欧米では良質の牧草を生産する放牧場を利用して，電牧などを用い

図7.9　広大な草地に放牧される家畜（ブラジル）

図 7.10 集約的な放牧
　　　　（ニュージーランド）

て放牧区を区切り，期間を決めてウシやヒツジを移動させながら，集約的な放牧をするところもある（図 7.10）．しかし，一年中放牧するときには，冬季に牧乾草やサイレージを給与したり，また耕地で生産されたムギ類やわらなどの残渣を給与するところが多い．

7.2.2　耕地畜産

　耕地畜産は定住して行われる農業と有機的に結びつき，家畜飼養が耕地の生産性を高くするために広く行われている．家畜は地力維持に役立ち，作物生産を増加させるだけでなく，耕種農業の副産物が飼料として利用できるので経営内容が改善される．また，輪作の一環として飼料作が必要となるとき，家畜飼養はさらに盛んとなる．もし農産物よりも畜産物が価格面で相対的に高いとき，耕地が飼料生産に重点的に利用されていく．耕地畜産では反すう動物のほか，ブタ，ニワトリ，アヒルなどさまざまな家畜家きんが立地条件にあわせて飼養される．西ヨーロッパの畜産はもともとこの形態から出発した．日本のかっての有畜農業や東南アジアの副業的畜産はこれにあたる．

1）副業的畜産

　東南アジアでは，ウシやスイギュウが，耕種農業を円滑に行うための役力や肥料の供給のために，農家に少頭数飼養されている（図 7.11）．その主な飼料は野草と，稲わらをはじめとする耕種農業副産物である．それに加えて，ブタ，ニワトリ，アヒルが生活周辺のきまざまな資源を餌として利用し，

図7.11 水田を耕す家畜（タイ）

図7.12 農家に飼われる家畜（中国）

家族の食生活に役立つよう少頭羽数飼養されている（図7.12）．農耕を営む小農は，世界各地でこのような副業的畜産を行っており，家畜の世話は主として婦女子が分担し，経営内の労働の合理的な利用を目指している．これらの家畜は，戸外で繋留されたり，掘立て小屋などに入れられ，必要に応じて使役される．雨期になって草が多くなると，スイギュウやウシは草地に繋牧され，生草を食べる．家畜を繋牧場所へ連れていくのは，子供たちの仕事である．それ以外に，地域，宗教，民族によって制約はあるが，少頭羽数のブタ，ヒツジ，ヤギ，ウマ，ロ，ラ，ニワトリ，アヒル，ガチョウ，シチメンチョウ，ホロホロチョウなどが，生活圏で得られるさまざまなものを飼料に利用して飼養される．放し飼い，舎飼いなどが行われていても，柵，小舎などの施設は手作りの粗末なものが一般的である．

ウシやスイギュウの飼料は主に野草と稲わらであるが，その他さまざまな

農業副産物が飼料として利用される．そのため草が多いときに肥り，草が不足したときには痩せるものと信じられている．栄養状態が悪いときには寄生虫病などに侵されやすく，また発育不十分でも労役に酷使されることがあるので，短期間に家畜を更新せざるを得ないことが多い．役に耐えがたくなる時点で肉利用される更新家畜の肉は質が悪く，多くの国で牛肉価格が豚肉や鶏肉より安くなっている．まれに肥育する場合でも，地域において十分な肥育飼料を得ることはむずかしく，本格的な肥育が行われるのはきわめて限られている．東南アジアでの牛乳生産は低調である．それは，乳牛がほとんど飼養されていないためである．先進諸国から輸入された乳牛も気候風土への順化が困難で，さらに牛乳の取り扱いも悪く，なかなか定着できなかった．そのため牛乳は都市の限られたところで入手できるにすぎない．

2）複合的畜産

　家畜飼養の規模が大きくなると，畜産物が商品として流通しはじめ，畜産部門は経営の一つの柱となっていく．そのため，農産物に加えて畜産物販売の収入があるので，生活はより安定する．気象条件が悪く，穀物の実りが悪いときには，それらを飼料に転用することによって畜産物が多く生産でき，耕種と畜産は補完関係をもちつつ，経営内での重みを変化させ，総生産を安定的に推移させることになる．複合的畜産では農業副産物を家畜が有効に活用し，家畜のふん尿が土地生産力を維持させ，さらに地域によっては，役力が耕種農業の生産効率を向上させる．ヨーロッパやアメリカの伝統的な農家は，この形態をとることが多かった（図7.13）．

　この経営からは，牛乳，肉牛などが大量に生産され販売されている．アメリカの中西部では200～300 haの耕地を利用して，トウモロコシやダイズを栽培しながら，ウシやブタを飼養している．収穫後の茎葉や穀実が飼料として利用される．もし，穀物価格が安いとき，それを飼料として活用し，畜産物を多く販売することになる．このような複合的な耕地畜産は，さまざまな規模と形態をとりながら，世界的に広く行われている．欧米におけるこの複合的畜産が少し発展すれば，次に述べる土地生産物高級化畜産に移行しやすいものである．

図7.13 ヨーロッパに多いラグーン（ドイツ）

7.2.3 土地生産物高級化畜産

　耕地畜産において，家畜頭数が増加すると，飼料の生産にさらに広い面積が必要となる．その結果，耕地の単位面積当たりの総生産が減少しはじめる．これは畜産が迂回生産と称せられるように，飼料として摂取されたエネルギーの一部が畜産物に転換されるからである．しかし，経済の発展につれて，多くの国で農産物より畜産物の価格が相対的に高まる傾向があり，畜産物の生産効率の低さは，価値の増加によって補われるようになる．そうなれば，人間が食用できる穀物までが飼料として利用されたり，耕地が飼料生産を重点として利用される．この形態は西ヨーロッパで19世紀以来，しだいに増え，日本でも北海道の酪農がこれにあたる．今日，先進国の畜産の多くはこの形態をとっている．

　イギリスを例にとれば，19世紀後半から，土地生産物高級化畜産への変化が始まった．1846年に穀物法が廃止された後，穀物価格の下落に対応しきれずに脱落する農民を尻目に，逆に生産性の高い技術を導入して，生産コストを低減し，その分，収益を多くしていこうという積極性をもった進歩的農民が，イギリス農業の新たな担い手となった．彼らは高度農業を追求し，新しい農法として，基本的には穀物作と，飼料作の輪栽によるノーフォーク方式をとりながら，ヒツジとウシを数多く取り入れた混合農業を展開した．この間，小麦価格の上昇はなかったが，畜産物価格の大幅な上昇によって，収

入は順調に増加し，イギリス農業は穀物中心の農業から脱皮し，畜産中心とでも呼べそうな農業へと変化していった．今日，農業生産のうち畜産部門が占める割合は，60％を越えている一方で，穀物生産は20％以下である．

イギリスの農家一戸当たりの農用地面積はきわめて広く，約70 haである．北イングランドやスコットランドでは農用地の3分の2はふつう草地として利用される．残りの3分の1が麦畑となっている（図7.14）．この草地を放牧で3〜4年間利用した後に，耕起して麦畑に換え，3年間，コムギまたはオオムギを栽培する．その後は再び草地に戻すという輪換体系をとる．これは地力をみながら，あるいは地形を勘案しながら続けられる．これら農用地で生産されるオオムギは家畜の飼料として広く利用される．肥育牛生産の場合でも，オオムギを給与すれば，肥育期間が短縮できるので，オオムギを極端に多給する肥育技術の開発も行われたが，今日では，草主体で飼育したウシに，肥育末期にオオムギを給与するのが一般的である．またトウモロコシのホールクロップサイレージの利用が盛んになっているのは，農用地の畜産的利用を効率的に行うためである．もちろん，地域によっては，オオムギを高度に利用する養豚も盛んである．このような形態の畜産は，規模の大小はあるが，ヨーロッパの多くの国々で一般的にみられる．

図7.14　ムギと草の輪作風景（イギリス）

7.2.4　加工業的畜産

土地生産物高級化畜産がさらに発展すると，土地の生産力を上回って家畜

が飼養されることになる．その場合，飼料が経営外からも購入され，高価値の畜産物を多量に生産する動きが生じる．購入飼料を原料とした加工業的な畜産の成立である．施設依存型の専業的な酪農，肉牛，養豚，養鶏経営の多くはこれにあたる．加工業的畜産では，畜産物として販売し易いものを大量に生産するため，大量の飼料を購入する方式をとることが多い．そこではふつう，面積当たりの家畜飼養頭羽数を増加させるため施設型大規模畜産を目指す場合も多い．アメリカの肉牛専業的畜産では，小規模のものでも1,000頭以上の肥育牛をフィードロットに収容するし，大規模なものでは会社組織で20万頭を肥育する施設もある（図7.15）．このような専業的畜産は多くの先進国で，酪農，肉牛，肉豚，ブロイラー，採卵鶏経営で，規模に差異はあるものの，効率良い生産が追求される場合には多く成立している．いずれも，飼養管理時に家畜家きんに対して最適の飼料養分を給与し，育種によって作出された高能力の品種を利用し，衛生面でもすぐれた管理を行うなど，環境のコントロールを徹底し，機械化された施設を活用しつつ，合理的に畜産物を生産している．これらは大量消費と結びついて多くの畜産物を供給するのに都合のよい形態を目指し，発展をとげている．

　企業的フィードロットと呼ばれるアメリカを中心とする肉牛肥育方式は，所有ないし契約を通して，飼料穀物の生産，子牛の生産，仕上がった肥育牛の屠畜解体が一連の行為として結びつけられたインテグレーションの一形態である．企業的フィードロットの所有者は，農場主，牧場主，肥育専門業者，

図7.15　フィードロットの肥育牛（アメリカ）

パッカー，農外資本などである．

その経営形態の基本型は，飼料穀物栽培，配合飼料生産，肉牛肥育の3部門の結合である．ただし，肉牛肥育に関しては，外部のものが所有し，あるいは購入した肉牛の肥育・販売をフィードロット経営者が受託する受託肥育（カスタムフィーディング）と，フィードロットが自らの肉牛を肥育する自己肥育（インディペンデントフィーディング）の二つのシステムがある．受託肥育では肥育終了後，フィードロット経営者が肉牛販売を代行し，その代金の中から給与した飼料費と飼養管理費を差引いて委託者に送金する形が多い．

テキサス州のあるフィードロットは，受託フィードロットであり，6万5,000頭の収容能力があって，年間15万頭の肉牛を出荷している．従業員は60名であるから，だいたい1,000頭に1人の比率で労働者を雇っていることになる．このフィードロットでは，他の企業的フィードロットと同じく，労働者を容易に解雇することができ，これが肉牛，穀物の相対価格に対応した肥育頭数の大幅な増減の背景となっている．すなわち，フィードロット経営者は，委託者から肥育素牛を預り，それを肥育して出荷した後に，委託者に対して利益の配分を行わなければならないため，経営者の姿勢は，利益に関してはきわめて厳しいものがある．

肥育素牛は，牛運搬車に群れとして積め込まれて運ばれてくる（図7.16）．それらは，家畜市場で購入されたり，繁殖経営を訪れる委託購買者が集めて

図7.16　二階建の牛運搬車
　　　　（アメリカ）

きた子牛がまとめられたものである．そしてフィードロットに到着すると，群れのまま体重測定される．そのウシは大きさの揃ったものを選んでペンの中に群飼される．1つのペンには普通200頭を入れる．

　肥育牛に給与する飼料は，トウモロコシ，マイロなどを，肥育段階に応じた養分供給ができるように配合している．これらの飼料用穀物や粗飼料は，いずれも地域の耕種農家と契約栽培したものである．飼料は，かさ高なものであるだけに，フィードロットまでの運送コストを十分考えて購入している．飼料は，肥育初期に粗飼料の多いものを用いて，後期には濃厚飼料中心の内容へと変化させている．肥育期間は一般的な企業的フィードロットでは4カ月間である．飼養管理は，省力化に努めながら，個体管理を行い，コンピューターを利用して，経済効率のよい飼料給与体系と出荷体系をつくりあげている．飼料給与にはトラックを用いるが，指令塔からの指示で量，内容を変えながら，各々体重の揃った肥育牛の飼われるペンの飼槽に入れられる．

　ペンがふん尿で汚れると，カウボーイがウマに乗って牛群を別のペンに移動させ，その後をトラクターを用いてふん尿の除去が行われる．このとき，コンピューターではみつけられない肥育牛の蹄の傷害とか異常をカウボーイが早期発見に努め，それを隔離牛舎に移す．こうした熟練した技術が，企業的フィードロットでの合理的飼育の補完作業と認識されている．

　この畜産は生産効率の点できわめて合理化されていて，畜産物の大量流通，大量消費に支えられて，競争力の強い生産形態へと発展をとげていく．しかし，飼料の国内的，あるいは国際的な流通が安定していなければ，その存立基盤が危うくなってしまう恐れもあるし，土地と結びつかない大規模畜産は，ふん尿の大量集積をさけるための処理に多額の資金投入が必要であり，現在農業のあり方として注目されている持続的農業とは必ずしも同じ方向性をとっていない．その点が環境との関連で問題になりそうである．

参考資料

1) 磯辺秀俊（編著）：畜産経営学，恒星社厚生閣，東京，1974．
2) 宮崎　昭：牧羊体系の自然的・社会的背景－ルーマニアとギリシャでの調査，農耕

の技術 5, 1982.
3) 宮崎　昭 (編著):肉牛マニュアル－規模拡大への経営と管理－, チクサン出版社, 東京, 1991.
4) 宮崎　昭:現代の農林水産業, 渡部忠世 (編), (財) 放送大学教育振興会, 東京, 53 － 63, 1993.
5) 宮崎　昭ら:熱帯農学, 渡辺弘之ら (編), 朝倉書店, 東京, 99 － 123, 1996.
6) 吉田　忠・宮崎　昭:アメリカの牛肉生産, 農林統計協会, 東京, 1982.

第8章　わが国の畜産学教育・研究体制
―大学を中心として―

8.1　教育・研究体制の歴史

1) 畜産学の誕生

　わが国の農業に畜産が本格的に取り入れられるようになったのは明治維新以降である．それまで，わが国では畜産を必要としない農業生態系が確立されていた．その理由として農業の中心がモンスーン気候に適した水田稲作であったことを挙げることができるが，何にもまして肉食を嫌う仏教の影響が大きかったであろうと考えられる．

　明治になってわが国はいろいろな分野で欧米の文物の導入を図った．食についても文明開化の影響を受けて，乳，肉などの畜産食品を食べるようになっていった．また，富国強兵策の一環として馬産の振興が図られた．このような背景のもとに，大学でも畜産に関する教育研究を推進するために畜産学講座が明治26年東京帝国大学に初めて設置され，ついで明治43年東北帝国大学農科大学（現北海道大学農学部）に，その後大正11年九州帝国大学に，昭和12年京都帝国大学に設置された．

　この間，大正5年に畜産に関する国立の試験研究機関として畜産試験場が設立され，また大正13年にわが国の畜産学の進歩を目的とし，併せて畜産業の発展に資するために日本畜産学会が創設され，今日までわが国の畜産学の進展に貢献してきた．

2) 畜産学科新設を目指して

　第2次世界大戦後，新学制の施行に伴い，各地に新制大学が設置された．これに伴って注目されるのは多くの大学で畜産学科が設置されたことである．戦前既に畜産学科が設置されていた北海道大学と宮崎高等農林専門学校（現宮崎大学農学部）に加えて，畜産学科および類似の学科の設置をみた大学

は北より，国立大学では帯広畜産大学，東北大学，茨城大学，宇都宮大学，東京大学，信州大学，名古屋大学，岐阜大学，岡山大学，広島大学，九州大学，鹿児島大学，公立大学では兵庫農科大学（現神戸大学農学部），私立大学では酪農学園大学，日本大学，東京農業大学であった．

　これらの大学の畜産学科における講座の構成は第1章4節でも述べたように，多かれ少なかれ，家畜育種学，家畜繁殖学，家畜飼養学，畜産物利用学の4講座を中心に，基礎系として家畜生理学，家畜形態学など，さらに家畜衛生学が加わったものであった．これらをほぼ完全に満たしていたのが東北大学であった．

　その他の農学科，獣医学科などに畜産学関係の1ないし2講座を持つ大学も畜産学科として発展させる動きをみせた．その結果，国立大学では岩手大学，新潟大学，京都大学，琉球大学に，私立大学では北里大学，日本獣医畜産大学，麻布大学，九州東海大学に畜産学科が設置された．

　さらに，家畜の飼料およびその生産利用のための飼料学，草地学などの教育研究を行う草地学科が帯広畜産大学と宮崎大学に設置された．また，家畜の環境並びにその制御のための家畜管理学講座を設置した大学もある．

3）**大学科・大講座時代**

　このようにわが国の畜産学に関する教育・研究体制は整ってきた．しかしながら，日本の大学制度を大きく変えようとする大学改革の嵐の中で，畜産学科が目指してきた畜産学の教育と研究の体制は大きな変革を求められている．

　その大学改革の特徴は，たとえば農学系で最初に改組に踏み切った岡山大学（昭和61年）が農学部全体を総合農業科学科1学科とし，これを専門領域別に8大講座に分類したように，大学科制や大講座制が採られ，そのため複数の専門領域が同一学科に共存することになったことである．言い換えれば，畜産学とか，水産学とか，あるいは園芸学とか産業との直接的なつながりがみえにくくなったことである．このように区分を取り払うことによって，効率的な教育・研究が展開できる反面，ともすると目的を見失うことが懸念される．ただ，旧来の畜産学科を構成した講座が一体となって同一の学

科の中にある場合は，所属するスタッフの取り組み如何によってまとまった教育・研究体系を維持することはできる．しかし，他学科や他大講座に分散した場合はそれが難しくなる．

8.2 畜産学を取りまく最近の状況

1）ターゲットの拡大

畜産学は，自然科学のあらゆる分野特に生物学を基礎に，人類に必要な畜産物の生産・利用を目的とする応用科学である．畜産物としては，かつては乳，肉，卵などのタンパク質食料，毛皮，羽毛など衣類の原材料などに限られていたが，近年，実験動物，伴侶動物などがその対象となりつつある．さらには，動物のゲノム解析が進み，バイオテクノロジーが進展すると，これが畜産学の分野にまで及び新しい技術が生み出され，医療臓器，医薬品，生理活性物質なども広義の家畜が生産するものの対象となりつつある．このように畜産のターゲットが食料・衣料の生産から広く人類の福祉や医療の分野の生産物にまで拡大してきている．

2）自然生態系との調和

畜産学の学問体系について，(故)佐々木清綱博士は畜産学の四本柱説（第1章図1.4）を提唱し，畜産の中では経済的な効率が最優先されて，畜産学もその目的のための学問であった．ところが，第1章でも述べたように我々を取りまく環境の悪化が世界的な関心事となり，畜産学においても環境の問題は単にふん尿処理をどうするかということ以上に大きな課題となってきている．その結果，今日自然の生態系との調和を図りつつ，生産性を高めていくことが求められる時代になっている．すなわち，自然生態系との調和を図るという生産性とは相容れない要素を内包した，ある意味では二律背反の目的あるいは価値を達成するという難題が課されているといっても過言でない．加えて，動物福祉も考慮に入れていかなければならない状況になっている．

3）学問としての深化・高度化

一方で，分子生物学の進展により生命現象が分子のレベルで捉えられるようになった．畜産学の分野でも生産形質の表現型や表現型値だけを追求する

のではなく，それを支配している遺伝子の染色体上での位置や遺伝様式，遺伝子間の相互作用，遺伝子そのもののクローニング，さらには遺伝子の発現や機能の解析をする時代が来ている．すなわち，畜産学も，医学や薬学など他の生物系の学問と共通の分子生物学的・基礎的手法を用いるようになってきた．また，一方で21世紀は情報の時代といわれ，情報が瞬時にして世界中を駆けめぐる時代がきている．今や，コンピュータおよびネットワークなしには何も語れない時代となりつつある．このように，畜産学も他の諸科学と同様に，一方で基礎的アプローチを取るようになり，他方でハイテクノジーを駆使していかなければならないというように，学問としてきわめて深化・高度化しつつある．

8.3 新しい教育・研究体制の構築

　21世紀の国際化時代に国際的に通用する畜産学を構築していくためには，畜産学の教育・研究体制について真剣に考えるべき時期に来ている．その際，前節で述べたわが国の畜産学を取りまく状況の変化を考慮する必要があるが，ゲノム解析やバイオテクノロジーの研究を進めるうちに，人類の生存と活動にとって有用とみられる動物全般に関する科学すなわち動物科学を21世紀の新しい畜産学とする立場の人々がでてきている．しかし，いくら手法的に基礎的アプローチを取ろうとも，畜産学は第1章でも述べたようにあくまでも畜産物の生産と利用に関する第3の科学すなわち応用科学である．

　したがって，一方の足を自然科学におき，他方の足を文化科学においている．畜産学においてその自然科学に対応するのが動物科学である．他方，文化科学に対応するのが自然の生態系と調和を図りながら，畜産における生産性を高めていく学問である．環境科学的要素を取り入れることが求められる所以である．

　このような観点から，これからの畜産学の研究を進めていくには図8.1に掲げるような4つの分野すなわち家畜育種学，家畜繁殖学，家畜飼養学および畜産物利用学とそれらの細目，たとえば，家畜育種学について言えば，遺伝子工学から，野生動物論までが揃うことが求められる．また，学生の教育

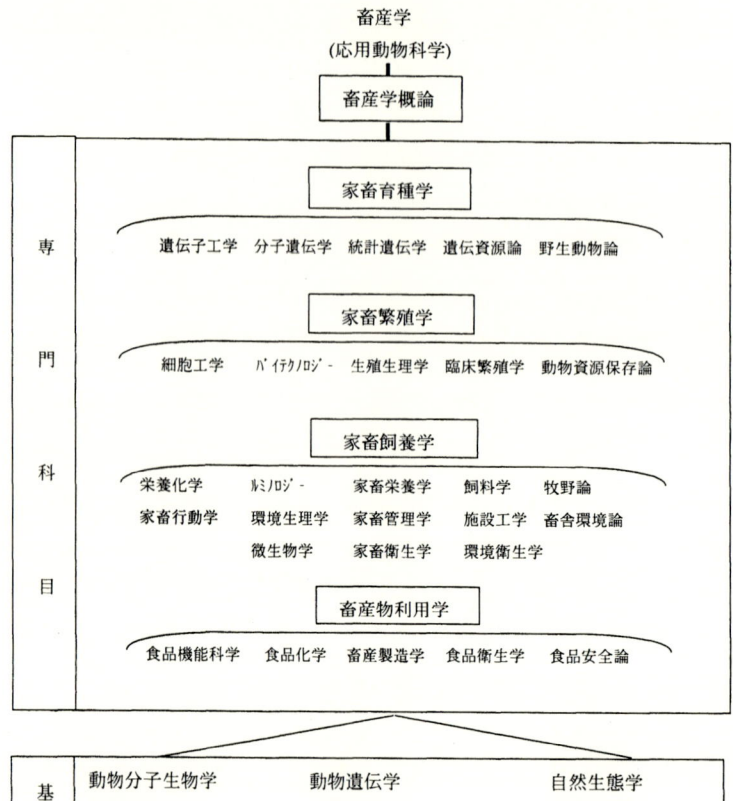

第8章　わが国の畜産学教育・研究体制－大学を中心として－

畜産学
(応用動物科学)

畜産学概論

専門科目

家畜育種学
遺伝子工学　分子遺伝学　統計遺伝学　遺伝資源論　野生動物論

家畜繁殖学
細胞工学　バイテクノロジー　生殖生理学　臨床繁殖学　動物資源保存論

家畜飼養学
栄養化学　ルミノロジー　家畜栄養学　飼料学　牧野論
家畜行動学　環境生理学　家畜管理学　施設工学　畜舎環境論
　　　　　　微生物学　　家畜衛生学　環境衛生学

畜産物利用学
食品機能科学　食品化学　畜産製造学　食品衛生学　食品安全論

基礎科目

動物分子生物学	動物遺伝学	自然生態学
動物発生学	動物ゲノム学	動物生態学
動物免疫生物学	動物生化学	動物行動学
動物科学の倫理	動物生理学	動物分類学
ゲノム情報学	動物形態学	農業気象学
	動物微生物学	地理情報システム学
	生産情報システム論	リモートセンシング概論

応用科目

実験動物学	酪農学	飼料作物学
畜産経済学	肉畜学	草地学
畜産経営学	家禽学	
	養豚学	

図 8.1　畜産学教育・研究体制概念図

においてもこれらの専門科目並びに細目が提供できる必要がある．それだけでなく，基礎科目や応用科目に挙げた科目も学生の進路や関心に応じて受講できるよう提供されなけれならない．

　このように，それぞれの分野が学問の深化と領域の拡大によって多くの細目をカバーしなければならなくなってきた．これだけ深化・拡大した研究と教育をカバーするには大学ごとの1分野に少なくとも10人程度の教員スタッフが必要である．従来の畜産学科には4つの分野を中心に関連の分野が包含されていたが，それぞれの分野はせいぜい教授，助教授，助手の3名程度で，とても上記の細目をカバーできるものではない．

　この点に関して，（故）山田行雄博士が昭和61年に畜産の研究誌上で次のような提案をしている．いくつかの大学の畜産学科を統合することによって，畜産学部を設置するという案である．たとえば，統合によっていくつかの大学に分散している畜産学関係研究室あるいは教員スタッフが一緒になれば，分野ごとに十数名のスタッフからなる研究・教育の単位が生まれ，十分な体制が整うというものであった．

　この提案は，その当時大変注目はされたが具体的な動きにまでは至らなかった．当時，機が熟していなかったのかもしれない．その提案から十数年が経ち，ほとんどの大学から畜産学科の看板は表向き消えてしまった今，再び大学を越えて再編統合を図るという提案が注目されるべきではないだろうか．

　今や，大学も試験研究機関も21世紀に予想される学問の深化・高度化，そして多様化の中で大きく変わろうとしている．この時期に現状はおろか，今後の方向について述べることは大変難しい．しかし，畜産学の教育・研究体制が揺らいでいるときに畜産学概論の中で，その点に触れないわけにはいかないと考え，敢えて私見を述べた．

索引

あ

合鴨水稲同時作 …………………… 217
アイガモ農法 ………………………… 218
ICM ………………………………………… 292
アイスクリーム ……………………… 338
IU ………………………………………… 126
青刈り ………………………………… 163
褐毛（あかげ）和種 ………………… 34
アカシカ ……………………………… 59
悪臭防止法 …………………………… 246
アニマルモデル ……………………… 95
アバディーンアンガス種 …………… 31
油粕類 ………………………………… 173
アラブ種 ……………………………… 38
アルコール試験 ……………………… 336
アルファルファ ……………………… 169
アルファルファミール ……………… 169
アングロアラブ種 …………………… 39
アンゴラ種 …………………………… 51

い

胃 ………………………………………… 134
ES細胞 ………………………………… 329
EPD ……………………………………… 94
イギリスフライスランド種 ………… 49
育種価 ……………………………… 86, 90
維持状態 ……………………………… 155
異常行動 ……………………………… 214
異常卵 ………………………………… 356
移植用臓器 …………………………… 364
一般分析法 …………………………… 145
遺伝 ……………………………………… 66
遺伝子 ……………………………… 67, 76
遺伝子型 ………………………………… 71
遺伝子型効果 …………………………… 86
遺伝子型値 ……………………………… 83
遺伝子座 ………………………………… 67
遺伝子診断 ……………………………… 79
遺伝子導入 ………………………… 99, 103
遺伝子導入動物 …………………… 326, 363
遺伝子頻度 ……………………………… 77
遺伝相関 ………………………………… 88
遺伝的改良 ……………………………… 90
遺伝的改良量 …………………………… 96
遺伝的趨勢 ……………………………… 93
遺伝率 …………………………………… 86
イヌ ……………………………………… 59
移牧 ………………………………… 374, 377
インド牛 ………………………………… 36

う

ウィンドウレス畜舎 ……………… 239, 266
烏骨鶏 …………………………………… 54
羽毛 …………………………………… 360

え

衛生昆虫……281
HTST殺菌法……337
栄養……105
栄養素……105, 107
ADF……146
液汁性……344
液卵……357
SPF……269
枝肉……345
NDF……146
NPN……174
エネルギー定常説……203
LL牛乳……337
塩漬……349
エンバク……168

お

黄体……297, 302
横班プリマスロック種……53
大阪アヒル種……56
オーチャードグラス……166
オオムギ……173
尾長鶏……54
温湿度指数……228

か

カーフハッチ……268
ガーンジー種……28
解硬……345
回転円盤法……252
快脳……198
灰分……126
カウトレーナー……264
化学的酸素要求量……247
夏季不妊症……233, 234
核移植……323
加工業的畜産……385
加工乳……334
カシミヤ……52
可消化エネルギー……149
可消化粗脂肪……147
可消化粗繊維……147
可消化粗タンパク質……147
可消化養分総量……148
過剰排卵処置……315
家畜……17, 371
家畜化……17
家畜管理学……186
活性汚泥法……252
褐毛和種……34
カピバラ……60
鎌状赤血球貧血症……69
カラクール種……49
ガラス化……319
環境……66
環境効果……82
環境偏差……83
環境保全……185, 246
環境要因……220

寒剤	338	組換え価	77
間接検定	92	グラステタニー	129, 282
乾草	163	クリーム	337
乾燥卵	357	グリコーゲン	112

き

		グルコース	109
企業的フィードロット	386	クローバー	169
基準雄	95	クローン技術	323
基礎代謝量	152	クローン動物	325
期待後代差	94	黒毛和種	32
揮発性脂肪酸	109, 141	くわず病	282
キメラ動物	329	燻煙	350

け

キャリア	79	毛	358
ギャロウエイ種	31	計画交配	98
QTL	95	警告期	223
牛房式牛舎	267	経済形質	65
競合	209	形質	63
強制換羽	243	系統	26
矯正交配	99	繋留式牛舎	266
きょうだい検定	92	ケージ式鶏舎	271
共優性	74	ケッテイ	42
魚粕類	173	血糖定常説	204
筋胃	137	ケトージス	272
近交系	26	下痢症	277
近交退化	89	毛分け	35
近親交配	89	嫌気的消化法	253

く

こ

クォーターホース種	40	高温短時間殺菌法	337
草刈りラット	60	公害対策基本法	246
組換え	76		

索引

黄牛	36
公共牧場	278
交叉	76
交雑	99
交雑育種	90, 99
恒常性維持	256
後代検定	92
耕地畜産	381
行動	187
行動連鎖	191
小型ピロプラズマ病	285
黒色ミノルカ種	53
個体モデル	95
鼓腸症	273
コバルト欠乏症	282
瘤牛（こぶうし）	36
コリデール種	47
コンジェニック系	26

さ

ザーネン種	50
在来家畜	61
サイレージ	164
サイロ	164
サウスダウン種	48
雑種強勢	99
雑食動物	2, 132
サフォーク種	48
サラブレッド種	38
酸化池法	253
三元交雑	100
産後起立不能症	272
散水濾床法	252
サンタガートルーディス種	36
酸度	336
酸度検定	336
産熱	224, 260

し

COD	247
シェトランドポニー種	40
子宮	294
刺激－反応連鎖	191
死後硬直	345
自己脳刺激	198
自己肥育	387
脂質	113, 116
視床下部	200
自然換気畜舎	240
自然淘汰	15
持続的農業	10
舌遊び	192
実験動物	4, 7, 57, 66
質的形質	70
地鶏	54, 348
シバヤギ	52
脂肪	113
脂肪酸定常説	204
ジャージー種	28
社会行動	209

煮沸試験	336
シャモ	54
シャロレイ種	31
種	23
自由摂取法	176
集団平均	85
習得的行動	189
周年放牧	379
ジュール	153
熟成	345
シュークロース	111
受精能獲得	291, 321
受精卵移植	316
受精卵凍結保存	318
受託肥育	387
順位制	209
順化	221
消化	131
障害領域	258
消化管	131
消化試験	147
消化率	147
条件学習	194
条件付け	194
蒸散	225
硝酸塩中毒	274
脂溶性ビタミン	122
小腸	134
情動	192

情動行動	214
正味エネルギー	149
ショートホーン種	28, 30
食肉	343
植氷	318
食物連鎖	2
食欲	203
食料問題	366
蔗糖	111
飼料	160
飼料効率	153
飼料添加剤	175
飼料標準	155
飼料要求率	153
飼料要求量	153
人為選抜	15
人工授精	308
人工膣法	310
シンメンタール種	29

す

スイギュウ（水牛）	37
水質汚濁防止法	246
水分	107
水溶性ビタミン	122
水様卵白	353
スキン	361
スクレーパー	264
スタンダードブレッド種	39
スタンチョン	266

ストレス……………………222	先体反応……………………291
ストレス学説………………223	全能性………………………328
ストレッサー……………222, 257	選抜……………………………90

せ

正確度…………………………91	選抜育種………………………90
制限給餌法…………………177	選抜基準………………………90
性行動………………………211	選抜強度………………………97
生産家畜……………………176	選抜指数法……………………92

そ

生産適温域…………………271	ゾウ……………………………58
生産能力………………………64	総エネルギー………………148
精子…………………………290	相加的遺伝子効果……………85
性周期………………………297	相加的遺伝標準偏差…………97
性成熟………………………298	相関反応………………………97
精巣…………………………295	早期胚死滅…………………301
成長…………………………158	草食動物…………………2, 369
生得的行動…………………189	草地…………………………162
生得的行動解発機構………189	草地畜産……………………373
性判別………………………322	相同組換え現象……………330
生物価………………………152	相同染色体……………………67
生物化学的酸素要求量……247	ソーセージ…………………351
生物リズム…………………223	粗脂肪………………………114
生理活性物質………………362	粗飼料………………………161
接合体…………………………73	粗タンパク質………………118
摂食行動……………………202	そのう………………………137
接触酸化法…………………253	梳毛糸（そもうし）………359
ゼブ……………………………36	ソルガム…………………168, 172
セルロース…………………112	**た**
繊維質………………………108	体外受精……………………320
染色体…………………………67	体感温度……………………230

第三の科学	11	畜産学	12, 393
代謝エネルギー	149	畜産学教育	390
代謝体重	157	畜産環境	246
代償機能	258	畜産物	392
代償領域	258	畜舎	263
大腸	135	乳	332
耐凍剤	318	父親モデル	94
大脳半球	196	地方病	282
胎盤	301	チモシー	166
第4胃変位	274	チャーニング	339
対立遺伝子	67	チャボ	54
ダウナー症候群	272	中性脂肪	116
ダウン	360	超音波診断法	304
多汁性	344	聴覚遮蔽効果	243
多精子侵入	291	超高温殺菌法	337
脱脂乳	334	調製粉乳	340
多糖類	112	調節領域	326
多能性	328	直腸検査法	304
卵	352	チルドビーフ	346

つ

ダリスグラス	167	ツールーズ種	56
多量元素	126	蔓（つる）	26
単胃動物	132	DNA	68
単純タンパク質	118	DNA診断	79
炭水化物	108	DCP	147
タンパク質	116		

ち

て

チーズ	339	TDN	148
チェビオット種	48	低温殺菌法	337
畜産	3	抵抗期	223

索引

デオキシリボ核酸…………68
適応…………221, 257
デタージェント分析法………146
デボン種……………35
デュロック種…………44
電気刺激法……………311
伝導……………225

と

桃園種……………45
凍害保護物質…………312
動機付け……………193
凍結保存………309, 312
糖脂質……………116
糖質……………108
糖新生……………110
同性性行動……………212
動物科学……………393
動物工場……………364
動物福祉……10, 186, 216
唐丸………………55
トウモロコシ………168, 172
ドーセットホーン種………48
独立の法則……………74
土地生産物高級化畜産…384
トッケンブルグ種………51
トナカイ……………58
トランスジェニック動物…326

な

内交配……………89

内部細胞塊細胞…………292
ナチュラルチーズ………339
夏山冬里方式……………279

に

肉質等級……………346
肉食動物………2, 132
二元交雑……………100
日射病……………284
日本ウズラ……………55
日本鶏……………54
日本在来馬……………41
日本短角種……………35
日本白色種……………56
ニュージーランドホワイト種…56
乳腺……………305
乳等省令……………334
乳熱………127, 272
乳房炎……………274
乳房……………306
妊娠……………299
妊娠診断……………302

ぬ

ぬか……………173

ね

ネコ……………59
熱産生………224, 260
熱射病……………284
熱増加……………152
熱的中性圏……226, 258, 270

熱放散	224, 259

の

脳幹部	195
濃厚飼料	171
濃厚卵白	353
農用動物	3
ノンリターン法	303

は

バークシャー種	43
胚	301
配合飼料	175
胚性幹細胞	329
ハイド	361
ハイブリッドブタ	46
ハイモイスチャーコーン	165
排卵	291
白色コーニッシュ種	53
白色レグホーン種	52
パスツリゼーション	337
バター	339
発現	66
発酵床養豚	219
発酵乳	338
発情	296
発情周期	297
発情の同期化	314
母方祖父モデル	95
バヒアグラス	167
ハム	351
ハムスター	57
繁殖家畜	175
反すう胃	138
反すう動物	137
反応鎖	191
ハンプシャー種	45
伴侶動物	4, 66

ひ

PSE	234
PFC熱量比率	367
BOD	247
肥育	160
ピエトレン種	43
皮革	361
非相加的効果	85
ビタミン	122
非タンパク態窒素	174
必須アミノ酸	120
泌乳	305
疲弊期	223
表現型	65
表現型値	65, 83
標準飼料成分表	153
微量元素	126
品質	331
品種	24, 25

ふ

フィードロット	182
フィールド方式	93

索引

VFA……………………109, 141
風味……………………345, 350
不快指数………………………228
副業的畜産……………………381
複合タンパク質………………118
複合的畜産……………………383
複対立遺伝子…………………75
ふすま…………………………173
豚尻……………………………32
フッ素中毒……………………284
歩留等級………………………346
不飽和脂肪酸…………………115
ブラーマン種…………………36
ブラウンスイス種……………29
BLUP法………………………93
ブランド鶏……………………348
フリース………………………358
フリーストール………………267
プルツエワルスキー馬………38
ブルトン種……………………39
ブロイラー……………………348
プロセスチーズ………………339
プロラクチン…………………307
粉乳……………………………340
分娩……………………………305
分離の法則……………………71

へ

ヘイレージ……………………165
ベーコン………………………351

北京アヒル種…………………56
ヘッジ…………………………379
ヘミセルロース………………113
ペルシュロン種………………40
ヘレフォード種………………30
変異……………………………69

ほ

放射……………………………224
報酬学習………………………194
放熱……………………224, 259
放牧……………………374, 379
放牧馴致………………………281
飽和脂肪酸……………………115
ホエイ…………………………335
ホメオスタシス………222, 256
ポリジーン……………………83
ホルスタイン種………………27
本能行動………………………189

ま

マーカーアシスト選抜……80, 95
マイクロインジェクション……326
マイコトキシン………………274
マウス…………………………57
牧牛……………………………211
マグネシウム欠乏症…………282
マッサージ法…………………310
末端種雄………………………101
マヨネーズ……………………357

み

味覚忌避……………………205
身繕い………………………207
蜜蜂…………………………59
ミニブタ……………………46
ミネラル……………………126
ミネラルプレミックス……131
ミネラルブロック…………131

む

無角和種……………………35
無機質………………………126
無窓鶏舎……………………271
無窓畜舎……………………241
無優性………………………74
むれ肉………………………234

め

銘柄鶏………………………348
梅山豚………………………45
メリノー種…………………47
メンデルの法則……………70

も

蒙古羊………………………49
毛小皮………………………359
毛髄質………………………359
毛皮質………………………359
モルモット…………………57

や

軟らかさ……………………344

ゆ

UHT殺菌法…………………337
優性効果……………………85
優性偏差……………………86
遊牧…………………………374
優劣の法則…………………71
輸送熱………………………262

よ

ヨークシャー種……………42
ヨーグルト…………………338
四元交雑……………………101

ら

ラ……………………………41
ライグラス…………………166
ラクダ………………………58
ラット………………………57
卵黄緩衝液…………………312
卵黄係数……………………355
卵黄色………………………356
卵殻色………………………356
卵管…………………………294
卵ク液………………………312
卵子…………………………290
卵巣…………………………293
ランド種……………………57
ランドレース種……………43
卵白係数……………………355

り

リグニン……………………113

リムーザン種……………………32
量的遺伝学……………………83
量的形質………………………70
量的形質遺伝子座……………95
臨界温度………………226, 229
リンケージ……………………76
リン脂質………………………116
輪番交雑………………………103

る

累進交雑………………………103
ルーサン………………………169
ルーメンパラケラトーシス……273

れ

レファレンスサイヤー…………95
連関……………………………76
連鎖……………………………76
連鎖地図………………………77

ろ

ロ………………………………41
露点温度………………………230

わ

和牛……………………………32
綿羽（わたばね）……………360

JCOPY <（社）出版者著作権管理機構 委託出版物>	
2012	2000年10月10日　第1版発行
新編畜産学概論	2012年3月30日　OD版第1版発行

著作代表者　佐々木義之

発　行　者　株式会社　養賢堂
　　　　　　代　表　者　及川　清

定価（本体4600円＋税）

印　刷　者　株式会社　真興社
　　　　　　責　任　者　福田真太郎

〒113-0033　東京都文京区本郷5丁目30番15号

発行所　株式会社　養賢堂
TEL 東京(03)3814-0911　振替00120-7-25700
FAX 東京(03)3812-2615
URL http://www.yokendo.co.jp/

ISBN978-4-8425-0068-3　C3061

PRINTED IN JAPAN　　　製本所　株式会社真興社

本書の無断複写は著作権法上での例外を除き禁じられています。
複写される場合は、そのつど事前に、（社）出版者著作権管理機構
（電話 03-3513-6969, FAX 03-3513-6979, e-mail:info@jcopy.or.jp）
の許諾を得てください。